"十三五"国家重点出版物出版规划项目

中国海岸带研究丛书

黄河三角洲湿地碳循环与碳收支

韩广轩 初小静 赵明亮 等 著

科学出版社
龙门书局
北京

内 容 简 介

本书以黄河三角洲湿地为研究对象，重点介绍水文过程和气候变化对滨海湿地碳循环关键过程与碳汇功能的影响机制。研究基于野外长期定位观测和原位控制试验，集成分析长期监测资料（8 年连续监测数据）和试验数据，首次全面系统地阐述滨海湿地碳循环关键过程和碳汇功能对水文过程（潮汐、地表淹水、地下水位变化）、气候变化（增温、降雨量变化、降雨季节分配、氮输入）及人类活动（农田开垦）的响应机制，在滨海湿地生态系统碳循环规律及机制方面取得了系列理论成果。本书将充实滨海湿地碳循环与碳收支理论，以期为深入理解滨海湿地"蓝碳"的形成过程与机制、预测全球变化背景下滨海湿地"蓝碳"功能的潜在变化趋势提供理论支持，为中国及全球实现碳中和目标和推动"蓝碳"增汇提供新思路。

本书可供湿地、生态、地理、环境、水资源、气象、信息等科学领域的科研与教学人员参考，也可作为上述专业本科生、研究生的教学参考书。

图书在版编目（CIP）数据

黄河三角洲湿地碳循环与碳收支/韩广轩等著. —北京：科学出版社，2022.3

（中国海岸带研究丛书）

ISBN 978-7-03-071076-5

Ⅰ. ①黄… Ⅱ. ①韩… Ⅲ. ①黄河-三角洲-沼泽化地-生态系-碳循环-研究 Ⅳ. ①P942.520.78 ②X511

中国版本图书馆 CIP 数据核字（2021）第 263243 号

责任编辑：朱 瑾 岳漫宇 习慧丽 / 责任校对：郑金红
责任印制：吴兆东 / 封面设计：刘新新

科学出版社 出版
北京东黄城根北街 16 号
邮政编码：100717
http://www.sciencep.com

北京建宏印刷有限公司 印刷
科学出版社发行 各地新华书店经销

*

2022 年 3 月第 一 版 开本：B5（720×1000）
2022 年 3 月第一次印刷 印张：22
字数：441 000

定价：298.00 元
（如有印装质量问题，我社负责调换）

"中国海岸带研究丛书"编委会

主　编：骆永明

副主编：刘东艳　黄邦钦　王厚杰　黄小平　孙永福
　　　　刘　慧　王菊英　崔保山　刘素美

编　委（按姓氏笔画排序）：

王秀君　王金坑　王厚杰　王菊英　尤再进
仝　川　印　萍　吕　剑　刘　慧　刘东艳
刘芳华　刘素美　孙永福　李　远　李　博
李杨帆　吴纪华　吴嘉平　张　华　陈凯麒
周　锋　於　方　侯西勇　施华宏　骆永明
秦　松　涂　晨　黄　鹄　黄小平　黄邦钦
龚　骏　崔保山　章海波　韩广轩　韩秋影
雷　坤　潘响亮

《黄河三角洲湿地碳循环与碳收支》撰写组

组　长：韩广轩

副组长：初小静　赵明亮

成　员（按姓氏笔画排序）：

　　　　于冬雪　马　澍　王安东　王晓杰　吕卷章
　　　　朱书玉　孙宝玉　李　雪　李隽永　李培广
　　　　李新鸽　宋维民　张奇奇　张树岩　陈雅文
　　　　周英峰　屈文笛　赵亚杰　贺文君　谢宝华
　　　　路　峰　魏思羽

丛 书 序

　　海岸带是地球表层动态而复杂的陆-海过渡带，具有独特的陆、海属性，承受着强烈的陆海相互作用。广义上，海岸带是以海岸线为基准向海、陆两个方向辐射延伸的广阔地带，包括沿海平原、滨海湿地、河口三角洲、潮间带、水下岸坡、浅海大陆架等。海岸带也是人口密集、交通频繁、文化繁荣和经济发达的地区，因而其又是人文-自然复合的社会-生态系统。全球有40余万千米海岸线，一半以上的人口生活在沿海60千米的范围内，人口在250万以上的城市有2/3位于海岸带的潮汐河口附近。我国大陆及海岛海岸线总长约为3.2万千米，跨越热带、亚热带、温带三大气候带；11个沿海省（区、市）的面积约占全国陆地国土面积的13%，集中了全国50%以上的大城市、40%的中小城市、42%的人口和60%以上的国内生产总值，新兴海洋经济还在快速增长。21世纪以来，我国在沿海地区部署了近20个战略性国家发展规划，现在的海岸带既是国家经济发展的支柱区域，又是区域社会发展的"黄金地带"。在国家"一带一路"倡议和生态文明建设战略部署下，海岸带作为第一海洋经济区，成为拉动我国经济社会发展的新引擎。

　　然而，随着人类高强度的活动和气候变化，我国乃至世界海岸带面临着自然岸线缩短、泥沙输入减少、营养盐增加、污染加剧、海平面上升、强风暴潮增多、围填海频发和渔业资源萎缩等严重问题，越来越多的海岸带生态系统产品和服务呈现不可持续的趋势，甚至出现生态、环境灾害。海岸带已是自然生态环境与经济社会可持续发展的关键带。

　　海岸带既是深受相连陆地作用的海洋部分，又是深受相连海洋作用的陆地部分。海岸动力学、海域空间规划和海岸管理等已超越传统地理学的范畴，海岸工程、海岸土地利用规划与管理、海岸水文生态、海岸社会学和海岸文化等也已超越传统海洋学的范畴。当今人类社会急需深入认识海岸带结构、组成、性质及功能，以及陆海相互作用过程、机制、效应及其与人类活动和气候变化的关系，创新工程技术和管理政策，发展海岸科学，支持可持续发展。目前，如何通过科学创新和技术发明，更好地认识、预测和应对气候、环境与人文的变化对海岸带的冲击，管控海岸带风险，增强其可持续性，提高其恢复力，已成为我国乃至全球未来地球海岸科学与可持续发展的重大研究课题。近年来，国际上设立的"未来地球海岸（Future Earth-Coasts，FEC）"国际计划，以及我国成立的"中国未来海洋联合会""中国海洋工程咨询协会海岸科学与工程分会""中国太平洋学会海岸管理科学分会"等，充分反映了这种迫切需求。

"中国海岸带研究丛书"正是在认识海岸带自然规律和支持可持续发展的需求下应运而生的。该丛书邀请了包括中国科学院、教育部、自然资源部、生态环境部、农业农村部、交通运输部等系统及企业界在内的数十位知名海岸带研究专家、学者、管理者和企业家,以他们多年的科学技术部、国家自然科学基金委员会、自然资源部及国际合作项目等研究进展、工程技术实践和旅游文化教育为基础,组织撰写丛书分册。分册涵盖海岸带的自然科学、社会科学和社会-生态交叉学科,涉及海岸带地理、土壤、地质、生态、环境、资源、生物、灾害、信息、工程、经济、文化、管理等多个学科领域,旨在持续向国内外系统性展示我国科学家、工程师和管理者在海岸带与可持续发展研究方面的新成果,包括新数据、新图集、新理论、新方法、新技术、新平台、新规定和新策略。出版"中国海岸带研究丛书"在我国尚属首次。无疑,这不但可以增进科技交流与合作,促进我国及全球海岸科学、技术和管理的研究与发展,而且必将为我国乃至世界海岸带的保护、利用和改良提供科技支撑与重要参考。

中国科学院院士、厦门大学教授

2017 年 2 月于厦门

前　　言

　　滨海湿地富含土壤有机碳，同时土壤有机质分解率和甲烷生成率较低，并且能够捕获和埋藏大量有机碳。盐沼、海草床和红树林等滨海湿地的生物量只占陆地的 0.05%，但能从海洋及大气中储存和转移更多的碳（即"蓝碳"），占全球生物吸收和固定碳总量的 55%，是地球上最密集的碳汇之一。因此，滨海湿地是全球重要的碳汇，也是全球"蓝碳"资源的重要贡献者。同时，模型模拟结果表明，气候变暖和海平面上升可能使得滨海湿地更迅速地捕获和埋藏大气中的 CO_2，因此滨海湿地在减缓气候变化方面扮演着重要角色。由联合国环境规划署（UNEP）、联合国粮食及农业组织（FAO）和联合国教育、科学及文化组织政府间海洋学委员会（IOC/UNESCO）联合发布的《蓝碳：健康海洋的固碳作用》（*Blue Carbon-The Role of Healthy Oceans in Binding Carbon*）呼吁世界各国立即采取行动，维持和恢复"蓝碳"，保护海岸带生态系统的碳汇功能。

　　滨海湿地位于陆海过渡带，周期性潮汐作用下的干湿交替及其伴随的剧烈的物质交换过程是控制和维持滨海湿地碳循环关键过程和碳汇功能的特异性机制。同时，滨海湿地处于对气候变化响应最为敏感、经济发展最快和人类活动最强烈的地带。因此，全球气候变化、海平面上升及由此引起的水文过程变化都会影响滨海湿地的"蓝碳"功能。但是，滨海湿地碳循环的关键机制还有待探讨，其固碳潜力、碳汇通量和封存量的数据还很少，目前尚无一个全球公认的机制来正确认知蓝色碳汇的重要性。阐明滨海湿地碳循环过程对气候变化的响应机制，揭示滨海湿地蓝色碳汇的形成过程与机制，将充实滨海湿地碳循环与碳收支理论，为预测全球变化背景下滨海湿地"蓝碳"功能的潜在变化趋势提供理论支持，为中国及全球实现碳中和目标和推动"蓝碳"增汇提供新思路。

　　本书依托中国科学院黄河三角洲滨海湿地生态试验站，选择黄河三角洲典型湿地——潮汐湿地、非潮汐湿地及开垦后的农田为主要研究对象，以水文过程和水盐交互作用为主线，基于野外长期定位观测和原位控制试验，阐述滨海湿地碳循环关键过程和碳汇功能对水文过程（潮汐、地表淹水、地下水位变化）、气候变化(增温、降雨量变化、降雨季节分配、氮输入)及人类活动(农田开垦)的响应机制。本书首次系统全面地分析黄河三角洲湿地碳循环关键过程和碳汇功能的影响因素及机制,全书分10章。第1章在系统介绍滨海湿地碳汇功能的基础上,重点分析碳循环过程,以及潮汐作用及其引起的干湿交替、增温、降雨引起的干湿交替和氮输入对滨海湿地碳循环的影响。第2章通过定位监测与控制试验,揭示黄河三角洲盐沼湿地碳交换过程及其对潮汐淹水的响应。第3章主要基于原位观测场和地表水深控制试验平台,揭示黄河三角洲非潮汐湿地生态系统碳交换对地表水深的响应机制。第4章依托地下水位控制试验平台,阐明黄河三角洲非潮汐湿地生态系统碳交换对地下水位的响应机制。第5章基于增温控制试验平台,探究增温对黄河三角洲滨海湿地生态系统碳交换的影响。第6章依托增减雨控制试验平台,分析降雨量变化对黄河三角洲非潮汐湿地土壤碳排放的影响机制。第7章依托潮汐湿地、非潮汐湿地原位观测场及降雨季节分配控制试验平台,阐明降雨季节分配对黄河三角洲湿地生态系统碳交换的影响。第8章基于大气氮沉降控制试验平台,揭示大气氮沉降对土壤有机碳分解的影响机制。第9章依托干湿交替和外源氮输入室内控制试验平台,阐明干湿交替耦合氮输入对黄河三角洲湿地土壤有机碳流失的影响机制。第10章依托盐碱地农田定位观测场,阐明农田开垦对黄河三角洲湿地季节及年际生态系统碳交换的影响。本书将丰富滨海湿地碳循环理论,有助于深入认识气候变化下滨海湿地碳库功能动态,为气候变化下滨海湿地保护与管理及碳汇功能评估提供理论依据和数据支持。

本书是由中国科学院烟台海岸带研究所骆永明研究员担任丛书主编的"中国海岸带研究丛书"中的一个分册。本书以中国科学院战略性先导科技专项(A)"美丽中国生态文明建设科技工程"(XDA23050000)、全球海岸带开发的生态环境效应(GECD)项目"气候变化对海岸带生态系统的影响"(121311KYSB20190029-4)、国家自然科学基金面上项目"潮汐作用下干湿交替对盐沼湿地碳交换过程及其碳汇形成机制的影响"(41671089)及"氮输入类型和水平对滨海盐沼湿地碳循环关键过程的影响机制"(42071126)为依托。本书的出版得到了中国科学院海岸带环境过程与生态修复重点实验室(烟台海岸带研究所)和山东省海岸带环境过程重点实验室的经费支持。本书第1章由韩广轩、李新鸽、孙宝玉、于冬雪撰写,第2章由韩广轩、魏思羽、路峰、王安东撰写,第

3 章由韩广轩、赵明亮、吕卷章、赵亚杰撰写，第 4 章由韩广轩、赵明亮、宋维民、王晓杰撰写，第 5 章由韩广轩、孙宝玉、贺文君撰写，第 6 章由韩广轩、李新鸽、李雪、李培广撰写，第 7 章由韩广轩、初小静、马澍、朱书玉撰写，第 8 章由韩广轩、屈文笛、谢宝华、张奇奇撰写，第 9 章由韩广轩、李隽永、张树岩撰写，第 10 章由韩广轩、初小静、陈雅文、周英峰撰写。全书由韩广轩、初小静、赵明亮统稿，由韩广轩定稿。中国科学院黄河三角洲滨海湿地生态试验站和山东黄河三角洲国家级自然保护区管理委员会提供了野外监测数据支持。在本书撰写过程中我们得到了许多同仁的关心和帮助，在此一并表示感谢！

由于作者水平有限，书中难免会出现不足之处，敬请各位同仁批评指正。

中国科学院烟台海岸带研究所研究员　韩广轩
2021 年 10 月于烟台

目 录

第1章 滨海湿地碳循环与碳收支及其影响机制 ·············· 001
  1.1 滨海湿地碳循环过程 ··· 002
    1.1.1 引言 ··· 002
    1.1.2 滨海湿地碳循环关键过程 ··························· 002
    1.1.3 滨海湿地碳循环模拟 ································· 005
  1.2 潮汐作用及其引起的干湿交替对盐沼湿地碳
      交换过程及碳汇形成机制的影响 ··························· 006
    1.2.1 引言 ··· 006
    1.2.2 潮汐作用及其引起的干湿交替对盐沼
          湿地-大气间碳交换的影响 ························· 007
    1.2.3 潮汐作用及其引起的干湿交替对盐沼
          湿地-水体间碳交换的影响 ························· 009
    1.2.4 潮汐作用及其引起的干湿交替对盐沼
          湿地碳汇形成机制的影响 ··························· 010
  1.3 增温对滨海湿地土壤呼吸的影响 ··························· 011
    1.3.1 引言 ··· 011
    1.3.2 增温方法与装置 ······································· 012
    1.3.3 模拟增温对土壤呼吸速率的影响 ················ 013
    1.3.4 增温对土壤呼吸的直接影响 ······················ 014
    1.3.5 增温改变其他环境因子对土壤呼吸的间
          接影响 ··· 014
    1.3.6 增温改变生物要素对土壤呼吸的间接

      影响 ··· 016
   1.3.7 土壤呼吸对模拟增温的适应性 ················· 016
   1.3.8 研究展望 ·· 018
 1.4 降雨引起的干湿交替对土壤呼吸的影响 ··············· 020
   1.4.1 土壤水分对土壤呼吸的影响 ······················ 020
   1.4.2 降雨诱导的干湿交替对土壤呼吸的
      影响 ··· 022
   1.4.3 降雨造成的土壤饱和或积水对土壤呼吸
      的影响 ··· 024
 1.5 潮汐作用下氮输入对盐沼湿地碳循环关键过程
   的影响 ··· 025
   1.5.1 引言 ··· 025
   1.5.2 氮输入对盐沼湿地植物光合固碳的影响 ···· 027
   1.5.3 氮输入对盐沼湿地植物-土壤系统碳分
      配的影响 ··· 028
   1.5.4 氮输入对盐沼湿地土壤有机碳分解的
      影响 ··· 029
   1.5.5 氮输入对盐沼湿地土壤可溶性有机碳释
      放的影响 ··· 031
   1.5.6 氮输入对盐沼湿地碳汇功能的影响 ·········· 032
 1.6 黄河三角洲湿地碳循环与碳收支研究思路 ············ 034
 参考文献 ··· 036

第 2 章 黄河三角洲盐沼湿地碳交换过程及其对潮汐淹水的响应 ·· 059

 2.1 引言 ··· 060
 2.2 潮汐湿地观测场 ·· 061
 2.3 生态系统 CO_2 交换在不同时间尺度上对潮汐
   淹水的响应 ··· 063
   2.3.1 各环境因子和生态系统 CO_2 交换的时频
      变化特征 ··· 063
   2.3.2 不同时间尺度上生态系统 CO_2 交换对

光热条件的响应 ·· 064

  2.3.3 不同时间尺度上生态系统 CO_2 交换对
潮汐淹水的响应 ·· 066

  2.3.4 潮汐淹水影响下生态系统 CO_2 交换对
光热条件的响应 ·· 067

2.4 生态系统 CO_2 和 CH_4 交换对潮汐淹水过程中
不同阶段的响应 ·· 069

  2.4.1 生态系统 CO_2 交换对潮汐淹水过程中
不同阶段的响应 ·· 069

  2.4.2 生态系统 CH_4 交换对潮汐淹水过程中不
同阶段的响应 ·· 071

  2.4.3 生态系统 CO_2 交换对不同淹水水位的
响应 ·· 072

  2.4.4 生态系统 CH_4 交换对不同淹水水位的
响应 ·· 074

  2.4.5 生态系统 CO_2 和 CH_4 交换对土壤盐度
的响应 ··· 075

参考文献 ·· 076

第3章 黄河三角洲非潮汐湿地淹水对生态系统碳交换的影响 ·· 081

3.1 引言 ··· 082

3.2 黄河三角洲非潮汐湿地地表水深对生态系统碳
交换的影响 ·· 083

  3.2.1 地表水深控制试验平台 ································· 083

  3.2.2 土壤呼吸、净生态系统 CO_2 交换、生态
系统呼吸、CH_4 通量测定 ································ 084

  3.2.3 非生物因子和生物因子测定 ·························· 085

  3.2.4 地表水深对非生物因子的影响 ······················ 086

  3.2.5 地表水深对生物因子的影响 ························· 089

  3.2.6 地表水深对土壤碳排放的影响 ······················ 093

  3.2.7 地表水深对生态系统碳交换的影响 ··············· 095

3.3 黄河三角洲非潮汐湿地季节性淹水对生态系统 CO_2 交换的影响 ·········· 101
    3.3.1 非潮汐湿地观测场 ·········· 101
    3.3.2 季节性淹水对生态系统 CO_2 交换的影响 ·········· 102
    3.3.3 季节性淹水对净生态系统 CO_2 交换光响应的影响 ·········· 102
    3.3.4 季节性淹水对净生态系统 CO_2 交换温度响应的影响 ·········· 105
参考文献 ·········· 106

第4章 黄河三角洲非潮汐湿地地下水位对生态系统碳交换的影响 ·········· 113
4.1 引言 ·········· 114
4.2 地下水位控制试验平台 ·········· 116
    4.2.1 碳通量的测定 ·········· 116
    4.2.2 非生物因子测定 ·········· 118
    4.2.3 生物因子测定 ·········· 118
    4.2.4 数据统计与分析 ·········· 118
4.3 地下水位对非生物因子的影响 ·········· 119
4.4 地下水位对生物因子的影响 ·········· 126
4.5 地下水位对土壤 CH_4 和 CO_2 排放的影响 ·········· 128
4.6 地下水位对生态系统碳交换的影响 ·········· 138
参考文献 ·········· 142

第5章 黄河三角洲湿地增温对生态系统碳交换的影响 ·········· 151
5.1 引言 ·········· 152
5.2 增温控制试验平台 ·········· 153
    5.2.1 试验设计 ·········· 153
    5.2.2 环境因子测量 ·········· 153
    5.2.3 生态系统气体交换测量 ·········· 153
    5.2.4 地上生物量 ·········· 154
    5.2.5 数据分析 ·········· 154

5.3　模拟增温对湿地土壤环境因子的影响 ……………………… 154
5.4　植物生长的季节变化 …………………………………………… 156
5.5　生态系统 CO_2 通量的季节性动态 …………………………… 158
5.6　增温对生态系统 CO_2 通量大小的影响 ……………………… 160
5.7　增温对生态系统 CO_2 通量季节性的影响 …………………… 162
参考文献 …………………………………………………………… 164

第6章　降雨量变化对黄河三角洲非潮汐湿地生态系统土壤碳排放的影响 …………………………………………………………… 169
6.1　引言 ……………………………………………………………… 170
6.2　增减雨控制试验平台 …………………………………………… 171
6.3　降雨量变化对湿地环境因子和生物因子的影响 …………………………………………………………… 172
6.4　降雨量变化对湿地土壤呼吸的影响 ………………………… 183
6.5　降雨量变化对湿地土壤 CH_4 排放的影响 ………………… 193
6.6　降雨对土壤呼吸的抑制机制 ………………………………… 198
　　6.6.1　长期定位观测平台 ……………………………………… 198
　　6.6.2　环境气象因子动态 ……………………………………… 200
　　6.6.3　土壤呼吸的季节和年际变化 …………………………… 201
　　6.6.4　土壤温度和湿度对土壤呼吸季节变化的影响 …………………………………………………………… 202
　　6.6.5　降雨引起的土壤湿度变化对土壤呼吸的影响 …………………………………………………………… 205
　　6.6.6　降雨引起的土壤温度变化对土壤呼吸的影响 …………………………………………………………… 210
参考文献 …………………………………………………………… 211

第7章　降雨季节分配对黄河三角洲湿地碳交换的影响 ……… 221
7.1　引言 ……………………………………………………………… 222
7.2　降雨季节分配对黄河三角洲潮汐湿地年际净生态系统 CO_2 交换的影响 …………………………… 223
　　7.2.1　潮汐湿地观测场 ………………………………………… 223
　　7.2.2　潮汐湿地 NEE 和气象因子季节与年际

　　　　　　　　尺度动态 ·· 223
　　　　7.2.3　多元时间尺度上 NEE 与主要环境因子
　　　　　　　　的关系 ·· 224
　　　　7.2.4　季节和年际降雨量对年际 NEE 的影响 ··· 227
　　　　7.2.5　研究展望 ·· 229
　7.3　降雨季节分配对黄河三角洲非潮汐湿地生态系统
　　　　CO_2 交换的影响 ·· 230
　　　　7.3.1　非潮汐湿地观测场 ································· 230
　　　　7.3.2　环境因子及不同生长阶段 NEE 的季节
　　　　　　　　动态比较 ·· 230
　　　　7.3.3　白天 NEE 对光的响应 ························· 233
　　　　7.3.4　夜间 NEE（$R_{eco,night}$）对温度的响应及
　　　　　　　　R_{eco} 与 GPP 的关系 ······························ 235
　　　　7.3.5　不同生长阶段降雨量对净光合速率的
　　　　　　　　影响 ··· 236
　　　　7.3.6　降雨分配对湿地碳收支的影响 ············ 237
　7.4　降雨季节分配对黄河三角洲湿地土壤呼吸的
　　　　影响 ·· 239
　　　　7.4.1　降雨季节分配控制试验平台 ················ 239
　　　　7.4.2　降雨季节分配变化对环境因子的影响 ··· 240
　　　　7.4.3　降雨季节分配变化对地下生物量的
　　　　　　　　影响 ··· 240
　　　　7.4.4　降雨季节分配变化对土壤呼吸的影响 ··· 244
参考文献 ·· 247

第8章　大气氮沉降对滨海湿地土壤有机碳分解的影响 ········ 253

　8.1　引言 ·· 254
　8.2　野外模拟大气氮沉降控制试验 ······················· 255
　　　　8.2.1　土壤环境指标采样和测定 ···················· 256
　　　　8.2.2　植被指标测定 ······································ 257
　　　　8.2.3　净生态系统 CO_2 交换、生态系统呼吸
　　　　　　　　测定 ··· 257

		8.2.4	土壤呼吸测定	258
	8.3	室内模拟环境因子梯度试验		259
		8.3.1	模拟不同盐分梯度试验	259
		8.3.2	模拟氮沉降室内培养试验	260
		8.3.3	模拟不同土壤含水量梯度试验	261
		8.3.4	土壤有机碳分解速率计算方法	261
		8.3.5	数据分析与统计	261
	8.4	氮沉降对黄河三角洲湿地土壤和植被的影响		262
	8.5	氮沉降对黄河三角洲湿地生态系统碳交换的影响		263
	8.6	氮沉降对黄河三角洲湿地 CO_2 和 CH_4 排放的影响		267
		8.6.1	氮沉降对黄河三角洲湿地土壤呼吸的影响	267
		8.6.2	氮沉降对黄河三角洲湿地有机碳分解的影响	269
		8.6.3	不同氮沉降条件下土壤盐度对黄河三角洲湿地土壤有机碳分解的影响	274
		8.6.4	不同氮沉降条件下土壤含水量对黄河三角洲湿地土壤有机碳分解的影响	279
参考文献				285
第9章	**干湿交替与外源氮输入对黄河三角洲湿地土壤有机碳流失的影响**			289
	9.1	引言		290
	9.2	干湿交替与外源氮输入室内控制试验平台		291
	9.3	干湿交替对潮汐盐沼湿地土壤有机碳流失的影响		292
		9.3.1	干湿交替对 CO_2 和 CH_4 排放的影响	292
		9.3.2	干湿交替对土壤 DOC 的影响	294
		9.3.3	土壤 CO_2、CH_4 排放速率与土壤 DOC 的关系	295

9.4 干湿交替耦合氮输入对潮汐盐沼湿地土壤有机碳流失的影响 ·· 296

 9.4.1 干湿交替与氮输入对 CO_2 和 CH_4 排放的影响 ·· 296

 9.4.2 干湿交替与氮输入对 DOC 流失的影响 ··· 298

 9.4.3 垂直碳流失和横向碳流失的关系 ············ 299

参考文献 ·· 301

第 10 章 农田开垦对黄河三角洲湿地生态系统 CO_2 交换的影响 ·· 305

10.1 引言 ·· 306

10.2 开垦农田观测场 ·· 306

10.3 农田开垦对黄河三角洲湿地生态系统 CO_2 交换的影响 ·· 307

 10.3.1 环境因子与植被条件 ································ 307

 10.3.2 净生态系统 CO_2 交换的日动态与季节动态 ··· 309

 10.3.3 日间 NEE 对光照条件的响应 ················ 313

 10.3.4 不同土壤含水量条件下夜间 NEE 对土壤温度的响应 ·· 315

 10.3.5 生态系统 CO_2 交换对植被条件的响应 ··· 317

 10.3.6 农业开垦对湿地碳汇能力的影响 ············ 318

10.4 降雨导致的生物量变化对黄河三角洲开垦湿地年际净生态系统 CO_2 交换的影响 ···················· 321

 10.4.1 降雨导致的生物量变化对开垦湿地年际净生态系统 CO_2 交换的影响 ··················· 321

 10.4.2 降雨导致的土壤含水量变化对开垦湿地年际生物量的影响 ································ 322

参考文献 ·· 325

第 1 章

滨海湿地碳循环与碳收支及其影响机制

1.1 滨海湿地碳循环过程

1.1.1 引言

滨海湿地富含土壤有机碳，同时土壤有机质分解率和甲烷生成率较低，能够捕获和埋藏大量有机碳，因此滨海湿地是全球重要的碳汇，也是全球"蓝碳"资源的重要贡献者（Sahagian and Melack，1996）。滨海湿地独特的土壤、水文和植被条件及季节性干湿交替水文变化，使得其在低氧环境下能够不断积累碳，同时也释放出大量温室气体（CH_4和CO_2）（沙晨燕等，2011），对碳的生物地球化学过程产生较大影响。全球气候变化模型预测，未来极端气候发生频率增加，引发的一系列气候变化会进一步导致全球降雨模式的改变，最终对全球生态系统产生深远影响（Allen and Ingram，2002；Knapp et al.，2008）。气候条件决定湿地水热因子季节动态，在当前降雨总量减少和总体气温上升的暖干化气候变化大背景下，降雨事件可通过增加滨海湿地土壤水分和诱发土壤缺氧，限制根系和微生物的氧利用度及生物活性，抑制土壤有机碳分解，进而影响生态系统总初级生产力、微生物活性及有机质的积累（宋长春，2003），是滨海湿地碳循环生物地球化学过程的重要驱动因素。

滨海湿地特殊的生态水文过程和土壤环境条件，使得滨海湿地碳循环具有区别于其他生态系统的显著特性。气候变化通过影响湿地的水热条件，如气温、降雨量和蒸散量，对滨海湿地生态系统水文环境产生影响。气候变化背景下，降雨季节分配直接影响湿地的水文状况，由于滨海湿地植被对水文状况非常敏感，降雨模式的改变也会通过影响植被生理代谢活动对湿地碳交换产生影响。降雨量分配减少会直接导致地下水位下降，同时地表径流减少会加速湿地的干涸，湿地由厌氧环境转变为部分甚至完全的好氧环境，氧化作用会加速温室气体（CH_4和CO_2）向大气的排放。此外，降雨分配过多导致的地表淹水虽然会在一定程度上增加湿地面积（Mitsch et al.，2010），但是会抑制湿地植被的光合作用，引起生态系统净碳累积的下降。

1.1.2 滨海湿地碳循环关键过程

在全球变暖背景下，降雨分配不均导致的干旱或者季节性积水会通过改变土壤及大气湿度环境（Jia et al.，2016），调控植被生理代谢过程，最终影响滨海湿地的碳汇功能。另外，受浅层地下水位的影响，当降水发生时土壤可能会迅速饱和，导致缺氧，从而减少土壤有机碳的分解（Vidon et al.，2016）。在气候变化的背景下，水文模式变化影响滨海湿地碳通量及滨海湿地碳收支应对气候变化的反馈，都存在很大的不确定性，因此了解滨海湿地碳通量动态规律及环境生物影响因素，对于准确量化湿地碳交换过程对降雨事件的响应、预测未来滨海湿地碳收支的变化趋势、理解碳平衡动态和碳汇功能具有重要意义。

此外，盐沼湿地的碳循环还受到一种特殊的环境因子——潮汐的影响。周期性潮汐作用作为盐沼湿地最基本的水文特征，也是其碳交换过程的重要影响因素（韩广轩，2017）。当前，越来越多的研究证明潮汐作用可以通过多种途径直接或间接地影响盐沼生态系统的碳交换过程（Knox et al.，2018；Kathilankal et al.，2008）。一方面，潮汐淹水可以直接影响盐沼生态系统 CO_2 和 CH_4 的交换过程（Moffett et al.，2010；Kathilankal et al.，2008）。例如，长时间的潮汐淹水可以完全抑制盐沼生态系统的 CO_2 交换（Moffett et al.，2010）。此外，由于潮汐淹水对气体传输的屏障作用，盐沼湿地 CO_2 和 CH_4 向大气的传输过程均会受到抑制（Li et al.，2018；Guo et al.，2009）。另一方面，由于每次的潮汐淹水过程都包括了不同的潮汐阶段，因此盐沼湿地的土壤和植被将周期性地淹没于潮水中或暴露在大气中（韩广轩，2017）。同时，由潮汐淹水引起的土壤盐度及淹水水位的改变对盐沼生态系统的 CO_2 和 CH_4 交换过程来说尤为重要（Hu et al.，2017；Poffenbarger et al.，2011；Hirota et al.，2007）。盐沼湿地植被的生理状态及土壤微生物活性与土壤盐度密切相关，土壤盐度的变化能够直接影响盐沼生态系统的 CO_2 和 CH_4 交换过程（Yang et al.，2019；Abdul-Aziz et al.，2018；Neubauer，2013）。在潮汐淹水期间，淹水水位是控制盐沼生态系统 CO_2 和 CH_4 交换的主要环境因子，不同的淹水水位会影响植物的有效光合面积和气体扩散速率，从而进一步影响盐沼湿地植物的光合作用和呼吸作用（Han et al.，2015）。

盐沼湿地的碳交换包括垂直方向上的 CO_2 和 CH_4 交换及横向方向上的可溶性有机碳（DOC）、可溶性无机碳（DIC）、颗粒性有机碳（POC）交换（图1.1）。盐沼湿地中，大气中的 CO_2 通过光合作用被植物吸收并合成有机物，这部分固定的碳称为总初级生产力（gross primary productivity，GPP），同时植物自身消耗一部分碳用于维持生命活动并释放 CO_2（自养呼吸），植物凋落物和土壤有机碳在好氧环境下经微生物矿化分解释放 CO_2（异养呼吸），自养呼吸和异养呼吸之和为生态系统呼吸（ecosystem respiration，R_{eco}）。盐沼湿地净生态系统 CO_2 交换（net ecosystem CO_2 exchange，NEE）是植被总初级生产力（GPP）与生态系统呼吸（R_{eco}）之间相互平衡的结果（Han et al.，2015）。另外，湿地又是向大气排放 CH_4 的碳源，淹水时植物残体和土壤有机碳在厌氧环境下产生 CH_4，通过大气传输、气泡传输和植物传输释放到大气中。但在植被根际的微好氧环境及表层以下浅层土壤氧化区域，部分 CH_4 被甲烷氧化菌所氧化，因此 CH_4 排放量降低（Vann and Megonigal，2003）。盐沼湿地的碳源汇功能取决于生态系统与

大气间 CO_2 和 CH_4 交换的净收支。潮汐运动通过潮汐淹水和干湿交替直接作用于植被生产力（Parida and Das，2005）及土壤有机碳的形成和分解（Yonghoon and Yang，2004；Drake et al.，2015），还可以通过沉积物的供给直接影响潮间带湿地碳封存能力（Chmura et al.，2003；Mcleod et al.，2011），或通过影响营养物质可用性及土壤温度、盐度和氧化还原电位等环境因素间接作用于这些碳过程（Mitchell and Baldwin，1998），从而影响盐沼湿地的碳汇形成机制。另外，作为陆地和海洋生态系统之间的过渡生态系统类型，潮汐盐沼湿地土壤有机碳在海洋潮汐和地表径流的作用下能够以 DOC、DIC、POC 的形式进入邻近水体。水平方向上碳迁移和输出是盐沼湿地通过水文过程实现土壤碳输出的一个主要途径（曹磊，2014），在盐沼湿地碳循环中发挥着重要作用（Chambers et al.，2013；Fagherazzi et al.，2013）。因此，研究潮汐盐沼湿地的碳收支时，只有同时考虑植被-大气界面 CO_2 和 CH_4 交换及土壤-水体界面的碳迁移过程，才能准确地评估盐沼湿地的碳源汇功能。

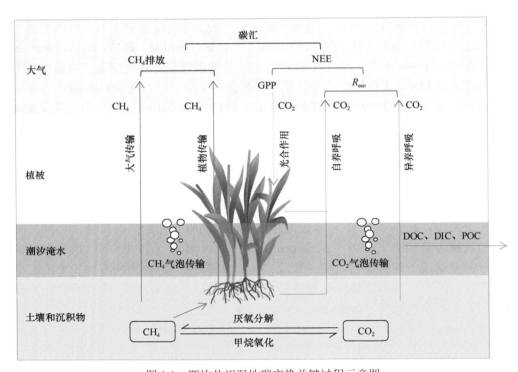

图 1.1 潮汐盐沼湿地碳交换关键过程示意图

GPP-总初级生产力；R_{eco}-生态系统呼吸；NEE-净生态系统 CO_2 交换；DOC-可溶性有机碳；DIC-可溶性无机碳；POC-颗粒性有机碳

1.1.3 滨海湿地碳循环模拟

陆地生态系统模型的建立主要基于量（abundance）、群（coupling）、流（flow）、场（field）的概念，分别表示数量、有机整体、交换流动及各种作用力（李长生，2001）。在模型中，陆地碳循环通常被概念化为一组碳库，如叶、茎、根和土壤，通过生态过程以不同的形式如气态、溶解态、固态进行碳的储存和交换（Luo et al.，2015）。在早期的碳循环模型中，通常以不连续的时间段（如天或年）来对系统状态进行更新，并且仅更新单独某一池的碳库，而其他模型则基于具有可变时间段的一般或偏微分方程组来实现更新。直到后来生物地球化学模型的出现，对物质循环和元素运动轨迹的追踪表现出较高的吻合度和实用性，才真正实现了对整个生态系统过程的模拟。为了实现对生态系统的所有过程参数进行更为全面的模拟，生物地球化学模型一般以小时、日或月为步长，对土壤有机碳、植物生物量、土壤含水量、CO_2浓度等状态变量进行积分得到长时间尺度的模拟结果，同时还可结合大面积高频采样数据实现对生态系统空间上的多指标模拟，从而增大模拟的尺度范围，通过积分最终可得到区域尺度上的生态系统状态估计（张钊和辛晓平，2017）。

目前，按照建立过程的不同模型主要分为经验、参数和过程三大类。经验模型是严格由数据确定的关系，是基于经验推导出的统计关系，不涉及潜在机制的知识，在与其相关的数据范围内最准确。参数模型则利用光合有效辐射及与其相关的调控因素对植被生产力进行估算，目前与遥感结合的应用更为广泛。而过程模型则是通过生态生理过程以机械方式模拟生态系统的功能（Vetter et al.，2008），通常需要考虑各个过程的机制及多个因素的共同作用，能够运用于长时间、大尺度的模拟，生物地球化学模型就属于一种过程模型。模型中是否含有随机成分，如某些参数的值随时间或个体而变化，决定了相同初始条件和时间段对应的结果是否相同，从而也分为确定性模型和随机性模型。

滨海湿地碳循环的主要驱动因素是生物和非生物因素的结合，普遍的研究是基于点位的测量，而在较大的空间尺度研究中，使用替代技术，如涡度协方差技术，对长时间、大尺度的数据进行补充（Baldocchi，2014）。然而全球数据存在高度异质性，包括采样时间、试验持续时间和植被类型变化等，都进一步增加了温室气体估算的不确定性。近年来已经建立了一些碳循环模型，目的是了解和确定其主要特征的机制，并对人类改变碳循环的方式如化石燃料燃烧和陆地生物圈的开发等后续可能造成的结果进行评估，然后借助真实的观测数据来验证这些模型，特别是通过一些已知的有一定确定性的循环，来验证或补充未知的、过于简化的模型或不充分的验证数据，从而建立更先进的模型。这种尝试同样也适用于筛选可验证更高级模型的最相关的数据，以及确定需要的准确度。代表大气与陆地生物圈之间碳交换的模型包括多个过程和机制,并且在过去的几十年中其复杂性逐步增加,主要表现在模型过程的细节有所增加和完善。关于碳循环有非常丰富的建模历史,几十年来众多学者已经提出了各种具有不同复杂程度和侧重方向的模型(Cao et al.,1996;Cui et al.,2005;Wu et al.,2013),由于各模型所代表的过程、应用范围及运算方式各有不同,因此不同模型之间难以比较,只能以模型输出数值的准确度来评估一个模型的性能(Friedlingstein et al.,2014),而不能直接在模型中实现概念和数学的评价及比较。

过程模型从建立之初就很少有专门针对湿地生态系统的,缺乏对湿地生态系统生物地球化学循环的描述。虽然一些模型(如 DNDC 模型和 BIOME-BGC 模型)在改进过程中增加了描述湿地生态系统机制的模块,但是湿地生态系统植被较为复杂,兼有草本和木本植物,包括沼生植物、湿生植物和水生植物等,化学组分也存在较大差异,形成了多种不同类型的湿地,改进后的模型适应性仍有待论证。例如,改良的 BIOME-BGC 模型仍然无法模拟长期遭受洪水侵袭的真正湿地,因为它不会追踪有机土壤形成、地下水位变化、土壤氧化还原电位或厌氧过程(Ben et al.,2007)。大部分模型集中应用于比较常见的生态系统如森林、农田、草地等,而可直接应用于湿地乃至盐碱湿地的模型相对较少,例如,碳动态预测要求考虑土壤、水文和植被等许多关键因素之间的相互作用,很少有同时存在这些作用的适用于湿地生态系统的综合型碳模型。目前在研究生物地球化学循环的领域中应用较为广泛的有 DNDC 模型(生物地球化学模型)(Li et al.,1992)、PEATBOG 模型(生物地球化学模型)(Wu et al.,2015)、TECO 模型(陆地生态系统模型)(Weng and Luo,2008)、AVIM 模型(大气-植被相互作用模型)(Ji,1995)、TEM 模型(陆地生态系统模型)(Raich et al.,1991)、CENTURY 模型(陆地生态系统模型)(Parton et al.,1988)等,或可应用于滨海湿地生态系统碳循环过程的模拟。

1.2 潮汐作用及其引起的干湿交替对盐沼湿地碳交换过程及碳汇形成机制的影响

1.2.1 引言

潮汐盐沼(tidal salt marsh)湿地处在陆海过渡带,主要指海岸沿线受海洋潮汐周期性或间歇性影响的有盐生植物覆盖的咸水或淡咸水淤泥质滩涂,是地球上高生产力植被类型分布地之一(Boorman,2003;仲启铖等,2015)。潮汐盐沼湿地具有很高的固碳能力,碳的积累速度要远高于泥炭湿地(Chmura et al.,2003)。研究表明,全球潮汐盐沼湿地的碳埋藏速率为(218±24)g/($m^2 \cdot a$),比陆地森林生态系统高 40 倍以上（Mcleod et al.，2011）。基于全球 154 处红树林和盐沼湿地的监测数据（中国和南美洲缺少监测数据），估算出全球红树林和盐沼湿地至少储藏 44.6Tg C/a，甚至更多（Chmura et al.，2003）。同时，周期性潮汐运动过程携带的大量的 SO_4^{2-} 离子阻碍 CH_4 的产生，从而降低盐沼湿地 CH_4 的排放量（Yonghoon and Yang，2004）。高的碳积累速率和低的 CH_4 排放量，使潮汐盐沼湿地的碳汇作用更加明显（Drake et al.，2015）。

近年来，盐沼等滨海湿地的碳汇功能逐渐得到证实，在减缓气候变化方面扮演着重要角色，已得到国际组织及学术界的认可和重视。最新的统计报告显示，盐沼、海草床和红树林等滨海湿地的生物量只占陆地的 0.05%，但能从海洋及大气中储存和转移更多的碳（即"蓝碳"，blue carbon），占全球生物吸收和固定碳总量的 55%，是地球上最密集的碳汇之一（Nellemann et al.，2009；Kirwan and Mudd，2012）。同时，模型模拟结果表明，气候变暖及海平面上升可能使得盐沼湿地更迅速地捕获和埋藏大气中的 CO_2，因此盐沼湿地在减缓气候变化方面扮演着重要角色（Kirwan and Mudd，2012）。由联合国环境规划署（UNEP）、联合国粮食及农业组织（FAO）和联合国教育、科学及文化组织政府间海洋学委员会（IOC/UNESCO）联合发布的《蓝碳：健康海洋的固碳作用》（*Blue Carbon - The Role of Healthy Oceans in Binding Carbon*）报告指出，潮汐盐沼湿地中的"蓝碳"在应对气候变化方面起着重要作用，呼吁世界各国立即采取行动，维持和恢复"蓝碳"，保护海岸带生态系统的碳汇功能。但是，滨海湿地碳循环的关键机制尚不清楚，其固碳潜力、碳汇通量和封存量的数据还很少，目前尚无一个全球公认的机制来正确认知蓝色碳汇的重要性（白雪瑞和熊国祥，2011）。因此，阐明潮汐盐沼湿地碳交换过程的影响机制，揭示盐沼湿地蓝色碳汇的形成过程与机制，对于评估滨海湿地"蓝碳"对区域及全球碳收支的贡献具有十分重要的作用和意义。

1.2.2 潮汐作用及其引起的干湿交替对盐沼湿地-大气间碳交换的影响

潮汐盐沼湿地 CO_2 和 CH_4 交换受到的影响与其他湿地类型最大的区别在于，潮汐的存在不仅影响水位，还存在特殊的涨落潮水周期特征（马安娜和陆健健，2011）。一方面，潮汐过程（涨落潮和淹水）主要通过影响氧的可利用率、气体扩散率及微生物活性直接或间接影响植被的光合作用和呼吸作用（Jimenez et al.，2012；Moffett et al.，2010），进而影响湿地-大气间的 CO_2 交换过程（Guo et al.，2009；马安娜和陆健健，2011）。例如，潮汐淹水会使光合作用的有效叶面积减小（Baldocchi，2003），导致光合作用强度降低，因此淹水减小了盐沼湿地白天植被光合作用的最大速率（Han et al.，2015）；同时潮汐淹水使得盐沼湿地排向大气的 CO_2 通量显著减少（邢庆会等，2014），与涨潮前和落潮后相比淹水期湿地生态系

统 CO_2 排放量最低（仝川等，2011），CO_2 释放量与潮汐高度呈负相关关系（马安娜和陆健健，2011）；NEE 的减少与淹水的深度和持续时间成正比（Moffett et al.，2010），因此潮间带湿地淹水程度伴随潮汐而变化，使湿地 CO_2 交换产生与潮汐运动协同或略滞后的周期性特征，持续短暂但作用强烈（Guo et al.，2009；马安娜和陆健健，2011）。另一方面，涨落潮过程潮汐带来的富含硫酸盐等电子受体的海水入侵，能增加电子受体，与 CH_4 产生对电子的竞争，使盐沼湿地产 CH_4 过程向硫酸盐还原过程转变，由此产生 CH_4 的减排效应（王维奇等，2012；王进欣等，2011）；在涨潮过程中，土壤还不足以形成完全的厌氧环境，加之涨潮引起的土壤表面水位波动使得空气中的 O_2 溶解，减少 CH_4 生产的同时，增加了 CH_4 的氧化（王进欣等，2011；Tong et al.，2010）。潮汐淹水提供了 CH_4 产生的厌氧环境，但是水位的升高不一定造成 CH_4 通量的增加，还需综合考虑滨海湿地 CH_4 的生产潜力、基底物质以及由水位改变造成的光合作用的改变。例如，过多的淹水可能会阻碍 CH_4 的释放过程，减少植物对于 CH_4 的传输并延迟 CH_4 的气泡扩散，因此盐沼湿地涨落潮过程中 CH_4 通量均小于涨潮前和落潮后（仝川等，2011）；平潮期由于 CH_4 的部分溶解，CH_4 释放量低于涨潮期和落潮期（王进欣等，2011）。另外，周期性的潮汐运动足以扰乱湿地的盐沼环境（如盐度、氧化还原电位、土壤温度和饱和度等），从而影响植被生长与分布（Parida and Das，2005），植物可以固定碳和通过根系分泌物及凋落物为产甲烷菌提供底物，也会通过传输作用影响 CH_4 的释放（王维奇等，2012；Tong et al.，2010）。

潮汐作用引起的干湿交替（drying-wetting cycles）是盐沼湿地所经历的最普通和频繁的自然过程（侯立军，2004；王健波等，2013），使土壤经历一个干旱—湿润—淹水—再湿润的物理、化学和生物变化过程。周期性干湿交替对盐沼湿地 CO_2 和 CH_4 的生产、吸收和传输等各个过程均可能产生深刻的影响（王进欣等，2011），主要表现在以下几个方面：①干湿交替会引起土壤收缩和膨胀，破坏土壤的物理聚合（Inglima et al.，2009），影响土壤结构（团聚体结构、孔隙和通气状况），从而影响土壤-大气界面之间厌氧和好氧过程的发生。例如，大潮期较高的土壤含水量抑制空气中的 O_2 扩散进入土壤，而土壤中原有的 O_2 很快被消耗完，从而导致土壤氧化还原电位（Eh）迅速降低（Seybold et al.，2002）。②潮汐驱动下干湿交替伴随着土壤中水溶性盐分的表聚与淋洗，导致土壤盐度周期性波动，成为盐沼湿地最显著的环境特征之一（侯立军，2004）。在暴露失水过程中，孔隙水在毛细作用下向土壤表层迁移，引起水溶性盐分在土壤表层富集，出现龟裂和盐碱化现象；在潮汐淹水过程中，水分向土壤深层下渗，根层土壤发生淋洗脱盐（侯立军，2004）。湿地土壤盐度增加可能会通过渗透压胁迫抑制土壤中微生物的活性，从而降低其对土壤有机质的分解速率（Setia et al.，2010），因此土壤 CO_2 和 CH_4 的释放与盐度均呈负相关关系（Weston et al.，2010；Poffenbarger et al.，

2011）。同时，过高的盐度会通过渗透压胁迫使植物失水（Heinsch et al., 2004），减弱植物的光合作用和降低初级生产力（CO_2 吸收），因而与植物活性紧密耦合的生态系统呼吸作用（CO_2 释放）也随盐度升高而降低（Neubauer, 2013）。③干湿交替对土壤微生物活性和群落结构产生重要影响。土壤干燥过程中，土壤水势降低造成渗透休克，从而导致土壤微生物因细胞破裂而死亡（Magid et al., 1999），此时土壤中微生物以好氧型群落为主；干燥土壤湿润过程可能会导致土壤微生物细胞的渗透压发生变化，从而使得微生物细胞溶解，或使细胞内溶质渗漏（Fierer and Schimel, 2012），微生物群落转变为以厌氧型为主。研究表明，干湿交替能够极大地激发微生物活性，导致土壤有机质矿化速率急剧增加，从而引起短期内快速释放大量的 CO_2（Birch, 1958；Borken and Matzner, 2009；Schimel et al., 2011），这种现象称为"Birch 效应"。这种由干湿交替引起的土壤 CO_2 短暂脉冲式释放很大程度上决定着长时间尺度温室气体释放的总量，是土壤含碳温室气体释放的关键过程（Schimel et al., 2011）。④干湿交替通过影响土壤水分和土壤盐度等环境因子，进而控制植物体内的主要生理过程，如光合作用、呼吸作用、脂质代谢、蛋白质合成等（Parida and Das, 2005）。同时，干湿交替中土壤长期暴露所带来的高盐度是潮间带湿地的独特环境因素，过高的盐度会通过渗透压胁迫使植物失水，只有适应高盐度的植物才能存活，并形成潮间带湿地多样的植物分布格局和生产力状况（Heinsch et al., 2004）。全球气候变化背景下，局部地区可能经历频繁、剧烈的干湿交替，按照成因可以分为两大类：一类是降雨引起的，发生在干旱、半干旱和地中海气候区（Fierer and Schimel, 2002；Borken and Matzner, 2009；Schimel et al., 2011）；另一类是潮汐作用引起的，发生在滨海湿地。前人对于降雨引起的干湿交替对干旱、半干旱地区碳过程的影响已开展了大量工作并取得了系列进展（Borken and Matzner, 2009；Schimel et al., 2011；欧阳扬和李叙勇, 2013），但是潮汐引起的干湿交替对滨海湿地碳交换过程的控制机制尚不明确，有待深入研究。

1.2.3 潮汐作用及其引起的干湿交替对盐沼湿地-水体间碳交换的影响

作为陆地和海洋生态系统之间的过渡生态系统类型，盐沼湿地土壤-水体界面 DOC、DIC、POC 迁移转化及其输出是碳收支估算中不容忽视的部分（Bergamaschi et al., 2012；Dinsmore et al., 2013）。湿地 DOC 主要来自湿地植物、碎屑物中碳的淋溶及沉积物中碳的释放，而 POC 主要来自湿地中生长的植物（Thacker et al., 2005）。例如，加拿大 Ontario 泥炭沼泽通过降水截获的 DOC 约为（1.5±0.7）g/(m^2·a），但 DOC 的输出达（8.3±3.7）g/(m^2·a）（Fraser et al., 2001）。美国滨海湿地输出到邻近河口的 DOC 为（180±12.6）g/(m^2·a）（Bergamaschi et al., 2012），比从淡水湿地输出的碳量大了一个数量级。土壤微生物在分解利用 DOC 的同时，可以将其转变为 DIC，并通过径流与相邻水域进行交换，这部分碳量可高达土壤溶液 DOC 总量的 40%（Shibata et al., 2001）。另外，POC 是生物摄食和代谢产物的主要形式，无论是在土壤孔隙还是在径流中，其通量都仅次于 DOC（Fiedler et al., 2008），并在一定程度上控制着 DOC 的分布。通过潮汐的作用，九龙江口湿地具有向毗邻水域输出有机碳的作用，DOC 和 POC 的输出量分别为 0.07kg/(hm²·d) 和 0.01kg/(hm²·d)，是近海水域有机碳的源（邱悦和叶勇，2013）。可以看出，盐沼湿地由于高的生产力及其与潮汐的频繁物质交换，对于邻近水体而言是重要的碳源，因此潮汐盐沼湿地的碳交换闭合研究必须包括垂直方向上的碳交换和横向方向上的碳交换。

毫无疑问，水文条件的改变对盐沼湿地 DOC、DIC 和 POC 的产生及释放都有显著影响。首先，周期性潮汐运动和降雨引起的地表径流控制着水位及水流速度，直接影响盐沼湿地的氧化还原状态（Chambers et al., 2013；Wilson et al., 2011）和碳的迁移速率（van den Berg et al., 2012）。然后，在潮汐作用下盐沼湿地水体和土壤盐度从海到陆呈现梯度变化，进而影响有机碳的运移和沉积（Mayer, 1994；Zhang et al., 2007）。最后，潮汐和降雨导致湿地土壤表层不断经历着干湿交替过程，干湿交替能够改变土壤结构和通气条件，控制着好氧呼吸和厌氧呼吸作用之间的平衡，并影响土壤有机碳含量的稳定性和土壤微生物活动，从而改变土壤碳动态及其趋势（Chambers et al., 2013；张雪雯等，2014）。目前一些研究已经利用涡动通量塔确定了盐沼湿地和大气之间垂直方向上的碳交换（Heinsch et al., 2004；Kathilankal et al., 2008；Polsenaere et al., 2012；Guo et al., 2009），但是并没有把水平方向上碳交换的测量耦合在一起（Fagherazzi et al., 2013）。

1.2.4 潮汐作用及其引起的干湿交替对盐沼湿地碳汇形成机制的影响

盐沼湿地不仅是 CO_2 的 "汇" 与 "源"，还是 CH_4 的重要来源，同时 DOC、DIC 和 POC 的交换及其输出也是碳收支估算中不容忽视的部分，因此碳吸收与碳排放之间的动态过程决定了盐沼湿地的碳汇功能。潮汐作用及其引起的干湿交替影响盐沼湿地的土壤物理化学性质（仲启铖等，2015；Mitchell and Baldwin, 1998；侯立军，2004）、水文状况（Mitchell and Baldwin, 1998；Fierer and Schimel, 2012；IPCC, 2013）、氧化还原状态（Chambers et al., 2013；Wilson et al., 2011）及植被生长和分布（Parida and Das, 2005；Heinsch et al., 2004）等诸多环境条件，从而影响湿地碳交换通量的大小与方向（仲启铖等，2015；王进欣等，2011；van den Berg et al., 2012），最终影响盐沼湿地碳汇与碳源功能的相互转化。例如，潮间带湿地在盐度较低、土壤水分较高的情况下固定 CO_2，而在盐度较高、土壤水分较低的情况下排放 CO_2（Heinsch et al., 2004）。在单独增加盐度时，潮汐淡水湿地净生态系统生产力降低 55%，但当盐度和水文因子被同时调控时，净生态系统生产力却没有发生显著改变（Neubauer，2013）。干湿交替通过影响土壤水分条件决定湿地的氧气环境，由此湿地在产 CH_4 环境和氧化 CH_4 环境两种状态间转化（王健波等，2013；Schimel et al.，2011），因此干湿交替有调节湿地 CO_2 吸收和 CH_4 排放平衡的作用。另外，CH_4 产生量与湿地水位呈正相关关系，但 CO_2 产生量与湿地水位有一定的负相关关系（孟伟庆等，2011）。潮汐水位对盐沼湿地 CO_2：CH_4 的变化具有一定的调节作用（王维奇等，2012），涨潮前、涨落潮和落潮后 3 个过程盐沼湿地 CO_2：CH_4 对潮汐的响应并不一致。另外，DOC 迁移是盐沼湿地土壤碳输出的一个主要途径，而潮汐作用在盐沼湿地 DOC 输出中发挥着关键作用。同时，滨海湿地水平方向上碳交换与 CO_2 和 CH_4 的排放密切相关。例如，高潮时滨海淡水沼泽的土壤 CO_2 通量与 DOC 浓度呈正相关关系（Chambers et al.，2013）；湿地 CH_4 排放的季节变化受土壤 DOC 调节，CH_4 排放量与土壤 DOC 浓度呈显著正相关关系（杨文燕等，2006；Zhan et al.，2011）。因此，潮汐作用及其引起的干湿交替可能控制着盐沼湿地碳交换的通量大小、方向及其之间的转化，最终决定盐沼湿地的碳汇形成机制和碳汇功能。

1.3 增温对滨海湿地土壤呼吸的影响

1.3.1 引言

土壤呼吸作用是土壤碳库向大气碳库输入的主要途径（曹宏杰和倪红伟，2013），主要包括植物根系的自养呼吸作用和土壤微生物的异养呼吸作用。土壤是地球表面最大的碳库（$2.2×10^3$～$3×10^3$Pg），为植被碳库的 2～3 倍、全球大气碳库的 2 倍左右（Blin and Degens，2001），因此土壤呼吸速率相对微小的改变都会显著改变大气中 CO_2 的浓度和土壤碳的累积速率，从而加剧或减缓全球气候变暖（牛书丽等，2007）。截至 20 世纪末，全球地表平均温度上升了 1.5～2.0℃（IPCC，2013）。同时，模型预测结果表明，2016～2035 年全球地表平均温度将升高 0.3～0.7℃，2018～2100 年将升高 0.3～4.8℃，并且北半球高纬度和高海拔地区温度升幅更大（IPCC，2013）。温度升高会促进土壤呼吸（Xia et al.，2009；Wang et al.，2014b；Fouché et al.，2014），进而使大气 CO_2 浓度增加，在陆地生态系统和大气之间产生一个强烈的正反馈作用（Raich et al.，2000），从而使全球变暖的情况更加恶化（Carney et al.，2007）。因此，研究全球变暖背景下的土壤呼吸作用已成为当今的热点问题之一。

野外自然条件下的模拟增温试验是研究全球变化重要的信息来源（徐振锋等，2010），是研究全球变暖与陆地生态系统相互关系的主要方法之一（牛书丽等，

2007；Hoeppner et al.，2012；Hou et al.，2013），不仅能够获取气候变暖对生态系统影响的直接证据，还可以解释陆地生态系统对气候变化响应的内在机制（Hou et al.，2013）。目前模拟增温的方法主要包括主动增温和被动增温，并且根据其特点应用于各种生态系统类型中，在增温对土壤呼吸影响的特征及机制方面取得了重要进展，但是在有关研究的广度和深度方面仍存在大量不足（方精云和王娓，2007）。因此，本文综述了此领域近十几年来的主要研究工作，总结了模拟增温的方法、对土壤呼吸的影响及其机制，并指出以往研究中存在的主要问题及未来研究的主要方向。

1.3.2 增温方法与装置

试验装置的发展是模拟增温试验发展的重要推动力。目前，有关全球变暖对陆地生态系统影响的模拟增温装置主要分为被动增温和主动增温两类。被动增温装置包括开顶式生长箱（open-top chamber）、温室（greenhouse）和红外反射器（infrared reflector），而人工气候生长箱（artificial climate-control chamber）、土壤加热管道和电缆（soil heating pipes and cables）（Zhong et al.，2013）、红外辐射器（infrared radiator）（Yin et al.，2013）等则为主动增温装置。温室或开顶式生长箱作为最早、最简单且最普遍的增温装置（Bokhorst et al.，2010），被广泛应用在草地生态系统中（Klein et al.，2005；Walker et al.，2006），包括北极和南极冻原、亚高山草地、青藏高原和温带草原，在高海拔和高纬度地区增温试验主要通过温室设施实现（牛书丽等，2007）。在20世纪70年代有研究者利用发电厂的废热水埋设管道增温，以此为启示出现了土壤加热管道和电缆增温方式（Rykbost et al.，1975）。红外发射器作为能够模拟夜间增温的试验装置被开发出来，它的原理和设计比较简单（Luxmoore et al.，2003；Beier et al.，2004；Emmett et al.，2004），在生态系统控制试验中逐渐得到应用（Luo et al.，2001）。

尽管不同类型的增温装置有不同的增温效果，但是作为全球变化生态学研究的主要手段之一，生态系统增温试验在研究陆地生态系统对全球变暖的响应和适应机制方面有不可替代的作用（牛书丽等，2007）。被动增温装置较为省钱和省力，但对自然环境的干扰较大，装置本身产生的干扰效应有时会大于增温处理的效应，而且增温的幅度和时间不能得到很好的控制（Jonasson et al.，1993）；主动增温装置对自然环境干扰较小，可控性较强，但配置和维护费用较高，受电力等能源供应条件的限制（Hoeppner and Dukes，2012；Hou et al.，2013；Luo et al.，2001；Kimball，2005）。不同增温装置的设计、技术和增温机制差异可能导致研究结果大相径庭，因此选择能够真实地模拟气候变暖且对环境干扰最小的增温装置显得尤为重要。

气候变暖主要是由温室气体反射的具有热效应的长波辐射（主要是红外线）增强导致的，这种增强的向下红外辐射主要通过 3 种能量方式（显热、潜热和土壤热通量）影响气候变化（Chapin et al., 2002），从而导致空气和土壤的温度升高（Xia et al., 2009）。红外辐射技术恰好能模拟这种增强的向下红外辐射，能同时改变显热、潜热和土壤热通量（牛书丽等，2007；Wan et al., 2007），对土壤无物理干扰，同时不改变小气候状况，能更真实有效地模拟全球变暖，是现有模拟增温的理想方法，近年来被广泛应用于森林、草地、苔原等生态系统（牛书丽等，2007）。

1.3.3 模拟增温对土壤呼吸速率的影响

基于以上方法，国内外众多学者布置了大量试验，研究区纬度跨度大，从 45.4°S 到 78.9°N，主要集中在北半球，包含多种生态系统类型，如森林、草地、苔原、湿地、农田等。研究区年平均温度为 $-18.1 \sim 19.6$°C，年平均降雨量为 $150 \sim 1741$mm。研究持续时间从一两年到十几年，其中有 7 个生态系统的持续增温时间在 6 年以上（Xia et al., 2009；Melillo et al., 2002, 2011；Zhou et al., 2007；Reth et al., 2005；Lamb et al., 2011；Schindlbacher et al., 2012），其余试验研究期均在 4 年以内。

大量的研究发现，对于短期增温来说，土壤呼吸速率会随着土壤温度的升高而增大（Xia et al., 2009；Zhou et al., 2007；Lin et al., 2001）。例如，Schindlbacher 等（2012）对挪威云山成熟林进行了增温试验（土壤温度提高 4℃），土壤呼吸速率分别在第 1、2 年提高了 39%、45%；在美国俄亥俄州西部森林 2 年的增温试验中，当温度升高 2.5℃时，土壤呼吸速率增大了 26%（Lin et al., 2001）；在为期 3 年的日本广岛常绿阔叶林增温试验中，当温度升高 1.4℃时，土壤呼吸速率增大了 13.85%（Wang et al., 2012a）；内蒙古多伦草原为期 3 年的增温试验中，当温度升高 0.47℃时，土壤呼吸速率增大了 3.2%（Xia et al., 2009）；同时在北美高草草原的控制加热对比试验中也得到了类似结论（Wan et al., 2007；Zhou et al., 2007）；并且 Wang 等（2014b）通过 Meta 分析总结了 50 个陆地生态系统增温对土壤呼吸速率的影响，当土壤温度平均增加 2℃时，土壤呼吸速率提高了 12%。

而对于长期增温的试验，土壤呼吸速率对增温的响应则无统一规律。例如，在美国 Harward 森林两个长期变暖的试验中，1991 年开始的试验表明，前 6 年温度升高使 CO_2 通量平均增加了 28%，后 4 年温度升高对土壤呼吸的影响明显减弱（Melillo et al., 2002）；而在 2003 年开始的试验中，从 2003 年到 2009 年，土壤呼吸速率随增温持续升高（Melillo et al., 2011）。在一个草原长期增温的试验中，在试验开始的前两年土壤呼吸速率无明显变化（Luo et al., 2001），而在接下来的

5年中,增温使得土壤呼吸速率提高(Zhou et al.,2007)。

增温对土壤呼吸的作用,除了时间上有差异,在空间格局上也表现出很大的差异(Rustad et al.,2001)。增温引起土壤呼吸的改变也会因植被类型、土壤结构及背景气候特征的差别而异。例如,在苔原生态系统中,平均土壤温度升高1.73℃时,土壤呼吸速率提高28%;在北方针叶林中,平均土壤温度升高3.42℃时,土壤呼吸速率提高10%;在温带森林中,平均土壤温度升高3.72℃时,土壤呼吸速率提高12%;在草地生态系统中,平均土壤温度升高2.02℃时,土壤呼吸速率提高6%;在农田生态系统中,平均土壤温度升高2.63℃时,土壤呼吸速率提高6%(Wang et al.,2014b)。

1.3.4 增温对土壤呼吸的直接影响

增温可对根呼吸和微生物呼吸产生直接影响。当温度较低时,呼吸速率主要受生化反应限制,根呼吸速率随着温度升高呈指数增加(Atkin et al.,2000)。温度较高时,那些主要依赖扩散运输的代谢或者代谢产物会限制根系呼吸,并且温度超过35℃时,原生质体开始降解,从而使根呼吸对温度的响应变弱(Mcnaughton et al.,2008)。增温也能够通过改变土壤微生物的量、微生物的群落结构及微生物的活性(Bokhorst et al.,2010),来影响土壤CO_2的释放速率。一方面,增温可能增加土壤微生物的量(Marilley et al.,1999),也可能降低土壤微生物的量(Rinnan et al.,2007),而微生物量的改变直接影响微生物的呼吸。另一方面,增温后土壤微生物总量可能没有显著变化,但温度升高能够增强真菌优势(Rinnan et al.,2007),使其丰富度增大(张卫健等,2004),从而改变微生物群落结构(Smith et al.,2003),影响微生物活性,最终导致微生物呼吸的改变(张卫健等,2004)。此外,微生物呼吸和根系呼吸都需要酶的参与,土壤酶活性在土壤呼吸过程中发挥着重要作用。增温对土壤酶活性的影响一般表现为促进作用,但是增温引起的土壤物理状况、养分差异也可能导致土壤酶活性受增温的影响很小甚至不明显(冯瑞芳等,2007)。

1.3.5 增温改变其他环境因子对土壤呼吸的间接影响

温度升高会影响土壤水分含量,而土壤水分含量对土壤呼吸有重要影响,尤其是干旱或半干旱地区,土壤水分可能取代温度而成为土壤呼吸的主要控制因子(Wang et al.,2003)。首先,土壤水分直接参与生物的生理过程,土壤水分在过低或过高的水平下都会限制根呼吸作用(Gaumont-Guay et al.,2006)。其次,土壤水分主要通过影响酶和基质的扩散、O_2在土壤中的传输来影响土壤呼吸(杨毅等,

2011)。模拟增温一方面促进冻土层的凝结水转化成有效水,另一方面又会通过增强蒸发和蒸腾形成暖干的趋势（Rustad et al.，2001）。在草地生态系统中,水分为主导因子,增温加速了蒸发,使土壤水分含量降低,而水分含量过低会抑制胞外酶和呼吸底物的扩散及微生物的移动,从而减少微生物与呼吸底物的接触机会（杨毅等,2011),最终降低土壤呼吸速率（Wang et al.，2003）。但在苔原、泰加林、高寒草甸等生态系统中,由于冻土层的存在,增温加速冻土层的凝结水转化为有效水,从而增加了土壤水分含量（Wang et al.，2014a),提高了土壤呼吸速率（Wang et al.，2012a，2014b;石福孙等,2008）。在热带雨林、季雨林生态系统中,水分含量过高,虽然酶和可利用基质的含量充足,但土壤孔隙被水填充,限制了土壤呼吸所需 O_2 的传输,并且这种通气性较差和厌氧的环境能够降低微生物的呼吸速率及根呼吸速率（杨毅等,2011）。因此,增温加速土壤变干的过程,从而缓解了土壤呼吸速率因水分过量而降低的趋势（Wan et al.，2007;杨毅等,2011;石福孙等,2008;Byrne et al.，2005;Saiz et al.，2007;Baldwin et al.，2006）。此外,增温引起的土壤水分变化也将影响叶片水势（Ψ）和相对含水量（RWC),进而影响气孔的开闭、碳的固定和植物的生存,从而使根系的生长和活性受到影响,最终导致土壤呼吸的改变（Rey et al.，2002）。

在滨海湿地生态系统中,当土壤温度升高时,土壤水分的蒸发加速,会促进地下咸水向土壤表面的输送（Setia et al.，2011),导致土壤表层含盐量升高,从而导致土壤呼吸速率降低（聂明华等,2011;Marton et al.，2012）。首先,土壤含盐量升高会抑制土壤微生物活性,使得土壤呼吸速率随含盐量升高而降低（Wong et al.，2008;李凤霞等,2012;Iwai et al.，2012);其次,土壤含盐量升高会降低微生物的数量（Pattnaik et al.，2000;Pivnickova et al.，2010;Kiehn et al.，2013）及微生物群落的多样性（Baldwin et al.，2006);再次,含盐量升高能使微生物生理形态发生明显变化,从而使其分解有机质的能力受到强烈影响（Thottathil et al.，2008);最后,多数土壤水解酶与氧化还原酶的活性均随盐渍化的水平升高而明显下降（Rietz and Haynes，2003;张建锋等,2005;Yan et al.，2013),低盐分对酶的活性有促进作用而高盐分条件下酶的活性会下降（Yan et al.，2013),因此土壤含盐量的高低影响土壤呼吸。

此外,温度升高会促进氮的矿化作用,增加土壤可利用的氮素含量（Rustad et al.，2001）。土壤中氮的变化能够影响微生物的活性（Lee et al.，2007;Allison et al.，2009),进而影响其呼吸,最终影响土壤 CO_2 的排放;还能够通过影响细根的生物量来影响根呼吸（Mo et al.，2007;Samuelson et al.，2009）。同时氮素含量增加使得 C/N 降低,植物获取氮素相对容易,植物向地下分配光合产物的比例便会相应减小。一方面,这直接导致了植物根系呼吸速率的降低,另一方面,不但植物根系分泌物的减少限制了根际微生物进行呼吸作用的基质来源,而且根系分泌物对土壤有机碳分解的激发作用（priming effect）也会有所减弱（Crow et al.，2009）。另外，受光合产物分配比例的影响，根系的伸长活动受到一定程度的抑制，其对土壤团聚体的机械破坏也相应减少，不利于受物理保护的土壤有机碳的释放（陈全胜等，2003），从而影响土壤呼吸。

1.3.6 增温改变生物要素对土壤呼吸的间接影响

增温能够影响生物量，进而影响土壤中凋落物和碎屑的数量，从而导致微生物的生长和活性发生改变，最终改变土壤呼吸（Lohila et al.，2003）。一方面，增温能够改变植物的生长速率，提高植被的净第一生产力和碳固定能力，进而提高凋落物的产生量和质量（Henry et al.，2005）。而凋落物层的微生物控制着土壤中主要的生物化学过程，其更容易受到分解物和根系分泌物的影响（Henry et al.，2005）。另一方面，凋落物作为土壤有机质输入的主要来源，是真菌或微生物进行生命活动的物质基础，并且对土壤的温度、湿度也会产生影响，进而影响土壤呼吸（Buchmann，2000）。

根呼吸作用的物质基础来源于植物光合作用（Lohila et al.，2003），增温使得光合作用增强，从而使光合产物向地下部分的分配增多（Jonasson et al.，1993），而根呼吸作用主要依赖于植物地上部分光合产物对地下部分的分配（Yuste et al.，2004），其中分配到根系中的光合产物约 75%被呼吸消耗掉，只有 25%用于植物生长，因此增温能间接驱动根呼吸（Högberg and Ågren，2002），使得地下部分的呼吸作用也旺盛（陈骥等，2013）。同时，根系分泌物是根际微生物的主要碳源（Crow et al.，2009），增温引起的植被碳素向下分配加速了根系分泌物及死根和活根的分解（Eliasson et al.，2005），从而提高了根际微生物的呼吸速率。此外，增温能够直接影响植物根系的特征，或者通过影响种间关系对群落结构和物种多样性产生影响（Wang et al.，2012a），进而影响根系生长，而根呼吸与根系的主要特性之间具有强烈的相关性（Benasher et al.，1994）。因此，增温能够通过影响根系的发展从而影响土壤呼吸。

1.3.7 土壤呼吸对模拟增温的适应性

众多研究表明，随着温度的升高或增温时间的延长，土壤呼吸速率的增长幅度往往下降甚至停止增长，其对温度变化的敏感程度降低，表现出所谓的温度适应性（Oechel et al.，2000）。关于土壤呼吸对温度适应性的机制，目前尚未达成共识，存在的可能原因包括以下几个方面。

（1）微生物的温度适应性。这种适应性极可能是单一种群对较大温度区间的适应（Shen et al.，2009），也可能是种群通过结构的调整来适应温度的变化，即随着温度的变化，优势种群发生改变（杨毅等，2011），造成的结果是，增温对微生物呼吸的影响减小。

（2）酶的温度适应性。驱动有机质与 O_2 反应产生 CO_2 的酶（由微生物分泌）具有较强的温度适应性，随着温度的升高，酶的最适温度变高（彭少麟和刘强，2002），继续驱动较复杂有机质的转化，从而对微生物呼吸的影响变弱。

（3）根生长的温度适应性。根生长具有一个最适温度，超过最适温度后根呼吸速率开始下降（Mcnaughton et al.，2008），因为 O_2 通过细胞膜的扩散可能限制呼吸，特别是在长时间的热胁迫下，对呼吸产物需求的减少会造成呼吸速率的进一步降低。因此，短期增温尽管可以刺激根系自养呼吸，从而使土壤呼吸产生大量的 CO_2，但增温并不能使根呼吸速率持续增加，即随增温时间的延长，根呼吸对温度变化表现出一定的适应（adaptation）和驯化（acclimation）现象，从而缓解土壤呼吸对增温的正反馈效应（Luo et al.，2001；Melillo et al.，2002）。

（4）水分限制。增温能够促进植物蒸腾与土壤水分的蒸发，从而造成水分含量过低的状况（Dai et al.，2001），而这种水分状况能够限制温度对土壤呼吸的作用，土壤水分的变化自然会影响土壤呼吸对温度升高响应的敏感程度，并在一定条件下导致土壤呼吸对温度升高的适应。

（5）氮素过量。温度升高势必导致土壤氮素矿化速率的增加和土壤可利用氮素的增加，从而导致植物 C∶N 降低，植物体向土壤中分泌的有机物减少，进而限制了土壤呼吸（Melillo et al.，2002）。

（6）呼吸底物的限制。温度可以通过影响底物供应对土壤呼吸产生影响。在温度升高的初期，土壤微生物呼吸因为温度升高的刺激而耗竭大量活性较大的碳（labile C）（Rastetter et al.，1997），一旦土壤中这些易于分解的活性较大的碳被分解掉，随着温度的进一步升高或升温时间的延长，土壤微生物获取基质困难，就可能出现土壤呼吸对温度升高响应迟钝的情况（Rustad et al.，2001）。同时，温度升高促进活性碳库向钝性或缓性（保护性）碳库转移（陈全胜等，2003；Hartley et al.，2007），使得土壤微生物可利用的活性碳源也相应减少（Thornley and Cannell，2001），进而导致土壤呼吸的温度敏感性降低。因此，短期增温使得土壤异养呼吸增强，但是随着温度的进一步升高或较高温度持续时间的延长，呼吸底物的有效性降低（Atkin et al.，2000；Yuste et al.，2004），导致土壤呼吸温度敏感性降低，进而减缓土壤呼吸速率随温度升高而增加的趋势（Oechel et al.，2000；Luo et al.，2001；Rustad et al.，2001；Melillo et al.，2002；Eliasson et al.，2005）。

1.3.8 研究展望

由于野外模拟增温试验需要昂贵的资金支持和长期的管理维护,因此尽管模拟增温试验对揭示全球陆地生态系统对气候变暖的响应规律有重要参考和指导意义,并且方法和理论已经相当成熟,但是国内迄今为止相关试验开展较少。而且增温对土壤呼吸的影响是一个复杂和长期的生态过程,目前尽管模拟增温对土壤呼吸的影响及反馈机制取得了大量研究成果,但是由增温引起的植被生长和光合作用变化、土壤水分和养分供应变化及其他环境因子的变化也将对土壤呼吸产生影响,而该领域目前仍然还有一些问题和不足。同时可以预见,在未来数年乃至数十年间,气候变暖必将对土壤呼吸产生巨大的影响,这对于本领域的研究工作既是机遇,又是挑战,在未来数年间需要在以下的几个方面加强研究。

(1) 加强全球变暖条件下根际微生态系统的研究。根呼吸与微生物呼吸的区分是土壤呼吸研究的一个重点和难点。气候变暖通过直接或间接影响根系生产力、根系周转、根系呼吸、菌根生长、根系分泌物的产量与质量,进而影响各组分碳通量变化及其对森林地下碳分配的贡献,并且由于根际微生态系统的复杂性和对环境因子的敏感性,加之缺乏有效的研究手段和方法,目前有关根际微生态系统碳循环对全球气候变暖的响应的系统性研究很少,因此地下碳库预算存在一定损失。根际微生态系统是土壤呼吸研究中最不确定的区域,还需进一步研究。

(2) 重点研究不对称增温下土壤呼吸的特征及机制。由于地理要素的复杂性和气候因子的相互作用,全球变暖还存在明显的不对称性(Bardgett et al.,2005),即北方增温大于南方,冬春季增温大于夏秋季,夜间增温大于白天(IPCC,2007)。目前土壤呼吸的研究多集中在生长季,有关土壤呼吸冬季特征的报道很少,尤其是高纬度地区受冬季温度大幅度降低和试验条件的限制。另外,研究发现冬季积雪能够防止土壤冻结,维持微生物活力,显著影响生态系统的碳平衡(Wang et al.,2003),而气温变暖,尤其是冬季增温和积雪覆盖的减少对于土壤呼吸的影响,对深刻认识生态系统碳循环和碳平衡,以及预测全球变暖对陆地生态系统碳汇、碳源有重要意义。同时,关于增温时间段目前多侧重于全天平均温度的升高效应,关于夜间增温影响的研究很少(Bardgett et al.,2005)。一天之中增温幅度并不一致,夜间最低温度的增温幅度比白天最高温度的增温幅度平均高出一倍,这种昼夜增温幅度的不均匀性深刻地影响着陆地生态系统碳循环对全球气候变化的响应和反馈。

(3) 关注典型物候期和不同季节典型天气土壤呼吸的测定。由于土壤呼吸的影响因素十分复杂,植物本身的发育、生理代谢活动强度、气温与土壤表层地温、湿度等均不同程度影响着呼吸,某些情况下还会成为决定呼吸通量的主要环境因子,并且在群落不同的物候期及同一物候期的不同观测日,其影响因子也不同,由此我们的研究更加复杂,应该把典型天气、典型物候期及不同季节与土壤呼吸结合起来加强研究以增强测量的权威性、可靠性。

(4) 构建全球模拟增温试验的研究网络,在生态系统联合的多因素观测基础上,进行增温对土壤呼吸影响的研究。目前全球有关模拟增温研究的站点有很多,包含多种生态系统类型,积累了大量数据资料,取得了一定的进展,但是由于生态系统的差异性和环境过程的复杂性,单个站点的研究已不能满足未来发展的需要。因此,加强联网观测与试验,利用多尺度、多要素、多过程、多途径的综合集成分析等手段,开展联合观测势在必行。同时,土壤呼吸是一个复杂的生态系统过程,受到多种因素的制约,其对气候变暖的响应与适应机制是未来气候变化研究的重要组成部分。因此,未来应在生态系统联合的多因素观测基础上,进行增温对土壤呼吸影响的研究。

研究表明,自工业革命以来,由于全球化石燃料燃烧和土地利用模式变化,全球 CO_2 气体浓度已由工业革命前的 278ppm（10^{-6}）上升到了现在的 393.1ppm,同时全球 CH_4 浓度也从 715ppb（10^{-9}）增加到了 1774ppb（IPCC,2013）。根据 IPCC 第五次全球气候综合评估报告,全球地表温度从工业革命以来已经上升了 0.85℃,同时到 21 世纪末,全球平均温度可能升高 1.1~6.4℃（IPCC,2013）。大气中温室气体浓度的升高是全球变暖的主要原因（Solomon et al.,2010）,因而减少陆地生态系统碳排放、提高陆地生态系统碳固存能力是缓解全球变暖的有效措施。近一个世纪以来,气候变暖导致全球年降雨量不断增加（Houghton et al.,2001）,降雨的季节分配也呈秋冬增多、夏季减少的趋势（Dai et al.,2001）。气候模型预测显示,未来全球或区域降雨格局将继续发生变化,极端降雨和干旱延长事件频率及幅度预计会不断升高（IPCC,2013）。研究表明,离散的且具有很大不可预测性的降雨事件可能是改变陆地生态系统功能和结构的一个重要驱动因子（Ehleringer et al.,1999）。降雨事件的发生将直接导致土壤水分的变化,使土壤经历频繁的干湿交替过程,这一过程会改变土壤团聚体、微生物活性和群落结构,进而显著影响土壤生物地球化学过程,对陆地生态系统碳循环过程响应降雨变化具有重要意义（Zhu et al.,2013；Lourdes et al.,2015）。滨海湿地连接陆地和海洋,受海陆交互作用影响,是响应全球变化的较敏感区,同时滨海湿地由于碳累积速率高、有机质分解速率低,对缓解全球变暖具有重要意义（Chmura et al.,2003；曹磊等,2013）。

滨海湿地是陆地生态系统和海洋生态系统之间交叉过渡、水陆相互作用形成的复杂自然综合体,主要包括在海陆作用下低潮时水深不超过 6m 的永久性浅海水域、潮间带（或洪泛地带）及沿岸浸湿地带（李吉祥,1997；曹磊等,2013）。滨海湿地大部分区域处于常年或者季节性长期淹水的状态,淹水的厌氧环境通过显著限制氧化作用而抑制湿地土壤有机质的分解（Bragg et al., 2002），因而滨海湿地的固碳能力较强，土壤碳累积速率为（210±20）g C/(m²·a)，远远高于泥炭湿地（Chmura et al., 2003）。并且滨海湿地存在大量的 SO_4^{2-} 离子，显著抑制了 CH_4 的产生，降低了滨海湿地土壤 CH_4 的排放量（Choi and Wang, 2004）。同时由于滨海湿地海拔较低、靠近海洋，湿地大部分地区地下水埋藏较浅（Hoover et al., 2015）。大气降雨和地下咸水的交互作用显著影响滨海湿地土壤的水盐运移，进而改变滨海湿地矿化速率、土壤微生物活性和养分循环（Cui et al., 2009; Fan et al., 2012; Han et al., 2014）。由于具有较高的初级生产力、较低的土壤有机质分解速率及较低的 CH_4 产生速率，滨海湿地能够从大气和海洋中捕获和埋藏更多的碳，具有相对较高的碳封存速率（Cui et al., 2009; Fan et al., 2012; Han et al., 2014），不仅是全球碳循环的重要碳库，还是缓解全球变暖的重要"蓝碳"资源贡献者（Livesley et al., 2012）。全球滨海湿地的分布面积只有 $20.3 \times 10^4 km^2$，但滨海湿地土壤有机碳含量丰富，碳储量巨大，为其他陆地生态系统的 2~3 倍（Chmura et al., 2003; Pendleton et al., 2012）。因此，滨海湿地土壤碳库的微小变化均会显著影响全球陆地生态系统碳库和碳循环（Chmura et al., 2003）。近年来，全球增温导致的气候变化及人类更加频繁的活动，使滨海湿地生态系统的结构和功能受到了较大的影响，造成滨海湿地面积减少和生态功能的退化及丧失（Pendleton et al., 2012）。而滨海湿地是陆地生态系统碳库的重要组成部分，碳库功能的变化也将直接影响大气中温室气体的浓度，进而加速或减缓全球气候变暖（Lal, 2004）。因此，在全球变暖的背景下，探究滨海湿地土壤 CO_2、CH_4 排放对气候变化的响应具有非常重要的意义，受到了国内外学者的广泛关注（Pendleton et al., 2012; 白春利等，2013; 王秀君等，2016）。

1.4 降雨引起的干湿交替对土壤呼吸的影响

1.4.1 土壤水分对土壤呼吸的影响

土壤水分是植物和微生物利用水分的直接来源，土壤水分变化引起的干湿交替能显著影响土壤呼吸（Luo et al., 2009）。研究发现，较低的土壤水分会通过限制根系和微生物的水分利用、降低根系和微生物的活性（Yoon et al., 2014; Hu et al., 2016）及减少微生物呼吸的有机底物（陈荣荣等，2016）等显著抑制土壤呼吸。随着土壤水分增加，土壤的通气状况改善，根系和微生物活性增强，微生物呼吸利用的有机底物增多（Luo et al., 2009; Fissore et al., 2009），土壤呼吸速率上升，土壤水分对土壤呼吸的抑制作用减弱。当土壤水分继续增加到一定程度时（小于田间持水量），根系和微生物活性达到最大，土壤的通气状况良好，土壤呼吸保持较高的速率，土壤呼吸不受土壤水分的限制，此时土壤水分条件为土壤呼吸最适土壤水分。而当土壤水分大于田间持水量，土壤达到饱和或积水状态时，较高的土壤水分使土壤透气性变差，根系和微生物呼吸的 O_2 利用受到限制（McIntyre et al.，2009；Wang et al.，2012a；Liu et al.，2014），同时土壤呼吸代谢的 CO_2 气体在土体中扩散速率显著下降（陈亮等，2016），土壤呼吸受到明显抑制，并且土壤水分对土壤呼吸的抑制作用随着土壤水分的升高而增强（杜珊珊等，2016）。因此，整体上土壤水分与土壤呼吸速率的关系呈倒"U"形曲线，当土壤水分较低时，土壤呼吸速率随土壤水分升高而增大，当土壤水分继续升高至大于土壤呼吸最适土壤水分时，土壤呼吸速率随土壤水分升高而减小，即土壤水分过高或过低均显著抑制土壤呼吸（图1.2a）。

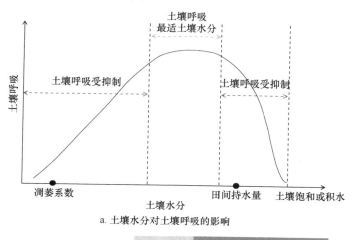

图 1.2　土壤水分（a）及降雨改变土壤水分（b）对土壤呼吸的影响示意图

降雨改变土壤水分引起的干湿交替能显著影响土壤呼吸动态（陈全胜等，2003；Austin et al.，2002）（图1.2b）。一方面，降雨通过瞬时改变土壤透气性（Nielsen et al.，2015）影响土壤呼吸动态；另一方面，降雨通过提高土壤含水量、改变地表水文状况影响土壤呼吸动态（禹朴家等，2012；陈亮等，2016）。此外，降雨造成土壤干湿交替过程对土壤呼吸的影响与降雨前土壤的水分状况有关（张红星等，2008；禹朴家等，2012），土壤水分相对亏缺时，降雨造成的土壤干湿交替过程使土壤呼吸速率先随土壤水分的升高而急剧增大，后随土壤水分的降低而减小（Almagro et al.，2009；Rey et al.，2017），土壤呼吸与土壤水分的变化呈正相关关系（Anderson，1973；肖波等，2017）；当土壤水分较高时，极端降雨使土壤迅速达到饱和或积水状态，降雨造成的土壤干湿交替过程前期使土壤处于厌氧环境，显著抑制土壤 CO_2 释放（McIntyre et al.，2009；Wang et al.，2012a；Liu et al.，2014），后期随土壤水分降低，土壤通气条件改善，O_2 的利用率提高，土壤呼吸速率随着土壤水分降低而逐渐增大（Batson et al.，2015；Zhang et al.，2015）。同时，减少降雨也能显著提高土壤呼吸速率（Cleveland et al.，2010；Zhang et al.，2015）。

1.4.2 降雨诱导的干湿交替对土壤呼吸的影响

研究表明，土壤干旱条件下降雨引发的干湿交替会强烈激发土壤呼吸，并且随干湿循环的递增降雨对土壤呼吸产生的激发效应逐渐减弱。早在 1958 年 Birch 就发现了干旱条件下降雨激发土壤呼吸的效应，所以又称为"Birch 效应"（Birch，1958）。土壤干旱条件下降雨引起的干湿交替对土壤呼吸的作用主要表现在：①降雨引起的干湿交替显著影响干旱土壤呼吸动态峰值类型。降雨引起的干湿交替使土壤呼吸随时间的动态变化主要呈单峰曲线，表现为降雨后 1h 左右达到峰值，随后降低并逐渐恢复到降雨前的水平，土壤呼吸随时间的变化趋势与随土壤水分含量的变化趋势相一致（杨玉盛等，2004）；同时降雨引起的干湿交替还使砂质土壤呼吸日动态由受温度影响的双峰型转变为单峰型（禹朴家等，2012）。此外，长期干湿交替处理使固沙植被区土壤呼吸呈多峰曲线变化（赵蓉等，2015）。②土壤呼吸响应降雨引起的干湿交替的持续时间因降雨量及干湿交替周期不同而有较大差异。较大降雨量使土壤呼吸速率在次日才达到峰值，土壤呼吸对降雨引起的干湿交替的响应可以持续 2～3d（王旭等，2013）。此外，随着降雨量及干湿交替次数的不同，模拟降雨后固沙区土壤呼吸速率达到峰值、恢复到降雨前水平的时间有很大差异，表现为降雨量越大、干湿交替次数越多，降雨后固沙区土壤呼吸速率达到峰值、恢复到降雨前水平的时间越长（赵蓉等，2015）。③降雨引起的干湿交替显著影响土壤呼吸速率。降雨引起的干湿交替分别使农田和沙漠植被区土壤呼吸速率在短时间内升高为原来的 1.5～2.0 倍和 43 倍（张红星等，2008；赵蓉等，2015）。此外，随着干湿交替次数递增，降雨激发土壤呼吸的效应逐渐减弱，土壤呼吸速率峰值随干湿交替次数的增加而逐渐降低（王旭等，2013；赵蓉等，2015），其中固沙植被区藻类结皮斑块土壤在模拟 5mm、10mm 和 20mm 降雨后（5mm、10mm、20mm）土壤呼吸速率分别升高为降雨前的 43 倍、26 倍、22 倍（赵蓉等，2015）。

土壤干旱条件下降雨引起的干湿交替主要通过影响土壤碳矿化过程、微生物活性和根系活性等改变土壤呼吸（图 1.3）。土壤干旱条件下降雨引起的干湿交替对土壤呼吸的作用主要表现在：①通过雨水短时间置换土壤中的 CO_2（Birch，1958；杨玉盛等，2004），土壤水分升高促进无机碳酸盐分解产生 CO_2（Anderson et al.，1973）等对土壤呼吸产生激发效应。②通过增加土壤微生物呼吸底物使土壤呼速率迅速提高。增加的微生物呼吸底物主要包括受降雨破坏的土壤团粒结构释放的有机物、干燥土壤快速湿润导致细胞破裂死亡的微生物、干湿交替刺激微生物释放的胞内有机渗透物和微生物干旱时无法获得的有机物质等（Kimball，2005；Jin，2013）。同时，当降雨量增加时土壤呼吸的微生物底物供应会由"微生物胁迫"机制向"底物供给"机制转变（van Gestel et al.，1993；Wu et al.，2005；陈荣荣等，2016）。③通过雨水淋洗表土层盐分，提高土壤水分含量，缓解微生物呼吸的水盐限制（Ryana et al.，2007；Fan et al.，2011；Zhang et al.，2011），提高微生物活性，改变微生物群落结构，促进微生物对有机物的分解，提高土壤呼吸速率（Huxman et al.，2004）。④通过缓解根系的水盐胁迫，提高根系活性，显著提高土壤呼吸速率（McIntyre et al.，2009；Wang et al.，2012a）。⑤通过促进微生物对地表凋落物的分解，显著提高土壤呼吸速率（邓琦等，2007；Lee et al.，2012）。降雨引起的干湿交替通过提高土壤微生物活性，促进微生物快速分解地表凋落物（李玉强等，2011）。⑥通过影响土壤微生物总量和微生物物种丰度显著提高微生物呼吸速率（Shi et al.，2017）。⑦通过影响干湿交替过程中的微生物活性和底物可用性及土壤碳的分配调节显著提高土壤自养呼吸速率和异养呼吸速率（Doughty et al.，2015；Hinko-Najera et al.，2015）。

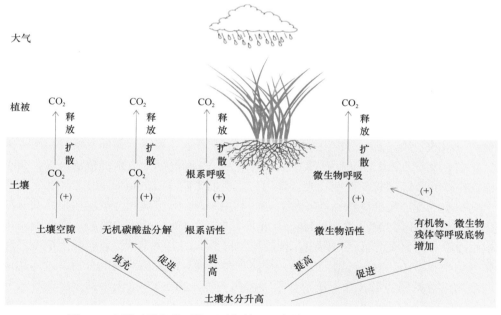

图1.3　土壤干旱条件下降雨引起的干湿交替对土壤呼吸的影响示意图

1.4.3 降雨造成的土壤饱和或积水对土壤呼吸的影响

土壤水分含量较高时，极端降雨使土壤迅速达到饱和或积水状态，改变土壤含水量和地表水文状况。降雨造成土壤饱和或积水引起的干湿交替对土壤呼吸的影响主要表现在：①长期土壤饱和或积水显著影响土壤呼吸动态。研究发现，强降雨造成的土壤饱和减弱了土壤呼吸与土壤温度日变化周期的一致性（刘博奇等，2012）。此外，降雨造成的地表积水使黄河三角洲湿地土壤呼吸日动态呈多峰变化规律（陈亮等，2016），并且使土壤呼吸日动态峰值滞后了4h（朱敏等，2013）。②长期土壤饱和或积水显著降低土壤呼吸速率。研究指出，降雨造成的土壤饱和使耕作和免耕土壤呼吸速率分别下降89.2%和60%（杜珊珊等，2016）。同时较多研究表明，从湖泊、沼泽和草甸洼地的边缘到中心，随着积水深度的增加，土壤呼吸速率逐渐减小（Bubier et al.，2003；Larmola et al.，2004）。③长期土壤饱和或积水显著改变土壤呼吸温度敏感性。降雨造成土壤饱和或积水提高了土壤呼吸的温度敏感性（Han et al.，2015；刘博奇等，2012）。新疆高寒湿地土壤呼吸的温度敏感性也表现为常年干燥区＜季节性积水区＜常年积水区（胡保安等，2016）。④土壤饱和或积水影响土壤呼吸动态变化规律。土壤饱和或积水的干湿交替过程引起土壤有氧和无氧状态的转化，使土壤呼吸动态呈先升高后降低的倒"U"形曲线（Batson et al.，2015）。降雨造成土壤饱和或积水主要通过雨水填充土壤孔隙，使土壤处于还原环境等而抑制土壤呼吸（图1.4）。降雨造成土壤饱和或积水对土壤呼吸的作用机制主要表现在：①限制O_2进入土壤，降低微生物对O_2的利用率，限制微生物活动，导致土壤较低的CO_2排放量（Jimenez et al.，2012；McNicol et al.，2014）。②导致植物有氧代谢转换为效率较低的厌氧发酵（Bailey-Serres et al.，2008），抑制植物根系的生长，影响植物根系的呼吸。③使土壤水分溶解一部分土壤呼吸产生的CO_2（Fa et al.，2015），土壤CO_2排放量减少。④淹没部分或全部植物植株，减小植物有效光合叶面积，对植物光合作用产生负面影响（Sairam et al.，2008），同时土壤积水的浑浊度会降低植被叶片对光的利用率，影响植被光合产物在根系的分配（Sampson et al.，2007；Bartholomeus et al.，2015；Han et al.，2014），也影响土壤根系呼吸。⑤显著降低土壤温度，抑制植物根系和微生物酶活性，影响土壤根系和微生物呼吸（Hidding et al.，2014）。⑥抑制微生物对地表凋落物的分解，进而加速凋落物以有机物的形式在土壤中积累（孟伟庆等，2015）。⑦积水抑制土壤呼吸产生的CO_2向大气中的扩散（Rochette et al.，1991；Hidding et al.，2014）。气体在水中的扩散速率是空气中的万分之一，地表积水会通过增大气体扩散阻力，降低土壤CO_2排放速率（Hidding et al.，2014）。因此，降雨造成的土壤饱和或积水通常会降低土壤呼吸速率。后期随着土壤水分含量的降低，土壤孔隙充气量增大，O_2利用率增加（Zhang et al.，2015），土壤有氧呼吸作用增强（Batson et al.，2015）。

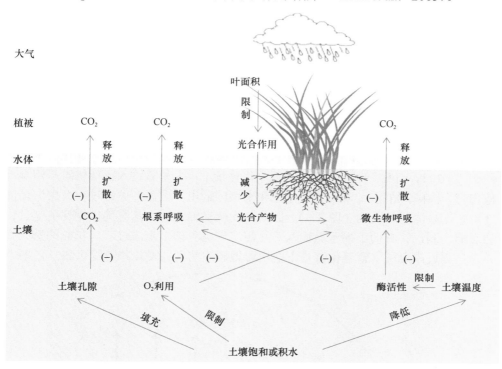

图 1.4　降雨造成土壤饱和或积水对土壤呼吸的影响示意图

1.5　潮汐作用下氮输入对盐沼湿地碳循环关键过程的影响

1.5.1　引言

滨海盐沼（coastal salt marsh）湿地是缓解全球变暖的有效蓝色碳汇（即"蓝碳"，blue carbon）。它是地球上高生产力植被类型分布地之一，其碳埋藏速率为（218±24）$g/(m^2·a)$，比森林生态系统高 40 倍左右（McLeod et al.，2011；Macreadie et al.，2019）。同时，由于滨海盐沼湿地不断向下沉积，土壤碳库很难达到饱和，储存的碳可以保存和累积在土壤中数千年（Radabaugh et al.，2018）。此外，周期性潮汐携带大量的 SO_4^{2-} 离子阻碍 CH_4 产生，从而降低盐沼湿地 CH_4 的排放量（Choi and Wang，2004）。因此，盐沼湿地具有高的碳积累速率和低的 CH_4 排放量，是地球上最密集的碳汇之一（Macreadie et al.，2019）。另外，模型模拟结果表明，气候变暖和海平面上升可能使得盐沼湿地能够更迅速地捕获和埋藏大气中的碳，因此盐沼湿地碳汇功能在减缓全球气候变化方面扮演着重要的角色（Nellemann et al.，2009）。

陆源氮素通过地表径流进入海洋生态系统，导致近岸海域富营养化日益加剧（Deegan et al.，2012；Xu et al.，2019），是目前全球海洋面临的最为严重的环境问题之一。相比工业化之前，全球范围内由陆地向海洋输出的氮至少增加了10倍，近海水体氮负荷持续加重（Deegan et al.，2012；Breitburg et al.，2018）。监测及模拟结果表明，2000年到2050年，中国沿海总氮输入量将增加30%～200%（Strokal et al.，2014；Wang et al.，2018a）。在潮汐作用下，大量氮必然会进入盐沼等滨海湿地生态系统，改变其碳循环过程及碳汇功能（Hu et al.，2016；Herbert et al.，2020）。因此，在近海水体富营养化背景下，大量氮输入无疑将对盐沼湿地植物光合固碳、植物-土壤系统碳分配和土壤碳输出等碳循环关键过程及碳汇功能产生广泛且深刻的影响（图1.5）。因此，阐明氮输入对盐沼湿地碳循环关键过程的影响机制，将有助于揭示氮输入对盐沼湿地蓝色碳汇形成过程与机制的影响，并为预测近岸海域富营养化背景下盐沼湿地碳库的潜在变化趋势提供科学依据。

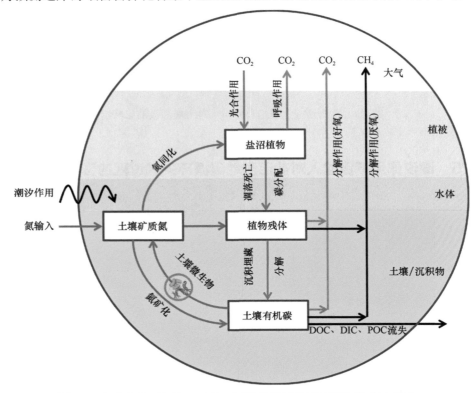

图1.5　潮汐作用下氮输入对盐沼湿地碳循环关键过程的影响示意图

1.5.2 氮输入对盐沼湿地植物光合固碳的影响

氮素是限制陆地生态系统初级生产力的重要营养元素，植物可以从土壤中以无机物（如硝酸盐和铵盐）或有机物（如尿素、氨基酸和肽）的形式通过根部获得氮素（Jones and Kielland, 2012; Kiba and Krapp, 2016）。最新的研究表明，全球超过50%的天然陆地生态系统受到氮限制（Du et al., 2020）。氮限制的持续存在是由于氮素的生物可利用形式的短暂性。氮素被生物固定到土壤之后，非常容易通过淋溶或挥发从生态系统中移除，如以可溶性有机氮（DON）和硝氮形式存在的氮素流失（Vitousek et al., 2002）。从植物组织到植物个体，再到整个群落的组成部分，氮素利用效率存在较大的差异（Vitousek, 1982; Wang et al., 2019a）。一方面，氮输入通过改变植株整体生物量及植株地上和地下生物量、叶片和木质化组织间的分配等，来影响植株的氮素利用效率（Iversen et al., 2010; Wang et al., 2019a）；另一方面，长期氮输入可能对植物群落演替产生影响，从而影响植被群落的氮素吸收利用效率（Wang et al., 2019b）。通常提高氮素有效性会显著降低植物和群落的氮素吸收利用效率，这种现象主要有三方面的原因：①解除氮限制后，其他环境因子（如土壤水分、光照强度、温度等）变得更为关键，限制了植株的生长（Harpole et al., 2016; Wang et al., 2018a）；②高浓度NH_4^+离子的潜在阳离子毒性可能限制植物的生长（Wei et al., 2013）；③氮添加引起群落内部的物种更替。氮素可利用性提高后，群落内嗜氮物种占据优势，而氮素需求量低的物种则逐渐被淘汰，导致整个植物群落趋向单一化，大量多余的氮素无法被完全消耗（Wang et al., 2019a; Xu et al., 2017）。

氮素被认为是限制陆地生态系统净初级生产力的最重要营养元素之一。光合酶在叶片氮素含量中占很大比例，因此光合能力与叶片氮含量之间普遍存在正相关关系（Chapin III et al., 2011; Mao et al., 2018）。适量增加土壤氮素有效性能提高叶片氮含量，刺激植物叶片的光合能力；但长期、过量的氮输入可能并不会优化植物叶片的光合能力（Mao et al., 2017）。此外，氮素过量与否还取决于植物本身的性能。例如，某些莎草属的植物对氮素较为敏感，即使较低的氮负荷也会对其光合能力产生负面影响；但一些氮素利用效率较高、生存能力较强的物种则能适应氮负荷较高的生境，并提高自身的光合能力和生产力（Mao et al., 2018; Shen et al., 2019）。研究表明，氮输入可能通过改变物种光合反应的差异从而改变植物群落的物种组成（Shen et al., 2019）。同时，氮是光捕获组织及植物生物量的重要组分，氮输入能显著提升植物叶片氮浓度，进而通过三种途径提高植物生物量：①增加CO_2的吸收；②通过改变CO_2同化作用及气孔导度提高叶片的水分利用效率；③减少光消耗（Guerrieri et al., 2011）。

氮输入对盐沼湿地植物光合固碳影响并非简单的线性变化，而是存在阈值效应，主要受时间尺度、氮输入类型和水平的影响（Vivanco et al.，2016；Peng et al.，2019；Xiao et al.，2019；Herbert et al.，2020）。大部分生态系统会受到氮限制，因此外源氮输入能通过提高植被的氮素利用效率显著提高植物的光合固碳能力，刺激植物地上或者地下部分生长，进而增加土壤碳输入（Fernández-Martínez et al.，2014；Herbert et al.，2020）。但是，达到一定阈值后，继续增加氮可能抑制这种正效应，甚至产生金属毒害作用从而抑制植物正常生长（Bubier et al.，2007；Peng et al.，2019）。此外，氮输入能否增强植物光合固碳能力，还取决于生态系统是"贫氮"还是"富氮"。对于贫氮生态系统，氮输入能刺激植被生长固碳，提高生态系统碳储量；对于富氮生态系统，持续的氮输入会导致土壤养分循环和氮固持等功能减弱，无法再促进生态系统生产力增加（Cusack et al.，2011）。就盐沼湿地而言，特别是新生湿地，通常是贫氮的，因此短期内大量的氮输入可能会提高其碳储量。例如，沼泽湿地和泥炭地等贫氮生态系统中，增加氮输入能通过改变植株密度、促进土壤磷素流动及增大微域环境 CO_2 浓度等途径增强植物光合固碳能力（Wu et al.，2015），但是长期大量氮输入可能导致生态系统逐渐走向氮饱和，甚至导致生态系统从氮限制转变为磷限制，从而减弱植物光合固碳能力对氮输入的响应（Chen et al.，2017；Peng et al.，2019），植被群落相应地发生适应性改变，进而对盐沼湿地的植物分布格局和生产力状况产生深刻影响，制约盐沼湿地"蓝碳"功能（Deegan et al.，2012）。

1.5.3　氮输入对盐沼湿地植物−土壤系统碳分配的影响

氮输入不仅从整体上影响植物光合固碳能力，还能影响植物光合产物在植物-土壤系统中的分配比例。尽管植物地上、地下各部分组织都是土壤碳库的重要来源，但植物生物量的空间分配能够反映近期光合同化的新碳向根系和土壤碳库的转移规律，是土壤碳输入和碳埋藏的重要参考指标，深刻影响着土壤碳库的走向（Bolinder et al.，2015）。通常情况下，植物光合固定的碳即时分配大小为茎叶>根>土壤，大部分光合固定碳都留在地上部分，氮素增加则会更加促进植物同化碳向植物茎和地上部分的流动，同时显著增加根际土壤中碳的累积与回收率，而降低植物根系中的光合碳分配（王婷婷等，2017）。随着同位素技术的发展和应用，通过测定土壤或植物中的碳同位素自然丰度可以量化光合碳在植物-土壤系统中的动态变化、周转规律及其对环境变化的响应（Xiao et al.，2019；Wang et al.，2019a）。例如，^{13}C 脉冲标记试验表明，适量氮输入显著提高即时光合碳分配给根系的比例（Wang et al.，2019a）。氮输入通常刺激植物同化碳在生长早期向土壤方向迁移，但在生长后期光合碳向土壤中的迁移可能减少，这种由生长阶段造成的差异使得光合碳在根系中的分配模式对氮输入的响应具有一定的不确定性（王婷婷等，2017；Xiao et al.，2019）。值得注意的是，由于土壤肥力的差异，光合碳输入对根际土壤的"激发效应"（priming effect）产生或正或负的影响，从而调节土壤有机碳分解和碳埋藏过程（Pausch and Kuzyakov，2017）。因此，尽管氮输入促进了植物-土壤系统中碳的流动，但土壤中净同化碳量却不一定增加（Xiao et al.，2019）。

周期性潮汐作用下，氮输入对盐沼湿地植物地上/地下生物量分配的影响具有较大的不确定性，主要受时间尺度（Smith et al.，2015；Armitage and Fourqurean，2016）和氮输入水平（Bubier et al.，2007；Liu et al.，2016）的影响。最优分配假说认为，在贫氮生态系统中，氮输入提高土壤中氮素的利用效率，植物更易获取养分，导致植物地上部分增量通常高于地下部分，即氮输入引起植物根冠比降低（Peng et al.，2016；Wang et al.，2019）。潮汐盐沼湿地通常受到氮限制，土壤中无机氮含量升高能通过提高植物氮素利用效率，短期内显著提高植物地上及地下生物量，进而加快土壤有机质积累（Deegan et al.，2012；Alongi，2014）；此外，植物地上部分生物量增加还能捕获更多潮水中的有机碳，同时减少对土壤有机质的侵蚀（Gacia et al.，2002）。从长时间尺度来看，土壤中氮素利用效率升高意味着植物更易获取养分，因此长期、过量的氮输入导致盐沼湿地植物根系生长受到抑制，地下生物量降低，甚至还能显著提高根的死亡率（Majdi and Öhrvik，2004），最终造成潮沟崩塌、盐沼湿地退化成光滩，反而对盐沼湿地土壤碳汇产生消极的影响（Deegan et al.，2012；Pennings，2012；Graham and Mendelssohn，2016）。可见，盐沼湿地碳积累过程对氮输入的响应并非简单的线性变化（Vivanco et al.，2016）。异速生长理论认为，氮输入条件下群落中植株不同器官随植株整体生物量变化发生非线性（异速）变化，这种分配主要由植物固有的异速性决定，也受到环境因素的影响（Shipley and Meziane，2002）。Meta 分析表明，氮输入造成不同类型植物的根冠比降低或无影响，但从全球尺度上看，氮输入通常降低植物根冠比（Li et al.，2020）。

1.5.4 氮输入对盐沼湿地土壤有机碳分解的影响

氮输入可通过影响植物生长、根系活动、凋落物分解、微生物特性等，进而影响土壤有机碳分解。盐沼湿地作为一个巨大的蓝色碳汇，其碳存储主要为土壤有机碳的形式（Macreadie et al.，2019）。氮输入影响植物生长和碳分配，光合作用产物由叶片输送到细根，影响细根生长及土壤呼吸（图 1.6）。研究发现，盐沼湿地植物冠层光合作用在日尺度上对土壤呼吸动态变化具有明显的调节作用（Han et al.，2014）。同时，氮输入通过改变土壤氮素有效性，调节土壤微生物生长、活性、群落组成/多样性及酶活性,进而对土壤有机碳分解产生影响(Zhou et al., 2017a; Yang et al., 2018; Xiao et al., 2019)。一方面,氮输入可以通过增加土壤中碳、氮的来源从而改变土壤微生物的生物量和活性,导致土壤有机质组分分解的变化。当底物中氮含量较高时,更容易使微生物大量聚集,形成较为稳定的土壤有机质;当底物中氮含量较低时,呼吸作用带来的影响更为显著,土壤中的碳不容易留存下来(Manzoni et al., 2012; Cotrufo et al., 2013; Xu et al., 2014)。另一方面,氮输入可能会降低土壤 pH,调动土壤中的铝,从而抑制微生物活性(Vitousek et al., 1997)。真菌的营养需求和代谢能力比细菌低,真菌在土壤有机质分解过程中占主导地位(Zechmeister-Boltenstern et al., 2015; Zhou et al., 2017b)。氮输入可以降低真菌和细菌的比例($F:B$),同时也会引起土壤酸化(提高 $F:B$)(Rousk et al., 2010; Chen et al., 2015a)。另外,土壤酶的功能通常分为氧化或者水解,氧化酶降解木质素等难降解的化合物,而水解酶降解纤维素等简单的化合物(Sinsabaugh and Moorhead, 1994)。较多的矿质氮输入可以促进纤维素的分解,但也会抑制难降解的木质素等有机物的分解,从而延缓惰性有机质分解。

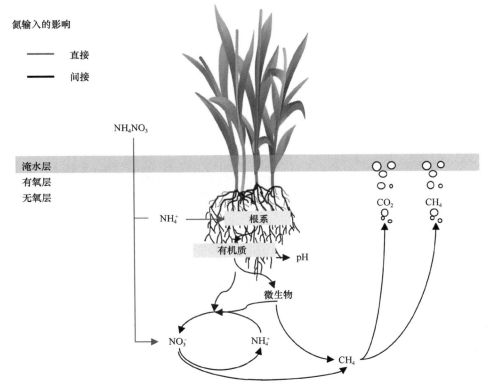

图 1.6　氮输入对盐沼湿地土壤有机碳分解的影响示意图(Hester et al., 2018)

氮输入对盐沼湿地土壤有机碳分解的影响存在不确定性，或促进，或抑制，或不显著。研究发现，氮输入可以促进湿地土壤 CO_2 和 CH_4 排放（Fang et al.，2017；Herbert et al.，2020），但是在氮输入量很高的情况下，土壤 CO_2 排放会逐渐趋向饱和，甚至受到抑制（Xiao et al.，2019）。氮输入可以促进土壤 CO_2 排放，这是由于氮素可能提高土壤酶活性，减少氮对生物代谢的胁迫和限制，同时改善凋落物质量（Luca et al.，2006；Song et al.，2013；Fang et al.，2017）。但是，土壤微生物也会受到氮、磷等变化的限制。在施氮量较高的情况下，土壤 CO_2 排放会呈现饱和趋势（Luca et al.，2006）。也有研究发现，氮输入对土壤有机碳分解和土壤 CO_2 排放的影响可能是中性的（Chen et al.，2017），这可能是由于碳对土壤微生物的限制作用（Song et al.，2010），也可能是因为氮输入后会刺激植被的自养呼吸，但却通过抑制有机质分解减弱其异养呼吸（Högberg et al.，2010；Wang et al.，2014b）。同时，铵氮和硝氮形态不同，对土壤自养呼吸和异养呼吸的影响也是不同的（Chen et al.，2017，2018）。另外，氮输入通过影响微生物群落结构和功能进而影响 CH_4 的产生（Sinsabaugh et al.，2015）。CH_4 由产甲烷古菌生成（Roey et al.，2011），探究产甲烷古菌的反应可能是了解土壤 CH_4 排放对氮输入响应的关键（Xiao et al.，2017）。

目前大量研究揭示了氮输入和土壤有机碳分解的关系，但是有关氮素类型对土壤有机碳稳定性的影响研究较少。铵氮和硝氮是两种不同的无机氮，由于生物化学性质的差异，它们对有机碳矿化的影响也不同。例如，相对硝酸根离子，*Juncus acutiflorus* 湿地优先选择铵根离子作为氮源，导致根际中硝酸根离子过剩，改变了根际氮循环动态，从而有利于增加微生物的种类和数量（Hester et al.，2018）。当氮输入量较高时，土壤微生物可能会优先选择能耗更低的铵氮；添加铵根离子和硝酸铵会减少 CO_2 排放，但也有研究发现添加硝酸根离子对土壤 CO_2 排放影响不大（Min et al.，2011）。过量的硝酸根离子会促进厌氧呼吸，过量的铵根离子会抑制 CH_4 氧化，可能会导致 CH_4 排放不稳定（Hester et al.，2018）。我们前期在黄河三角洲进行的 4 年的野外控制试验发现，铵氮在全年均提高了 CH_4 排放量；硝氮虽然在淹水期对 CH_4 排放具有促进作用，但影响较小（Xiao et al.，2017）。另外我们还发现，铵氮对土壤呼吸有显著促进作用，但是施加硝氮对年平均土壤呼吸速率没有显著影响（数据未发表）。铵氮和硝氮对土壤有机碳分解的影响不同，这种差异也可能是土壤 pH 和酶活性的响应不同导致的（Min et al.，2011）。

1.5.5 氮输入对盐沼湿地土壤可溶性有机碳释放的影响

外源氮输入影响盐沼湿地土壤可溶性有机碳（DOC）的产生和累积，进而影响盐沼湿地横向碳流失。盐沼湿地土壤中的碳流失主要有两种方式，一种是以 CO_2 和 CH_4 等气体的形式排放，另一种是以 DOC 的形式溶失。尽管 DOC 仅占土壤总有机碳的 0.04%~0.22%，但它却是有机碳库中最活跃和不容忽视的组成部分（Bauer et al.，2013）。例如，由于受到充沛降雨和频繁土壤冲刷作用，横向碳输出量大约占温带滨海湿地总碳输出量的 40%（Majidzadeh et al.，2017）。毫无疑问，外源氮输入对盐沼湿地土壤 DOC 的产生和释放具有显著影响（图 1.7）。首先，外源氮输入能促进盐沼植被生长和生物量增加，而植物凋落物和根系分泌物增加能促进土壤 DOC 的形成和释放。例如，氮输入提高淡水沼泽地表水和土壤孔隙水中的 DOC 浓度，同时降低 DOC 的生物降解速率（Mao et al.，2020）。但是长期氮富集可能导致盐沼湿地退化，盐沼植被地下生物量降低及根系死亡都将减少土壤 DOC 的产生（Deegan et al.，2012）。然后，氮输入通过影响土壤 pH 间接影响土壤有机质中 DOC 的释放，同时氮素类型也会改变 DOC 对氮输入的响应（Chang et al.，2018）。铵氮增加通常能降低土壤 pH，抑制土壤中 DOC 的淋溶，从而减少土壤有机碳的横向流失；硝氮增加则通过提高土壤 pH，从而促进 DOC 释放（Chang et al.，2018；Preston et al.，2020）。最后，氮输入增加土壤微生物量，加快微生物新陈代谢活动，从而加速土壤 DOC 的分解（Fellman et al.，2017）。然而目前的研究多集中在氮输入对盐沼湿地垂直方向碳流失（CO_2 和 CH_4）的影响，忽视了近岸水体富营养化背景下以 DOC 为主要形式的陆海横向碳交换，制约着对滨海盐沼湿地碳循环过程的整体理解及对碳收支的准确评估。

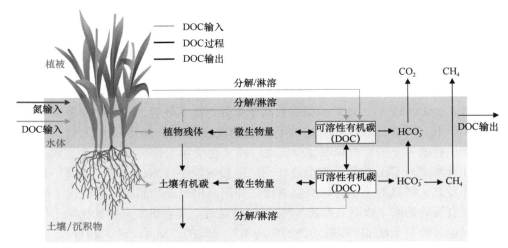

图 1.7　氮输入对盐沼湿地可溶性有机碳产生和释放的影响

1.5.6　氮输入对盐沼湿地碳汇功能的影响

为明确外源氮输入增加对陆地生态系统碳汇功能的影响，许多研究通过 Meta

分析或模型模拟等手段对氮输入背景下的生态系统碳收支水平进行了整体评估（Chen et al.，2015b；Wu et al.，2015；Field et al.，2017；Cheng et al.，2020）。评估结果不尽相同，究其原因，不同生态系统类型本身的性质差异和氮输入量是关键因素（Liu and Greaver，2009；Chen et al.，2015a；Fu et al.，2017）。氮输入能通过促进植物生长将大气 CO_2 固定到生态系统中，从而达到大气 CO_2 减排增汇的良性效果。研究表明，氮输入导致的区域尺度森林生态系统碳储量从 12kg C/(kg N·hm^2)大幅增加到 36kg C/(kg N·hm^2)（Pregitzer et al.，2010）。然而，氮输入驱动下增加的碳大部分是新的植物生物量，而非土壤碳。对于森林生态系统而言，新碳的加入能激发或促进土壤老碳的更新循环。因此，氮输入对这类生态系统长期土壤碳汇反而具有消极的影响（Rowe et al.，2012；Mills et al.，2014）。相比之下，由于沼泽湿地、泥炭地等生态系统土壤有机质分解受到高湿度和富含难分解化合物的限制，新输入的植物凋落物等有机质被封存和隔离，甚至能够在土壤中埋藏成百上千年（Dise，2009）。有研究表明，在滨海盐碱地，氮添加会显著提高菊芋的固碳量，增加土壤中的碳库存（Li et al.，2016）。因此，我们推测，对于长期处于厌氧环境下的潮汐盐沼湿地，氮输入对其碳汇功能应当具有积极的影响。

植物为了获得最大程度的生长及发挥其他功能，有一系列获取、存储和分配资源的原则（Chapin，1991），其中，"平衡生长"指的是植物面对外界环境变化时，如可利用资源的波动，改变自身生物量分配的有效策略。在贫氮条件下，生物量主要集中在植物根系部分；而在富氮条件下，植物则会提高地上部分生物量的分配，从而加强光合碳吸收，促进植物生长。已有研究表明，盐沼湿地在氮素有效性较高时，总生物量会增加，当氮素有效性较低时，地下部分的生物量分配会相对提高（Clough，1992；Sherman et al.，2003）。但就富氮生态系统而言，生态系统氮饱和假说认为，向氮饱和的生态系统中继续加氮会导致土壤功能的丧失，如养分循环和氮固持等功能减弱，进而对植物生长产生影响（Aber et al.，1998）。同时，潮汐盐沼湿地的氮素有效性也会影响有机质分解（Romero et al.，2005；Huxham et al.，2010），并对促进微生物分解植物碎屑很重要（Romero et al.，2005），但过高的氮输入也会抑制植物根系及土壤的碳分解。因此，氮素添加充足时，氮输入会抑制有机质分解，同时考虑到植被生产力的提高，其可能会提高潮汐盐沼湿地的碳汇能力（Janssens et al.，2010；Keuskamp et al.，2015）。因而，评估氮输入对盐沼湿地碳汇功能的影响时应当区分贫氮生态系统和富氮生态系统（Hao et al.，2015），目前大多数潮汐盐沼湿地是贫氮生态系统（Mou et al.，2011）。对于贫氮生态系统，氮输入能刺激植被生长固碳，改善土壤养分、生化特性和代谢活性，使其更适合于微生物生存（Yao et al.，2020；Zhou et al.，2017a），增加土壤有机碳含量，提高有机碳分解速率。在氮素有效性较高、分解率低的潮汐盐沼湿地，一方面，氮输入可能会促进植被根系生长，提高土壤有机质输入，加快有机质积累，从而短期内大量氮输入可能会提高湿地的碳汇量（Hayes et al.，2017）；但是另一方面，滨海湿地氮输入促进土壤有机碳分解，近岸水体富营养化导致的长期大量氮输入可能造成生态系统氮饱和，从而制约潮汐盐沼湿地的"蓝碳"功能（Deegan et al.，2012）。

1.6 黄河三角洲湿地碳循环与碳收支研究思路

黄河三角洲湿地地处大河河口，具有特殊性和典型性。独特的生态环境、得天独厚的自然条件使黄河三角洲湿地具有多样化的景观类型和丰富的湿地类型，是我国暖温带最完整的湿地生态系统。黄河三角洲湿地也是陆海相互作用典型区和我国重点开发区，近年来滨海湿地演变剧烈，深刻影响着湿地碳循环关键过程和碳汇功能。针对黄河三角洲陆海相互作用强烈、陆海过渡带明显、湿地类型多样等特点，中国科学院黄河三角洲滨海湿地生态试验站建立了长期定位监测体系，由海到陆建立了不同湿地类型定位观测场，与大气观测网络、地下水盐观测网络构成湿地长期定位监测体系（图1.8），对黄河三角洲湿地碳循环与碳收支进行综合立体连续观测。

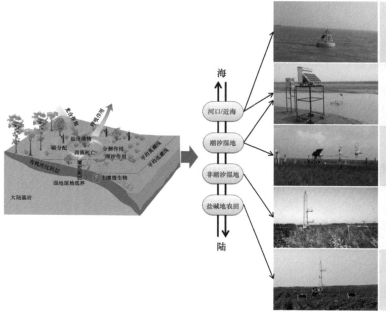

图1.8 黄河三角洲湿地长期定位观测场布设

同时，中国科学院黄河三角洲滨海湿地生态试验站建成了12个滨海湿地与气候变化野外控制试验平台，包括潮汐湿地增温、潮汐湿地氮输入、非潮汐湿地增温、降雨量增减、降雨季节分配、季节性气候变化、非潮汐湿地氮沉降、养分添加、刈割与凋落物去除等野外控制试验平台（图1.9），用以模拟单因子和多因子气候变化对滨海湿地结构与功能的影响，研究滨海湿地对全球气候变化的响应和适应机制。

图1.9 黄河三角洲湿地野外控制试验平台

本书依托中国科学院黄河三角洲滨海湿地生态试验站，选择黄河三角洲典型湿地——潮汐湿地、非潮汐湿地及开垦后的农田为主要研究对象，以水文过程和水盐交互作用为主线，基于野外长期定位观测和原位控制试验，集成分析长期监测资料和试验数据，系统全面地阐述滨海湿地碳循环关键过程和碳汇功能对水文过程（潮汐、地表淹水、地下水位变化）、气候变化（增温、降雨量变化、降雨季节分配、氮输入）及人类活动（农田开垦）的响应机制（图1.10），以期在滨海湿地生态系统碳循环规律及机制研究方面取得系列理论成果。

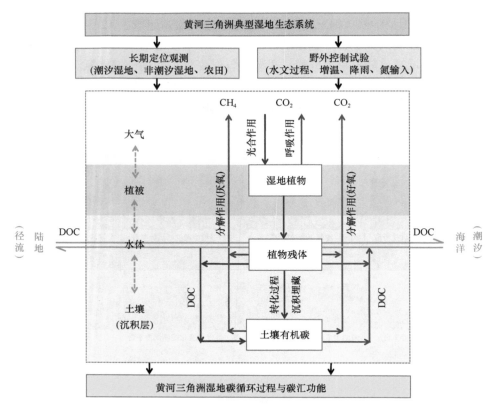

图 1.10 黄河三角洲湿地碳循环与碳收支研究思路

参 考 文 献

白春利, 阿拉塔, 陈海军, 等. 2013. 氮素和水分添加对短花针茅荒漠草原植物群落特征的影响. 中国草地学报, 35(2): 69-75.

白雪瑞, 熊国祥. 2011. 香山科学会议第 396-400 次学术讨论会简述. 中国基础科学, 13(5): 27-33.

曹宏杰, 倪红伟. 2013. 大气 CO_2 升高对土壤碳循环影响的研究进展. 生态环境学报, 22(11): 1846-1852.

曹磊. 2014. 山东半岛北部典型滨海湿地碳的沉积与埋藏. 中国科学院大学博士学位论文.

曹磊, 宋金明, 李学刚, 等. 2013. 中国滨海盐沼湿地碳收支与碳循环过程研究进展. 生态学报, 33(17): 5141-5152.

陈骥, 曹军骥, 刘玉, 等. 2013. 土壤呼吸对模拟增温的响应与不确定性. 地球环境学报, 4(4): 1415-1421.

陈亮, 刘子亭, 韩广轩, 等. 2016. 环境因子和生物因子对黄河三角洲滨海湿地土壤呼吸的影响. 应用生态学报, 27(6): 1795-1803.

陈全胜, 李凌浩, 韩兴国, 等. 2003. 水分对土壤呼吸的影响及机理. 生态学报, 23(5): 972-978.

陈荣荣, 刘全全, 王俊, 等. 2016. 人工模拟降水条件下旱作农田土壤"Birch 效应"及其响应机制. 生态学报, 36(2): 306-317.

邓琦, 刘世忠, 刘菊秀, 等. 2007. 南亚热带森林凋落物对土壤呼吸的贡献及其影响因素. 地球科学进展, 22(9): 976-986.

杜珊珊, 丁新宇, 杨倩, 等. 2016. 黄土旱塬区免耕玉米田土壤呼吸对降雨的响应. 生态学报, 36(9): 2570-2577.

方精云, 王娓. 2007. 作为地下过程的土壤呼吸: 我们理解了多少? 植物生态学报, 31(3): 345-347.

冯瑞芳, 杨万勤, 张建, 等. 2007. 模拟大气 CO_2 浓度和温度升高对亚高山冷杉 (*Abies faxoniana*) 林土壤酶活性的影响. 生态学报, 27(10): 4019-4026.

韩广轩. 2017. 潮汐作用和干湿交替对盐沼湿地碳交换的影响机制研究进展. 生态学报, 37(24): 8170-8178.

侯立军. 2004. 长江口滨岸潮滩营养盐环境地球化学过程及生态效应. 华东师范大学博士学位论文.

胡保安, 贾宏涛, 朱新萍, 等. 2016. 水位对巴音布鲁克天鹅湖高寒湿地土壤呼吸的影响. 干旱区资源与环境, 30(7): 175-179.

姜会超, 王玉珏, 李佳蕙, 等. 2018. 莱州湾营养盐空间分布特征及年际变化趋势. 海洋通报, 37: 411-423.

李长生. 2001. 生物地球化学的概念与方法——DNDC 模型的发展. 第四纪研究, (2): 89-99.

李凤霞, 王学琴, 郭永忠, 等. 2012. 宁夏不同类型盐渍化土壤微生物区系及多样性. 水土保持学报, 25(5): 107-111.

李吉祥. 1997. 山东黄河三角洲国家级自然保护区. 生物学通报, (5): 20-21.

李玉强, 赵学勇, 刘新平, 等. 2011. 樟子松固沙林土壤碳截存及土壤呼吸对干湿变化的响应. 中国沙漠, 31(2): 282-287.

刘博奇, 牟长城, 邢亚娟, 等. 2012. 模拟氮沉降对云冷杉红松林土壤呼吸的影响. 林业科学研究, 25(6): 767-772.

马安娜, 陆健健. 2011. 长江口崇西湿地生态系统的二氧化碳交换及潮汐影响. 环境科学研究, 24(7): 716-721.

孟伟庆, 莫训强, 胡蓓蓓, 等. 2015. 模拟干湿交替对湿地土壤呼吸及有机碳含量的影响. 土壤通报, 46(4): 910-915.

孟伟庆, 吴绽蕾, 王中良. 2011. 湿地生态系统碳汇与碳源过程的控制因子和临界条件. 生态环境学报, 20(8): 1359-1366.

聂明华, 刘敏, 侯立军, 等. 2011. 长江口潮滩土壤呼吸季节变化及其影响因素. 环境科学学报, 31(4): 824-831.

牛书丽, 韩兴国, 马克平, 等. 2007. 全球变暖与陆地生态系统研究中的野外增温装置. 植物生态学报, 31(2): 262-271.

欧阳扬, 李叙勇. 2013. 干湿交替频率对不同土壤 CO_2 和 N_2O 释放的影响. 生态学报, 33(4): 1251-1259.

彭少麟, 刘强. 2002. 森林凋落物动态及其对全球变暖的响应. 生态学报, 22(9): 1534-1544.

邱悦, 叶勇. 2013. 九龙江口红树林与毗邻水域营养盐和有机碳的潮水交换. 厦门大学学报(自然科学版), 52(5): 718-721.

沙晨燕, 王敏, 王卿, 等. 2011. 湿地碳排放及其影响因素. 生态学杂志, 30(9): 2072-2079.
石福孙, 吴宁, 罗鹏. 2008. 川西北亚高山草甸植物群落结构及生物量对温度升高的响应. 生态学报, 11(28): 5286-5293.
宋长春. 2003. 湿地生态系统碳循环研究进展. 地理科学, 23(5): 622-628.
仝川, 鄂焱, 廖稷, 等. 2011. 闽江河口潮汐沼泽湿地 CO_2 排放通量特征. 环境科学学报, 31(12): 2830-2840.
王健波, 张燕卿, 严昌荣, 等. 2013. 干湿交替条件下土壤有机碳转化及影响机制研究进展. 土壤通报, 44(4): 998-1004.
王进欣, 王今殊, 钦佩, 等. 2011. 生源气体排放的潮周期动态研究: 关键科学问题与不确定性. 海洋湖沼通报, (4): 134-143.
王婷婷, 祝贞科, 朱捍华, 等. 2017. 施氮和水分管理对光合碳在土壤-水稻系统间分配的量化研究. 环境科学, 38(3): 1227-1234.
王维奇, 曾从盛, 仝川, 等. 2012. 闽江河口潮汐湿地二氧化碳和甲烷排放化学计量比. 生态学报, 32(14): 4396-4402.
王秀君, 章海波, 韩广轩, 等. 2016. 中国海岸带及近海碳循环与蓝碳潜力. 中国科学院院刊, 31(10): 1218-1225.
王旭, 闫玉春, 闫瑞瑞, 等. 2013. 降雨对草地土壤呼吸季节变异性的影响. 生态学报, 33(18): 5631-5635.
肖波, 郭成久, 赵东阳, 等. 2017. 黄土和风沙土藓结皮土壤呼吸对模拟降雨的响应. 生态学报, 37(11): 3724-3732.
邢庆会, 韩广轩, 于君宝, 等. 2014. 黄河口潮间盐沼湿地生长季净生态系统 CO_2 交换特征及其影响因素. 生态学报, 34(17): 4966-4979.
徐振锋, 唐正, 万川, 等. 2010. 模拟增温对川西亚高山两类针叶林土壤酶活性的影响. 应用生态学报, 21(11): 2727-2733.
杨文燕, 宋长春, 张金波. 2006. 沼泽湿地孔隙水中溶解有机碳、氮浓度季节动态及与甲烷排放的关系. 环境科学学报, 26(10): 1745-1750.
杨毅, 黄玫, 刘洪升, 等. 2011. 土壤呼吸的温度敏感性和适应性研究进展. 自然资源学报, 26(10): 1811-1820.
杨玉盛, 陈光水, 董彬, 等. 2004. 格氏栲天然林和人工林土壤呼吸对干湿交替的响应. 生态学报, 24(5): 953-958.
禹朴家, 徐海量, 王炜, 等. 2012. 沙丘不同部位土壤呼吸对人工降水的响应. 中国沙漠, 32(2): 437-441.
张红星, 王效科, 冯宗炜, 等. 2008. 黄土高原小麦田土壤呼吸对强降雨的响应. 生态学报, 28(12): 6189-6196.
张建锋, 张旭东, 周金星, 等. 2005. 盐分胁迫对杨树苗期生长和土壤酶活性的影响. 应用生态学报, 16(3): 426-430.
张卫健, 许泉, 王绪奎, 等. 2004. 气温上升对草地土壤微生物群落结构的影响. 生态学报, 24(8): 1746-1751.
张雪雯, 莫熠, 张博雅, 等. 2014. 干湿交替及凋落物对若尔盖泥炭土可溶性有机碳的影响. 湿地科学, 12(2): 134-140.
张钊, 辛晓平. 2017. 生物地球化学模型 DNDC 的研究进展与碳动态模拟应用. 草地学报, 25(3):

445-452.

赵蓉, 李小军, 赵洋, 等. 2015. 固沙植被区土壤呼吸对反复干湿交替的响应. 生态学报, 35(20): 6720-6727.

仲启铖, 王开运, 周凯, 等. 2015. 潮间带湿地碳循环及其环境控制机制研究进展. 生态环境学报, 24(1): 174-182.

朱敏, 张振华, 于君宝, 等. 2013. 氮沉降对黄河三角洲芦苇湿地土壤呼吸的影响. 植物生态学报, 37(6): 517-529.

Abdul-Aziz O I, Ishtiaq K S, Tang J W, et al. 2018. Environmental controls, emergent scaling, and predictions of greenhouse gas (GHG) fluxes in coastal salt marshes. Journal of Geophysical Research: Biogeosciences, 123(7): 2234-2256.

Aber J, McDowell W, Nadelhoffer K, et al. 1998. Nitrogen saturation in temperate forest ecosystems: hypotheses revisited. BioScience, 48: 921-934.

Allen M R, Ingram W J. 2002. Constraints on future changes in climate and the hydrologic cycle. Nature, 419: 224-232.

Allison S D, LeBauer D S, Ofrecio M R, et al. 2009. Low levels of nitrogen addition stimulate decomposition by boreal forest fungi. Soil Biology & Biochemistry, 41(2): 293-302.

Almagro M, López J, Querejeta J, et al. 2009. Temperature dependence of soil CO_2 efflux is strongly modulated by seasonal patterns of moisture availability in a Mediterranean ecosystem. Soil Biology & Biochemistry, 41(3): 594-605.

Alongi D M. 2014. Carbon cycling and storage in mangrove forests. Annual Review of Marine Science, 6: 195-219.

Anderson J M. 1973. Carbon dioxide evolution from two temperate, deciduous woodland soils. Journal of Applied Ecology, 10(2): 361-378.

Armitage A R, Fourqurean J W. 2016. Carbon storage in seagrass soils: long-term nutrient history exceeds the effects of near-term nutrient enrichment. Biogeosciences, 13(1): 313-321.

Atkin O K, Edwards E J, Loveys B R. 2000. Response of root respiration to changes in temperature and its relevance to global warming. New Phytologist, 147(1): 141-154.

Austin A T. 2002. Differential effects of precipitation on production and decomposition along a rainfall gradient in Hawaii. Ecology, 83(2): 328-338.

Bailey-Serres J, Voesenek L A C J. 2008. Flooding stress: acclimations and genetic diversity. Annual Review of Plant Biology, 59: 313-339.

Baldocchi D D. 2003. Assessing the eddy covariance technique for evaluating carbon dioxide exchange rates of ecosystems: past, present and future. Global Change Biology, 9(4): 479-492.

Baldocchi D D. 2014. Measuring fluxes of trace gases and energy between ecosystems and the atmosphere-the state and future of the eddy covariance method. Global Change Biology, 20(12): 3600-3609.

Baldwin D S, Rees G N, Mitchell A M, et al. 2006. The short-term effects of salinization on anaerobic nutrient cycling and microbial community structure in sediment from a freshwater wetland. Wetlands, 26: 455-464.

Bardgett R D, Bowman W D, Kaufmann R, et al. 2005. A temporal approach to linking aboveground and belowground ecology. Trends Ecology and Evolution, 20(11): 634-640.

Bartholomeus R P, Witte J M, van Bodegom P M, et al. 2015. Climate change threatens endangered plant species by stronger and interacting water-related stresses. Journal of Geophysical Research: Biogeosciences, 116(G4): 116-120.

Batson J, Noe G B, Hupp C R, et al. 2015. Soil greenhouse gas emissions and carbon budgeting in a short-hydroperiod floodplain wetland. Journal of Geophysical Research: Biogeosciences, 120(1): 77-95.

Bauer J E, Cai W J, Raymond P A, et al. 2013. The changing carbon cycle of the coastal ocean. Nature, 504(7478): 61-70.

Beier C, Emmett B, Gundersen P, et al. 2004. Novel approaches to study climate change effects on terrestrial ecosystems in the field: drought and passive nighttime warming. Ecosystems, 7: 583-597.

Ben B L, Stith T G, Douglas E A. 2007. Improved simulation of poorly drained forests using Biome-BGC. Tree Physiology, 27(5): 703-715.

Benasher J, Ephrath J E, Cardon G E, et al. 1994. Determining root activity distribution by measuring surface carbon dioxide fluxes. Soil Science Society of America Journal, 58(3): 926-930.

Bergamaschi B A, Krabbenhoft D P, Aiken G R, et al. 2012. Tidally driven export of dissolved organic carbon, total mercury, and methylmercury from a mangrove-dominated estuary. Environmental Science and Technology, 46(3): 1371-1378.

Birch H F. 1958. The effect of soil drying on humus decomposition and nitrogen availability. Plant and Soil, 10: 9-31.

Bokhorst S, Bjerke J W, Melillo J, et al. 2010. Impacts of extreme winter warming events on litter decomposition in a sub-Arctic heathland. Soil Biology & Biochemistry, 42(4): 611-617.

Bolinder M A, Kätterer T, Andrén O, et al. 2015. Estimating carbon inputs to soil in forage-based crop rotations and modeling the effects on soil carbon dynamics in a Swedish long-term field experiment. Canadian Journal of Soil Science, 92(6): 821-833.

Boorman L. 2003. Saltmarsh review: an overview of coastal saltmarshes, their dynamic and sensitivity characteristics for conservation and management. JNCC Report, No. 334, JNCC.

Borken W, Matzner E. 2009. Reappraisal of drying and wetting effects on C and N mineralization and fluxes in soils. Global Change Biology, 15(4): 808-824.

Bragg O M. 2002. Hydrology of peat-forming wetlands in Scotland. Science of the Total Environment, 294(1): 111-129.

Breitburg D, Levin L A, Oschlies A, et al. 2018. Declining oxygen in the global ocean and coastal waters. Science, 359(6371): eaam7240.

Bubier J, Crill P, Mosedale A, et al. 2003. Peatland responses to varying interannual moisture conditions as measured by automatic CO_2 chambers. Global Biogeochemical Cycles, 17(2): 1066.

Bubier J L, Moore T, Bledzki L A. 2007. Effects of nutrient addition on vegetation and carbon cycling in an ombrotrophic bog. Global Change Biology, 13(6): 1168-1186.

Buchmann N. 2000. Biotic and abiotic factors controlling soil respiration rates in *Picea abies* stands. Soil Biology & Biochemistry, 32(11-12): 1625-1635.

Bulseco A N, Giblin A E, Tucker J, et al. 2019. Nitrate addition stimulates microbial decomposition of organic matter in salt marsh sediments. Global Change Biology, 25(10): 3224-3241.

Byrne K A, Kiely G, Leahy P. 2005. CO_2 fluxes in adjacent new and permanent temperate grasslands. Agricultural and Forest Meteorology, 135(1-4): 82-92.

Cao M K, Marshall S, Gregson K. 1996. Global carbon exchange and methane emissions from natural wetlands: Application of a process-based model. Journal of Geophysical Research: Atmospheres, 101(D9): 14399-14414.

Carney K M, Hungate B A, Drake B G, et al. 2007. Altered soil microbial community at elevated CO_2 leads to loss of soil carbon. Proceedings of the National Academy of Sciences of the United States of America, 104(12): 4990-4995.

Chambers L G, Osborne T Z, Reddy K R. 2013. Effect of salinity-altering pulsing events on soil organic carbon loss along an intertidal wetland gradient: a laboratory experiment. Biogeochemistry, 115: 363-383.

Chang R Y, Li N, Sun X Y, et al. 2018. Nitrogen addition reduces dissolved organic carbon leaching in a montane forest. Soil Biology & Biochemistry, 127: 31-38.

Chapin III F S. 1991. Integrated responses of plants to stress. BioScience, 41(1): 29-36.

Chapin III F S, Matson P A, Mooney H A. 2002. Principles of Terrestrial Ecosystem Ecology. Berlin: Springer-Verlag.

Chapin III F S, Matson P A, Mooney H A. 2011. Principles of Terrestrial Ecosystem Ecology. New York: Springer Science & Business Media.

Chen D, Lan Z C, Hu S J, et al. 2015a. Effects of nitrogen enrichment on belowground communities in grassland: relative role of soil nitrogen availability vs. soil acidification. Soil Biology & Biochemistry, 89: 99-108.

Chen H, Li D J, Gurmesa G A, et al. 2015b. Effects of nitrogen deposition on carbon cycle in terrestrial ecosystems of China: a meta-analysis. Environmental Pollution, 206: 352-360.

Chen X P, Wang G H, Zhang T, et al. 2017. Effects of warming and nitrogen fertilization on GHG flux in the permafrost region of an alpine meadow. Atmospheric Environment, 157: 111-124.

Chen Z M, Xu Y H, He Y J, et al. 2018. Nitrogen fertilization stimulated soil heterotrophic but not autotrophic respiration in cropland soils: a greater role of organic over inorganic fertilizer. Soil Biology & Biochemistry, 116: 253-264.

Cheng C F, Li M, Xue Z S, et al. 2020. Impacts of climate and nutrients on carbon sequestration rate by wetlands: a meta-analysis. Chinese Geographical Science, 30(3): 483-492.

Chmura G L, Anisfeld S C, Cahoon D R, et al. 2003. Global carbon sequestration in tidal, saline wetland soils. Global Biogeochemical Cycles, 17(4): 1111.

Choi Y H, Wang Y. 2004. Dynamics of carbon sequestration in a coastal wetland using radiocarbon measurements. Global Biogeochemical Cycles, 18(4): 1-12.

Cleveland C C, Wieder W R, Reed S C, et al. 2010. Experimental drought in a tropical rain forest increases soil carbon dioxide losses to the atmosphere. Ecology, 91(8): 2313-2323.

Clough B F. 1992. Primary productivity and growth of mangrove forests//Robertson A I, Alongi D M. Tropical Mangrove Ecosystems. Coastal and Estuarine Studies No. 41. Washington D.C.: American Geophysical Union: 225-249.

Cotrufo M F, Wallenstein M D, Boot C M, et al. 2013. The microbial efficiency-matrix stabilization

(MEMS) framework integrates plant litter decomposition with soil organic matter stabilization: do labile plant inputs form stable soil organic matter? Global Change Biology, 19(4): 988-995.

Crow S E, Lajtha K, Bowden R D, et al. 2009. Increased coniferous needle inputs accelerate decomposition of soil carbon in an old-growth forest. Forest Ecology and Management, 258(10): 2224-2232.

Cui B S, Yang Q C, Yang Z F, et al. 2009. Evaluating the ecological performance of wetland restoration in the Yellow River Delta, China. Ecological Engineering, 35(7): 1090-1103.

Cui J B, Li C S, Trettin C. 2005. Analyzing the ecosystem carbon and hydrologic characteristics of forested wetland using a biogeochemical process model. Global Change Biology, 11(2): 278-289.

Cusack D F, Silver W L, Torn M S, et al. 2011. Effects of nitrogen additions on above- and belowground carbon dynamics in two tropical forests. Biogeochemistry, 104: 203-225.

D'Amore D V, Edwards R T, Herendeen P A, et al. 2015. Dissolved organic carbon fluxes from hydropedologic units in alaskan coastal temperate rainforest watersheds. Soil Science Society of America Jounal, 79(2): 378-388.

Dai A, Meehl G A, Washington W M, et al. 2001. Ensemble simulation of twenty-first century climate changes: business-as-usual versus CO_2 stabilization. Bulletin of the American Meteorological Society, 82(11): 2377-2388.

Deegan L, Johnson D S, Warren R S, et al. 2012. Coastal eutrophication as a driver of salt marsh loss. Nature, 490: 388-392.

Dinsmore K J, Billett M F, Dyson K E. 2013. Temperature and precipitation drive temporal variability in aquatic carbon and GHG concentrations and fluxes in a peatland catchment. Global Change Biology, 19(7): 2133-2148.

Dise N B. 2009. Peatland response to global change. Science, 326(5954): 810-811.

Doughty C E, Metcalfe D B, Girardin C A J, et al. 2015. Drought impact on forest carbon dynamics and fluxes in Amazonia. Nature, 519: 78-82.

Drake K, Halifax H, Adamowicz S C, et al. 2015. Carbon sequestration in tidal salt marshes of the northeast United States. Environmental Management, 56(4): 998-1008.

Du E, Terrer C, Pellegrini A F A, et al. 2020. Global patterns of terrestrial nitrogen and phosphorus limitation. Nature Geoscience, 13(3): 221-226.

Du Z H, Wang W, Zeng W J, et al. 2014. Nitrogen deposition enhances carbon sequestration by plantations in northern China. PLOS ONE, 9(2): e87975.

Dziedek C, Härdtle W, von Oheimb G, et al. 2016. Nitrogen addition enhances drought sensitivity of young deciduous tree species. Frontiers in Plant Science, 7: 1100.

Ehleringer J R, Schwinning S, Gebauer R. 1999. Water use in arid land ecosystems//Press M C, Scholes J D, Barker M G. Advances in Physiological Plant Ecology. Oxford: Blackwell Science: 347-365.

Eliasson P E, McMurtrie R E, Pepper D A, et al. 2005. The response of heterotrophic CO_2 flux to soil warming. Global Change Biology, 11(1): 167-181.

Emmett B A, Beier C, Estiarte M, et al. 2004. The response of soil processes to climate change: results from manipulation studies of shrublands across an environmental gradient. Ecosystems, 7:

625-637.

Evans C D, Goodale C L, Caporn S J M, et al. 2008. Does elevated nitrogen deposition or ecosystem recovery from acidification drive increased dissolved organic carbon loss from upland soil? A review of evidence from field nitrogen addition experiments. Biogeochemistry, 91: 13-35.

Fa K Y, Liu J B, Zhang Y Q, et al. 2015. CO_2 absorption of sandy soil induced by rainfall pulses in a desert ecosystem. Hydrological Processes, 29: 2043-2051.

Fagherazzi S, Wiberg P L, Temmerman S, et al. 2013. Fluxes of water, sediments, and biogeochemical compounds in salt marshes. Ecological Processes, 2(1): 1-16.

Fan X, Pedroli B, Liu G, et al. 2012. Soil salinity development in the yellow river delta in relation to groundwater dynamics. Land Degradation & Development, 23(2): 175-189.

Fang C, Li F M, Pei J Y, et al. 2018. Impacts of warming and nitrogen addition on soil autotrophic and heterotrophic respiration in a semi-arid environment. Agricultural and Forest Meteorology, 248: 449-457.

Fang C, Ye J S, Gong Y H, et al. 2017. Seasonal responses of soil respiration to warming and nitrogen addition in a semi-arid alfalfa-pasture of the Loess Plateau, China. Science of the Total Environment, 590-591: 729-738.

Fellman J B, D'Amore D V, Hood E, et al. 2017. Vulnerability of wetland soil carbon stocks to climate warming in the perhumid coastal temperate rainforest. Biogeochemistry, 133: 165-179.

Feng X J, Simpson M J. 2009. Temperature and substrate controls on microbial phospholipid fatty acid composition during incubation of grassland soils contrasting in organic matter quality. Soil Biology & Biochemistry, 41(4): 804-812.

Fernández-Martínez M, Vicca S, Janssens I A, et al. 2014. Nutrient availability as the key regulator of global forest carbon balance. Nature Climate Change, 4(6): 471-476.

Fiedler S, Holl B S, Freibauer A, et al. 2008. Particulate organic carbon (POC) in relation to other pore water carbon fractions in drained and rewetted fens in southern Germany. Biogeosciences, 5(6): 1615-1623.

Field C D, Evans C D, Dise N B, et al. 2017. Long-term nitrogen deposition increases heathland carbon sequestration. Science of the Total Environment, 592: 426-435.

Fierer N, Schimel J P. 2012. Effects of drying–rewetting frequency on soil carbon and nitrogen transformations. Soil Biology & Biochemistry, 34: 777-787.

Fissore C, Giardian C P, Kolka R K, et al. 2009. Soil organic carbon quality in forested mineral wetlands at different mean annual temperature. Soil Biology & Biochemistry, 41(3): 458-466.

Fouché J, Keller C, Allard M, et al. 2014. Increased CO_2 fluxes under warming tests and soil solution chemistry in Histic and Turbic Cryosols, Salluit, Nunavik, Canada. Soil Biology & Biochemistry, 68: 185-199.

Fraser C J D, Roulet N T, Moore T R. 2001. Hydrology and dissolved organic carbon biogeochemistry in an ombrotrophic bog. Hydrological Processes, 15: 3151-3166.

Friedlingstein P, Andrew R M, Rogelj J, et al. 2014. Persistent growth of CO_2 emissions and implications for reaching climate targets. Nature Geoscience, 7(10): 709-715.

Fu G, Shen Z X. 2017. Response of alpine soils to nitrogen addition on the Tibetan Plateau: a meta-analysis. Applied Soil Ecology, 114: 99-104.

Gacia E, Duarte C M, Middelburg J J. 2002. Carbon and nutrient deposition in a Mediterranean seagrass (*Posidonia oceanica*) Meadow. Limnology & Oceanography, 47(1): 23-32.

Gaumont-Guay D, Black T A, Griffis T J, et al. 2006. Interpreting the dependence of soil respiration on soil temperature and water content in a boreal aspen stand. Agricultural and Forest Meteorology, 140: 220-235.

Graham S A, Mendelssohn I A. 2016. Contrasting effects of nutrient enrichment on below-ground biomass in coastal wetlands. Journal of Ecology, 104(1): 249-260.

Grandy A S, Sinsabaugh R L, Neff J C, et al. 2008. Nitrogen deposition effects on soil organic matter chemistry are linked to variation in enzymes, ecosystems and size fractions. An International Journal, 91: 37-49.

Guerrieri R, Mencuccini M, Sheppard L J, et al. 2011. The legacy of enhanced N and S deposition as revealed by the combined analysis of $\delta^{13}C$, $\delta^{18}O$ and $\delta^{15}N$ in tree rings. Global Chang Biology, 17(5): 1946-1962.

Guo H, Noormets A, Zhao B, et al. 2009. Tidal effects on net ecosystem exchange of carbon in an estuarine wetland. Agricultural and Forest Meteorology, 149: 1820-1828.

Hagedorn F, Spinnler D, Siegwolf R. 2003. Increased N deposition retards mineralization of old soil organic matter. Soil Biology & Biochemistry, 35: 1683-1692.

Han G X, Chu X J, Xing Q H, et al. 2015. Effects of episodic flooding on the net ecosystem CO_2 exchange of a supratidal wetland in the Yellow River Delta. Journal of Geophysical Research: Biogeosciences, 120: 1506-1520.

Han G X, Luo Y Q, Li D J, et al. 2014. Ecosystem photosynthesis regulates soil respiration on a diurnal scale with a short-term time lag in a coastal wetland. Soil Biology & Biochemistry, 68: 85-94.

Han G X, Sun B Y, Chu X J, et al. 2018. Precipitation events reduce soil respiration in a coastal wetland based on four-year continuous field measurements. Agricultural and Forest Meteorology, 256-257: 292-303.

Hao C, Li D J, Gurmesa G A, et al. 2015. Effects of nitrogen deposition on carbon cycle in terrestrial ecosystems of China: a meta-analysis. Environmental Pollution, 206: 352-360.

Harpole W S, Sullivan L L, Lind E M, et al. 2016. Addition of multiple limiting resources reduces grassland diversity. Nature, 537(7618): 93-96.

Hartley I P, Heinemeyer A, Ineson P. 2007. Effects of three years of soil warming and shading on the rate of soil respiration: substrate availability and not thermal acclimation mediates observed response. Global Change Biology, 13(8): 1761-1770.

Hayes M A, Jesse A, Tabet B, et al. 2017. The contrasting effects of nutrient enrichment on growth, biomass allocation and decomposition of plant tissue in coastal wetlands. Plant and Soil, 416(1-2): 193-204.

Heimann M. 2010. How stable is the methane cycle? Science, 327(5970): 1211-1212.

Heinsch F A, Heilman J L, Mcinnes K J, et al. 2004. Carbon dioxide exchange in a high marsh on the Texas Gulf Coast: effects of freshwater availability. Agricultural and Forest Meteorology, 125: 159-172.

Henry H A L, Cleland E E, Field C B, et al. 2005. Interactive effects of elevated CO_2, N deposition and climate change on plant litter quality in a California annual grassland. Oecologia, 142: 465-473.

Herbert E R, Schubauer-Berigan J P, Craft C B. 2020. Effects of 10 yr of nitrogen and phosphorus fertilization on carbon and nutrient cycling in a tidal freshwater marsh. Limnology and Oceanography: 1-19.

Hester E R, Harpenslager S F, van Diggelen J M H, et al. 2018. Linking nitrogen load to the structure and function of wetland soil and rhizosphere microbial communities. Msystems, 3(1): e00214-17.

Hidding B, Sarneel J M, Bakker E S. 2014. Flooding tolerance and horizontal expansion of wetland plants: facilitation by floating mats? Aquatic Botany, 113: 83-89.

Hinko-Najera N, Fest B, Livesley S J, et al. 2015. Reduced throughfall decreases autotrophic respiration, but not heterotrophic respiration in a dry temperate broadleaved evergreen forest. Agricultural & Forest Meteorology, 200(15): 66-77.

Hirota M, Senga Y, Seike Y, et al. 2007. Fluxes of carbon dioxide, methane and nitrous oxide in two contrastive fringing zones of coastal lagoon, Lake Nakaumi, Japan. Chemosphere, 68(3): 597-603.

Hoeppner S S, Dukes J S. 2012. Interactive responses of old-field plant growth and composition to warming and precipitation. Global Change Biology, 18(5): 1754-1768.

Högberg M N, Briones M J I, Keel S G, et al. 2010. Quantification of effects of season and nitrogen supply on tree below-ground carbon transfer to ectomycorrhizal fungi and other soil organisms in a boreal pine forest. New Phytologist, 187(2): 485-493.

Högberg P, Ågren G I. 2002. Carbon allocation between tree root growth and root respiration in boreal pine forest. Oecologia, 132: 579-581.

Hoover D J, Odigie K O, Swarzenski P W, et al. 2015. Sea-level rise and coastal groundwater inundation and shoaling at select sites in California, USA. Journal of Hydrology: Regional Studies, 11: 234-249.

Hou Y H, Zhou G S, Xu Z Z, et al. 2013. Interactive effects of warming and increased precipitation on community structure and composition in an annual forb dominated desert steppe. PLOS ONE, 8(7): e70114.

Houghton R A. 2001. Counting terrestrial sources and sinks of carbon. Climatic Change, 48: 525-534.

Hu M J, Ren H X, Ren P, et al. 2017. Response of gaseous carbon emissions to low-level salinity increase in tidal marsh ecosystem of the Min River estuary, southeastern China. Journal of Environmental Sciences, 52: 210-222.

Hu Y, Wang L, Fu X H, et al. 2016. Salinity and nutrient contents of tidal water affects soil respiration and carbon sequestration of high and low tidal flats of Jiuduansha wetlands in different ways. Science of the Total Environment, 565: 637-648.

Huxham M, Langat J, Tamooh F, et al. 2010. Decomposition of mangrove roots: effects of location, nutrients, species identity and mix in a Kenyan forest. Estuarine Coastal and Shelf Science, 88(1): 135-142.

Huxman T E, Snyder K A, Tissue D, et al. 2004. Precipitation pulses and carbon fluxes in semiarid and arid ecosystems. Oecologia, 141: 254-268.

Inglima I, Alberti G, Bertolini T, et al. 2009. Precipitation pulses enhance respiration of Mediterranean ecosystems: the balance between organic and inorganic components of increased soil CO_2 efflux. Global Change Biology, 15(5): 1289-1301.

IPCC. 2013. Climate Change 2013: The Physical Science Basis. Cambridge: Cambridge University Press.

Iversen C M, Bridgham S D, Kellogg L E. 2010. Scaling plant nitrogen use and uptake efficiencies in response to nutrient addition in peatlands. Ecology, 91(3): 693-707.

Iwai C B, Oo A N, Topark-ngarm B. 2012. Soil property and microbial activity in natural salt affected soils in an alternating wet–dry tropical climate. Geoderma, 189-190: 144-152.

Janssens I A, Dieleman W, Luyssaert S, et al. 2010. Reduction of forest soil respiration in response to nitrogen deposition. Nature Geoscience, 3: 315-322.

Ji J. 1995. A climate-vegetation interaction model: simulating physical and biological processes at the surface. Journal of Biogeography, 22(2): 445-451.

Jia X, Zha T S, Gong J N, et al. 2016. Carbon and water exchange over a temperate semi-arid shrubland during three years of contrasting precipitation and soil moisture patterns. Agricultural and Forest Meteorology, 228-229: 120-129.

Jimenez K L, Starr G, Staudhammer C L, et al. 2012. Carbon dioxide exchange rates from short- and long-hydroperiod Everglades freshwater marsh. Journal of Geophysical Research: Biogeosciences, 117: G04009.

Jin V L, Haney R L, Fay P A, et al. 2013. Soil type and moisture regime control microbial C and N mineralization in grassland soils more than atmospheric CO_2-induced changes in litter quality. Soil Biology & Biochemistry, 58: 172-180.

Jonasson S, Havstrom M, Jensen M, et al. 1993. In situ mineralization of nitrogen and phosphorus of Arctic soils after perturbations simulating climate change. Oecologia, 95: 179-186.

Jones D L, Kielland K. 2012. Amino acid, peptide and protein mineralization dynamics in a taiga forest soil. Soil Biology & Biochemistry, 55: 60-69.

Kathilankal J C, Mozdzer T J, Fuentes J D, et al. 2008. Tidal influences on carbon assimilation by a salt marsh. Environmental Research Letters, 3: 52-55.

Keuskamp J A, Feller I C, Laanbroek H J, et al. 2015. Short- and long-term effects of nutrient enrichment on microbial exoenzyme activity in mangrove peat. Soil Biology & Biochemistry, 81: 38-47.

Kiba T, Krapp A. 2016. Plant nitrogen acquisition under low availability: regulation of uptake and root architecture. Plant and Cell Physiology, 57(4): 707-714.

Kiehn W M, Mendelssohn I A, White J R. 2013. Biogeochemical recovery of oligohaline wetland soils experiencing a salinity pulse. Soil Science Society of America Journal, 77(6): 2205-2215.

Kimball B A. 2005. Theory and performance of an infrared heater for ecosystem warming. Global Change Biology, 11(11): 2041-2056.

Kirwan M L, Mudd S M. 2012. Response of salt-marsh carbon accumulation to climate change. Nature, 489(7417): 550-553.

Klein J A, Harte J, Zhao X. 2005. Dynamic and complex microclimate responses to warming and grazing manipulations. Global Change Biology, 11: 1440-1451.

Knapp A K, Beier C, Briske D D, et al. 2008. Consequences of more extreme precipitation regimes for terrestrial ecosystems. Bioscience, 58(9): 811-821.

Knox S H, Windham-Myers L, Anderson F, et al. 2018. Direct and indirect effects of tides on ecosystem‐scale CO_2 exchange in a brackish tidal marsh in northern California. Journal of Geophysical Research: Biogeosciences, 123(3): 787-806.

Laanbroek H J. 2010. Methane emission from natural wetlands: interplay between emergent macrophytes and soil microbial processes. A mini-review. Annals of Botany, 105(1): 141-153.

Lal R. 2004. Soil carbon sequestration impacts on global climate change and food security. Science, 304(5677): 1623-1627.

Lamb E G, Han S, Lanoil B D, et al. 2011. A high Arctic soil ecosystem resists long-term environmental manipulations. Global Change Biology, 17(10): 3187-3194.

Larmola T, Alm J, Juutinen S, et al. 2004. Contribution of vegetated littoral zone to winter fluxes of carbon dioxide and methane from boreal lakes. Journal of Geophysical Research: Atmospheres, 109: D19102.

Lee M H, Park J H, Matzner E. 2018. Sustained production of dissolved organic carbon and nitrogen in forest floors during continuous leaching. Geoderma, 310: 163-169.

Lee S H, Lee S, Kim D Y, et al. 2007. Degradation characteristics of waste lubricants under different nutrient conditions. Journal of Hazardous Materials, 143(1-2): 65-72.

Lee X H, Wu H J, Sigler J, et al. 2015. Rapid and transient response of soil respiration to rain. Global Change Biology, 10(6): 1017-1026.

Leemans H B J, Groot R S D. 2003. Millennium ecosystem assessment: ecosystems and human well-being: a framework for assessment. The Physics Teacher, 34(9): 534.

Li C S, Frolking S, Frolking T A. 1992. A model of nitrous oxide evolution from soil driven by rainfall events: 2. Model applications. Journal of Geophysical Research: Atmospheres, 97(D9): 9777-9783.

Li H, Dai S G, Ouyang Z T, et al. 2018. Multi-scale temporal variation of methane flux and its controls in a subtropical tidal salt marsh in eastern China. Biogeochemistry, 137: 163-179.

Li N, Chen M X, Gao X M, et al. 2016. Carbon sequestration and *Jerusalem artichoke* biomass under nitrogen applications in coastal saline zone in the northern region of Jiangsu, China. Science of the Total Environment, 568: 885-890.

Li W B, Zhang H X, Huang G Z, et al. 2020. Effects of nitrogen enrichment on tree carbon allocation: a global synthesis. Global Ecology & Biogeography, 29(3): 573-589.

Lin G H, Rygiewicz P T, Ehleringer J R, et al. 2001. Time–dependent responses of soil CO_2 efflux components to elevated atmospheric CO_2 and temperature in experimental forest mesocosms. Plant and Soil, 229: 259-270.

Liu J, Wu N N, Wang H, et al. 2016. Nitrogen addition affects chemical compositions of plant tissues, litter and soil organic matter. Ecology, 97(7): 1796-1806.

Liu L L, Greaver T L. 2009. A review of nitrogen enrichment effects on three biogenic GHGs: the CO_2 sink may be largely offset by stimulated N_2O and CH_4 emission. Ecology Letters, 12(10): 1103-1117.

Liu S M, Li L W, Zhang G L, et al. 2012. Impacts of human activities on nutrient transports in the

Huanghe (Yellow River) estuary. Journal of Hydrology, 430-431: 103-110.

Liu Y C, Liu S R, Wang J X, et al. 2014. Variation in soil respiration under the tree canopy in a temperate mixed forest, central China, under different soil water conditions. Ecological Research, 29: 133-142.

Livesley S J, Andrusiak S M. 2012. Temperate mangrove and salt marsh sediments are a small methane and nitrous oxide source but important carbon store. Estuarine Coastal & Shelf Science, 97: 19-27.

Lohila A, Aurela M, Regina K, et al. 2003. Soil and total ecosystem respiration in agricultural fields: effect of soil and crop type. Plant and Soil, 251(2): 303-317.

Lourdes M, Jorge D, Alexra R, et al. 2015. Nitrogen supply modulates the effect of changes in drying-rewetting frequency on soil C and N cycling and greenhouse gas exchange. Global Change Biology, 21(10): 3854-3863.

Lu X, Gilliam F S, Yu G, et al. 2013. Long-term nitrogen addition decreases carbon leaching in a nitrogen-rich forest ecosystem. Biogeosciences, 10(6): 3931-3941.

Luca B, Chris F, Timothy J, et al. 2006. Atmospheric nitrogen deposition promotes carbon loss from peat bogs. Proceedings of the National Academy of Sciences, 103(51): 19386-19389.

Luo L, Meng H, Wu R N, et al. 2017. Impact of nitrogen pollution/deposition on extracellular enzyme activity, microbial abundance and carbon storage in coastal mangrove sediment. Chemosphere, 177: 275-283.

Luo R, Fan J, Wang W, et al. 2019. Nitrogen and phosphorus enrichment accelerates soil organic carbon loss in alpine grassland on the Qinghai-Tibetan Plateau. Science of the Total Environment, 650: 303-312.

Luo Y Q. 2009. Terrestrial carbon-cycle feedback to climate warming: experimental evidence. IOP Conference Series: Earth and Environmental Science, 6(4): 2022.

Luo Y Q, Keenan T F, Smith M. 2015. Predictability of the terrestrial carbon cycle. Global Change Biology, 21(5): 1737-1751.

Luo Y Q, Wan S Q, Hui D F, et al. 2001. Acclimatization of soil respiration to warming in a tall grass prairie. Nature, 413: 622-625.

Luxmoore R J, Hanson P J, Beauchamp J J, et al. 2003. Passive nighttime warming facility for forest ecosystem research. Tree Physiology, 18(8-9): 615-623.

Mack M C, Schuur E A G, Bret-Harte M S, et al. 2004. Ecosystem carbon storage in Arctic tundra reduced by long-term nutrient fertilization. Nature, 431: 440-443.

Macreadie P I, Anton A, Raven J A, et al. 2019. The future of Blue Carbon science. Nature Communication, 10(1): 3998.

Magid J, Kjærgaard C, Gorissen A, et al. 1999. Drying and rewetting of a loamy sand soil did not increase the turnover of native organic matter, but retarded the decomposition of added ^{14}C-labelled plant material. Soil Biology & Biochemistry, 31(4): 595-602.

Majdi H, Öhrvik J. 2004. Interactive effects of soil warming and fertilization on root production, mortality, and longevity in a Norway spruce stand in Northern Sweden. Global Change Biology, 10: 182-188.

Majidzadeh H, Uzun H, Ruecker A, et al. 2017. Extreme flooding mobilized dissolved organic matter from coastal forested wetlands. Biogeochemistry, 136(3): 293-309.

Mao Q G, Lu X K, Mo H, et al. 2018. Effects of simulated N deposition on foliar nutrient status, N metabolism and photosynthetic capacity of three dominant understory plant species in a mature tropical forest. Science of the Total Environment, 610-611: 555-562.

Mao Q G, Lu X K, Wang C, et al. 2017. Responses of understory plant physiological traits to a decade of nitrogen addition in a tropical reforested ecosystem. Forest Ecology and Management, 401: 65-74.

Mao R, Zhang X H, Song C C. 2020. Chronic nitrogen addition promotes dissolved organic carbon accumulation in a temperate freshwater wetland. Environmental Pollution, 260: 114030.

Mariano E, Jones D L, Hill P W, et al. 2016. Mineral nitrogen forms alter ^{14}C-glucose mineralisation and nitrogen transformations in litter and soil from two sugarcane fields. Applied Soil Ecology, 107: 154-161.

Marilley L, Hartwig U A, Aragno M. 1999. Influence of an elevated atmospheric CO_2 content on soil and rhizosphere bacterial communities beneath *Lolium perenne* and *Trifolium repens* under field conditions. Microbial Ecology, 38(1): 39-49.

Marton J M, Herbert E R, Craft C B. 2012. Effects of salinity on denitrification and greenhouse gas production from laboratory-incubated tidal forest soils. Wetlands, 32: 347-357.

Mayer L M. 1994. Surface area control of organic carbon accumulation in the continental shelf sediments. Geochemicaet Cosmochimica Acta, 58(4): 1271-1284.

McIntyre R E S, Adams M A, Ford D J, et al. 2009. Rewetting and litter addition influence mineralisation and microbial communities in soils from a semi-arid intermittent stream. Soil Biology & Biochemistry, 41(1): 92-101.

Mcleod E, Chmura G L, Bouillon S, et al. 2011. A blueprint for blue carbon: toward an improved understanding of the role of vegetated coastal habitats in sequestering CO_2. Frontiers in Ecology and the Environment, 9(10): 552-560.

Mcnaughton S J, Banyikwa F F, Mcnaughton M M. 2008. Root biomass and productivity in a grazing ecosystem. Ecology, 79(2): 587-592.

McNicol G, Silver W L. 2014. Separate effects of flooding and anaerobiosis on soil greenhouse gas emissions and redox sensitive. Biogeosciences, 119(4): 557-566.

Melillo J M, Butler S, Johnson J, et al. 2011. Soil warming, carbon-nitrogen interactions, and forest carbon budgets. Proceedings of the National Academy of Sciences of the United States of America, 108(23): 9508-9512.

Melillo J M, Steudler P A, Aber J D, et al. 2002. Soil warming and carbon–cycle feedbacks to the climate systems. Science, 298(5601): 2173-2176.

Mills R T E, Tipping E, Bryant C L, et al. 2014. Long-term organic carbon turnover rates in natural and semi-natural topsoils. Biogeochemistry, 118(1-3): 257-272.

Min K, Kang H, Lee D. 2011. Effects of ammonium and nitrate additions on carbon mineralization in wetland soils. Soil Biology & Biochemistry, 43(12): 2461-2469.

Mitchell A, Baldwin D S. 1998. Effects of desiccation/oxidation on the potential for bacterially mediated P release from sediments. Astrophysics and Space Science, 43(3): 481-487.

Mitsch W J, Nahlik A, Wolski P, et al. 2010. Tropical wetlands: seasonal hydrologic pulsing, carbon sequestration, and methane emissions. Wetlands Ecology and Management, 18(5): 573-586.

Mo J M, Zhang W, Zhu W X, et al. 2007. Nitrogen addition reduces soil respiration in a mature tropical forest in southern China. Global Change Biology, 14(2): 403-412.

Moffett K B, Adam W, Berry J A, et al. 2010. Salt marsh–atmosphere exchange of energy, water vapor, and carbon dioxide: effects of tidal flooding and biophysical controls. Water Resources Research, 46: 5613-5618.

Mou X J, Sun Z G, Wang L L, et al. 2011. Nitrogen cycle of a typical *Suaeda salsa* marsh ecosystem in the Yellow River Estuary. Journal of Environmental Sciences, 23(6): 958-967.

Nellemann C, Corcoran E, Duarte C, et al. 2009. Blue carbon: the role of healthy oceans in binding carbon. Revista Brasileira de Ciência do Solo, 32: 589-598.

Neubauer S C. 2013. Ecosystem responses of a tidal freshwater marsh experiencing saltwater intrusion and altered hydrology. Estuaries and Coasts, 36(3): 491-507.

Nielsen U N, Ball B A. 2015. Impacts of altered precipitation regimes on soil communities and biogeochemistry in arid and semi-arid ecosystems. Global Change Biology, 21(4): 1407-1421.

Oechel W C, Vourlitis G L, Hastings S J, et al. 2000. Acclimation of ecosystem CO_2 exchange in the Alaskan Artic in response to decadal climate warming. Nature, 406(6799): 978-981.

Parida A K, Das A B. 2005. Salt tolerance and salinity effects on plants: a review. Ecotoxicology and Environmental Safety, 60(3): 324-349.

Parton W J, Stewart J W B, Cole C V. 1988. Dynamics of C, N, P and S in grassland soils: a mode. Biogeochemistry, 5(1): 109-131.

Pattnaik P, Mishra S R, Bharati K, et al. 2000. Influence of salinity on methanogenesis and associated microflora in tropical rice soils. Microbiological Research, 155(3): 215-220.

Pausch J, Kuzyakov Y. 2017. Carbon input by root into the soil: quantification of rhizodeposition from root to ecosystem scale. Global Change Biology, 24(1): 1-12.

Pendleton L, Donato D C, Murray B C, et al. 2012. Estimating global "blue carbon" emissions from conversion and degradation of vegetated coastal ecosystems. PLOS ONE, 7(9): e43542.

Peng Y, Peng Z, Zeng X, et al. 2019. Effects of nitrogen-phosphorus imbalance on plant biomass production: a global perspective. Plant and Soil, 436(1-2): 245-252.

Pennings S C. 2012. Ecology: the big picture of marsh loss. Nature, 490(7420): 352-353.

Poffenbarger H J, Needelman B A, Megonigal J P. 2011. Salinity influence on methane emissions from tidal marshes. Wetlands, 31: 831-842.

Polsenaere P, Lamaud E, Lafon V, et al. 2012. Spatial and temporal CO_2 exchanges measured by Eddy Covariance over a temperate intertidal flat and their relationships to net ecosystem production. Biogeosciences, 9(1): 249-268.

Pregitzer K S, Burton A J, Zak D R, et al. 2010. Simulated chronic nitrogen deposition increases carbon storage in northern temperate forests. Global Change Biology, 14(1): 142-153.

Preston D L, Sokol E R, Hell K. 2020. Experimental effects of elevated temperature and nitrogen deposition on high-elevation aquatic communities. Aquatic Sciences, 82(1): 7.

Puri G, Ashman M R. 1999. Microbial immobilization of ^{15}N-labelled ammonium and nitrate in a temperate woodland soil. Soil Biology & Biochemistry, 31(6): 929-931.

Radabaugh K R, Moyer R P, Chappel A R, et al. 2018. Coastal blue carbon assessment of mangroves, salt marshes, and salt barrens in Tampa Bay, Florida, USA. Estuaries and Coasts, 41(5): 1496-1510.

Raich J W, Rastetter E B, Melillo J M, et al. 1991. Potential net primary productivity in South America: application of a global model. Ecological Applications, 1(4): 399-429.

Raich J W, Tufekciogul A. 2000. Vegetation and soil respiration: correlations and controls. Biogeochemistry, 48: 71-90.

Rastetter E B, McKane R B, Shaver G R, et al. 1997. Analysis of CO_2, temperature, and moisture effects on carbon storage in Alaskan Arctic tundra using a general ecosystem model. Global Change and Arctic Terrestrial Ecosystems, 15: 437-451.

Regnier P. 2013. Anthropogenic perturbation of the carbon fluxes from land to ocean. Nature Geoscience, 6(8): 597-607.

Reth S, Graf W, Reichstein M, et al. 2005. Sustained stimulation of soil respiration after 10 years of experimental warming. Environmental Research Letters, 268: 21-33.

Rey A, Oyonarte C, Morán-López T, et al. 2017. Changes in soil moisture predict soil carbon losses upon rewetting in a perennial semiarid steppe in SE Spain. Geoderma, 287(1): 135-146.

Rey A, Pegoraro E, Tedeschi V, et al. 2002. Annual variation in soil respiration and its components in a coppice oak forest in central Italy. Global Change Biology, 8(9): 851-866.

Rietz D N, Haynes R J. 2003. Effects of irrigation-induced salinity and sodicity on soil microbial activity. Soil Biology & Biochemistry, 35(6): 845-854.

Rinnan R, Michelsen A, Bääth E, et al. 2007. Fifteen years of climate change manipulations alter soil microbial communities in a subarctic heath ecosystem. Global Change Biology, 13(1): 28-39.

Rochette P, Desjardins R, Pattey E. 1991. Spatial and temporal variability of soil respiration in agricultural fields. Soil Science Society of America Journal, 71(2): 189-196.

Roey A, Peter C, Ralf C. 2011. Methanogenic archaea are globally ubiquitous in aerated soils and become active under wet anoxic conditions. The ISME Journal, 6(4): 847-862.

Romero L M, Smith T J, Fourqurean J W. 2005. Changes in mass and nutrient content of wood during decomposition in a South Florida mangrove forest. Journal of Ecology, 93(3): 618-631.

Rowe E C, Evans C D, Mills R T E, et al. 2012. N14C: a plant-soil nitrogen and carbon cycling model to simulate terrestrial ecosystem responses to atmospheric nitrogen deposition. Ecological Modelling, 247: 11-26.

Rustad L E, Campbell J L, Marion G M, et al. 2001. A meta-analysis of the response of soil respiration, net nitrogen mineralization, and aboveground plant growth to experimental ecosystem warming. Oecologia, 126: 543-562.

Ryana S. 2007. Precipitation pulses and soil CO_2 flux in a Sonoran Desert ecosystem. Global Change Biology, 13(2): 426-436.

Rykbost K A, Boersma L, Mack H J, et al. 1975. Yield response to soil warming: agronomic crops. Agronomy Journal, 67(6): 733-738.

Sahagian D, Melack J. 1996. Global wetland distribution and functional characterization: trace gases and the hydrologic cycle. Environmental Policy Collection, 37(24): 8170-8178.

Sairam R K, Kumutha D, Ezhilmathi K, et al. 2008. Physiology and biochemistry of waterlogging tolerance in plants. Biologia Plantarum, 52: 401-412.

Saiz G, Black K, Reidy B, et al. 2007. Assessment of soil CO_2 efflux and its components using a process-based model in a young temperate forest site. Geoderma, 139(1-2): 79-89.

Sampson D A, Janssens I A, Curiel Y J, et al. 2007. Basal rates of soil respiration are correlated with photosynthesis in a mixed temperate forest. Global Change Biology, 13(9): 2008-2017.

Samuelson L, Mathew R, Stokes T, et al. 2009. Soil and microbial respiration in a loblolly pine plantation in response to seven years of irrigation and fertilization. Forest Ecology and Management, 258(11): 2431-2438.

Schimel J P, Wetterstedt M J Å, Holden P A, et al. 2011. Drying/rewetting cycles mobilize old C from deep soils from a California annual grassland. Soil Biology & Biochemistry, 43(5): 1101-1103.

Schindlbacher A, Wunderlich S, Borken W, et al. 2012. Soil respiration under climate change: prolonged summer drought offsets soil warming effects. Global Change Biology, 18(7): 2270-2279.

Setia R, Marschner P, Baldock J, et al. 2010. Is CO_2 evolution in saline soils affected by an osmotic effect and calcium carbonate? Biology and Fertility of Soils, 46: 781-792.

Setia R, Marschner P, Baldock J, et al. 2011. Relationships between carbon dioxide emission and soil properties in salt-affected landscapes. Soil Biology & Biochemistry, 43(3): 667-674.

Seybold C, Mersie W, Huang J Y, et al. 2002. Soil redox, pH, temperature, and water-table patterns of a freshwater tidal wetland. Wetlands, 22(1): 149-158.

Shen H, Dong S, Li S, et al. 2019. Effects of simulated N deposition on photosynthesis and productivity of key plants from different functional groups of alpine meadow on Qinghai-Tibetan plateau. Environmental Pollution, 251: 731-737.

Shen W J, Reynolds J F, Hui D F. 2009. Responses of dryland soil respiration and soil carbon pool size to abrupt vs. gradual and individual vs. combined changes in soil temperature, precipitation, and atmospheric CO_2: a simulation analysis. Global Change Biology, 15(9): 2274-2294.

Sherman R E, Fahey T J, Martinez P. 2003. Spatial patterns of biomass and aboveground net primary productivity in a mangrove ecosystem in the Dominican Republic. Ecosystems, 6(4): 384-398.

Shi A, Marschner P. 2017. Soil respiration and microbial biomass in multiple drying and rewetting cycles: effect of glucose addition. Geoderma, 305(1): 219-227.

Shibata H, Mitsuhashi H, Miyake Y, et al. 2001. Dissolved and particulate carbon dynamics in a cool-temperate forested basin in northern Japan. Hydrological Processes, 15(10): 1817-1828.

Shipley B, Meziane D. 2002. The balanced growth hypothesis and the allometry of leaf and root biomass allocation. Functional Ecology, 16(3): 326-331.

Sinsabaugh R L, Moorhead D L. 1994. Resource allocation to extracellular enzyme production: a model for nitrogen and phosphorus control of litter decomposition. Soil Biology and Biochemistry, 26: 1305-1311.

Sinsabaugh R L, Belnap J, Rudgers J, et al. 2015. Soil microbial responses to nitrogen addition in arid ecosystems. Frontiers in Microbiology, 6: 819.

Smith M D, La Pierre K J, Collins S L, et al. 2015. Global environmental change and the nature of aboveground net primary productivity responses: insights from long-term experiments. Oecologia, 177(4): 935-947.

Smith R S, Shiel R S, Bardgett R D, et al. 2003. Soil microbial community, fertility, vegetation and diversity as targets in the restoration management of a meadow grassland. Journal of Applied Ecology, 40(1): 51-64.

Solomon S, Daniel J S, Sanford T J, et al. 2010. Persistence of climate changes due to a range of greenhouse gases. Proceedings of the National Academy of Sciences of the United States of America, 107(43): 18354-18359.

Song C C, Wang L L, Tian H Q, et al. 2013. Effect of continued nitrogen enrichment on greenhouse gas emissions from a wetland ecosystem in the Sanjiang Plain, Northeast China: a 5year nitrogen addition experiment. Journal of Geophysical Research: Biogeosciences, 118(2): 741-751.

Song M H, Jiang J, Cao G M, et al. 2010. Effects of temperature, glucose and inorganic nitrogen inputs on carbon mineralization in a Tibetan alpine meadow soil. European Journal of Soil Biology, 46(6): 375-380.

Strokal M, Yang H, Zhang Y C, et al. 2014. Increasing eutrophication in the coastal seas of China from 1970 to 2050. Marine Pollution Bulletin, 85(1): 123-140.

Tao B X, Liu C Y, Zhang B H, et al. 2018a. Effects of inorganic and organic nitrogen additions on CO_2 emissions in the coastal wetlands of the Yellow River Delta, China. Atmospheric Environment, 185: 159-167.

Tao B X, Wang Y P, Yu Y, et al. 2018b. Interactive effects of nitrogen forms and temperature on soil organic carbon decomposition in the coastal wetland of the Yellow River Delta, China. Catena, 165: 408-413.

Thacker S A, Tipping E, Baker A, et al. 2005. Development and application of functional assays for freshwater dissolved organic matter. Water Research, 39(18): 4559-4573.

Thornley J H M, Cannell M G R. 2001. Soil carbon storage response to temperature: a hypothesis. Annals of Botany, 87(5): 591-598.

Thottathil S D, Balachandran K K, Jayalakshmy K V, et al. 2008. Tidal switch on metabolic activity: salinity induced responses on bacterioplankton metabolic capabilities in a tropical estuary. Estuarine, Coastal and Shelf Science, 78(4): 665-673.

Tong C, Wang W Q, Zeng C S, et al. 2010. Methane (CH_4) emission from a tidal marsh in the Min River Estuary, southeast China. Journal of Environmental Science and Health Part A Toxic/Hazardous Substances and Environmental Engineering, 45(4): 506-516.

Tu L H, Hu T X, Zhang J, et al. 2012. Nitrogen addition stimulates different components of soil respiration in a subtropical bamboo ecosystem. Soil Biology & Biochemistry, 58: 255-264.

van den Berg L J L, Peters C J H, Ashmore M R, et al. 2008. Reduced nitrogen has a greater effect than oxidised nitrogen on dry heathland vegetation. Environmental Pollution, 154(3): 359-369.

van den Berg L J L, Shotbolt L, Ashmore M R. 2012. Dissolved organic carbon (DOC) concentrations in UK soils and the influence of soil, vegetation type and seasonality. Science of the Total Environment, 427-428: 269-276.

van Gestel M, Merckx R, Vlassak K. 1993. Microbial biomass responses to soil drying and rewetting: the fate of fast-and slow-growing microorganisms in soils from different climates. Soil Biology & Biochemistry, 25(1): 109-123.

Vann C D, Megonigal J P. 2003. Elevated CO_2 and water depth regulation of methane emissions: comparison of woody and non-woody wetland plant species. Biogeochemistry, 63: 117-134.

Vetter M, Churkina G, Jung M, et al. 2008. Analyzing the causes and spatial pattern of the European 2003 carbon flux anomaly in Europe using seven models. Biogeosciences Discussions, 5(2): 1201-1240.

Vidon P, Marchese S, Welsh M, et al. 2016. Impact of precipitation intensity and riparian geomorphic characteristics on greenhouse gas emissions at the soil-atmosphere interface in a water-limited riparian zone. Water Air and Soil Pollution, 227(1): 8.

Vitousek P M, Aber J D, Howarth R W, et al. 1997. Human alteration of the global nitrogen cycle: sources and consequences. Ecology Application, 7(3): 737-750.

Vitousek P M, Hattenschwiler S, Olander L, et al. 2002. Nitrogen and nature. Ambio, 31(2): 97-101.

Vitousek P M. 1982. Nutrient cycling and nutrient use efficiency. American Naturalist, 119(4): 553-572.

Vivanco L, Irvine I C, Martiny J B. 2016. Nonlinear responses in salt marsh functioning to increased nitrogen addition. Ecology, 96(4): 936-947.

Waldrop M P, Zak D R, Sinsabaugh R L, et al. 2004. Nitrogen deposition modifies soil carbon storage through changes in microbial enzymatic activity. Ecology Application, 14(4): 1172-1177.

Walker M D, Wahren C H, Hollister R D, et al. 2006. Plant community responses to experimental warming across the tundra biome. Proceedings of the National Academy of Sciences of the United States of America, 103(5): 1342-1346.

Wan S Q, Norby R J, Ledford J, et al. 2007. Responses of soil respiration to elevated CO_2, air warming, and changing soil water availability in a model old–field grassland. Global Change Biology, 13(11): 2411-2424.

Wang B, Gong J R, Zhang Z H, et al. 2019a. Nitrogen addition alters photosynthetic carbon fixation, allocation of photoassimilates, and carbon partitioning of *Leymus chinensis* in a temperate grassland of Inner Mongolia. Agricultural and Forest Meteorology, 279: 107743.

Wang B D, Xin M, Wei Q S, et al. 2018a. A historical overview of coastal eutrophication in the China Seas. Marine Pollution Bulletin, 136: 394-400.

Wang D, Decker K L M, Waite C E, et al. 2003. Snow removal and ambient air temperature effects on forest soil temperatures in northern Vermont. Soil Science Society of America Journal, 67(4): 1234-1242.

Wang J, Gao Y, Zhang Y, et al. 2019b. Asymmetry in above- and belowground productivity responses to N addition in a semi-arid temperate steppe. Global Change Biology, 25(9): 2958-2969.

Wang Q K, Wang S L, He T X, et al. 2014a. Response of organic carbon mineralization and microbial community to leaf litter and nutrient additions in subtropical forest soils. Soil Biology & Biochemistry, 71: 13-20.

Wang R Z, Zhang Y H, He P, et al. 2018b. Intensity and frequency of nitrogen addition alter soil chemical properties depending on mowing management in a temperate steppe. Journal of Environmental Management, 224: 77-86.

Wang X, Liu L L, Piao S L, et al. 2014b. Soil respiration under climate warming: differential response of heterotrophic and autotrophic respiration. Global Change Biology, 20(10): 3229-3237.

Wang X, Nakatsubo T, Nakane K. 2012a. Impacts of elevated CO_2 and temperature on soil respiration in warm temperate evergreen *Quercus glauca* stands: an open-top chamber experiment. Ecological Research, 27(3): 595-602.

Wang Y D, Wang Z L, Wang H M, et al. 2012b. Rainfall pulse primarily drives litterfall respiration and its contribution to soil respiration in a young exotic pine plantation in subtropical China. Soil Science Society of America Journal, 42(4): 657-666.

Ward D, Kirkman K, Hagenah N, et al. 2017. Soil respiration declines with increasing nitrogen fertilization and is not related to productivity in long-term grassland experiments. Soil Biology & Biochemistry, 115: 415-422.

Wei C, Yu Q, Bai E, et al. 2013. Nitrogen deposition weakens plant-microbe interactions in grassland ecosystems. Global Change Biology, 19(12): 3688-3697.

Weng E S, Luo Y Q. 2008. Soil hydrological properties regulate grassland ecosystem responses to multifactor global change: a modeling analysis. Journal of Geophysical Research: Biogeosciences, 113: G03003.

Weston N B, Vile M A, Neubauer S C, et al. 2010. Accelerated microbial organic matter mineralization following salt-water intrusion into tidal freshwater marsh soils. Biogeochemistry, 102(1-3): 135-151.

Wilson L, Holden J, Armstrong A, et al. 2011. Ditch blocking, water chemistry and organic carbon flux: evidence that blanket bog restoration reduces erosion and fluvial carbon loss. Science of the Total Environment, 409(11): 2010-2018.

Wong V N L, Dalal R C, Greene R S B. 2008. Salinity and sodicity effects on respiration and microbial biomass of soil. Biology and Fertility of Soils, 44: 943-953.

Wu J, Brookes P. 2005. The proportional mineralisation of microbial biomass and organic matter caused by air-drying and rewetting of a grassland soil. Soil Biology & Biochemistry, 37(3): 507-515.

Wu J, Roulet N T, Sagerfors J, et al. 2013. Simulation of six years of carbon fluxes for a sedge-dominated oligotrophic minerogenic peatland in Northern Sweden using the McGill Wetland Model (MWM). Journal of Geophysical Research: Biogeosciences, 118(2): 795-807.

Wu Y, Blodau C, Moore T R, et al. 2015. Effects of experimental nitrogen deposition on peatland carbon pools and fluxes: a modelling analysis. Biogeosciences, 12(1): 79-101.

Xia J Y, Han Y, Zhang Z, et al. 2009. Effects of diurnal warming on soil respiration are not equal to the summed effects of day and night warming in a temperate steppe. Biogeosciences, 6(8): 1361-1370.

Xiao L L, Xie B H, Liu J C, et al. 2017. Stimulation of long-term ammonium nitrogen deposition on methanogenesis by Methanocellaceae in a coastal wetland. Science of the Total Environment, 595: 337-343.

Xiao M L, Zang H D, Liu S L, et al. 2019. Nitrogen fertilization alters the distribution and fates of photosynthesized carbon in rice–soil systems: a ^{13}C-CO_2 pulse labeling study. Plant and Soil,

445(1-2): 101-112.

Xu X, Liu H, Liu Y Z, et al. 2019. Human eutrophication drives biogeographic salt marsh productivity patterns in China. Ecological Applications, 30(2): e02045.

Xu X, Schimel J P, Thornton P E, et al. 2014. Substrate and environmental controls on microbial assimilation of soil organic carbon: a framework for Earth system models. Ecology Letters, 17(5): 547-555.

Xu X, Shi Z, Li D J, et al. 2016. Soil properties control decomposition of soil organic carbon: results from data-assimilation analysis. Geoderma, 262: 235-242.

Xu Z, Ren H, Li M H, et al. 2017. Experimentally increased water and nitrogen affect root production and vertical allocation of an old-field grassland. Plant and Soil, 412(1-2): 369-380.

Yan J X, Chen L F, Li J J, et al. 2013. Five-year soil respiration reflected soil quality evolution in different forest and grassland vegetation types in the eastern Loess Plateau of China. Clean Soil, Air, Water, 41(7): 680-689.

Yang K, Zhu J J, Gu J, et al. 2018. Effects of continuous nitrogen addition on microbial properties and soil organic matter in a *Larix gmelinii* plantation in China. Journal of Forestry Research, 29(1): 85-92.

Yang P, Wang M H, Lai D Y F, et al. 2019. Methane dynamics in an estuarine brackish *Cyperus malaccensis* marsh: production and porewater concentration in soils, and net emissions to the atmosphere over five years. Geoderma, 337(1): 132-142.

Yao R J, Yang J S, Wang X P, et al. 2020. Response of soil characteristics and bacterial communities to nitrogen fertilization gradients in a coastal salt-affected agroecosystem. Land Degradation & Development, 32: 338-353.

Yin H J, Xiao J, Li Y F, et al. 2013. Warming effects on root morphological and physiological traits: the potential consequences on soil C dynamics as altered root exudation. Agricultural and Forest Meteorology, 180(15): 287-296.

Yonghoon C, Yang W. 2004. Dynamics of carbon sequestration in a coastal wetland using radiocarbon measurements. Global Biogeochemical Cycles, 18(4): 133-147.

Yoon T K, Noh N J, Han S, et al. 2014. Soil moisture effects on leaf litter decomposition and soil carbon dioxide efflux in wetland and upland forests. Soil Science Society of America Journal, 78(5): 1804-1816.

Yuste J C, Janssens I A, Carrara A R. 2004. Annual Q_{10} of soil respiration reflects plant phenological patterns as well as temperature sensitivity. Global Change Biology, 10(2): 161-169.

Zechmeister B S, Keiblinger K M, Mooshammer M, et al. 2015. The application of ecological stoichiometry to plant-microbial-soil organic matter transformations. Ecological Monographs, 85(2): 133-155.

Zhan M, Cao C G, Wang J P, et al. 2011. Dynamics of methane emission, active soil organic carbon and their relationships in wetland integrated rice-duck systems in southern China. Nutrient Cycling in Agroecosystems, 89(1): 1-13.

Zhang J, Wu Y, Jennerjahn T C, et al. 2007. Distribution of organic matter in the Changjiang (Yangtze River) Estuary and their stable carbon and nitrogen isotopic ratios: implications for source discrimination and sedimentary dynamics. Marine Chemistry, 106(1-2): 111-126.

Zhang T T, Zeng S L, Gao Y, et al. 2011. Assessing impact of land uses on land salinization in the Yellow River Delta, China using an integrated and spatial statistical model. Land Use Policy, 28(4): 857-866.

Zhang X, Zhang Y P, Sha L Q, et al. 2015. Effects of continuous drought stress on soil respiration in a tropical rainforest in southwest China. Plant and Soil, 394: 343-353.

Zhong Q C, Du Q, Gong J N, et al. 2013. Effects of in situ experimental air warming on the soil respiration in a coastal salt marsh reclaimed for agriculture. Plant and Soil, 371: 487-502.

Zhou L Y, Zhou X H, Zhang B C, et al. 2014. Different responses of soil respiration and its components to nitrogen addition among biomes: a meta-analysis. Global Change Biology, 20(7): 2332-2343.

Zhou M H, Butterbach-Bahl K, Vereecken H, et al. 2017a. A meta-analysis of soil salinization effects on nitrogen pools, cycles and fluxes in coastal ecosystems. Global Change Biology, 23(3): 1338-1352.

Zhou X H, Wan S Q, Luo Y Q, et al. 2007. Source components and interannual variability of soil CO_2 efflux under experimental warming and clipping in a grassland ecosystem. Global Change Biology, 13(4): 761-775.

Zhou Z H, Wang C K, Zheng M H, et al. 2017b. Patterns and mechanisms of responses by soil microbial communities to nitrogen addition. Soil Biology & Biochemistry, 115: 433-441.

Zhu B, Cheng W X. 2013. Impacts of drying-wetting cycles on rhizosphere respiration and soil organic matter decomposition. Soil Biology & Biochemistry, 63: 89-96.

第 2 章

黄河三角洲盐沼湿地碳交换过程及其对潮汐淹水的响应

2.1 引言

盐沼湿地凭借较高的初级生产力和较快的碳积累速率成为全球重要的碳汇生态系统之一（Chmura et al.，2003）。此外，研究者将盐沼湿地、红树林和海草床中储存的碳定义为"蓝碳"，"蓝碳"生态系统在缓解全球气候变化方面具有很大的潜力（McLeod et al.，2011；Wang et al.，2019）。据统计，在全球 $4.0\times10^{11}m^2$ 的盐沼湿地中，有机碳埋藏速率为 151.0g C/($m^2\cdot a$)，每年可埋藏 60.4Tg 有机碳（Duarte et al.，2005）。盐沼湿地的碳循环过程也是全球碳循环体系中的重要组成部分。盐沼湿地位于陆地与海洋的过渡地带，其碳循环过程包括各种碳库之间的碳储存、迁移和转换（Chen et al.，2018）。此外，周期性潮汐作用作为盐沼湿地最基本的水文特征，也是其碳交换过程的重要影响因素（韩广轩，2017）。

潮汐淹水在盐沼等滨海地区是周期性发生的，因此在不同的时间尺度上也会对盐沼生态系统的碳交换过程产生影响（Enright et al.，2013）。例如，半月尺度上的大-小潮循环会影响盐沼生态系统的 CO_2 和 CH_4 交换过程（Guo et al.，2009；Knox et al.，2018；Li et al.，2018）。此外，在多日尺度上，由潮汐作用驱动的碳交换过程的变化也会受到其他环境因素（如光照、温度和地下水位）的影响；盐沼湿地植被光合作用对光照的响应及生态系统呼吸对温度的响应也会随着大潮、小潮的周期性循环而发生变化（Guo et al.，2009；Knox et al.，2018）。在更短的时间尺度上，潮汐作用会直接影响 NEE 的昼夜变化（Kathilankal et al.，2008；Moffett et al.，2010）。例如，夜间盐沼生态系统的 CO_2 排放会受到潮汐淹水的抑制，而日间的 CO_2 吸收对潮汐作用的响应则较为复杂（Kathilankal et al.，2008；Guo et al.，2009）。总而言之，这些研究结果对了解不同时间尺度上潮汐作用对盐沼生态系统碳交换过程的影响具有重要意义。

目前，研究者已经关注了不同时间尺度上潮汐淹水的影响及潮汐淹水过程不同阶段对盐沼湿地碳交换过程的影响。然而，周期性潮汐淹水对盐沼湿地碳循环和碳收支过程的影响机制尚不清楚。当前，全球气候变化（特别是海平面上升）正严重威胁着包括盐沼湿地在内的全球"蓝碳"生态系统。海平面上升会直接引起潮汐潮差和潮汐浸淹频率的改变，并进一步影响盐沼湿地的碳循环过程（Hagen et al.，2013；Lewis et al.，2014；Jones et al.，2018）。因此，探究盐沼湿地生态系统碳交换过程对潮汐淹水的响应，对于预测和评估全球变化背景下盐沼湿地的碳汇功能具有重要意义。

2.2 潮汐湿地观测场

研究区位于中国科学院黄河三角洲滨海湿地生态试验站的潮汐湿地观测场（37°36′56″N，118°57′51″E），观测场内是典型的盐沼生态系统（图 2.1）。在潮汐作用下，观测场内的土壤和植被会周期性地淹没于海水中或暴露在空气中，即经历干旱—湿润—淹水—再湿润的交替变化。在涨潮过程中，潮水先灌满潮沟，随后溢出到潮沟之外，直到研究区内的土壤和植被被完全淹没。退潮时，地面的潮水先退回潮沟，潮沟水位逐渐下降，直至露出地表（邢庆会，2018）。在研究区内，在生长季潮汐淹水较为频繁，而在非生长季潮汐淹水通常以半月一次的频率发生；此外，高潮位多发生在阴历的初一和十五左右（图 2.2）。

图 2.1 潮汐湿地观测场

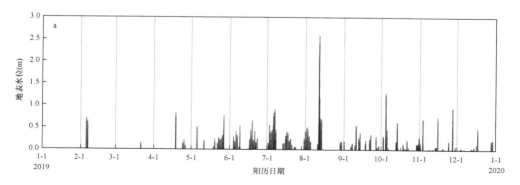

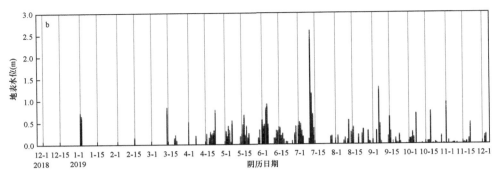

图 2.2　2019 年研究区内地表水位变化情况

观测场内盐地碱蓬（*Suaeda salsa*）为单一优势种，在当地它是被称为"红地毯"的自然景观（图 2.1）。盐地碱蓬为藜科碱蓬属一年生草本植物，潮间带的盐地碱蓬在生长季最大株高可以达到 20～30cm；叶条形，呈半圆柱状，叶片有肉质化的趋势；物候期为 4 月萌芽，7 月开花，8～10 月为花果期，11 月开始衰落；在整个生长期，潮间带的盐地碱蓬地上部分皆为紫红色（李征等，2012）。黄河三角洲盐沼湿地的土壤质地主要为砂质黏壤土，土壤类型以滨海潮土和盐碱土为主，土壤含盐量和碱化度较高（含盐量>6g/kg，碱化度>20%），且土壤剖面的 pH 有向底层逐渐降低的趋势，而含盐量的整体变化不大甚至有向底层递增的趋势（Nie et al.，2009；骆永明等，2017）。由于经常受到潮水的浸淹，潮滩土壤的深层常年处于积水状态，土壤厌氧环境下有机质分解较慢，导致大量的泥炭在深层淤积，进而使得潮滩土壤剖面呈现上层黄色、下层黑灰色的分布特征（骆永明等，2017）。

潮汐湿地观测场以微气象-涡度协方差监测系统（表 2.1）为基础，长期定位监测 CO_2 通量及各项环境指标。涡度系统在线计算湍流通量的时间间隔是 30min，并以 10Hz 输出时间序列数据。微气象观测系统包括四分量辐射传感器、空气温湿度传感器、土壤三参数传感器、压力式水位计和雨量传感器等。微气象观测系统原始数据采样频率为 10Hz，通过数据采集器在线采集并按 30min 计算平均值进行存储。

表 2.1　微气象-涡度协方差监测系统

测量指标	仪器名称	仪器型号	生产商
CO_2/H_2O 通量	一体式三维超声风速仪与 CO_2/H_2O 分析仪	IRGASON	Campbell Scientific Inc.，美国
空气温度、湿度	空气温湿度传感器	HMP155A	Vaisala，芬兰赫尔辛基
大气压	大气压传感器	CS106	Campbell Scientific Inc.，美国
降雨量	雨量传感器	TE525MM	Texas Electronics，美国
光合有效辐射	光合有效辐射传感器	LI-190R	LI-COR Inc.，美国

续表

测量指标	仪器名称	仪器型号	生产商
净辐射	四分量辐射传感器	CNR4	Kipp & Zonen Inc.，美国
风速、风向	风速风向仪	034B	Campbell Scientific Inc.，美国
土壤温度	土壤温度传感器	109SS	Campbell Scientific Inc.，美国
土壤盐度、土壤含水量	土壤三参数传感器	ECH$_2$O-5TE	Decagon Devices Inc.，美国
地表水位	超声水位计	SR50A-L	Campbell Scientific Inc.，美国
地下水位	压力式水位计	CS456	Campbell Scientific Inc.，美国
原始数据采集	数据采集器	CR6/CR1000	Campbell Scientific Inc.，美国

2.3 生态系统 CO_2 交换在不同时间尺度上对潮汐淹水的响应

2.3.1 各环境因子和生态系统 CO_2 交换的时频变化特征

连续小波变换结果表明，气温（T_a）和光照［以光合光子通量密度（PPFD）表示］在多时间尺度上的变化模式相似，二者的小波能量谱均在昼夜尺度上显示出显著的变化模式（图 2.3a、b）。周期性潮汐淹水［以潮高（TH）表示］在多日尺度（8～16d）和季节尺度（32～64d）上具有显著的变化模式（图 2.3c）。

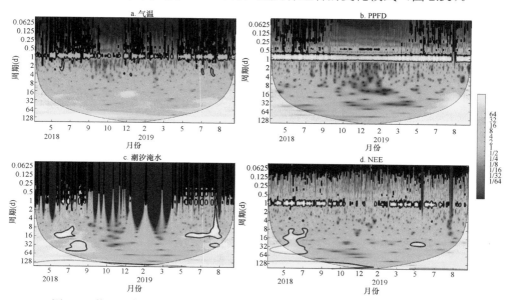

图 2.3 黄河三角洲盐沼湿地环境因子和净生态系统 CO_2 交换的连续小波变换
黑色轮廓线所标出的区域表示通过置信度为 95% 的显著性检验；黑色细线表示影响锥，即不受边缘效应影响的区域

对应于上述几种环境因子的多时间尺度变化，NEE 在昼夜尺度上也显示出显著的变化模式（图 2.3d），但这种变化模式在非生长季逐渐消失。此外，NEE 在多日尺度（即 8~16d）和季节尺度（即 32~64d）上也存在显著变化的区域。在小波分析中，NEE 显著的日尺度、多日尺度和季节尺度变化模式也与已有的研究相一致（Ouyang et al.，2014；Jia et al.，2018b）。例如，通过 7 年的涡度观测，Ouyang 等（2014）发现，在以橡树为主的森林生态系统中，NEE 的显著变化区域位于日尺度、多日尺度和季节尺度范围内；在基于 5 年的涡度测量研究中，Jia 等（2018b）发现 NEE 具有显著的日尺度和季节尺度变化模式，并且位于日尺度范围内的显著变化区域在非生长季逐渐消失。

2.3.2 不同时间尺度上生态系统 CO_2 交换对光热条件的响应

小波相干（WTC）分析表明，气温（T_a）和 NEE 在昼夜尺度上具有显著相干关系；而 PPFD 和 NEE 之间的显著相干关系也位于昼夜尺度上，并且是显著的负相关性（图 2.4a、b）。在多日尺度上，T_a 和 PPFD 与 NEE 之间的相干性表现在一些不连续的条带状或点状区域中。由于在 WTC 分析中 T_a 和 PPFD 在昼夜尺度上具有相似的表现，因此本研究进一步使用部分小波相干（PWC）分析来消除 T_a 和 PPFD 对 NEE 的混淆作用。在消除 PPFD 的影响后，WTC 分析中 T_a 和 NEE 之

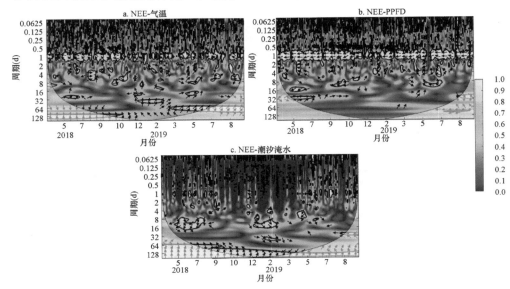

图 2.4 黄河三角洲盐沼湿地净生态系统 CO_2 交换与环境因子之间的小波相干分析

不同方向的箭头表示相位差

间的相干关系（图 2.4a）在昼夜尺度上都消失了（图 2.5a）。相反，在 PWC 分析中消除了 T_a 的影响后，WTC 分析中 PPFD 与 NEE 的显著相干区域（图 2.4b）仍然存在（图 2.5b），这表明是 PPFD 而不是 T_a 在昼夜尺度上主导了 NEE 的变化。

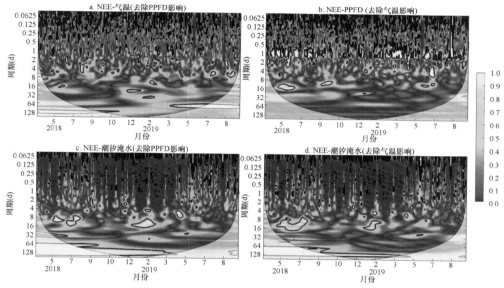

图 2.5　黄河三角洲盐沼湿地净生态系统 CO_2 交换与环境因子之间的部分小波相干分析
a. 去除 PPFD 影响后 NEE 和 T_a 的相干关系；b. 去除 T_a 影响后 NEE 和 PPFD 的相干关系；c. 去除 PPFD 影响后 NEE 和潮汐淹水的相干关系；d. 去除 T_a 影响后 NEE 和潮汐淹水的相干关系

研究结果表明，盐沼湿地 NEE 显著的昼夜变化模式主要是由光照（以 PPFD 表示）而不是气温控制。虽然在小波相干分析中，PPFD 和 T_a 在昼夜尺度上都与 NEE 具有显著相干性，但是图 2.4b 中向左的箭头表明，NEE 与 PPFD 之间的相干性不存在时间上的滞后，因此 NEE 与 PPFD 之间的相干性相比于 T_a 更加紧密。此外，本研究通过部分小波相干分析消除了 PPFD 和 T_a 对于 NEE 的混淆影响，结果进一步表明在昼夜尺度上主要是光照影响了 NEE 的变化。

生态系统 CO_2 交换主要包括两个过程：光合作用和呼吸作用（Zhao et al.，2019）。光合作用主要受到光照条件的影响，而呼吸作用则主要受温度的影响（Jia et al.，2014）。已有研究证明，控制 NEE 昼夜变化的主要过程是光合作用而不是呼吸作用（Hong and Kim，2011；Ouyang et al.，2014），因此光照条件通过控制光合作用主导了 NEE 的昼夜变化。此外，研究者还发现光合作用在昼夜尺度上能够对土壤呼吸产生重要影响（Vargas et al.，2011；Jia et al.，2018a）。由于光合作用的主要影响因素就是光照，因此光合作用对土壤呼吸的调节作用也进一步证明了光照在驱动 NEE 昼夜变化模式中的重要作用。

2.3.3 不同时间尺度上生态系统 CO_2 交换对潮汐淹水的响应

WTC 分析结果表明，TH 在多日尺度（即 8~16d）和季节尺度（即 64~128d）上与 NEE 存在显著相干区域（图 2.4c）。同时，在 PWC 分析中消除了 PPFD 的影响（图 2.5c）后，WTC 分析中 TH 与 NEE 在昼夜尺度上的显著相干区域几乎全部消失。进一步的分析表明，在 PWC 分析中消除了 T_a 的影响后，WTC 分析中 TH 和 NEE 在季节尺度（即 64~128d）上的显著相干区域变窄（图 2.5d）。本研究还采用多元小波相干（mutiple wavelet coherence，MWC）分析探究了多种环境因子对盐沼湿地 NEE 在多时间尺度上的共同影响。通过分析 TH 和 PPFD、TH 和 T_a 对 NEE 的共同影响发现，MWC 分析中的相干性区域（图 2.6a、b）比 WTC 分析中的任何单个影响因素的相干性区域都更加明显。因此，在研究期间，PPFD 和 T_a 及潮汐作用能够解释 NEE 在多时间尺度上的大部分变化模式。

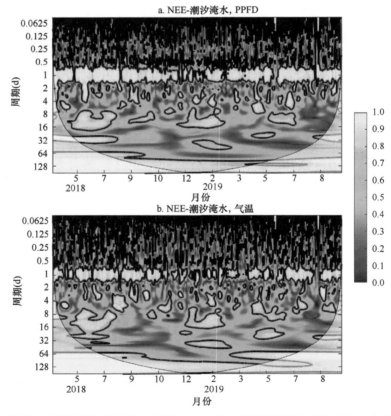

图 2.6　黄河三角洲盐沼湿地净生态系统 CO_2 交换与各环境因子之间的多元小波相干分析
a. TH 和 PPFD 的共同影响下与 NEE 的相干性；b. TH 和 T_a 的共同影响下与 NEE 的相干性

综上，潮汐淹水主要在多日尺度（8～16d）及季节尺度（64～128d）上影响盐沼湿地 NEE 的变化模式。此外，部分小波相干分析的结果进一步证实，在多日尺度上是潮汐而不是光照或气温控制了 NEE 的变化。潮汐在多日尺度上对 NEE 的影响主要是由大-小潮循环引起的。大-小潮循环能够引起地下水位、温度和湿度等环境因子的改变（Koebsch et al., 2013; Schafer et al., 2014; Knox et al., 2018）。与本研究结果相似的是 Guo 等（2009）在河口湿地进行的一项研究，生态系统 CO_2 通量在 10～20d 的时间尺度上表现出了由潮汐作用驱动的变化模式。同样，Knox 等（2018）在微咸水沼泽中也发现了潮汐作用在多日尺度上对 NEE 具有重要影响。

2.3.4 潮汐淹水影响下生态系统 CO_2 交换对光热条件的响应

图 2.7 为 2018 年和 2019 年黄河三角洲盐沼湿地潮汐作用对生长季不同月份 NEE 日变化的影响。研究发现，潮汐淹水显著抑制了盐沼湿地夜间的 CO_2 释放（$NEE_{nighttime}$）。例如，7 月受潮汐影响的平均 $NEE_{nighttime}$ [0.25μmol/(m²·s)] 与未受潮汐影响的 $NEE_{nighttime}$ [0.55μmol/(m²·s)] 相比降低了 55%。本研究进一步探究了潮汐作用下 $NEE_{nighttime}$ 对 T_a 的响应。$NEE_{nighttime}$ 对 T_a 表现出显著的指数依赖

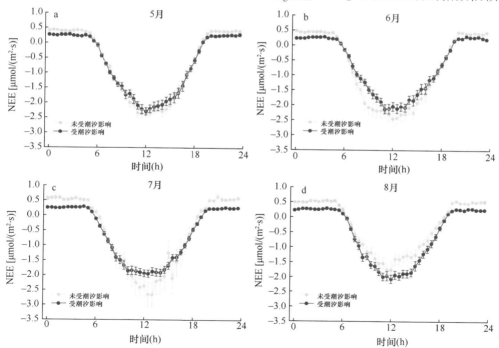

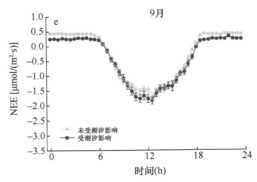

图 2.7 2018 年和 2019 年黄河三角洲盐沼湿地生长季的净生态系统 CO_2 交换（NEE）日动态

性关系（表 2.2，未受潮汐影响时 $R^2 = 0.151$，受潮汐影响时 $R^2 = 0.025$）。此外，温度敏感性指数（Q_{10}）从未受潮汐影响的 1.37 降至受潮汐影响的 1.16，这表明潮汐淹水削弱了盐沼湿地 $NEE_{nighttime}$ 对 T_a 的响应。

表 2.2 受潮汐影响与未受潮汐影响的 $NEE_{nighttime}$ 的温度响应参数（R_0、b 和 Q_{10}）比较

	R_0	b	Q_{10}	R^2	n
未受潮汐影响	0.206	0.031	1.37	0.151	2236
受潮汐影响	0.156	0.015	1.16	0.025	1482

注：R_0 和 b 是两个经验系数，Q_{10} 为温度敏感性指数

潮汐淹水抑制了盐沼湿地夜间的生态系统 CO_2 排放，这一结果也在多个研究中被证实（Kathilankal et al.，2008；Bu et al.，2015）。首先，潮汐淹水会限制从土壤及植物到大气的 CO_2 排放。其次，来自土壤和植被的 CO_2 会有一部分在潮水中溶解。再次，潮汐淹水还会使土壤中的 O_2 可利用性降低，这也意味着对于异养呼吸的抑制（Han et al.，2015）。最后，潮汐淹水还会降低盐沼湿地夜间生态系统呼吸的温度敏感性，这一结果表明在昼夜尺度上气温对于 NEE 的影响被潮汐淹水作用削弱。相似的研究结果也在其他研究中被证实。在微咸水盐沼湿地进行的研究中，Yang 等（2018）发现涨潮前的生态系统温度敏感性指数要高于落潮后。盐沼夜间生态系统呼吸温度敏感性降低的主要原因是潮汐淹水导致土壤含水量升高，较高的土壤含水量会抑制土壤呼吸，继而影响生态系统呼吸的温度敏感性（Han et al.，2013）。

与夜间 NEE（$NEE_{nighttime}$）相比，日间 NEE（$NEE_{daytime}$）对潮汐淹水的响应更为复杂。在生长季的前三个月（5～7 月），受潮汐影响的 $NEE_{daytime}$ 峰值高于未受潮汐影响的情况（图 2.8）。在 8 月和 9 月，受潮汐影响的盐沼湿地日间最大 CO_2 吸收速率 [8 月，2.07μmol/(m²·s)；9 月，1.84μmol/(m²·s)] 要比不受潮汐影响的情况 [8 月，1.75μmol/(m²·s)；9 月，1.70μmol/(m²·s)] 更高。

第 2 章 黄河三角洲盐沼湿地碳交换过程及其对潮汐淹水的响应

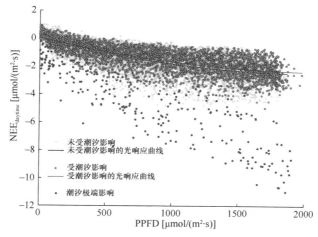

图 2.8 受潮汐影响与未受潮汐影响情况下日间 NEE（$NEE_{daytime}$）的光响应曲线比较
蓝色实心圆表示 2018 年 6 月 14～21 日及 7 月 16～18 日的特殊数据。各光响应参数在表 2.3 列出

已有的研究也证明潮汐对光合作用的影响可能较为复杂（Guo et al.，2009；Knox et al.，2018）。这可能与两个方面的因素有关。一方面，白天的潮汐淹水会引起有效光合面积的减少，这将进一步导致对盐沼生态系统 CO_2 吸收能力的抑制（Kathilankal et al.，2008）。这一解释也适用于本研究的另一结果，即潮汐淹水降低了盐沼湿地植被光合作用的最大速率（表 2.3）。另一方面，潮水的流入可以缓解植物受到的盐胁迫并促进盐沼湿地中植物的光合作用（韩广轩，2017）。综上，盐沼湿地日间生态系统 CO_2 吸收对潮汐淹水的响应随不同月份而变化，但潮汐淹水对日间 CO_2 吸收的影响可能主要表现为对光合作用的抑制。

表 2.3 受潮汐影响与未受潮汐影响的 $NEE_{daytime}$ 的光响应参数（A_{max}、α 和 $R_{eco,day}$）比较

	A_{max} [μmol/(m²·s)]	α（μmol/μmol）	$R_{eco,day}$ [μmol/(m²·s)]	R^2	n
未受潮汐影响	4.76±0.20	0.0034±0.0002	0.21±0.04	0.50	5075
受潮汐影响	4.45±0.19	0.0031±0.0002	0.17±0.04	0.56	3550

注：A_{max}-生态系统最大净 CO_2 交换速率；α 是生态系统表观量子产率；$R_{eco,day}$ 是从光响应曲线估计的日间生态系统呼吸速率

2.4 生态系统 CO_2 和 CH_4 交换对潮汐淹水过程中不同阶段的响应

2.4.1 生态系统 CO_2 交换对潮汐淹水过程中不同阶段的响应

研究发现，黄河三角洲盐沼湿地对照处理的总初级生产力（GPP）和净生态系统 CO_2 交换（NEE）在不同的潮汐阶段没有显著差异（图 2.9a）。此外，尽管涨

潮阶段和落潮后 2h 的盐沼生态系统呼吸（R_{eco}）速率相对于其他潮汐阶段更高，但整体上对照处理的 R_{eco} 差异很小。低水位（low water level，LWL）处理的 R_{eco} 随不同潮汐阶段的变化也相对较小（图 2.9b）。然而，在涨潮阶段，LWL 处理的 GPP[降低至（3.46±0.40）$\mu mol/(m^2 \cdot s)$]和 NEE[升高至（−1.49±0.23）$\mu mol/(m^2 \cdot s)$]与其他潮汐阶段相比有显著差异，这也表明涨潮过程显著抑制了 CO_2 的吸收。这种现象在中水位（middle water level，MWL）处理和高水位（high water level，HWL）处理中也依然存在（图 2.9c、d）。在潮汐淹水 22h 后，LWL 处理的 NEE 恢复到与涨潮前相近的水平。

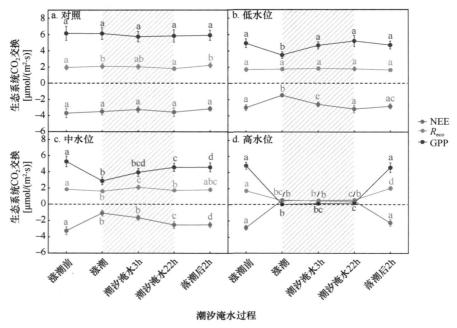

图 2.9　黄河三角洲盐沼湿地生态系统 CO_2 交换在五个不同潮汐阶段的变化情况
阴影部分表示潮汐淹水期间；不同的小写字母表示不同潮汐阶段之间存在显著差异

黄河三角洲盐沼湿地 MWL 处理的生态系统 CO_2 交换的变化较为复杂（图 2.9c）。在潮汐淹水 3h 后，R_{eco} 增加到（2.10±0.25）$\mu mol/(m^2 \cdot s)$，这是整个潮汐淹水过程中的最大值。在潮汐淹水期间，CO_2 吸收速率逐渐提升。在潮水淹没 22h 后，CO_2 吸收速率达到最大值[GPP 为（4.54±0.52）$\mu mol/(m^2 \cdot s)$；NEE 为（−2.54±0.42）$\mu mol/(m^2 \cdot s)$]。此外，在落潮后 2h，CO_2 的吸收速率显著低于涨潮之前（$P<0.01$）。与此相似，在 LWL 和 HWL 处理中，落潮后 2h 的盐沼生态系统 CO_2 吸收速率也低于淹水前阶段（图 2.9b、d）。在 HWL 处理中，由于淹水期间植物被完全浸没，盐沼生态系统 CO_2 交换几乎被完全抑制，GPP、R_{eco} 和 NEE 都接近于 0（图 2.9d）。

落潮后，GPP 和 NEE 均恢复到与涨潮前相近的水平，但 R_{eco} 显著高于涨潮前（$P<0.05$）。

2.4.2 生态系统 CH_4 交换对潮汐淹水过程中不同阶段的响应

黄河三角洲盐沼湿地对照处理的生态系统 CH_4 通量变化很小（图 2.10a）。在 LWL 处理中，涨潮阶段 CH_4 排放速率减小到（0.31±0.06）nmol/($m^2 \cdot s$)（图 2.10b），这也是整个淹水过程中 CH_4 排放速率的最小值。涨潮后，CH_4 排放速率一直在上升，并在落潮后 2h 达到最大值［(0.56±0.17) nmol/($m^2 \cdot s$)］。MWL 和 HWL 处理中 CH_4 排放变化情况的总体趋势相似（图 2.10c、d）。在涨潮阶段，两种处理的 CH_4 排放速率均有所增加，但差异不大。此外，在潮汐淹水期间，淹水 3h 后的 CH_4 排放速率最小［MWL，(0.46±0.08) nmol/($m^2 \cdot s$)；HWL，(0.74±0.23) nmol/($m^2 \cdot s$)］。在 MWL 处理中，落潮后 2h 的 CH_4 排放速率显著高于淹水之前的 CH_4 排放速率（$P<0.05$），而在 HWL 处理中这种差异并不显著。

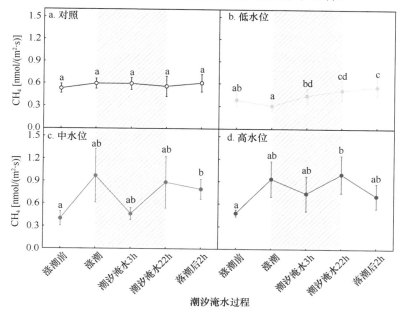

图 2.10 黄河三角洲盐沼湿地生态系统 CH_4 交换在五个不同潮汐阶段的变化情况
阴影部分表示潮汐淹水期间；不同的小写字母表示不同潮汐阶段之间存在显著差异

湿地 CH_4 的产生是一个严格的厌氧过程（Deppe et al.，2010）。在潮汐淹水之前，土壤还未处于厌氧状态，因此 CH_4 的产生受到抑制（Chambers et al.，2014）。同时，缺乏厌氧环境还会促进 CH_4 在土壤表层的氧化，从而减少 CH_4 的释放（Chen et al., 2013)。当潮水淹没土壤时，具有了适合 CH_4 产生的厌氧环境，但由于潮水对气体传输的屏障作用，CH_4 无法释放到大气中。退潮后，潮水的屏障作用消失，之前在土壤中产生的 CH_4 就能够传输到大气中（Singh et al., 2000），因而落潮后的 CH_4 排放量增加。

2.4.3 生态系统 CO_2 交换对不同淹水水位的响应

在涨潮前，各水位处理之间的 NEE 和 GPP 没有显著差异（图 2.11a、c）。在涨潮阶段，LWL、MWL 和 HWL 处理的 NEE 显著高于对照处理，相似地，GPP 显著低于对照处理。此外，由于植物被完全淹没，HWL 处理的生态系统 CO_2 交换在整个潮汐淹水期间被完全抑制。此结果与 Moffett 等（2010）的研究结果相似，即盐沼生态系统 CO_2 交换在长时间的潮汐淹水后被完全抑制。首先，在潮汐淹水期间，HWL 处理中的植物已被完全淹没，即有效光合叶面积消失。其次，潮水形成了气体传输的屏障，潮水的屏障作用能够抑制来自土壤和植被的 CO_2 释放。再次，部分 CO_2 会在潮水中溶解（Guo et al., 2009）。最后，较高的淹水水位还会造

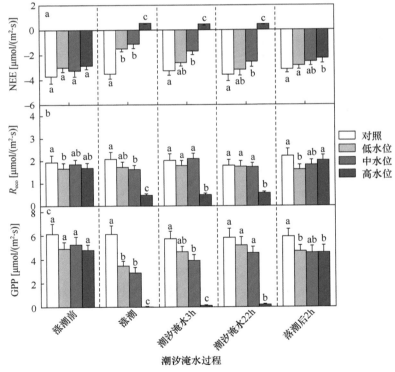

图 2.11　4 种不同水位处理的盐沼湿地生态系统 CO_2 通量变化
不同的小写字母表示不同潮汐阶段之间存在显著差异

成土壤中 O_2 可利用性的降低。因此，土壤中好氧微生物及植物根系的好氧呼吸都将受到抑制（Jimenez et al.，2012）。

本研究进一步使用线性回归分析，探究了盐沼湿地生态系统 CO_2 通量与不同淹水水位之间可能存在的关系。在潮汐淹水期间，NEE 和 GPP 与水位呈显著相关关系（仅潮汐淹水 22h 后 GPP 与水位没有显著的回归关系）（图 2.12），即盐沼湿地生态系统 CO_2 吸收速率随着淹水水位的升高而降低。NEE 与水位呈正相关关系（涨潮时 $P<0.05$，$R^2=0.92$；潮汐淹水 3h 时 $P<0.01$，$R^2=0.98$；潮汐淹水 22h 时 $P<0.05$，$R^2=0.91$）。相关分析还表明，GPP 的变化与涨潮阶段（$P<0.05$，$R^2=0.95$）和潮汐淹水 3h 阶段（$P<0.05$，$R^2=0.94$）的水位呈显著负相关关系。相关结果可以解释为：①更高的淹水水位可以减少更多的有效光合面积；②较高的水位会限制潮水中光和 CO_2 的扩散，从而抑制光合作用（Colmer et al.，2011）。此外，CO_2 吸收与淹水水位之间的关系通常随实际的试验条件的变化而发生变化。Minke 等（2016）的研究发现，较高的水位可以促进温带沼泽中的 CO_2 吸收；而 Chen 等（2018）在黄河三角洲湿地进行的研究发现，盐沼湿地生态系统的 CO_2 吸收与水位的关系会随着不同的试验地点而发生变化。

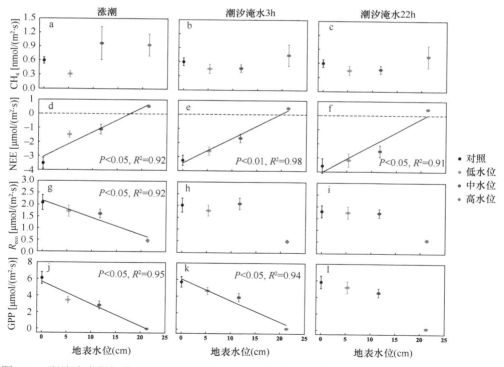

图 2.12 潮汐淹水期间盐沼湿地生态系统 CO_2 和 CH_4 通量与不同淹水水位之间的线性回归关系

2.4.4 生态系统 CH_4 交换对不同淹水水位的响应

涨潮前,各水位处理的盐沼湿地生态系统 CH_4 通量没有显著差异(图 2.13)。在涨潮阶段,LWL 处理的 CH_4 排放速率显著低于其他三种处理,而 MWL 和 HWL 处理的 CH_4 排放速率分别增加到了 (0.97±0.36) $nmol/(m^2·s)$ 和 (0.93±0.24) $nmol/(m^2·s)$。在潮汐淹水 3h 后,4 种水位处理的 CH_4 排放速率之间没有明显的差异。随着淹水时间的延长,HWL 处理的 CH_4 排放速率增加到了 (1.00±0.25) $nmol/(m^2·s)$,并显著高于 LWL 处理的 CH_4 排放速率($P<0.05$)。在落潮后 2h,MWL 处理的 CH_4 排放速率成为最大值。此外,在整个潮汐淹水期间,各水位处理的生态系统 CH_4 排放速率与水位之间都没有显著的回归关系(图 2.12,$P>0.05$)。

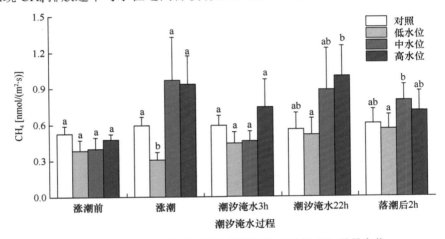

图 2.13 4 种不同水位处理的盐沼湿地生态系统 CH_4 通量变化
不同的小写字母表示不同潮汐阶段之间存在显著差异

淹水水位对盐沼湿地生态系统 CH_4 通量的影响在潮汐淹水过程中有不同的表现。在中水位及高水位处理中,涨潮过程明显促进了 CH_4 的排放,主要原因是潮水的快速涌入导致土壤孔隙压力增加,因而 CH_4 从土壤孔隙中被挤出并释放到大气中(Yamamoto et al., 2009)。此外,低水位和高水位处理的 CH_4 排放速率在潮汐淹水 22h 后是整个潮汐淹水过程中的最大值[0],而中水位[0]处理的 CH_4 排放速率[0]在涨潮阶段最大。此外,在中水位及高水位处理中,植物被部分或全部淹没,在淹水时长较短时 CH_4 的排放速率相对较低,随着淹水时间的延长,土壤中产生的 CH_4 将在潮水中慢慢富集并最终释放到大气中。经过 22h 的潮汐淹水,高水位处理的 CH_4 排放速率相比低水位的差异已经十分显著。这种差异产生的原因主要是:①较高水位形成更好的厌氧环境;②通过冲刷表层土壤和蟹洞可增强土壤与潮水之间的气体交换，导致潮水中 CH_4 富集，最后释放到大气中（Jacotot et al., 2018; Call et al., 2019）。

2.4.5 生态系统 CO_2 和 CH_4 交换对土壤盐度的响应

在涨潮前阶段和落潮后阶段（未淹水期间），土壤盐度对盐沼生态系统的 CO_2 和 CH_4 通量具有重要影响（图 2.14）。由于受到高盐度海水的浸泡，落潮后的土壤盐度通常要高于涨潮前。回归分析表明，NEE 与土壤盐度之间存在显著的线性正相关关系（图 2.14b，$P<0.05$，$R^2=0.76$）；此外，GPP 与土壤盐度之间存在显著的负相关关系（图 2.14d，$P<0.05$，$R^2=0.70$）。本研究的结果表明，落潮后较高的土壤盐度导致 CO_2 吸收速率降低。土壤盐度与盐沼湿地生态系统 CO_2 吸收之间的显著负相关关系也在 Abdul-Aziz 等（2018）的研究中得到证实。较高的土壤盐度可通过渗透胁迫使植物脱水，这将进一步降低植物的光合作用和生态系统的初级生产力（Heinsch et al., 2004）。另外，落潮后的土壤厌氧环境也会影响植物的光合作用，这是因为厌氧会导致植物的好氧代谢转换为效率较低的厌氧发酵，这将抑制盐沼植物的光合作用（Han et al., 2015）。

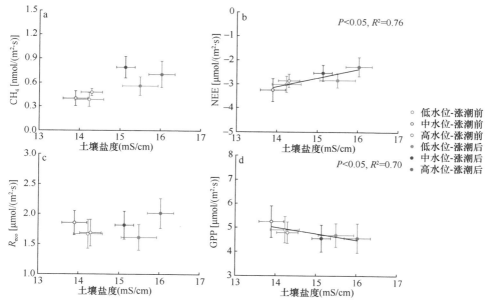

图 2.14 未淹水期间盐沼湿地生态系统 CO_2 和 CH_4 通量与土壤盐度之间的线性回归关系

数据表示为平均值±标准误差

此外，回归分析表明盐沼 CH_4 和土壤盐度之间不存在显著的相关关系（图 2.14a），但总体趋势是：在高盐度环境下，落潮后 CH_4 排放速率较高。在已有的研究中，

CH_4 的排放速率通常会随着土壤盐度的升高而降低（Olsson et al.，2015），这种关系是由 SO_4^{2-} 引起的硫酸盐还原作用引起的（Chambers et al.，2013；Hu et al.，2017）。这种看似矛盾的结果表明，除土壤盐度外，土壤氧化还原环境的改变可能是影响盐沼 CH_4 通量的重要因素（Livesley and Andrusiak，2012）。落潮后，更好的厌氧环境促进了 CH_4 的产生。此外，土壤盐度的增加可能通过盐度诱导的溶解性有机物絮凝而导致腐殖质减少。腐殖质可以通过热力学上有利的有机电子受体来减少 CH_4 的产生（Ardon et al.，2018）。因此，由高盐度引起的腐殖质减少也可能是促进 CH_4 排放的原因之一。

参 考 文 献

韩广轩. 2017. 潮汐作用和干湿交替对盐沼湿地碳交换的影响机制研究进展. 生态学报, 37(24): 8170-8178.

李征, 韩琳, 刘玉虹, 等. 2012. 滨海盐地碱蓬不同生长阶段叶片 C、N、P 化学计量特征. 植物生态学报, 36(10): 1054-1061.

骆永明, 李远, 章海波, 等. 2017. 黄河三角洲土壤及其环境. 北京: 科学出版社.

邢庆会. 2018. 黄河三角洲潮汐盐沼湿地净生态系统 CO_2 交换及影响机制. 中国科学院大学博士学位论文.

Abdul-Aziz O I, Ishtiaq K S, Tang J W, et al. 2018. Environmental controls, emergent scaling, and predictions of greenhouse gas (GHG) fluxes in coastal salt marshes. Journal of Geophysical Research: Biogeosciences, 123(7): 2234-2256.

Ardon M, Helton A M, Bernhardt E S. 2018. Salinity effects on greenhouse gas emissions from wetland soils are contingent upon hydrologic setting: a microcosm experiment. Biogeochemistry, 140(2): 217-232.

Bu N S, Qu J F, Zhao H, et al. 2015. Effects of semi-lunar tidal cycling on soil CO_2 and CH_4 emissions: a case study in the Yangtze River Estuary, China. Wetlands Ecology and Management, 23(4): 727-736.

Call M, Santos I R, Dittmar T, et al. 2019. High pore-water derived CO_2 and CH_4 emissions from a macro-tidal mangrove creek in the Amazon region. Geochimica et Cosmochimica Acta, 247(15): 106-120.

Chambers L G, Davis S E, Troxler T, et al. 2014. Biogeochemical effects of simulated sea level rise on carbon loss in an Everglades mangrove peat soil. Hydrobiologia, 726(1): 195-211.

Chambers L G, Osborne T Z, Reddy K R. 2013. Effect of salinity-altering pulsing events on soil organic carbon loss along an intertidal wetland gradient: a laboratory experiment. Biogeochemistry, 115(1-3): 363-383.

Chen H, Zhu Q A, Peng C H, et al. 2013. Methane emissions from rice paddies natural wetlands, lakes in China: synthesis new estimate. Global Change Biology, 19(1): 19-32.

Chen Q F, Guo B B, Zhao C S, et al. 2018. Characteristics of CH_4 and CO_2 emissions and influence of water and salinity in the Yellow River Delta wetland, China. Environmental Pollution, 239:

289-299.

Chmura G L, Anisfeld S C, Cahoon D R, et al. 2003. Global carbon sequestration in tidal, saline wetland soils. Global Biogeochemical Cycles, 17(4): 1111.

Colmer T D, Winkel A, Pedersen O. 2011. A perspective on underwater photosynthesis in submerged terrestrial wetland plants. AoB PLANTS: plr030.

Deppe M, Knorr K H, Mcknight D M, et al. 2010. Effects of short-term drying and irrigation on CO_2 and CH_4 production and emission from mesocosms of a northern bog and an alpine fen. Biogeochemistry, 100(1-3): 89-103.

Duarte C M, Middelburg J J, Caraco N. 2005. Major role of marine vegetation on the oceanic carbon cycle. Biogeosciences, 2(1): 1-8.

Enright C, Culberson S D, Burau J R. 2013. Broad timescale forcing and geomorphic mediation of tidal marsh flow and temperature dynamics. Estuaries & Coasts Journal of the Estuarine Research Federation, 36(6): 1319-1339.

Guo H Q, Noormets A, Zhao B, et al. 2009. Tidal effects on net ecosystem exchange of carbon in an estuarine wetland. Agricultural and Forest Meteorology, 149(11): 1820-1828.

Hagen S C, Morris J T, Bacopoulos P, et al. 2013. Sea-level rise impact on a salt marsh system of the lower St. Johns River. Journal of Waterway Port Coastal and Ocean Engineering, 139(2): 118-125.

Han G X, Chu X J, Xing Q H, et al. 2015. Effects of episodic flooding on the net ecosystem CO_2 exchange of a supratidal wetland in the Yellow River Delta. Journal of Geophysical Research: Biogeosciences, 120(8): 1506-1520.

Han G X, Yang L Q, Yu J B, et al. 2013. Environmental controls on net ecosystem CO_2 exchange over a reed (*Phragmites australis*) wetland in the Yellow River Delta, China. Estuaries and Coasts, 36(2): 401-413.

Heinsch F A, Heilman J L, McInnes K J, et al. 2004. Carbon dioxide exchange in a high marsh on the Texas Gulf Coast: effects of freshwater availability. Agricultural and Forest Meteorology, 125(1-2): 159-172.

Hirota M, Senga Y, Seike Y, et al. 2007. Fluxes of carbon dioxide, methane and nitrous oxide in two contrastive fringing zones of coastal lagoon, Lake Nakaumi, Japan. Chemosphere, 68(3): 597-603.

Hong J, Kim J. 2011. Impact of the Asian monsoon climate on ecosystem carbon and water exchanges: a wavelet analysis and its ecosystem modeling implications. Global Change Biology, 17(5): 1900-1916.

Hu M J, Ren H X, Ren P, et al. 2017. Response of gaseous carbon emissions to low-level salinity increase in tidal marsh ecosystem of the Min River estuary, southeastern China. Journal of Environmental Sciences, 52: 210-222.

Jacotot A, Marchand C, Allenbach M. 2018. Tidal variability of CO_2 and CH_4 emissions from the water column within a Rhizophora mangrove forest (New Caledonia). Science of the Total Environment, 631-632: 334.

Jia X, Zha T S, Gong J N, et al. 2018b. Multi-scale dynamics and environmental controls on net ecosystem CO_2 exchange over a temperate semiarid shrubland. Agricultural and Forest

Meteorology, 259: 250-259.

Jia X, Zha T S, Wang S, et al. 2018a. Canopy photosynthesis modulates soil respiration in a temperate semi-arid shrubland at multiple timescales. Plant and Soil, 432(1-2): 437-450.

Jia X, Zha T S, Wu B, et al. 2014. Biophysical controls on net ecosystem CO_2 exchange over a semiarid shrubland in northwest China. Biogeosciences, 11(17): 4679-4693.

Jimenez K L, Starr G, Staudhammer C L, et al. 2012. Carbon dioxide exchange rates from short- and long-hydroperiod Everglades freshwater marsh. Journal of Geophysical Research: Biogeosciences, 117: G04009.

Jones S F, Stagg C L, Krauss K W, et al. 2018. Flooding alters plant-mediated carbon cycling independently of elevated atmospheric CO_2 concentrations. Journal of Geophysical Research: Biogeosciences, 123(6): 1976-1987.

Kathilankal J C, Mozdzer T J, Fuentes J D, et al. 2008. Tidal influences on carbon assimilation by a salt marsh. Environmental Research Letters, 3(4): 6.

Knox S H, Windham-Myers L, Anderson F, et al. 2018. Direct and indirect effects of tides on ecosystem‐scale CO_2 exchange in a brackish tidal marsh in Northern California. Journal of Geophysical Research: Biogeosciences, 123(3): 787-806.

Koebsch F, Glatzel S, Hofmann J, et al. 2013. CO_2 exchange of a temperate fen during the conversion from moderately rewetting to flooding. Journal of Geophysical Research: Biogeosciences, 118(2): 940-950.

Lewis D B, Brown J A, Jimenez K L. 2014. Effects of flooding and warming on soil organic matter mineralization in *Avicennia germinans* mangrove forests and *Juncus roemerianus* salt marshes. Estuarine, Coastal and Shelf Science, 139: 11-19.

Li H, Dai S Q, Ouyang Z T, et al. 2018. Multi-scale temporal variation of methane flux and its controls in a subtropical tidal salt marsh in eastern China. Biogeochemistry, 137(1-2): 163-179.

Livesley S J, Andrusiak S M. 2012. Temperate mangrove and salt marsh sediments are a small methane and nitrous oxide source but important carbon store. Estuarine, Coastal and Shelf Science, 97: 19-27.

McLeod E, Chmura G L, Bouillon S, et al. 2011. A blueprint for blue carbon: toward an improved understanding of the role of vegetated coastal habitats in sequestering CO_2. Frontiers in Ecology and the Environment, 9(10): 552-560.

Minke M, Augustin J, Burlo A, et al. 2016. Water level, vegetation composition and plant productivity explain greenhouse gas fluxes in temperate cutover fens after inundation. Biogeosciences, 13(13): 3945-3970.

Moffett K B, Wolf A, Berry J A, et al. 2010. Salt marsh-atmosphere exchange of energy, water vapor, and carbon dioxide: effects of tidal flooding and biophysical controls. Water Resources Research, 46(10): W10525.

Neubauer S C. 2013. Ecosystem responses of a tidal freshwater marsh experiencing saltwater intrusion and altered hydrology. Estuaries and Coasts, 36(3): 491-507.

Nie M, Zhang X D, Wang J Q, et al. 2009. Rhizosphere effects on soil bacterial abundance and diversity in the Yellow River Deltaic ecosystem as influenced by petroleum contamination and soil salinization. Soil Biology & Biochemistry, 41(12): 2535-2542.

Olsson L, Ye S Y, Yu X Y, et al. 2015. Factors influencing CO_2 and CH_4 emissions from coastal wetlands in the Liaohe Delta, northeast China. Biogeosciences, 12(16): 4965-4977.

Ouyang Z, Chen J, Becker R, et al. 2014. Disentangling the confounding effects of PAR and air temperature on net ecosystem exchange at multiple time scales. Ecological Complexity, 19: 46-58.

Poffenbarger H J, Needelman B A, Megonigal J P. 2011. Salinity influence on methane emissions from tidal marshes. Wetlands, 31(5): 831-842.

Schafer K V R, Tripathee R, Artigas F, et al. 2014. Carbon dioxide fluxes of an urban tidal marsh in the Hudson-Raritan Estuary. Journal of Geophysical Research: Biogeosciences, 119(11): 2065-2081.

Singh S N, Kulshreshtha K, Agnihotri S. 2000. Seasonal dynamics of methane emission from wetlands. Global Change Science, 2(1): 39-46.

Vargas R, Baldocchi D D, Bahn M, et al. 2011. On the multi-temporal correlation between photosynthesis and soil CO_2 efflux: reconciling lags and observations. New Phytologist, 191(4): 1006-1017.

Wang F M, Lu X L, Sanders C J, et al. 2019. Tidal wetland resilience to sea level rise increases their carbon sequestration capacity in United States. Nature Communications, 10(1): 5434.

Yamamoto A, Hirota M, Suzuki S, et al. 2009. Effects of tidal fluctuations on CO_2 and CH_4 fluxes in the littoral zone of a brackish-water lake. Limnology, 10(3): 229-237.

Yang P, Lai D Y F, Huang J F, et al. 2018. Temporal variations and temperature sensitivity of ecosystem respiration in three brackish marsh communities in the Min River Estuary, southeast China. Geoderma, 327: 138-150.

Yang P, Wang M H, Lai D Y F, et al. 2019. Methane dynamics in an estuarine brackish *Cyperus malaccensis* marsh: production and porewater concentration in soils, and net emissions to the atmosphere over five years. Geoderma, 337: 132-142.

Zhao J B, Malone S L, Oberbauer S F, et al. 2019. Intensified inundation shifts a freshwater wetland from a CO_2 sink to a source. Global Change Biology, 25(10): 3319-3333.

第 3 章

黄河三角洲非潮汐湿地淹水对生态系统碳交换的影响

3.1 引言

全球湿地仅占陆地总表面积的 5%～8%，但是它被广泛认为是生物圈中碳（C）储量较高的生态系统，这是因为湿地占全球土壤碳库的 20%～30%（Nahlik and Fennessy，2016）。所以，湿地生态系统在全球范围内对碳循环起着非常重要的作用（Xiao et al.，2019）。水文过程是湿地生态系统中的一个关键环节，它不仅影响湿地生态系统的结构和功能，还控制着湿地的碳源和碳汇（Webb and Leake，2006；Jimenez et al.，2012；Rasmussen et al.，2018）。近年来，全球气候变化改变了陆地生态系统的水文状况，导致极端降雨的强度和频率增加，从而增加了湿地淹没的风险（IPCC，2013；Trenberth，2011；Westra et al.，2014）。水文状况的改变（如淹水）增加了湿地生态系统结构和功能变化的可能性，这进一步会影响生态系统碳交换，如 CO_2 和 CH_4 的交换（Han et al.，2015；Sánchez-Rodríguez et al.，2019）。因此，了解湿地-大气碳交换如何响应水文状况的变化（如淹水），会对持续的气候变化产生较大的反馈作用（Han et al.，2005；Zhao et al.，2019）。

淹水使得土壤能够形成厌氧条件，会对不同耐淹性的植物产生生理压力（Liu et al.，2018；Zhao et al.，2018）。对于耐淹能力较弱的植物，淹水胁迫通过浸没部分嫩枝和叶片而限制植物的光合作用（Schedlbauer et al.，2010；Jimenez et al.，2012）。同时，CO_2 在水中的扩散速度比在空气中慢（Matsuda et al.，2017），这就使得叶片对 CO_2 的吸收缓慢，进而降低叶片的光合作用。特别是当淹水较深或浑浊时，会阻碍水下叶片对光的吸收，进而降低光合作用（Han et al.，2015）。此外，淹水会导致植物根部缺氧，破坏其与大气的联系（Garssen et al.，2015）。因此，淹水造成的缺氧条件会抑制根系呼吸和植物光合作用，这会对植物的生长产生负面影响（Sairam et al.，2008）。除了阻碍生态系统 CO_2 吸收，淹水还可能抑制生态系统呼吸。一方面，淹水导致水面以下部分植物气孔关闭和蒸腾停止，并抑制植物呼吸及微生物呼吸（Han et al.，2015；Zhao et al.，2019），这主要归因于 O_2 扩散减弱，需氧土壤微生物活动受到限制，降低了碳矿化和分解速率（Jimenez et al.，2012；McNicol and Silver，2014）。另一方面，由于 CO_2 在水中的扩散速度较慢，扩散边界层阻力可能会限制 CO_2 通过水面扩散到大气中（Han et al.，2015）。因此，水文状况对 CO_2 吸收和排放的影响是不平衡的，最终导致生态系统碳平衡发生显著的变化。

湿地生态系统通常是 CH_4 的排放源，尤其是淹水程度较高的湿地生态系统，这与产甲烷菌的高活性、较低的氧化速率及 CH_4 从厌氧区向大气的输送有着密切的关系（Chen et al.，2007；Koelbener et al.，2010；Bridgham et al.，2013）。一方面，淹水可以促进耐淹植物的生长，如芦苇和香蒲，它们通过生物量分解和根系渗出为产甲烷菌提供有机底物，从而在淹水/厌氧环境中增加 CH_4 的排放（Cheng et al., 2007；Koelbener et al., 2010；Yang et al., 2013）。另一方面，这些维管植物可以通过茎把 CH_4 从根区输送到大气中，从而绕过氧化层，刺激 CH_4 的排放。此外，在淹水条件下，维管植物的通气组织可以将 O_2 输送到根际，并促进 CH_4 的氧化（Henneberg et al., 2012；Bridgham et al., 2013）。然而，关于淹水对不同类型湿地生态系统 CO_2 和 CH_4 交换影响的研究较少，且研究结果相互矛盾。例如，淹水减弱了佛罗里达沼泽湿地生态系统的 CO_2 吸收和排放强度（Schedlbauer et al., 2010；Zhao et al., 2019）及黄河三角洲非潮汐滨海湿地净生态系统 CO_2 交换（Han et al., 2015）。相反，淹水增强了生态系统中的净生态系统 CO_2 交换、生态系统呼吸和增加了 CH_4 通量，主要是由于淹水后植物生物量增加（Minke et al., 2016）。尽管许多研究集中在水文条件（特别是地下水位）对不同湿地生态系统 CO_2 和 CH_4 交换的影响（Jungkunst and Fiedler, 2007；Olefeldt et al., 2017；Ratcliffe et al., 2019；Wang et al., 2017a；Yang et al., 2014），但是关于淹没强度对生态系统 CO_2 和 CH_4 交换影响的研究较少，尤其是不同淹水深度。这意味着需要更多的研究来阐明淹水深度对湿地生态系统 CO_2 和 CH_4 交换的影响机制。

黄河三角洲是世界上众多河流三角洲中海陆相互作用最活跃的地区之一。地下水、降雨和海水入侵之间的相互作用产生了各种湿地类型、植物群落和生态功能（Han et al., 2015）。在该地区的雨季，通常会观测到不同深度的地表淹水。近年来，极端降雨的频率和强度都有所增加（Han et al., 2018），这意味着湿地被淹没的频率也在增加。此外，在过去的 20 年里，相关部门引入黄河中的淡水恢复了黄河三角洲已退化的湿地（Yang et al., 2017），这也形成了不同水深的湿地和被淹没的土壤。极端降雨和水管理活动引起的不同淹水深度变化可能会改变湿地大气中的 CO_2 和 CH_4 交换。因此，我们在 2018 年和 2019 年的生长季对黄河三角洲河口淡水湿地进行了不同地表淹水深度的野外控制试验，主要目的是：①了解不同淹水深度的变化如何影响植物特性；②阐明地表淹水深度如何影响生态系统 CO_2 和 CH_4 交换。

3.2 黄河三角洲非潮汐湿地地表水深对生态系统碳交换的影响

3.2.1 地表水深控制试验平台

地表水深控制试验平台共设 7 个水位处理：对照（不淹水，自然水位，记作 CK）、淹水 0cm（土壤饱和状态，记作 0cm）、淹水 5cm（记作 5cm）、淹水 10cm（记作 10cm）、淹水 20cm（记作 20cm）、淹水 30cm（记作 30cm）、淹水 40cm（记作 40cm），每个处理 4 个重复。地表水深控制试验平台由水位控制池和供水系统两部分组成。控制池为钢筋混凝土结构,地下20cm（除池子底部外）和四周用水泥全封闭并做好防水,以避免水流水平渗漏。每个控制池长、宽、高分别为2m、2m和0.5m（地表以上）,控制池间隔40cm。供水系统则由水泵、水桶、PVC管道和浮子液位开关组成。通过水泵把样地旁边小湖中（电导率小于1mS/cm）的水抽入一个距离地表1.5m高的大水桶中（长1.2m,宽0.8m）,水通过PVC管道可直接注入各个试验样地。为了更好地控制水位,试验设计了浮子液位开关系统,该系统能够自动有效地控制各个处理的水位,进而能够准确模拟水位变化（图3.1）。

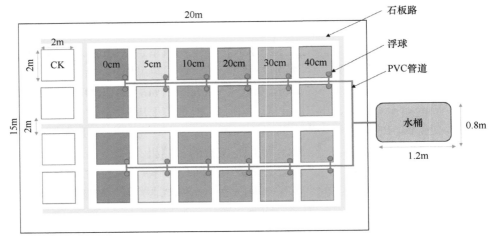

图3.1 地表水深试验设计

3.2.2 土壤呼吸、净生态系统CO_2交换、生态系统呼吸、CH_4通量测定

土壤呼吸和土壤CH_4通量均采用LGR便携式温室气体分析仪测定（UGGA,Los Gatos Research, Inc., 美国圣何塞）,该仪器能够同时测定CO_2、CH_4和H_2O通量。2018年4月,在每个控制池的中心,将用于测定土壤呼吸和CH_4通量的PVC环（内径21cm,厚度0.5cm）一端垂直插入土壤3cm,另一端露出地表或水面3cm,土壤环的高度随着不同水深而变化（CK、0cm、5cm、10cm、20cm、30cm和40cm的土壤环高度分别为6cm、6cm、11cm、16cm、26cm、36cm和46cm）。土壤环位置固定不变,永久使用。在测定土壤呼吸和CH_4通量的前一天,将土壤环及水体中的活体植物贴近地面剪除以排除植物作用对CO_2和CH_4通量的影响,待受扰动土壤和水体稳定24h后开始土壤呼吸和CH_4通量的测定。在整个生长季期间,选择晴朗无云的天气,在8:00～11:00把LGR的气室放置在土壤环上进行土壤呼吸和CH_4通量的测定,每个土壤环测定持续时间为180s,2018年和2019年的测定频率为15d/次。

生态系统 CH_4 通量（E-CH_4）、生态系统呼吸（R_{eco}）和净生态系统 CO_2 交换（NEE）均采用 LGR 便携式温室气体分析仪测定。测定的采样箱由透明有机玻璃的底座、中箱和顶箱组成。在控制池中将透明底座（内径 30cm，向外展开帽檐5cm）垂直插入土壤 5cm，露出地表或水面 5cm（Wei et al., 2020），透明箱的高度随着不同水深而变化（CK、0cm、5cm、10cm、20cm、30cm 和 40cm 的透明箱高度分别为 10cm、10cm、15cm、20cm、30cm、40cm 和 50cm）。顶箱（内径 30cm，高度 100cm）底端贴有密封条，保证测定通量时的气密性。中箱（内径 30cm，高度 100cm）只有在植被高度超过顶箱时才使用。同时，2 个风扇（直径 8cm，12V）用玻璃胶固定在箱内，以便混合箱内空气。测定时，选择晴朗无云的天气，在 8:00～11:00 把 LGR 的气室连接在顶箱上进行 NEE 和 E-CH_4 的测定；同时用黑布完全罩住透明箱测定 R_{eco}。每个控制池测定持续时间为 180s，2018 年生长季测定频率为 30d/次，2019 年为 15d/次。

3.2.3 非生物因子和生物因子测定

在测定土壤呼吸和土壤 CH_4 通量及净生态系统 CO_2 交换（NEE）、生态系统呼吸（R_{eco}）、生态系统 CH_4 通量（E-CH_4）的同时，表层（0～10cm）土壤温度采用温湿度传感器（北京永轩物联电子技术有限公司）测定；表层（0～10cm）土壤盐度采用电导率仪（2265FS, Spectrum Technologies, Inc.）直接测定。另外，2019年 10 月生长末期，用土钻分别采集 0～20cm 的土壤样品，低温保存并迅速带回实验室。将一部分样品进行自然风干，并研磨分析理化指标，包括土壤有机碳（SOC）、总碳（TC）、总氮（TN）和可溶性有机碳（DOC）。使用 vario MACRO 元素分析仪对 SOC、TC 和 TN 的浓度进行测定。DOC 则取 1∶5 水土比溶液振荡后，过 0.45μm 滤膜，酸化后用总有机碳分析仪（TOC-L CPN, Shimadzu）进行测定。另将一部分土壤鲜样过筛（2mm），然后分析土壤微生物生物量碳（SMBC）。SMBC 采用氯仿熏蒸-K_2SO_4 浸提法，并通过总有机碳分析仪（Elementar vario TOC, Elementar 147 Co., 德国）进行测定（Joergensen, 1996）。

在每个控制池设置一个 1m×1m 的植物样方，以观察样方内植物的种类、株数、频度、水面以上高度和水面以上盖度并做好记录，观测同步于气体通量的测定。采用 ACCUPAR LP-80 测量仪（METER Group，美国华盛顿州普尔曼）测定水面以上叶面积指数（WLAI）。由于 WLAI 取决于扫描位置的空间和照明特性，因此在 4 个方向上对每个样方扫描了 4 个测量值，将 4 个测量值的平均值视为每个样方的 WLAI。在生长季末期，排干控制池里的水，待土壤相对干燥以后，通过收割法获取地上生物量（面积 25cm×25cm），在 65℃烘箱中烘干至少 2d，然后称重以确定地上生物量（AGB）。同时，采用根钻法挖出 0～40cm 的土壤芯（直径 10cm），在 65℃的烘箱中烘干至少 2d，随后称重以确定地下生物量（BGB）。

3.2.4　地表水深对非生物因子的影响

2018 年和 2019 年的整个观测期，不同地表水深的土壤温度呈现明显的季节变化，峰值分别出现在 8 月初和 7 月底（图 3.2a、b）。不同水深显著改变了土壤温度，2018 年 CK、0cm、5cm、10cm、20cm、30cm 和 40cm 水深的平均土壤温度分别为 20.8℃、20.6℃、20.5℃、20.3℃、20.6℃、20.9℃和 21.3℃，2019 年分别为 20.6℃、20.5℃、20.4℃、20.3℃、20.2℃、20.7℃和 21.1℃。2018 年 10cm 水深的土壤温度显著低于 CK（$P<0.05$），2019 年 30cm 和 40cm 水深的土壤温度显著高于 CK（$P<0.05$），而其他水深处理之间没有显著差异，这可能是因为 30cm 和 40cm 处理的水柱较高，对土壤起到了保温作用。而 CK、0cm 和 5cm 处理的土壤温度较高，可能是因为水柱较低，太阳辐射直接能够照射到水底，所以提高了土壤温度。而 10cm 刚好处于两者中间，不易受到水柱保温和太阳的照射，因此土壤温度相对较低。CK 处理的土壤盐度（以电导率表示）在整个观测期波动明显，而其他水深处理波动较小（图 3.2c、d）。2018 年 CK、0cm、5cm、10cm、20cm、30cm 和 40cm 水深的平均土壤盐度分别为 3.21mS/cm、1.80mS/cm、1.66mS/cm、1.57mS/cm、1.53mS/cm、1.51mS/cm 和 1.49mS/cm，2019 年分别为 2.09mS/cm、1.46mS/cm、1.46mS/cm、1.41mS/cm、1.47mS/cm、1.32mS/cm 和 1.35mS/cm。很明显，2018 年和 2019 年 CK 的土壤盐度显著高于其他处理（$P<0.05$）（图 3.3c、

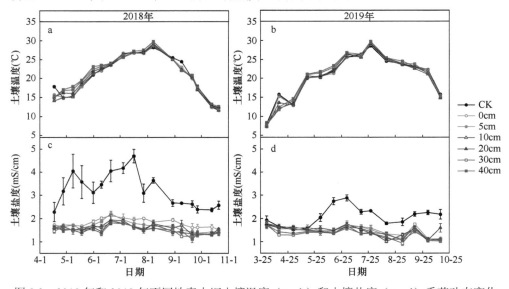

图 3.2　2018 年和 2019 年不同地表水深土壤温度（a、b）和土壤盐度（c、d）季节动态变化

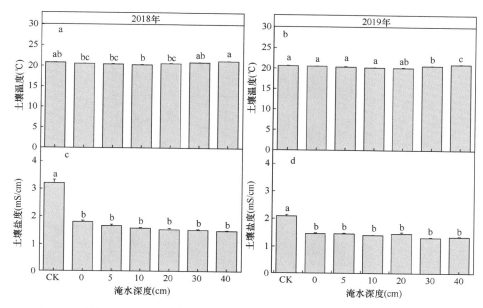

图 3.3　2018 年和 2019 年不同地表水深对土壤温度（a、b）和土壤盐度（c、d）的影响
不同小写字母表示不同处理存在显著差异

d），而水深 0~40cm 无显著差异。这主要是试验设置所造成的，CK 处理没有淹水，地下水在强烈的蒸发作用下，通过毛细作用把盐分输送到土壤上层，导致土壤盐度升高，而不同的水深降低了盐胁迫。另外，两年的土壤温度和盐度具有显著差异，同时，不同水深和年份的交互作用也显著影响着土壤温度和盐度（表 3.1）。

表 3.1　不同地表水深和年份及二者相互作用对非生物和生物的影响

	土壤温度	土壤盐度	植株密度	水面以上叶面积指数	植株相对水面高度	地上生物量	地下生物量
水深	49.77***	174.32***	15.12***	54.38***	213.84***	9.36***	7.18***
年份	33.14***	160.37***	0.02	6.97*	0.65	0.65	0.27
水深×年份	3.06*	30.06***	0.06	0.36	1.50	0.21	0.24

***表示 $P<0.001$，*表示 $P<0.05$

不同地表水深显著改变了总氮（TN）、总碳（TC）、土壤有机碳（SOC）、可溶性有机碳（DOC）和土壤微生物生物量碳（SMBC）（图 3.4）。10cm 和 30cm 水深的 TN 和 TC 均显著高于 CK 处理（图 3.4a、c）；30cm 水深的 SOC 显著高于其他处理，其他处理间差异不显著（图 3.4e）；5cm、10cm 和 40cm 水深的 DOC 显著高于 CK（图 3.4g）；5cm 和 10cm 水深的 SMBC 显著高于 CK 处理，而其他处理间差异不显著（图 3.4i）。除 SOC 与淹水深度呈现显著的线性关系外，TN、TC、DOC 和 SMBC 均与淹水深度呈现显著的抛物线关系（图 3.4），这可能主要与植

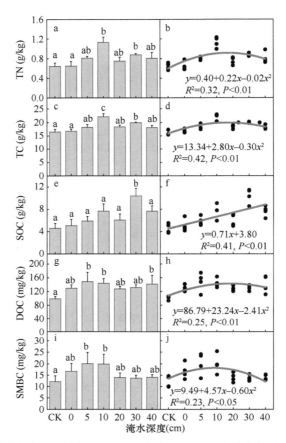

图 3.4 2018 年不同地表水深对总氮（a、b）、总碳（c、d）、土壤有机碳（e、f）、可溶性有机碳（g、h）和土壤微生物生物量碳（i、j）的影响

柱状图上不同小写字母表示所有处理在 $P<0.05$ 水平差异显著

物地上生物量和地下生物量的变化有关。因为植物通过光合作用固定的碳进入根系，在淹水条件下，生物量越高根系分泌物越多，能够促进土壤碳的积累，进而改变土壤理化性质（总碳、总氮、土壤有机碳、可溶性有机碳和土壤微生物生物量碳）（刘均阳等，2020）。同我们的研究结果相似，淹水抑制了有机碳的矿化，增强了水田的有机碳积累（陈志杰等，2016），但是郝瑞军等（2006）的研究表明，淹水增强了可溶性有机碳的输出，提高了土壤微生物利用的底物浓度，进而促进了土壤有机碳的矿化，减少了 SOC 的累积。淹水也可增加 DOC 和 SMBC 浓度（Sánchez-Rodríguez et al.，2019；Parvin et al.，2018）。Sánchez-Rodríguez 等的（2019）研究发现，在温带草地上极端降雨引起的淹水会增加土壤中 DOC 的浓度，这主要归因于淹水提高了土壤有机碳的溶出和团聚体的分散，进而增加了土壤 0～20cm 层可溶性有机碳的浓度（徐广平等，2019）。在泥炭地中，洼地要比草坪和

小丘的淹水时间长，SMBC 的浓度更高，这可能是由于淹水导致厌氧微生物群落大量繁殖，如产甲烷菌，洼地附近的维管植物冰沼草（*Scheuchzeria palustris*）产生的产甲烷菌要比草坪和小丘附近的白毛羊胡子草（*Eriophorum vaginatum*）产生的产甲烷菌高出 4 倍（Dorodnikov et al., 2011; Parvin et al., 2018）。另外，也有相反的结论，如在东北三江平原小叶章沼泽湿地，淹水 10～20cm 和 17～30cm 的 SMBC 的差异不显著（侯翠翠等，2012）；相比不淹水处理，淹水 5cm 和 10cm 的 SMBC 更低（万忠梅，2013），这主要是因为土壤淹水后 O_2 不足，抑制了微生物的活性（Yang et al., 2014）。

3.2.5 地表水深对生物因子的影响

植株密度及相对水面高度在 8 月中旬或下旬达到最大，随后芦苇枯萎，密度逐渐减小，相对水面高度趋于平稳（图 3.5a～d）。2018 年 CK、0cm、5cm、10cm、20cm、30cm 和 40cm 水深的平均植株密度分别为 54.66 株/m²、107.66 株/m²、112.37 株/m²、124.71 株/m²、133.92 株/m²、129.33 株/m² 和 136.67 株/m²，相对水面高度

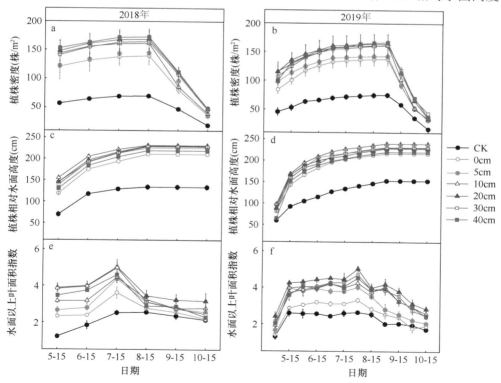

图 3.5 2018 年和 2019 年不同地表水深植株密度（a、b）、相对水面高度（c、d）和水面以上叶面积指数（e、f）的动态变化

分别为 119.62cm、186.45cm、204.00cm、212.58cm、207.83cm、205.04cm 和 198.83cm；2019 年平均植株密度分别为 58.75 株/m²、106.68 株/m²、112.52 株/m²、126.54 株/m²、131.31 株/m²、128.27 株/m² 和 129.67 株/m²，相对水面高度分别为 127.85cm、188.52cm、203.45cm、212.16cm、201.44cm、201.5cm 和 190.95cm（图 3.6a～d）。2018 年和 2019 年，与 CK 相比，水深显著增加了芦苇的密度（$P<0.05$），但是水深从 0cm 到 40cm 没有显著差异（图 3.6a、b）；水深也显著增加了芦苇的相对水面高度（$P<0.05$），最高值出现在 10cm 水深处（图 3.6c、d）。2018 年和 2019 年植株密度及相对水面高度差异不显著，年份和水深相互作用并没有显著改变植株密度及相对水面高度（表 3.1）。

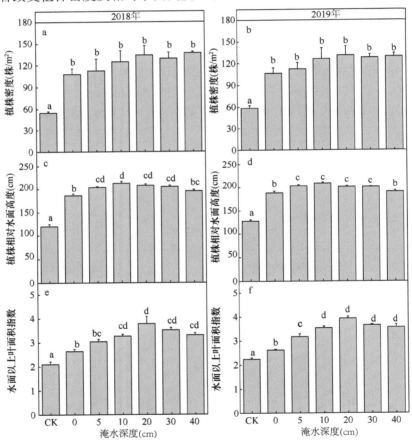

图 3.6 2018 年和 2019 年不同地表水深对植株密度（a、b）、相对水面高度（c、d）和水面以上叶面积指数（e、f）的影响

柱状图上不同小写字母表示所有处理在 $P<0.05$ 水平差异显著

在不同的地表水深处理下，水面以上叶面积指数的季节变化呈单峰型（图 3.5e、

f)。生长季节初始,水面以上叶面积指数迅速增加,在 7 月中下旬达到最大值。然后,由于植被叶片凋落,不同地表水深处理的水面以上叶面积指数在 8 月逐渐下降(图 3.5e、f)。2018 年 CK、0cm、5cm、10cm、20cm、30cm 和 40cm 水深的平均水面以上叶面积指数分别为 2.10、2.64、3.04、3.27、3.79、3.51 和 3.31,2019 年分别为 2.25、2.62、3.17、3.54、3.94、3.66 和 3.57。淹水显著改变了水面以上叶面积指数($P<0.05$),随着淹水深度的增加,水面以上叶面积指数也增加,最大值出现在 20cm 水深处,随后降低。但是,10cm、20cm、30cm 和 40cm 处理间无显著差异(图 3.5e、f)。2018 年和 2019 年水面以上叶面积指数存在显著差异($P<0.05$),但年份和水深没有改变水面以上叶面积指数(表 3.1)。

地表水深显著改变了物种丰富度、地上生物量和地下生物量(图 3.7)。相比于 CK 和 0cm 水深处理,水深 5~40cm 的物种丰富度显著降低($P<0.05$),但相

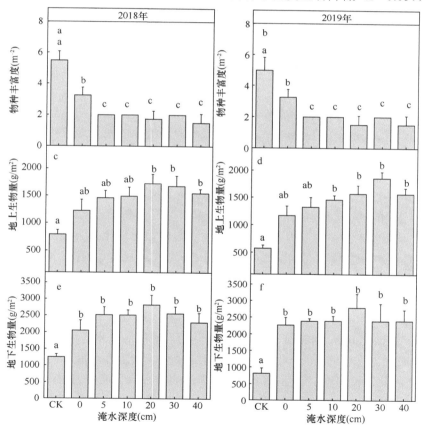

图 3.7 2018 年和 2019 年地表水深对物种丰富度(a、b)、地上生物量(c、d)和地下生物量(e、f)的影响

柱状图上不同小写字母表示所有处理在 $P<0.05$ 水平差异显著

互之间没有显著差异。CK 处理下的植被种类有芦苇、香蒲、鹅绒藤、碱蓬、茅草和车前草；0cm 植被种类有芦苇、香蒲和碱蓬，而 5～40cm 只有芦苇和香蒲两种。除 CK 以茅草为优势种外，其他淹水处理优势种是芦苇。从 CK 处理到 10cm 水深，地上生物量显著增加，在淹水深度为 20cm 时达到最大值，然后从 30cm 到 40cm 降低，而在 0cm、5cm、10cm、20cm、30cm 和 40cm 之间没有显著差异（图 3.7c、d）。与 CK 相比，不同淹水深度的地上生物量和地下生物量分别增加了 35.26%～84.40%和 42.28%～95.76%。另外，年份及水深和年份的交互作用没有显著改变物种丰富度、地上生物量和地下生物量（表 3.1）。

水位是影响湿地生态系统植物物种多样性和生产力的重要因素，其变化将影响湿地生态系统植被物种组成，进而发生群落演替（Schile et al.，2011；Liu et al.，2018）。植物在淹水胁迫条件下，从有氧条件变成无氧条件，碳水化合物利用效率降低，加速植株本身能量的消耗，使得植株体内的有机物质积累减少，造成生物量下降（Panda et al.，2008；胡茜靥等，2019）。为了避免淹水胁迫的不利影响，植物会"聪明"地通过两种方式来应对：一是植物延长嫩芽和叶片，利用强光照进行光合作用维系自身发育生长，即逃逸策略；二是植物发育生长缓慢，用自身本有的能量维系自身发育生长，即静止策略（Striker et al.，2012；Voesenek et al.，2006）。例如，*Rorippa amphibia* 占据了长期和相对较浅淹水的栖息地，采用了逃逸策略，而 *Rorippa sylvestris* 占据了更深和短暂淹水的栖息地，则采用了静止策略（Akman et al.，2012）。本研究中，0～40cm 水深中的优势植物为芦苇（*Phragmites australis*），它属于耐淹的植物，会通过延长嫩芽来逃避淹水胁迫并恢复叶片与大气的接触进行光合作用（Striker et al.，2012）。CK 处理中的优势植物为茅草，它属于不耐淹的物种，而且 CK 处理的物种丰富度显著高于淹水处理，这是因为 CK 处理没有淹水，物种大多为不耐淹的植物。湿地虽然每年都会经历一定周期的淹水，但是淹水深度和时间均会影响植物的生长（闫道良等，2013；姚鑫等，2014）。如果淹水深度较大，并且淹水时间延长，可能就会抑制植物幼苗和根芽的生长，从而降低植物生物量（Vartapetian and Jackson，1997）。同时，过度淹水还会降低植物光合作用和气孔导度等，会对植物的形态生理和生长发育产生一定的影响（Sairam et al.，2008；Han et al.，2015）。然而，适量的淹水有助于湿地芦苇盖度、高度和地上生物量的增长，植物特性与淹水深度呈现显著正相关关系（王雪宏等，2008）。因此，长期淹水之后，0～40cm 水深的物种只会演替为耐淹物种，如芦苇和香蒲。然而，不同植物类型的生长和发育对水深的响应不同，如花菖蒲在 30cm 水深具有较好的发芽率，而美人蕉在 60cm 水深具有较高的发芽率，再力花和水葱在 100cm 水深有较高的株高、分株数、存活率和发芽率（胡茜靥等，2019）。淹水显著增加了芦苇水面以上的植株高度，这表明芦苇应对淹水胁迫采取了逃逸策略。同时，淹水显著增加了芦苇植株密度、水面以上叶面积指数和生物量，表明光合作用产生更多的能量和碳水化合物并补充给植物生长,以耐受不同深度和持久的淹没(Chen et al., 2019)。此外,地下生物量在湿地生态系统中有机碳的积累中也起着重要作用(Tripathee and Schäfer, 2015)。在不同地表水深,2018年和2019年平均大约有59%和61%的芦苇生物量被分配到地下,这表明土壤有机碳的很大一部分可能来自植物根部,这将有利于厌氧条件下的长期固碳。尽管许多湿地植物都可以忍受淹没,但淹没超过植物耐受性时却不利于植物生长(Xue et al., 2018)。例如,当淹水深度超过10cm时,扁秆荆三棱(*Bolboschoenus planiculmis*)的生物量减少(An et al., 2018)。此外,淹水深度超过91cm会显著减小香蒲的叶片、降低地下生物量和总生物量(Chen et al., 2010)。然而,在2018年和2019年,地表水深对生物量的影响都很小,这表明芦苇对淹水胁迫的耐受性很广泛。

3.2.6 地表水深对土壤碳排放的影响

2018年和2019年,0cm水深的土壤CH_4通量存在明显的季节性变化,在生长初期土壤CH_4的排放量较低,6月以后逐渐增加,夏季达到峰值,随后土壤CH_4排放量快速降至低水平,而其他水深处理季节波动不明显(图3.8a、b)。2018年CK、0cm、5cm、10cm、20cm、30cm和40cm水深的平均土壤CH_4通量分别为(0.39±0.11)nmol/(m²·s)、(3.35±0.31)nmol/(m²·s)、(1.13±0.17)nmol/(m²·s)、

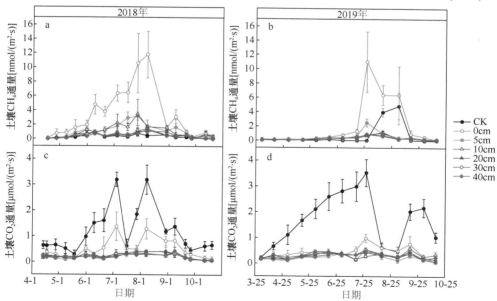

图3.8 2018年和2019年地表水深土壤CH_4通量(a、b)和土壤CO_2通量(c、d)的季节动态变化

（1.00±0.17）nmol/(m^2·s)、（0.51±0.08）nmol/(m^2·s)、（0.49±0.07）nmol/(m^2·s)和（0.45±0.02）nmol/(m^2·s)；2019年分别为（0.68±0.17）nmol/(m^2·s)、（2.07±0.72）nmol/(m^2·s)、（0.47±0.03）nmol/(m^2·s)、（0.33±0.01）nmol/(m^2·s)、（0.33±0.01）nmol/(m^2·s)、（0.33±0.02）nmol/(m^2·s)和（0.30±0.02）nmol/(m^2·s)。2018年和2019年，0cm水深土壤CH_4通量显著增加（$P<0.05$），但CK、5cm、10cm、20cm、30cm和40cm水深土壤CH_4通量之间无显著差异（图3.9a、b）。在滨海湿地（Hou et al.，2013；Yang et al.，2013）和淡水沼泽（Lawrence et al.，2017）也发现了同样的结果。在厌氧条件下土壤CH_4通量的增加可能归因于O_2扩散减少，导致厌氧分解和产甲烷菌增加，并限制了还原条件下CH_4的氧化（Kettunen et al.，1999）。相比于5～40cm的水深，0cm水深下没有水柱的扩散障碍，这导致更多的CH_4气体从土壤排放到大气中（Cheng et al.，2007）。尽管土壤处于厌氧状态，但5～40cm的水深对土壤CH_4排放无显著影响，这主要是由于土壤表面有5～40cm的水柱，成为CH_4扩散的屏障，限制了CH_4从土壤向大气的排放（Cheng et al.，2007）。有证据表明，淹水对CH_4通量几乎没有影响，因为水柱可以成为CH_4从土壤或水中释放的屏障（Li et al.，2018；Wei et al.，2020）。由于湿地植物（如芦苇）从根部释放O_2到根际（Grünfeld and Brix，1999），这会影响根际CH_4的生产过程和氧化过程（Colmer，2003；Chen et al.，2013）。在地表水深为5～40cm时，地上和地下的生物量

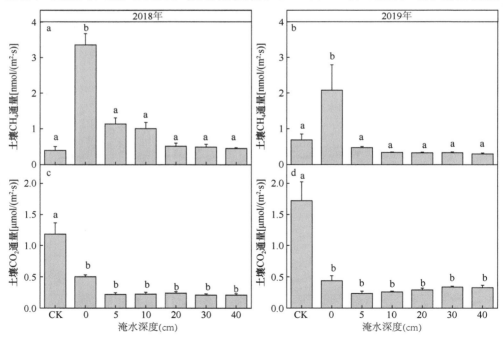

图3.9 2018年和2019年不同地表水深对土壤CH_4通量（a、b）和土壤CO_2通量（c、d）的影响
柱状图上不同小写字母表示所有处理在$P<0.05$水平差异显著

均大于 CK 处理，导致根际有更多的 O_2。因此，CH_4 被氧化的越多，在地表水深为 5～40cm 下土壤 CH_4 的排放量就越少（Madigan，2012）。另外，一小部分土壤 CH_4 在通过水柱时会被氧化（Boon and Lee，1997）。因此，地表水深为 5～40cm 时土壤 CH_4 的排放受到抑制。CK 处理的土壤 CH_4 排放量较低，主要是因为有氧和高盐条件。Chidthaisong 和 Conrad（2000）指出，高盐会抑制产甲烷菌的活动或对产甲烷菌有害，从而降低土壤 CH_4 的排放量。有氧条件会导致更多的 CH_4 被甲烷氧化菌所氧化，进而降低土壤 CH_4 的排放量（Madigan，2012）。

CK 处理下土壤呼吸的季节动态表现出明显的双峰形式。2018 年土壤 CO_2 通量峰值出现在 7 月初和 8 月初，分别为（3.20±0.27）$\mu mol/(m^2 \cdot s)$ 和（3.21±0.56）$\mu mol/(m^2 \cdot s)$；2019 年峰值出现在 7 月底和 9 月中旬，分别为（3.53±0.52）$\mu mol/(m^2 \cdot s)$ 和（2.18±0.35）$\mu mol/(m^2 \cdot s)$；而其他处理没有明显的变化（图 3.8c、d）。2018 年 CK、0cm、5cm、10cm、20cm、30cm 和 40cm 水深的平均土壤 CO_2 通量分别为（1.18±0.17）$\mu mol/(m^2 \cdot s)$、（0.50±0.03）$\mu mol/(m^2 \cdot s)$、（0.22±0.03）$\mu mol/(m^2 \cdot s)$、（0.22±0.03）$\mu mol/(m^2 \cdot s)$、（0.24±0.03）$\mu mol/(m^2 \cdot s)$、（0.21±0.02）$\mu mol/(m^2 \cdot s)$ 和（0.21±0.02）$\mu mol/(m^2 \cdot s)$；2019 年分别为（1.72±0.30）$\mu mol/(m^2 \cdot s)$、（0.44±0.08）$\mu mol/(m^2 \cdot s)$、（0.23±0.03）$\mu mol/(m^2 \cdot s)$、（0.25±0.01）$\mu mol/(m^2 \cdot s)$、（0.29±0.03）$\mu mol/(m^2 \cdot s)$、（0.33±0.01）$\mu mol/(m^2 \cdot s)$ 和（0.30±0.04）$\mu mol/(m^2 \cdot s)$。淹水处理显著抑制了土壤呼吸，CK 处理下的土壤 CO_2 通量显著高于其他处理（$P<0.05$），而 0cm、5cm、10cm、20cm、30cm 和 40cm 淹没处理之间无显著差异（图 3.9c、d）。本研究结果与先前在淡水沼泽（Hou et al.，2013；Yang et al.，2013）、滨海湿地（Lewis et al.，2014；Han et al.，2018，Wilson et al.，2018）、被洪水淹没的泥炭地（McNicol and Silver，2014）和红树林湿地（Chambers et al.，2014）的研究结果一致。这主要是由于厌氧条件阻止了 O_2 向土壤中的扩散，进而降低了需氧微生物活性及碳矿化和分解速率（Lewis et al.，2014；McNicol and Silver，2014）。在有氧条件下，湿地土壤中的微生物会迅速消耗掉不稳定的有机碳底物，从而排放更多的 CO_2（Hu et al.，2017）。然而，地表水深为 0cm 时土壤 CO_2 通量比其他地表水深处理高约 1 倍，而地表水深为 5～40cm 之间无显著差异。这可能是由于 5～40cm 的水深起到了扩散屏障的作用，限制了 CO_2 从土壤向大气的排放（Yang et al.，2013）。此外，土壤 CO_2 还会溶解在水中（Fa et al.，2015），淹水越深，溶解的 CO_2 就越多，扩散到大气中的 CO_2 就越少。我们的结果表明，当地表水深大于 5cm 时，淹水处理对土壤 CH_4 和 CO_2 排放没有显著影响。

3.2.7 地表水深对生态系统碳交换的影响

2018 年和 2019 年，生态系统 CH_4 通量（E-CH_4）、生态系统呼吸（R_{eco}）和净

生态系统 CO_2 交换（NEE）在不同的水深下显示出明显的单峰趋势（图 3.10）。E-CH_4 在生长初期逐渐增加，在 8 月达到峰值，此后迅速下降。随着植被冠层的充分发育，不同水深下的 R_{eco} 和 NEE 在 7 月中下旬达到峰值。从 8 月到 10 月，随着太阳辐射、所有叶片的减少和温度降低，R_{eco} 和 NEE 迅速降低。地表水深显著影响了 2018 年和 2019 年 E-CH_4、R_{eco} 和 NEE 的大小（图 3.11）。E-CH_4、R_{eco} 和 NEE 与淹水深度呈抛物线关系（图 3.12）。与 CK 相比，淹水显著增加了 E-CH_4 通量（$P<0.05$），但是 10cm、20cm、30cm 和 40cm 水深没有显著差异。与 CK 相比，淹水显著增加了 R_{eco}（$P<0.05$），而 2018 年的 5cm、10cm、20cm、30cm 和 40cm 水深，以及 2019 年的 5cm、20cm、30cm 和 40cm 水深之间无显著差异。2018

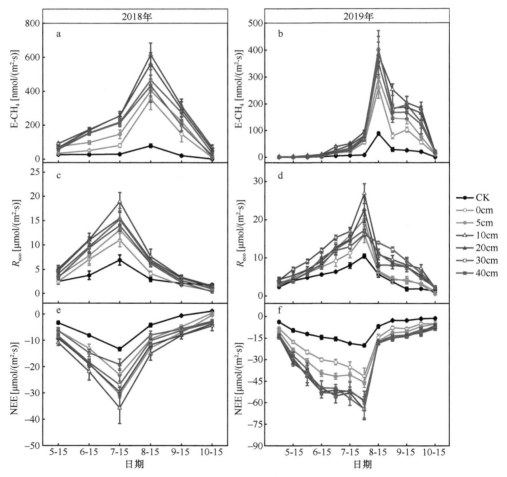

图 3.10　2018 年和 2019 年不同地表水深生态系统 CH_4 通量（a、b）、生态系统呼吸（c、d）和净生态系统 CO_2 交换（e、f）季节动态变化

第 3 章　黄河三角洲非潮汐湿地淹水对生态系统碳交换的影响

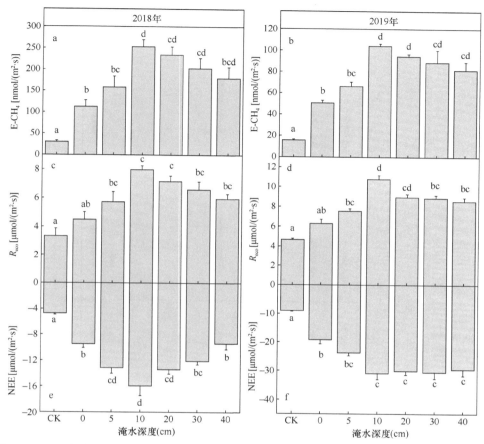

图 3.11　2018 年和 2019 年不同地表水深对生态系统 CH_4 通量（a、b）、生态系统呼吸（c、d）和净生态系统 CO_2 交换（e、f）的影响

柱状图上不同小写字母表示所有处理在 $P<0.05$ 水平差异显著

年和 2019 年，淹水显著增加了 NEE（$P<0.05$）。然而，2018 年的 5cm、10cm 和 20cm 水深，以及 2019 年的 5cm、10cm、20cm、30cm 和 40cm 水深之间增加地表水深没有显著改变 NEE。此外，2018 年和 2019 年之间 E-CH_4、R_{eco} 和 NEE 具有显著差异（$P<0.001$）（表 3.2）。2018 年和 2019 年生长季节的全球增温潜势（GWP）均为负值（图 3.13）。2018 年 5cm 地表水深的 GWP 较弱，40cm 地表水深的 GWP 较强，而其他处理之间没有显著差异（图 3.13a）。在 2019 年的生长季，随着地表水深的增加 GWP 明显减弱。然而，5~40cm 地表水深处理下 GWP 差异不显著，总体上随着淹水深度的增加而减小（图 3.13b）。我们的研究还表明，在黄河三角洲的生长季，NEE 是 GWP 的最大贡献者（表 3.3）。此外，2018 年的全球增温潜势远高于 2019 年。

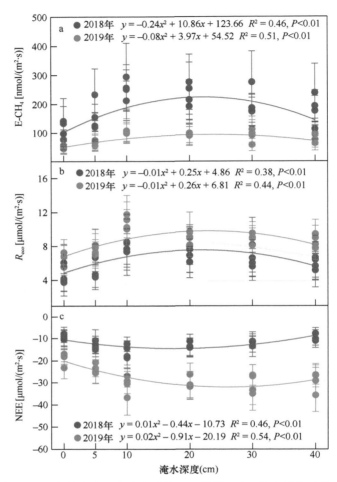

图 3.12 2018 年和 2019 年地表水深和生态系统 CH_4 通量（a）、生态系统呼吸（b）和净生态系统 CO_2 交换（c）的关系

表 3.2 不同地表水深和年份及二者相互作用对生态系统碳交换的影响

	土壤 CH_4 通量	土壤 CO_2 通量	生态系统 CH_4 通量	生态系统呼吸	净生态系统 CO_2 交换	全球增温潜势
水深	26.74***	40.72***	26.32***	28.82***	39.26***	9.88***
年份	10.75**	4.93*	147.36***	61.68***	388.48***	382.8***
水深×年份	2.17	1.96	4.91**	0.74	9.55**	11.61***

***表示 $P<0.001$；**表示 $P<0.01$；*表示 $P<0.05$

在 2018 年和 2019 年生长季，不同地表水深条件下 E-CH_4、R_{eco} 和 NEE 均呈现明显的季节变化（图 3.10），这与以往的研究一致（Han et al., 2014; Minke et al., 2016; Chu et al., 2019）。本研究中，土壤 CH_4 排放量相比于生态系统 CH_4 排放

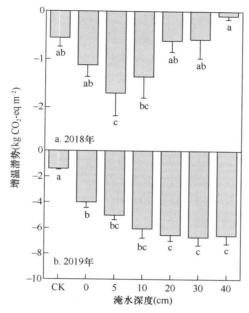

图 3.13 2018 年和 2019 年不同地表水深下全球增温潜势差异性分析（平均值±标准误差）
不同字母表示差异显著（$P<0.05$）

表 3.3 2018 年和 2019 年不同地表水深对全球增温潜势的影响

年份		地表水深（cm）						
		CK	0	5	10	20	30	40
2018	E-CH$_4$	0.21±0.02	0.78±0.11	1.08±0.17	1.72±0.12	1.61±0.12	1.39±0.17	1.25±0.18
	R_{eco}	1.08±0.17	1.54±0.18	1.94±0.23	2.67±0.11	2.40±0.13	2.24±0.21	2.05±0.17
	NEE	−1.68±0.05	−3.26±0.19	−4.50±0.26	−5.34±0.55	−4.50±0.22	−4.06±0.20	−3.12±0.29
	合计	−0.39±0.21	−0.94±0.25	−1.48±0.39	−0.93±0.53	−0.49±0.21	−0.43±0.31	−0.17±0.27
2019	E-CH$_4$	0.11±0.01	0.36±0.02	0.46±0.03	0.73±0.02	0.66±0.02	0.62±0.08	0.57±0.06
	R_{eco}	1.56±0.04	2.12±0.15	2.54±0.07	3.63±0.14	3.00±0.09	2.99±0.09	2.88±0.12
	NEE	−3.07±0.07	−6.47±0.45	−7.99±0.35	−10.39±0.73	−10.19±0.42	−10.31±0.74	−10.01±0.75
	合计	−1.39±0.08	−3.99±0.42	−4.99±0.34	−6.04±0.72	−6.53±0.44	−6.69±0.64	−6.56±0.65

量几乎可以忽略不计，也就是说，芦苇湿地中的 CH_4 排放主要是通过芦苇植株排放到大气中，先前的研究也证明了这一点（Joabsson and Christensen，2001；Chen et al.，2009；Sun et al.，2012）。然而，E-CH$_4$、R_{eco} 和 NEE 的峰值出现时间不同，E-CH$_4$ 在每年的 8 月达到峰值（图 3.10a、b），这主要是因为芦苇的植株密度和相对水面高度在 8 月达到峰值；而 R_{eco} 和 NEE 的峰值出现在 7 月，这主要是因为水面以上叶面积指数在 7 月达到峰值。另外，2018 年的 E-CH$_4$ 高于 2019 年（$P<0.05$），这可能与氧化还原条件有关。在厌氧条件下，全球湿地中的甲烷厌氧氧化过程每

年可能消耗 200Tg CH_4，将潜在的 CH_4 排放量减少 50%以上（Segarra et al.，2015）。由于湿地植物（如芦苇）可以将 O_2 输送到根际和沉积物中，因此它们的存在会促进甲烷氧化菌的增加，从而降低 CH_4 的浓度（Jeffrey et al.，2019）。先前的研究表明，CH_4 排放与植物生物量呈现负相关关系，这一般归因于根际氧化的加强和根际甲烷氧化菌消耗 CH_4（Bhullar et al.，2013；Kao-Kniffin et al.，2010）。在本研究中，2019 年的平均地下生物量（2434g/m^2）高于 2018 年（2318g/m^2），这意味着在一定程度上 2019 年可能会有更多的 CH_4 被氧化。由于水面以下的植物呼吸和光合作用受到抑制，因此水面以下的植物部分对 R_{eco} 和 NEE 的影响很小（Jimenez et al.，2012），特别是水面以上的植物部分对于湿地的 R_{eco} 和 NEE 非常重要。2018 年的 R_{eco} 和 NEE 低于 2019 年，可能是因为 2019 年平均水面以上叶面积指数（3.42）要大于 2018 年（3.26）。

与 CK 相比，淹水显著增加了 E-CH_4、R_{eco} 和 NEE（图 3.11），这可能是因为植株的株高、密度、叶面积指数和生物量的增加。E-CH_4 与地表水深呈现显著的抛物线关系（图 3.12a），这与先前的研究不同（Chen et al.，2009；Minke et al.，2016）。例如，白俄罗斯的一个泥炭沼泽被淹没之后，E-CH_4 随着水位从 0cm 增加到 100cm 而线性增加（Minke et al.，2016）；在青藏高原的湖滨带，随着水位从 0cm 增加到 50cm，E-CH_4 显著线性增加（Chen et al.，2009）。E-CH_4 与地表水深呈抛物线关系的机制可能有如下几种。首先，地表水深从 0cm 增加到 5cm 促进了生长季生态系统 CH_4 通量的增加，部分原因是随着淹水深度的增加，植物生产力增加。其次，芦苇的大部分 CH_4 排放发生在靠近地面的地方（van der Nat et al.，1998）。例如，在中国的微咸水潮汐沼泽中，芦苇植株 CH_4 的主要排放源位于植物的底部，尤其是离地面 0～20cm 高度处（仝川等，2012）。在一个北方湖泊中，CH_4 可能从芦苇的下部逸出（沉积物表面以下 10cm），因为那里的腔隙 CH_4 浓度最高（Käki et al.，2001）。所以淹水（20～40cm）可能会阻止 CH_4 穿过被淹没植物嫩芽的路径，并导致 CH_4 排放减少。因此，伴随着 10cm 水深的植物生产力增高，生态系统 CH_4 通量增加，但在 20～40cm 地表水深下，CH_4 通量在一定程度上会下降。

先前的研究报道了相反的结果，即淹水降低了湿地的 R_{eco} 和 NEE（Han et al.，2015；Zhao et al.，2019）。淹没植物的茎和叶，光合作用和植物呼吸作用会减弱（Jimenez et al.，2012）。此外，淹水条件下 R_{eco} 的降低主要是由于土壤饱和，厌氧条件会抑制根和土壤的呼吸，从而降低 CO_2 排放量（Han et al.，2015）。然而，2018 年 5～40cm 与 2019 年 5cm、20cm、30cm、40cm 的 R_{eco}，以及 2018 年 5cm、10cm、20cm 与 2019 年 5～40cm 的 NEE 差异均不显著（图 3.11），这可能是因为 5～40cm 地表水深对植物生产力没有显著影响。R_{eco} 和 NEE 与地表水深呈抛物线关系（图 3.12b、c），这种非线性关系较少见（Zhao et al.，2019）。之前的大多数研究仅比较有和没有淹水的情况（Han et al.，2015；Sánchez-Rodríguez et al.，2019），很少有研究涉及不同地表水深对生态系统 CO_2 交换的影响。本研究中，我们设置了 6 个地表水深，以便能够观察到 R_{eco} 和 NEE 对不同淹水深度的连续响应。我们发现 R_{eco} 和 NEE 与不同淹水深度的抛物线关系很可能是由植物生产力的非线性变化引起的。如上所述，在不同地表水深下，水位以上的植被部分对于生态系统 CO_2 交换很重要。一方面，植株高度和水面以上叶面积指数越高，光的吸收能力就越高，光合作用吸收的 CO_2 就越多，植物的呼吸作用也就越强。另一方面，淹水深度（20cm、30cm 和 40cm）越大，淹没的植物芽和叶片就越多，这导致部分植物气孔在水下被封闭，叶片光合作用活性就会越低（Schedlbauer et al.，2010；Han et al.，2015）。此外，由于 CO_2 在水中的扩散速度较慢，扩散边界层电阻可能会限制 CO_2 在水面的排放（Han et al.，2015）。同时，CO_2 气体可以溶解在水中，这表明淹没越深，水柱中的 CO_2 排放越少（Leopold et al.，2016）。随着地表水深从 20cm 增加到 40cm，R_{eco} 和 NEE 减小。与我们的结果不同，Zhao 等（2019）的研究表明，在植被高度约为 73cm 的淡水湿地中，地表水位从 0cm 增加到 45.6cm 时，R_{eco} 和 NEE 线性下降，这可能是随着水位的增加，高于水位的植株高度呈线性下降导致的。

此外，不同地表水深处理与 CK 相比生长季的 GWP 降低（图 3.13），这表明淹水深度（2018 年为 5cm，2019 年为 0～40cm）可有效缓解滨海湿地的温室气体（GHG）排放。在不同地表水深下，全球增温潜势为负值，这表明 NEE 是季节性全球增温潜势的最大贡献者，主要是因为 NEE 远高于 E-CH_4 和 R_{eco} 之和（表 3.3）。在淡水沼泽地（Zhang et al.，2013b）和已恢复的三角洲湿地（Hemes et al.，2019）也发现了类似的结果。我们还发现，在 2018 年与 2019 年生长季，全球增温潜势差异很大，这与已恢复的三角洲湿地的结果一致（Hemes et al.，2019），主要是生态系统碳交换在不同年间存在显著差异这一事实所致。因为 2019 年监测数据较多，更有说服力，所以本研究认为 2019 年 5～40cm 地表水深可以为黄河三角洲湿地恢复提供数据支撑。5～40cm 水深是一个可选择的范围，可以根据不同的微地形进行选择，以便达到更好的恢复效果，既提高植物生产力，又增强碳汇能力。

3.3 黄河三角洲非潮汐湿地季节性淹水对生态系统 CO_2 交换的影响

3.3.1 非潮汐湿地观测场

研究区位于中国科学院黄河三角洲滨海湿地生态试验站（37.75°N，118.98°E），属暖温带季风气候，冷热干湿界限明显，四季分明，雨热同期。年均气温为 12.9℃，其中 1 月气温最低，为-2.8℃，7 月气温最高，为 26.7℃（Han et al.，2015），≥10℃的积温约为 4300℃。年均降雨量为 609.5mm，降雨量年际变化较大，年内降雨季节分配不均，夏季降雨量占全年降雨量的 68.4%，秋季和春季降雨量分别占

15.5%和 13.1%，冬季降雨量仅占 3.0%。平均无霜期 206d，年均日照时数 2750.9h，日照率达 62%，由于日照时间较长，空气干燥，年均蒸发量为 1962mm，蒸降比为 3.2∶1。年平均风速为 4m/s 左右，夏季盛行东南风，冬季盛行西北风。试验区植被类型以芦苇（*Phragmites australis*）、柽柳（*Tamarix chinensis*）和盐地碱蓬（*Suaeda salsa*）为主要优势种，植被覆盖度为 70%～90%。涡度通量塔架设于地势平坦、植物生长茂盛的芦苇湿地中央，距地表 3m，包括开路式红外 CO_2/H_2O 气体分析仪（IRGA, LI-7500, LI-COR Inc., 美国）、三维超声风速仪（CSAT-3, Campbell Scientific Inc., 美国）、数据采集器（CR1000, CSI, 美国）及 PC 卡。采样频率为 10Hz。微气象数据包括风向和风速、净辐射、降雨量及空气温度、湿度等。土壤监测因子包括 10cm、20cm、40cm、60cm、80cm、100cm 处土壤体积含水量（EnviroSMART SDI-12, 美国）和 5cm、10cm、20cm、30cm、50cm 处土壤温度（109SS, Campbell Scientific, 美国）。数据采集频率为 10Hz，以 30min 为周期进行数据存储。

3.3.2 季节性淹水对生态系统 CO_2 交换的影响

图 3.14 为 2011 年和 2012 年季节性淹水前后 NEE 的日动态差异（采用淹水前后各 10 天 NEE 均值）。两年间淹水前后 NEE 日动态变化趋势相似，但是波动幅度差异显著（图 3.14a、c）。NEE 日动态变化虽然均表现为夜间净碳释放、白天净碳吸收，但淹水后 NEE 动态相对淹水前波动幅度较小。在 2011 年，虽然淹水后夜间气温显著高于淹水前，但淹水后夜间 CO_2 释放［(2.0±0.1) μmol/(m²·s)］相比淹水前［(2.8±0.1) μmol/(m²·s)］显著降低 29%（$P<0.01$）（图 3.14a）。因此，淹水抑制了滨海湿地夜间 CO_2 的释放。同时，在 2012 年，淹水后日均 CO_2 吸收［(−5.6±0.4) μmol/(m²·s)］相对淹水前［(−4.9±0.2) μmol/(m²·s)］显著升高 13%（图 3.14c）。然而淹水后白天光合有效辐射（PAR）均值为（682.1±69.2）μmol/(m²·s)，显著高于淹水前的（524.6±51.4）μmol/(m²·s)（$P<0.01$）（图 3.14d），说明淹水减弱了滨海湿地白天的净碳吸收。

3.3.3 季节性淹水对净生态系统 CO_2 交换光响应的影响

图 3.15 为 2010～2014 年间歇性淹水对 NEE-PAR 光响应的影响。研究时段，淹水前后 NEE 与 PAR 均呈直角双曲线关系（$P<0.01$）（图 3.15）。两种条件下，光拟合参数 A_{max} 具有显著差异（$P<0.01$），淹水后 A_{max} 均值［21.27μmol/(m²·s)］低于淹水前［27.43μmol/(m²·s)］（表 3.4）。淹水后 A_{max} 显著降低，这与淹水后白天净 CO_2 吸收显著减弱相一致。此外，虽然淹水前后光合拟合参数 R_{eco} 差异不显著（$P=0.09$），但淹水后 R_{eco}［(6.44±1.50) μmol/(m²·s)］略低于淹水前［(9.33±2.70) μmol/(m²·s)］。

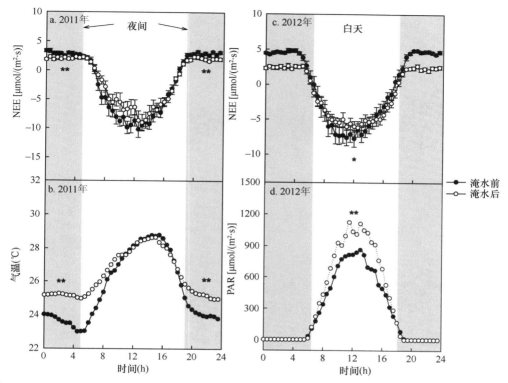

图 3.14　季节性淹水对 2011 年与 2012 年净生态系统 CO_2 交换（NEE）日动态的影响

2011 年淹水前后夜间 NEE（a）与气温（b）差异显著。2012 年白天 NEE（c）与 PAR（d）差异显著。阴影部分代表夜间。误差线为标准误差。*$P<0.05$；**$P<0.01$

研究结果显示，季节性淹水可能通过抑制光合碳固定而引起白天净生态系统 CO_2 吸收速率（图 3.15）和最大光合速率（表 3.4）下降。在短期淹水的沼泽湿地（Schedlbauer et al.，2010）、温带莎草沼泽（Dušek et al.，2009）及淡水沼泽（Jimenez et al.，2012）中得到了同样的研究结果。在淹水中，由于植物根及叶子部分全部被淹，有效光合叶面积减小（Schedlbauer et al.，2010）。同时，淹水限制了土壤气体交换，叶片 CO_2 供应减少抑制了光合作用（Colmer et al.，2011）。除了被严重限制的 CO_2，当淹水浑浊时，淹没叶片的光合作用也受光的限制（Colmer et al.，2011；Hidding et al.，2014）。同时，淹水限制植物根部 O_2 获取，造成根部缺氧。因此，低氧或者缺氧的环境导致植被由有氧代谢转变为低效的厌氧发酵（Bailey-Serres and Voesenek，2008），这对植被的光合作用和生长产生抑制作用（Sairam et al.，2008）。因此，当芦苇叶片被淹没后，水下净光合速率降低（Colmer et al.，2011）。然而，强降雨后的淡水输入会降低滨海湿地的盐度，促进优势物种的生长，从而增加 CO_2 吸收。例如，对阿拉斯加沼泽的研究发现，淹水由于增加生长早期生态系统总初级生产力和光和饱和光合速率最终增加生态系统碳储量（Chivers et al.，2009）。

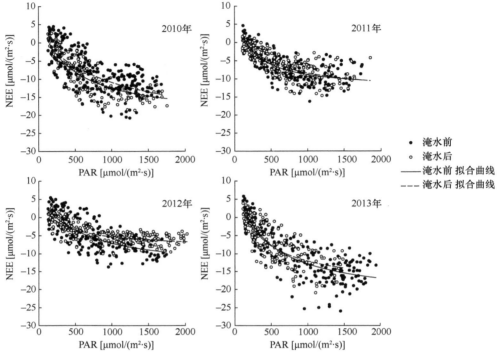

图 3.15　2010～2013 年淹水前后光响应曲线比较

淹水前后各采用 10 天均值。曲线采用直角双曲线模型进行拟合，拟合参数见表 3.4

表 3.4　2010～2013 年淹水前后光响应拟合参数 A_{max}、$R_{eco,day}$ 和 α 比较

年份	α（μmol/μmol）		A_{max} [μmol/(m²·s)]		$R_{eco,day}$ [μmol/(m²·s)]		R^2	
	淹水前	淹水后	淹水前	淹水后	淹水前	淹水后	淹水前	淹水后
2010	0.099 (0.030)	0.061 (0.032)	33.79 (2.13)	25.31 (2.09)	12.02 (3.15)	7.25 (3.49)	0.74	0.49
2011	0.107 (0.052)	0.048 (0.021)	23.10 (2.79)	18.61 (1.30)	10.20 (3.46)	5.17 (2.10)	0.62	0.6
2012	0.033 (0.013)	0.047 (0.024)	20.57 (1.43)	13.51 (1.73)	5.62 (1.82)	5.19 (2.18)	0.54	0.57
2013	0.073 (0.024)	0.075 (0.035)	32.26 (1.55)	27.66 (1.93)	9.51 (2.58)	8.14 (3.25)	0.72	0.61
平均	0.078 (0.033)	0.058 (0.013)	27.43 (6.57)	21.27 (6.44)	9.33 (2.70)	6.44 (1.50)		
t 检验	1.188		6.31**		2.48			

注：α-生态系统表观量子产率；A_{max}-生态系统最大光合速率；$R_{eco,day}$-日间生态系统呼吸

* $P<0.05$

** $P<0.01$

3.3.4 季节性淹水对净生态系统 CO_2 交换温度响应的影响

我们比较了2010~2013年淹水前后生态系统呼吸（R_{eco}）对气温的响应差异（图3.16，表3.5）。研究时段，淹水前后 R_{eco} 与气温均呈显著正相关关系，随着气温升高，R_{eco} 呈指数增加（$P<0.01$）。淹水前生态系统基础呼吸 R_{10}（2.2）显著高于淹水后（0.7）（$P<0.01$），说明淹水降低了滨海湿地的基础呼吸。然而，淹水前生态系统温度敏感性 Q_{10}（1.5）显著低于淹水后（2.6）（$P<0.01$），说明淹水增强了滨海湿地生态系统呼吸的温度敏感性。因此，淹水后的生态系统相对淹水前对温度变化更敏感。

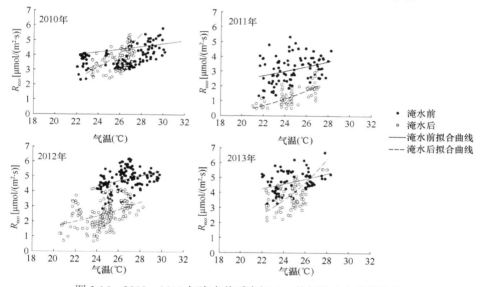

图3.16　2010~2013年淹水前后夜间 R_{eco} 的气温响应曲线比较

表3.5　黄河三角洲湿地2010~2013年淹水前后温度拟合参数（a、b）和生态系统温度敏感性 Q_{10} 比较

年份	a		b		Q_{10}		R^2		P	
	淹水前	淹水后	淹水前	淹水后	淹水前	淹水后	淹水前	淹水后	淹水前	淹水后
2010	1.40	0.25	0.038	0.105	1.46	2.86	0.25	0.39	<0.001	<0.001
2011	1.20	0.17	0.044	0.103	1.56	2.8	0.14	0.53	<0.001	<0.001
2012	1.57	0.26	0.042	0.090	1.51	2.46	0.14	0.15	<0.001	<0.001
2013	1.81	0.40	0.038	0.089	1.46	2.44	0.14	0.28	0.001	<0.001
平均	1.49	0.27	0.040	0.097	1.50	2.64				
t 检验	18.81**		−13.35**		−10.61**					

* $P<0.05$

** $P<0.01$

研究结果显示,淹水显著抑制夜间 CO_2 释放(生态系统呼吸),但提高温度敏感性(图 3.16,表 3.5)。同样,大沼泽地的红树林在淹水期间呼吸速率较低(Barr et al., 2015)。对阿拉斯加沼泽的淹水控制试验发现,淹水降低最大呼吸速率、提高生态系统呼吸温度敏感性(Chivers et al., 2009)。淹水能够引起土壤和水的化学与物理属性(O_2、温度、pH 和光)的重新组合(Colmer et al., 2011)。淹水后生态系统呼吸受抑制有两种可能机制。一方面,当土壤淹水后,地表土壤由于水分饱和,会抑制湿地 O_2 向土壤扩散。同时,O_2 获取率和有氧呼吸速率较低导致 CO_2 排放率降低(Mcnicol and Silver 2014;Jimenez et al., 2012),限制根系和微生物的氧利用度及生物活性(Han et al., 2018)。另一方面,由于水中 CO_2 扩散速度缓慢,扩散边界层阻力限制了表层水中 CO_2 的排放(Han et al., 2015)。因此,淹水总体上抑制了湿地生态系统 CO_2 排放。但以往研究也有发现,由于地理位置及植被属性差异,淹水对一些湿地生态系统呼吸没有显著影响(Chivers et al., 2009)。

参 考 文 献

陈志杰, 韩士杰, 张军辉. 2016. 土地利用变化对漳江口红树林土壤有机碳组分的影响. 生态学杂, 35(9): 2379-2385.

郝瑞军, 李忠佩, 车玉萍. 2006. 水分状况对水稻土有机碳矿化动态的影响. 土壤, 38(6): 750-754.

侯翠翠, 宋长春, 李英臣, 等. 2012. 不同水分条件沼泽湿地土壤轻组有机碳与微生物活性动态. 中国环境科学, 32(1): 113-119.

胡茜厉, 金晶, 兰燕月, 等. 2019. 6 种挺水植物对水位梯度的响应研究. 水生态学杂志, 40(3): 49-57.

刘均阳, 周正朝, 苏雪. 2020. 植物根系对土壤团聚体形成作用机制研究回顾. 水土保持学报, 34(3): 267-298.

仝川, 黄佳芳, 王维奇, 等. 2012. 闽江口半咸水芦苇潮汐沼泽湿地甲烷动态. 地理学报, 67(9): 1165-1180.

万忠梅. 2013. 水位对小叶章湿地 CO_2、CH_4 排放及土壤微生物活性的影响. 生态环境学报, 22(3): 465-468.

王雪宏, 佟守正, 吕宪国. 2008. 半干旱区湿地芦苇种群生态特征动态变化研究——以莫莫格湿地为例. 湿地科学, 6(3): 386-491.

徐广平, 李艳琼, 沈育伊, 等. 2019. 桂林会仙喀斯特湿地水位梯度下不同植物群落土壤有机碳及其组分特征. 环境科学, 40(2): 483-495.

闫道良, 金水虎, 夏国华, 等. 2013. 3 种湿地植物克隆生长及其生物量对不同水淹的响应. 西南林业大学学报, 33(2): 10-14.

姚鑫, 杨桂山, 万荣荣, 等. 2014. 水位变化对河流、湖泊湿地植被的影响. 湖泊科学, 26(6): 813-821.

Akman M, Bhikharie A V, McLean E H, et al. 2012. Wait or escape? contrasting submergence tolerance strategies of *Rorippa amphibia*, *Rorippa sylvestris* and their hybrid. Annals of Botany, 109(7): 1263-1275.

An Y, Gao Y, Tong S Z. 2018. Emergence and growth performance of *Bolboschoenus planiculmis* varied in response to water level and soil planting depth: implications for wetland restoration using tuber transplantation. Aquatic Botany, 148: 10-14.

Barr J G, Engel V, Fuentes J D, et al. 2015. Controls on mangrove forest‐atmosphere carbon dioxide exchanges in western Everglades National Park. Journal of Geophysical Research: Biogeosciences, 115(G2): 245-269.

Berglund Ö, Berglund K. 2011. Influence of water table level and soil properties on emissions of greenhouse gases from cultivated peat soil. Soil Bioligy Biochemisrty, 43(5): 923-931.

Bhullar G S, Iravani M, Edwards P J, et al. 2013. Methane transport and emissions from soil as affected by water table and vascular plants. BMC Ecology, 13(1): 32.

Boon P I, Lee K. 1997. Methane oxidation in sediments of a floodplain wetland in south-eastern Australia. Letters in Applied Microbiology, 25(2): 138-142.

Bridgham S D, Cadillo-Quiroz H, Keller J K, et al. 2013. Methane emissions from wetlands: biogeochemical, microbial, and modeling perspectives from local to global scales. Global Change Biology, 19(5): 1325-1346.

Cao R, Xi X Q, YangH S, et al. 2017. The effect of water table decline on soil CO_2, emission of Zoige peatland on eastern Tibetan Plateau: a four-year in situ experimental drainage. Applied Soil Ecology, 120: 55-61.

Chambers L G, Davis S E, Troxler T, et al. 2014. Biogeochemical effects of simulated sea level rise on carbon loss in an everglades mangrove peat soil. Hydrobiologia, 726(1): 195-211.

Chambers L G, Osborne T Z, Reddy K R. 2013. Effect of salinity-altering pulsing events on soil organic carbon loss along an intertidal wetland gradient: a laboratory experiment. Biogeochemistry, 115(1-3): 363-383.

Chen H J, Zamorano M F, Ivanoff D, 2010. Effect of flooding depth on growth, biomass, photosynthesis, and chlorophyll fluorescence of *Typha domingensis*. Wetlands, 30(5): 957-965.

Chen H, Wu N, Yao S P, et al. 2009. High methane emissions from a littoral zone on the Qinghai-Tibetan Plateau. Atmospheric Environment, 43(32): 4995-5000.

Chen H, Zhu Q A, Peng C H, et al. 2013. Methane emissions from rice paddies natural wetlands, lakes in China: synthesis new estimate. Global Change Biology, 19(1): 19-32.

Chen X S, Li Y F, Cai Y H, et al. 2019. Differential strategies to tolerate flooding in *Polygonum hydropiper* plants originating from low-and high-elevation habitats. Frontiers in Plant Science, 9: 1970.

Cheng X L, Peng R H, Chen J Q, et al. 2007. CH_4 and N_2O emissions from Spartina alterniflora and *Phragmites australis* in experimental mesocosms. Chemosphere, 68(3): 420-427.

Chidthaisong A, Conrad R. 2000. Turnover of glucose and acetate coupled to reduction of nitrate, ferric iron and sulfate and to methanogenesis in anoxic rice field soil. FEMS Microbiology Ecology, 31(1): 73-86.

Chimner R A, Cooper D J. 2003. Influence of water table levels on CO_2 emissions in a Colorado subalpine fen: an in situ microcosm study. Soil Biology & Biochemistry, 35(3): 345-351.

Chivers M R, Turetsky M R, Waddington J M, et al. 2009. Effects of experimental water table and temperature manipulations on ecosystem CO_2 fluxes in an Alaskan rich fen. Ecosystems, 12(8): 1329-1342.

Chu X J, Han G X, Xing Q H, et al. 2019. Changes in plant biomass induced by soil moisture variability drive interannual variation in the net ecosystem CO_2 exchange over a reclaimed coastal wetland. Agricultural and Forest Meteorology, 264: 138-148.

Colmer T D, Winkel A, Pedersen O. 2011. A perspective on underwater photosynthesis in submerged terrestrial wetland plants. AoB PLANTS: plr030.

Colmer T D. 2003. Long-distance transport of gases in plants: a perspective on internal aeration and radial oxygen loss from roots. Plant Cell and Environment, 26(1): 17-36.

Dorodnikov M, Knorr K H, Kuzyakov Y. et al. 2011. Plant-mediated CH_4 transport and contribution of photosynthates to methanogenesis at a boreal mire: a ^{14}C pulse-labeling study. Biogeosciences, 8(8): 2365-2375.

Dušek J, Čížková H, Czerný R, et al. 2009. Influence of summer flood on the net ecosystem exchange of CO_2 in a temperate sedge-grass marsh. Agricultural and Forest Meteorology, 149(9): 1524-1530.

Fa K Y, Liu J B, Zhang Y Q, et al. 2015. CO_2 absorption of sandy soil induced by rainfall pulses in a desert ecosystem. Hydrology Processes, 29(8): 2043-2051.

Garssen A G, Baattrup-Pedersen A, Voesenek L A C J, et al. 2015. Riparian plant community responses to increased flooding: a meta-analysis. Global Change Biology, 21(8): 2881-2890.

Grünfeld S, Brix H. 1999. Methanogenesis and methane emissions: effects of water table, substrate type and presence of *Phragmites australis*. Aquatic Botany, 64(1): 63-75.

Han G X, Chu X J, Xing Q H, et al. 2015. Effects of episodic flooding on the net ecosystem CO_2 exchange of a supratidal wetland in the Yellow River Delta. Journal of Geophysical Research: Biogeosciences, 120(8): 1506-1520.

Han G X, Sun B Y, Chu X J, et al. 2018. Precipitation events reduce soil respiration in a coastal wetland based on four-year continuous field measurements. Agriculture and Forest Meteorology, 256-257: 292-303.

Han G X, Xing Q H, Yu J B, et al. 2014. Agricultural reclamation effects on ecosystem CO_2 exchange of a coastal wetland in the Yellow River Delta. Agriculture, Ecosystems & Environment, 196(15): 187-198.

Han G X, Yang L Q, Yu J B, et al. 2012. Environmental controls on net ecosystem CO_2 exchange over a reed (*Phragmites australis*) wetland in the Yellow River Delta, China. Estuaries & Coasts, 36(2): 401-413.

Hemes K S, Chamberlain S D, Eichelmann E, et al. 2019. Assessing the carbon and climate benefit of restoring degraded agricultural peat soils to managed wetlands. Agriculture and Forest Meteorology, 268: 202-214.

Henneberg A, Sorrell B K, Brix H. 2012. Internal methane transport through *Juncus effusus*: experimental manipulation of morphological barriers to test above- and below-ground diffusion limitation. New Phytologist, 196(3): 799-806.

Hidding B, Sarneel J M, Bakker E S. 2014. Flooding tolerance and horizontal expansion of wetland plants: Facilitation by floating mats? Aquatic Botany, 113(3): 83-89.

Hoover D J, Odigie K O, Swarzenski P W, et al. 2016. Sea-level rise and coastal groundwater inundation and shoaling at select sites in California, USA. Journal of Hydrology: Regional Studies, 11(C): 234-246.

Hou C C, Song C C, Li Y C, et al. 2013. Effects of water table changes on soil CO_2, CH_4 and N_2O fluxes during the growing season in freshwater marsh of northeast China. Environmental Earth Sciences, 69(6): 1963-1971.

Hu J, Vanzomeren C M, Inglett K S, et al. 2017. Greenhouse gas emissions under different drainage and flooding regimes of cultivated peatlands. Journal of Geophysical Research: Biogeosciences, 122(11): 3047-3062.

IPCC. 2013. Climate Change 2013: The Physical Science Basis. Cambridge: Cambridge University Press.

Ishikura K, Yamada H, Toma Y, et al. 2017. Effect of groundwater level fluctuation on soil respiration rate of tropical peatland in Central Kalimantan, Indonesia. Soil Science and Plant Nutrition, 63(1): 1-13.

Jeffrey L C, Maher D T, Johnston S G, et al. 2019. Wetland methane emissions dominated by plant-mediated fluxes: contrasting emissions pathways and seasons within a shallow freshwater subtropical wetland. Limnology and Oceanography, 64(5): 1895-1912.

Jimenez K L, Starr G, Staudhammer C L, et al. 2012. Carbon dioxide exchange rates from short- and long-hydroperiod Everglades freshwater marsh. Journal of Geophysical Research, 117: G04009.

Joabsson A, Christensen T R. 2001. Methane emissions from wetlands and their relationship with vascular plants: an Arctic example. Global Change Biology, 7(8): 919-932.

Joergensen R G. 1996. The fumigation-extraction method to estimate soil microbial biomass: calibration of the k_{EC} value. Soil Biology & Biochemistry, 28(1): 25-31.

Jungkunst H F, Fiedler S. 2007. Latitudinal differentiated water table control of carbon dioxide, methane and nitrous oxide fluxes from hydromorphic soils: feedbacks to climate change. Global Change Biology, 13(12): 2668-2683.

Kader M A, Lindberg S. 2010. Cytosolic calcium and pH signaling in plants under salinity stress. Plant Signaling and Behavior, 5(3): 233-238.

Käki T, Ojala A, Kankaala P. 2001. Diel variation in methane emissions from stands of *Phragmites australis* (Cav.) Trin. ex Steud. and *Typha latifolia* L. in a boreal lake. Aquatic Botany, 71(4): 259-271.

Kao-Kniffin J, Freyre D S, Balser T C. 2010. Methane dynamics across wetland plant species. Aquatic Botany, 93(2): 107-113.

Kettunen A, Kaitala V, Lethinen A, et al. 1999. Methane production and oxidation potentials in relation to water table fluctuations in two boreal mires. Soil Biology & Biochemistry, 31(12): 1741-1749.

Koelbener A, Ström L, Edwards P J, et al. 2010. Plant species from mesotrophic wetlands cause relatively high methane emissions from peat soil. Plant and Soil, 326(1): 147-158.

Lawrence B A, Lishawa S, Hurst N R, et al. 2017. Wetland invasion by *typha×glauca* increases soil methane emissions. Aquatic Botany, 137(2): 80-87.

Leopold A, Marchand C, Renchon A, et al. 2016. Net ecosystem CO_2 exchange in the "Coeur de Voh" mangrove, New Caledonia: effects of water stress on mangrove productivity in a semi-arid climate. Agricultural and Forest Meteorology, 223: 217-232.

Lewis D B, Brown J A, Jimenez K L. 2014. Effects of flooding and warming on soil organic matter mineralization in *Avicennia germinans* mangrove forests and *Juncus roemerianus* salt marshes. Estuarine, Coastal and Shelf Science, 139: 11-19.

Li H, Dai S Q, Ouyang Z T, et al. 2018. Multi-scale temporal variation of methane flux and its controls in a subtropical tidal salt marsh in eastern China. Biogeochemistry, 137(1-2): 163-179.

Liu Y, Ding Z, Bachofen C, et al. 2018. The effect of saline-alkaline and water stresses on water use efficiency and standing biomass of *Phragmites australis* and *Bolboschoenus planiculmis*. Science of the Total Environment, 644(10): 207-216.

Madigan M T. 2012. Brock Biology of Microorganisms. New York: Pearson Education Inc.

Matsuda Y, Hopkinson B M, Nakajima K, et al. 2017. Mechanisms of carbon dioxide acquisition and CO_2 sensing in marine diatoms: a gateway to carbon metabolism. Philosophical Transactions of the Royal Society of London, 372(1728): 20160403.

Mcnicol G, Silver W L. 2014. Separate effects of flooding and anaerobiosis on soil greenhouse gas emissions and redox sensitive biogeochemistry. Journal of Geophysical Research: Biogeosciences, 119(4): 557-566.

Minke M, Augustin J, Burlo A, et al. 2016. Water level, vegetation composition, and plant productivity explain greenhouse gas fluxes in temperate cutover fens after inundation. Biogeosciences 13: 3945-3970.

Nahlik A M, Fennessy M S. 2016. Carbon storage in US wetlands. Nature Communications, 7: 13835.

Olefeldt D, Euskirchen E S, Harden J, et al. 2017. A decade of boreal rich fen greenhouse gas fluxes in response to natural and experimental water table variability. Global Change Biology, 23(6): 2428-2440.

Panda D, Sharma S G, Sarkar R K. 2008. Chlorophyll fluorescence parameters, CO_2 photosynthetic rate and regeneration capacity as a result of complete submergence and subsequent re-emergence in rice (*Oryza sativa* L.). Aquatic Botany, 88(2): 127-133.

Parida A K, Das A B. 2005. Salt tolerance and salinity effects on plants: a review. Ecotoxicology and Environmental Safety, 60(3): 324-349.

Parvin S, Blagodatskaya E, Becker J N. 2018. Depth rather than microrelief controls microbial biomass and kinetics of C-, N-, P- and S-cycle enzymes in peatland. Geoderma, 324: 67-76.

Rasmussen T C, Deemy J B, Long S L. 2018. Wetland Hydrology//Finlayson C, et al. The Wetland Book. Dordrecht: Springer: 778-789.

Ratcliffe J L, Campbell D I, Clarkson B R, et al. 2019. Water table fluctuations control CO_2 exchange in wet and dry bogs through different mechanisms. Science of the Total Environment, 655: 1037-1046.

Sairam R K, Kumutha D, Ezhilmathi K, et al. 2008. Physiology and biochemistry of waterlogging tolerance in plants. Biologia Plantarum, 52(3): 401-412.

Sánchez-Rodríguez A R, Nie C R, Hill P W. 2019. Extreme flood events at higher temperatures exacerbate the loss of soil functionality and trace gas emissions in grassland. Soil Biology and Biochemistry, 130(227): 236.

Schedlbauer J L, Oberbauer S F, Starr G, et al. 2010. Seasonal differences in the CO_2 exchange of a short-hydroperiod Florida Everglades marsh. Agricultural and Forest Meteorological, 150(7-8): 994-1006.

Schile L M, Callaway J C, Parker T, et al. 2011. Salinity and inundation influence productivity of the halophytic plant *Sarcocornia pacifica*. Wetlands, 31(6): 1165-1174.

Segarra K E A, Schubotz F, Samarkin V, et al. 2015. High rates of anaerobic methane oxidation in freshwater wetlands reduce potential atmospheric methane emissions. Nature Communications, 6: 7477.

Striker G G, Izaguirre R F, Manzur M E, et al. 2012. Different strategies of *Lotus japonicus*, *L. corniculatus* and *L. tenuis* to deal with complete submergence at seedling stage. Plant Biology, 14(1): 50-55.

Sun X X, Song C C, Guo Y D, et al. 2012. Effect of plants on methane emissions from a temperate marsh in different seasons. Atmospheric Environment, 60: 277-282.

Tiiva P, Faubert P, Räty S, et al. 2009. Contribution of vegetation and water table on isoprene emission from boreal peatland microcosms. Atmospheric Environment, 43(34): 5469-5475.

Trenberth K E. 2011. Changes in precipitation with climate change. Climate Research, 47: 123-138.

Tripathee R, Schäfer K V R. 2015. Above- and belowground biomass allocation in four dominant salt marsh species of the eastern United States. Wetlands, 35: 21-30.

Turetsky M R, Treat C C, Waldrop M P, et al. 2008. Short-term response of methane fluxes and methanogen activity to water table and soil warming manipulations in an Alaskan peatland. Journal of Geophysical Research: Biogeosciences, 113(G3): 119-128.

van der Nat F-J W A, Middelburg J J, Meteren V D, et al. 1998. Diel methane emission patterns from *Scripus lacustric* and *Phragmites australis*. Biogeochemistry, 41(1): 1-22.

Vartapetian B B, Jackson M B. 1997. Plant adaptations to anaerobic stress. Annals of Botany, 79: 3-20.

Voesenek L A C J, Colmer T D, Pierik R, et al. 2006. How plants cope with complete submergence. New Phytologist, 170: 213-226.

Wang H, Yu L F, Zhang Z H, et al. 2017a. Molecular mechanisms of water table lowering and nitrogen deposition in affecting greenhouse gas emissions from a Tibetan alpine wetland. Global Change Biology, 23(2): 815-829.

Wang L, Liu H Z, Sun J H, et al. 2016. Biophysical effects on the interannual variation in carbon dioxide exchange of an alpine meadow on the Tibetan Plateau. Atmospheric Chemistry and Physics, 17: 1-28.

Wang X Y, Siciliano S, Helgason B, et al. 2017b. Responses of a mountain peatland to increasing temperature: a microcosm study of greenhouse gas emissions and microbial community dynamics. Soil Biology Biochemistry, 110: 22-33.

Webb R H, Leake S A. 2006. Ground-water surface-water interactions and long-term change in riverine riparian vegetation in the southwestern United States. Journal of Hydrology, 320(3-4): 302-323.

Wei S Y, Han G X, Chu X J, et al. 2020. Effect of tidal flooding on ecosystem CO_2 and CH_4 fluxes in a salt marsh in the Yellow River Delta. Estuarine Coastal and Shelf Science, 232: 106512.

Westra S, Fowler H J, Evans J P, et al. 2014. Future changes to the intensity and frequency of short-duration extreme rainfall. Reviews of Geophysics, 52: 522-555.

Wilson B J, Shelby S, Charles S P, et al. 2018. Declines in plant productivity drive carbon loss from brackish coastal wetland mesocosms exposed to saltwater intrusion. Estuaries and Coasts, 41(8): 2147-2158.

Xiao D R, Deng L, Kim D G, et al. 2019. Carbon budgets of wetland ecosystems in China. Global Change Biology, 25(6): 2061-2076.

Xue L, Li X Z, Yan Z Z, et al. 2018. Native and non-native halophytes resiliency against sea-level rise and saltwater intrusion. Hydrobiologia, 806(1): 47-65.

Yadav S, Irfan M, Ahmad A, et al. 2011. Causes of salinity and plant manifestations to salt stress: a review. Journal of Environmental Biology, 32(5): 667-685.

Yang G, Chen H, Wu N, et al. 2014. Effects of soil warming, rainfall reduction and water table level on CH_4 emissions from the Zoige peatland in China. Soil Biology & Biochemistry, 78: 83-89.

Yang J S, Liu J S, Hu X J, et al. 2013. Effect of water table level on CO_2, CH_4 and N_2O emissions in a freshwater marsh of northeast China. Soil Biology Biochemistry, 61(9): 52-60.

Yang P, Lai D Y F, Huang J F, et al. 2018. Temporal variations and temperature sensitivity of ecosystem respiration in three brackish marsh communities in the Min River Estuary, southeast China. Geoderma, 327(1): 138-150.

Yang W, Li X X, Sun T, et al. 2017. Habitat heterogeneity affects the efficacy of ecological restoration by freshwater releases in a recovering freshwater coastal wetland in China's Yellow River Delta. Ecological Engineering, 104: 1-12.

Zhang H X, Zhang G M, Lü X T, et al. 2015. Salt tolerance during seed germination and early seedling stages of 12 halophytes. Plant and Soil, 388(1-2): 229-241.

Zhang J L, Flowers T J, Wang S M. 2013. Differentiation of low-affinity Na^+ uptake pathways and kinetics of the effects of K^+ on Na^+ uptake in the halophyte *Suaeda maritima*. Plant and soil, 368(1-2): 629-640.

Zhao J B, Malone S L, Oberbauer S F, et al. 2019. Intensified inundation shifts a freshwater wetland from a CO_2 sink to a source. Global Chang Biology, 25(10): 3319-3333.

Zhao J B, Oberbauer S F, Olivas P C, et al. 2018. Contrasting photosynthetic responses of two dominant macrophyte species to seasonal inundation in an Everglades freshwater prairie. Wetlands, 38(5): 893-903.

第 4 章

黄河三角洲非潮汐湿地地下水位对生态系统碳交换的影响

4.1 引言

CO_2 和 CH_4 排放是以全球变暖为特征的气候变化的重要原因（IPCC，2013）。2017 年，CO_2 浓度达到（405.0±0.1）ppm，比 1750 年前工业水平高出 46%以上（Dlugokencky and Tans，2018）。尽管 CH_4 在大气中的浓度较低，但其全球变暖潜力（100 年）是 CO_2 的 34 倍，对近期全球变暖的贡献率超过 20%（IPCC，2013）。CO_2 和 CH_4 浓度不断增加将改变气候变化对生态环境的潜在影响。因此，量化 CO_2 和 CH_4 源或汇对于准确评估全球碳预算、制定科学合理的生态系统管理战略和减排措施至关重要（Yang et al.，2018a）。

尽管全球滨海湿地仅占陆地总表面积的 0.22%~0.34%（Fennessy，2014），但许多富含有机质的滨海土壤有非常大的碳储量，可能比大多数陆地生态系统的碳储量高出 2~3 倍（Han et al.，2018）。包括红树林、海草床和盐沼在内的滨海湿地在全球碳封存中扮演着重要角色，因此，埋藏在滨海湿地中的碳被称为"蓝碳"（Lovelock et al.，2017）。先前的研究表明，与温带（53.0Tg C/a）、热带（78.5Tg C/a）和北方森林（49.3Tg C/a）生态系统的碳埋藏速率相比，全球盐沼的碳埋藏速率估计为 5~87Tg C/a（Mcleod et al.，2011）。然而，盐沼的碳埋藏速率存在不确定性。盐沼中 CH_4 的排放量通常是最小的，因为大量的硫酸盐（水中存在的阴离子）抑制微生物 CH_4 的产生和排放（Poffenbarger et al.，2011）。因此，由于碳储存率高、CH_4 排放量小，包括盐沼在内的滨海湿地通常在缓解气候方面发挥着重要作用（Lovelock et al.，2017）。由于碳库的不确定性，人们对滨海湿地土壤碳储量有着极大的兴趣，碳库的改变会对全球碳平衡产生重大影响（Chambers et al.，2013）。然而，滨海湿地对全球气候变化非常敏感，尤其是海平面上升（Kirwan and Megonigal，2013）已经超过了过去 10 年全球平均海平面上升（IPCC，2014）。海平面上升会导致滨海湿地水文循环（如地下水位变化）的变化。例如，海平面上升将刺激滨海湿地的地下水位上升（Rotzoll and Fletcher，2012；Cowling，2016）。全球地下水位图表明，滨海湿地和 0m 处的地下水位之间存在强烈的相关性（Fan et al.，2013）。因此，地下水位是滨海湿地水文循环的重要控制因素（Cowling，2016；Han et al.，2018）。

地下水位在改变湿地结构和功能方面起着重要作用（Webb and Leake，2006）。总的来说，地下水位被认为是湿地 CO_2 和 CH_4 排放的最重要控制因素之一，因为地下水位决定了土壤剖面中的好氧/厌氧和氧化还原条件，进而影响土壤有机质的分解速率（Dinsmore et al.，2009）。地下水位的持续升高将减少 O_2 的扩散，抑制好氧微生物的活性，并进一步抑制土壤中 CO_2 的排放。相反，当地下水位下降时，

O_2 扩散到土壤中会增强微生物活性和促进碳矿化分解，并导致土壤中 CO_2 排放量增加（Juszczak et al.，2013；Yang et al.，2013）。例如，以前的研究表明，在高水位下，淡水湿地的平均 CO_2 排放量是最低的，而地下水位较低时（–11cm 至 0cm）CO_2 排放量增加 120%（Yang et al.，2013）。在若尔盖泥炭地，与高水位相比，低水位时土壤 CO_2 排放量显著增加（Cao et al.，2017）。当地下水位上升时，产甲烷菌的产生量很高，包括甲烷杆菌科、甲烷毛菌科、甲烷球菌科、甲烷八叠球菌科和甲烷微菌目（Horn et al.，2003；Zhang et al.，2018）。相反，CH_4 排放量随着地下水位下降而减少，这主要是由于 CH_4 生产潜力降低（Wang et al.，2017）或 CH_4 氧化菌增加（Koh et al.，2009；Yang et al.，2013）。因此，地下水位的变化可能对湿地生态系统及潜在的碳-气候反馈产生显著影响（Rotzoll and Fletcher，2012；Cowling，2016；Taylor et al.，2013；Carretero and Kruse，2012）。然而，现有的研究主要集中在泥炭地温室气体排放与地下水位之间的关系，而关于盐沼的研究则缺乏（Chimner and Cooper，2003；Turetsky et al.，2008；Berglund Ö and Berglund K，2011；Ishikura et al.，2017；Yang et al.，2014；Cao et al.，2017；Wang et al.，2017；Olsson et al.，2015；Yamochi et al.，2017）。因此，需要进一步研究地下水位对滨海湿地土壤 CO_2 和 CH_4 的影响。

根据地质条件、海拔、盐水入侵和与海洋的连通性，许多盐沼的地下水位可以是低盐或高盐（Cowling，2016；Han et al.，2018）。地下水位上升会导致滨海湿地的高盐，这是滨海湿地区别于其他湿地的一个重要特征。总的来说，高盐不仅影响生物地球化学特征，还会改变微生物群落组成和微生物活性（Neubauer，2013；Zhang et al.，2018）。因此，盐度升高可能会增强微生物呼吸，刺激湿地土壤有机碳流失或减弱土壤呼吸，促进碳储存（Stagg et al.，2017）。此外，高盐度可减少土壤 CH_4 排放，这可能是因为硫酸盐还原菌与产甲烷菌竞争底物抑制了产甲烷菌的活性（Olsson et al.，2015）。因此，土壤盐度是影响滨海湿地碳循环的重要环境因素（Wilson et al.，2015；Servais et al.，2019；Wen et al.，2019）。

黄河三角洲是世界上众多河流三角洲中海陆相互作用最活跃的地区之一。由于临近海洋，海拔较低，地下水位较浅且属咸水，极易造成土壤盐碱化。然而，海平面上升正成为三角洲的威胁，预计 2050 年海平面会上升 35～40cm（Sun et al.，2015），这可能导致地下水位及盐度升高。海平面上升引起的地下水位变化可能会改变未来气候变化中的碳平衡。因此，我们在 2019 年进行了野外地下水位控制试验，以加深对黄河三角洲地下水位对生态系统碳交换影响的认识。

4.2 地下水位控制试验平台

该部分试验分为室内无植物参与的地下水位控制试验和野外原位地下水位控制试验两部分。2018年4月初，在中国科学院黄河三角洲滨海湿地生态试验站附近（37°46′13″N，118°58′52″E），选取一块未受干扰、地表植被稀疏的区域，进行土柱的采集。将PVC管（直径21cm，长54cm）垂直打入土壤中50cm，留下4cm作为顶空。挖开PVC管周围土壤，小心地把PVC管从地里拔出。将20个PVC管运至室内，放入5个水箱，为了更接近原位环境，在PVC管壁钻了小孔（直径1cm）使PVC管内和管外进行水气交换。我们设置了5个地下水位，包括土壤表面（0cm）和地表以下10cm（–10cm）、20cm（–20cm）、30cm（–30cm）和40cm（–40cm）。通过添加海盐颗粒使水箱中的盐度达到7mS/cm，与采样点的地下水平均盐度相对应。当地下水位下降到设定值以下时，手动添加自来水以保证水箱中的水位不变，并在室温25℃条件下培养150d。

野外地下水位平台采用单因素随机区组试验设计，共3个地下水位处理，分别距离土壤表面100cm（标记为–100cm）、60cm（标记为–60cm）、20cm（标记为–20cm），相邻处理间隔为40cm，每个处理设4个重复。该平台由水位控制池和自动供水系统两部分构成。控制池为钢筋混凝土结构，底部为水泥全封闭并做好全控制池防水，以避免水分渗漏。两排控制池相隔2m，每个控制池面积为3m×3m，深度为2m。控制池底部用粒径为2~3cm的石子填充30cm，原土回填，上填土层1.3m，土层距离控制池上沿40cm。自动供水系统包括进水管道和水箱两部分，进水管道包括上层进水管和底部进水管，上层进水管道一端连接着牛筋塑料水桶（直径×高：40cm×170cm），水桶里的水由水泵从试验站上的小湖（微咸水，盐度小于1mS/cm）供水；下端通过胶皮软管连接水箱（长×宽×高：45cm×30cm×45cm）。水箱内布设水位控制器，调节水位控制器高度，当水位达到设定高度时自动停止进水，低于设定高度时自动进水。水箱与底部进水管连接，底部进水管位于控制池底部，通过底部石子层向控制池供水。利用水箱支架调节水箱内水位高度，根据连通器原理，当控制池内地下水位与水箱水位高度平齐时，进水系统即停止进水，当由于植物吸收、蒸腾及蒸发作用水位下降时，进水系统自动供水直至水位持平，因此可保证控制池内水位持续维持设定水平。在控制池中间埋入一根PVC管（直径2.5cm），以便于观测水位。同时，每个池子中架设木桥避免破坏样地（图4.1）。

4.2.1 碳通量的测定

2018年4月23日至9月23日，室内地下水位试验的土壤CO_2和CH_4通量测定采用 LGR 便携式温室气体分析仪,将其连接到 PVC 管顶部,测定频率每 10 天一次。

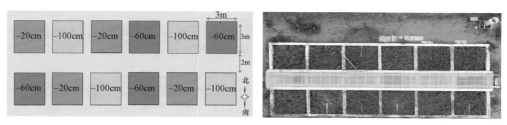

图 4.1　野外原位地下水位试验设计图及现场图

野外原位土壤 CO_2 通量、土壤 CH_4 通量、生态系统 CH_4 通量（E-CH_4）、生态系统呼吸（R_{eco}）和净生态系统 CO_2 交换（NEE）均采用 LGR 便携式温室气体分析仪测定。2019 年 3 月,在每个控制池中心位置,将用于测定土壤 CO_2 通量和土壤 CH_4 通量的 PVC 环（内径 21cm,厚度 0.5cm）一端垂直插入土壤 3cm,另一端露出地表 3cm（图 4.2）。把测定生态系统碳交换的透明底座（内径 40cm,向外展开帽檐 5cm）垂直插入土壤 3cm,露出地表 3cm（图 4.2）,具体测定方法详见 3.3.2 小节。

图 4.2　样方功能区划图

4.2.2 非生物因子测定

在室内地下水位试验中,试验结束后用土钻采集每个处理的 0~10cm、10~20cm、20~30cm 和 30~40cm 土样。将部分土壤样品过筛(2mm),用于土壤微生物生物量碳(SMBC)的测定。另将一部分土壤样品风干研磨后进行理化分析。土壤含水量采用烘干法测定;按照 5∶1 的水土比加入去离子水,振荡离心后,将便携式电导率仪(2265FS, Spectrum Technologies, Inc.)和 pH 计插入浸提液中读数。使用 vario MACRO 元素分析仪对土壤有机碳(SOC)、总碳(TC)和总氮(TN)的浓度进行测定。土壤可溶性有机碳(DOC)取 1∶5 水土比溶液振荡后,过 0.45μm 滤膜,酸化后用总有机碳分析仪(TOC-L CPN, Shimadzu)进行测定。

在野外原位地下水位试验中,监测土壤 CO_2 通量和土壤 CH_4 通量及 NEE、R_{eco} 和 E-CH_4 的同时,表层(0~10cm)土壤温度采用温湿度传感器(北京永轩物联电子技术有限公司)测定,土壤含水量采用烘干法测定;表层(0~10cm)土壤盐度采用电导率仪(2265FS, Spectrum Technologies, Inc.)直接测定。另外,2019 年 7 月用土钻分别采集 0~10cm 的土壤样品,带回实验室。将一部分土壤鲜样过筛(2mm),用于土壤微生物生物量碳(SMBC)的测定。另将一部分样品进行自然风干,并研磨分析理化指标,包括 pH、盐度[以电导率(Ec)表示]、土壤有机碳(SOC)、总碳(TC)、总氮(TN)和可溶性有机碳(DOC)。测定的方法同上。

4.2.3 生物因子测定

土壤微生物生物量碳(SMBC)采用氯仿熏蒸-K_2SO_4 浸提法,并通过总有机碳分析仪(Elementar vario TOC, Elementar 147 Co., 德国)进行测定(Joergensen, 1996)。在每个控制池设置一个 1m×1m 的植物样方(图 4.2),以观察样方内植物的种类、株数、高度、盖度、频度并做好记录,观测同步于土壤呼吸的测定。在生长季末期,在控制池相应的位置通过收割法获取地上生物量(面积 50cm×50cm),在 65℃烘箱中烘干至少 2d,然后称重以确定地上生物量(AGB)。同时,采用根钻法挖出 0~40cm 的土壤芯(直径 10cm),在 65℃的烘箱中烘干至少 2d,然后称重以确定地下生物量(BGB)。

4.2.4 数据统计与分析

土壤 CO_2 通量和土壤 CH_4 通量及理化性质(土壤含水量、pH、Ec、TN、TC、SOC 和 DOC)数值均为各重复处理的平均值±标准误。采用单因素方差分析和

Tukey HSD 检验不同地下水位处理下各指标的差异性，分析了主要因素土壤深度和地下水位及其相互作用对土壤理化性质的影响。利用皮尔逊相关系数分析了土壤 CO_2 通量和土壤 CH_4 通量与土壤理化性质之间的关系（在 $P<0.05$ 的水平上差异显著）。文中的图在 Origin 2017 中绘制完成。

由于土壤微生物的分解，土壤 CO_2 通量与 DOC 浓度显著相关，因此我们估算了土壤不同深度的 DOC 浓度对土壤碳排放速率的相对贡献率：

$$\frac{\text{DOC of specific depth}(不同土层\text{DOC}浓度)}{\text{total DOC}(\text{DOC}_{0\sim10cm}+\text{DOC}_{10\sim20cm}+\text{DOC}_{20\sim30cm}+\text{DOC}_{30\sim40cm})(剖面\text{DOC}浓度)}$$

另外，我们通常将 CO_2 作为估算 GWP 的参考气体，用于计算 CH_4 的 GWP 的常数为 34（基于 100 年的时间范围）（IPCC，2013）。因此，GWP 的计算公式为

$$\text{GWP} = 累积CO_2通量 \times 1 + 累积CH_4通量 \times 34$$

根据指数函数模型计算土壤 CO_2 排放通量和生态系统呼吸（R_{eco}）的温度敏感性指数（Q_{10}），有

$$F = ae^{bt}$$

式中，F 是土壤 CO_2 排放量或生态系统呼吸 [$\mu mol/(m^2 \cdot s)$]；t 是土壤温度；a 和 b 是回归系数（b 也称为温度反应系数）。则 Q_{10} 计算如下：

$$Q_{10} = e^{10b}$$

所有统计分析用 SPSS 统计软件（SPSS 21.0, SPSS Ins., 美国芝加哥）完成，置信度为 95%，显著性水平 $\alpha = 0.05$。文中的图在 Origin 2017 中绘制完成。

4.3 地下水位对非生物因子的影响

在室内无植物参与的地下水位控制试验中，地下水位显著改变了土壤理化性质（TN 除外），并且除了 SOC 和 DOC，地下水位和土壤深度交互作用显著影响了土壤理化性质（表 4.1）。在 0~10cm 和 10~20cm 土层，0cm 和 -10cm 地下水位下土壤含水量明显更高（$P<0.05$），但在 30cm 土层以下的不同地下水位处理之间，均未观察到土壤含水量的显著差异（图 4.3a）。在 0~10cm 土层，0cm 地下水位的 pH 显著高于其他地下水位（$P<0.01$）。在整个土壤剖面中，0cm 地下水位的 pH 相当稳定，而从 -10cm 到 -40cm 地下水位的 pH 随着土壤深度的增加而增加（图 4.3b）。在 0~10cm 土层，0cm 地下水位的 Ec 显著低于其他水位处理（$P<0.001$）；在 10~20cm 土层，不同处理之间 Ec 差异不显著；在 20~30cm 和 30~40c 土层，0cm 地下水位的 Ec 显著高于其他处理，从 -10cm 至 -40cm 地下水位的 Ec 随着土壤深度的增加而降低（图 4.3c）。地下水位处理显著改变了 0~10cm 土层的 SOC 浓度（$P<0.05$），而在 10cm 以下土层的不同地下水位中，SOC 浓度相近，范围为 0.90~5.64g/kg（图 4.3d）。在 0~10cm 和 10~20cm 土层，所有地

下水位处理之间的 TC 浓度均存在显著差异（$P<0.05$）；在 0～10cm 土层，0cm 和 –10cm 地下水位处理的 TC 浓度显著高于其他处理（图 4.3e）。总体而言，TC 浓度范围为 10.70～18.56g/kg（图 4.3e）。同一土层不同处理之间的 TN 浓度没有显著差异，但其随土壤深度的增加而降低，范围为 0.14～0.79g/kg（图 4.3f）。在 0～10cm 土层，–30cm 和–40cm 地下水位的 DOC 浓度显著高于其他地下水位（$P<0.01$），但 10cm 土层以下的任何水位处理之间未观察到 DOC 浓度的显著差异（图 4.3g）。总体上，DOC 浓度随土壤深度的增加而显著降低，范围为 9.16～27.46mg/kg（图 4.3g）。在 0～10cm 土层，–30cm 和–40cm 地下水位土壤中的 SMBC 浓度显著高于其他处理（$P<0.05$）。随着土壤深度的增加，SMBC 浓度降低，并且在 0～10cm 土层以下的所有处理中，SMBC 浓度相近（图 4.3h）。

表 4.1 室内地下水位（W）和土壤深度（D）对土壤理化性质的影响

	土壤含水量	pH	Ec	SOC	TC	TN	DOC	SMBC
W	15.84***	44.22***	139.86***	213.55***	374.86***	1.49	140.19***	335.61***
D	9.73***	1.12	1.29	0.92	1.67	163.97***	6.42***	3.64*
$W×D$	3.26**	4.14**	9.69***	1.09	3.64**	2.14*	1.57	2.47*

***表示 $P<0.001$；**表示 $P<0.01$；*表示 $P<0.05$

在野外原位地下水位控制试验中，不同地下水位的土壤温度呈现明显的季节性变化，峰值出现在 7 月下旬，最低温度出现在 11 月初（图 4.4a）。由图 4.5a 可知，–20cm、–60cm 和–100cm 地下水位的平均土壤温度分别为（21.9±0.2）℃、（20.7±0.1）℃和（20.4±0.1）℃。–20cm 地下水位的土壤温度显著高于–60cm 和–100cm 地下水位（$P<0.05$），但是–60cm 和–100cm 地下水位的土壤温度没有显著差异。土壤温度随着地下水位的升高而线性增加（图 4.5b）。这可能是–20cm 地下水位条件下的植被覆盖度要比–60cm 和–100cm 小，太阳辐射较多地照射到土壤表面导致的。土壤温度是植物生长和发育的重要环境因素之一，它的高低影响着植

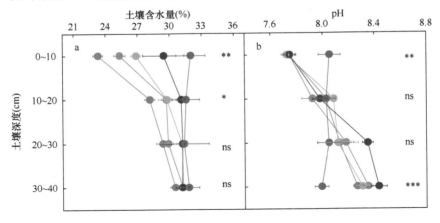

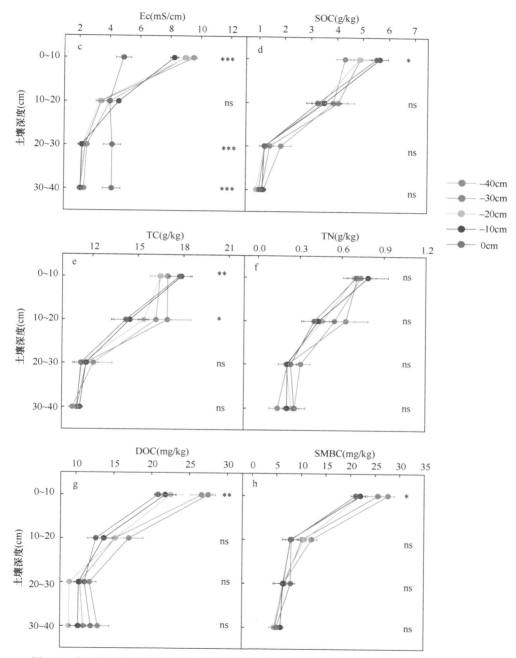

图 4.3 室内不同地下水位条件下不同土壤深度的土壤理化性质（平均值±标准误差）
*** 表示 $P<0.001$；** 表示 $P<0.01$；* 表示 $P<0.05$；ns 表示 $P>0.05$

物根系对水分和矿物营养的吸收、运转及贮存,从而影响植物的生长发育(周刊社等,2015)。土壤含水量在整个观测期较为平稳,但是2019年8月10日左右出现在山东的台风"利奇马"过后土壤含水量明显增加(图4.4b)。–20cm、–60cm和–100cm地下水位的平均土壤含水量分别为 27.72%±1.01%、25.99%±0.70%和24.58%±0.43%。–100cm和–60cm地下水位的土壤含水量显著低于–20cm地下水位($P<0.05$),且–100cm和–60cm地下水位的土壤含水量没有显著差异(图4.5c)。土壤含水量随着地下水位的升高而线性增加(图4.5d)。土壤电导率可以代表土壤盐度。随着温度的升高土壤盐度逐渐升高,但台风"利奇马"导致试验平台淹水,使得土壤盐度急剧下降,随后土壤盐度随着水分蒸发逐渐升高(图4.4c)。在观测

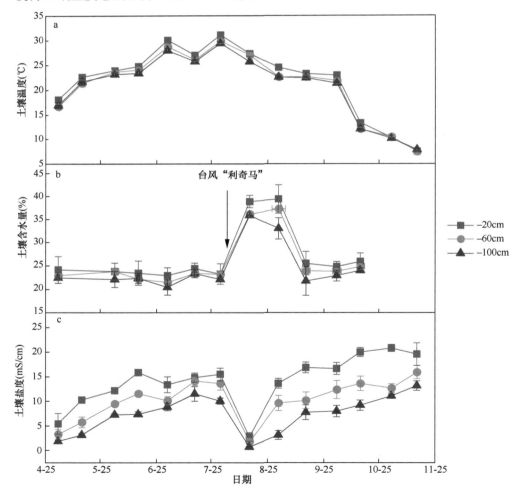

图4.4 野外不同地下水位土壤温度(a)、土壤含水量(b)和土壤盐度(c)的季节动态变化

期间，–20cm、–60cm 和–100cm 地下水位的平均土壤盐度分别为 14.11mS/cm、10.26mS/cm 和 7.32mS/cm。不同的地下水位处理显著影响了土壤盐度（$P<0.05$），–20cm 地下水位的土壤盐度显著高于–60cm 和–100cm 地下水位（图 4.5e）。另外，土壤盐度随着地下水位的升高而线性增加（图 4.5f）。地下水位对表层（0～10cm）土壤的 pH 和总氮均无显著影响（图 4.6a～d）。地下水位显著改变了总碳（TC）和土壤有机碳（SOC），–100cm 地下水位的 TC 和 SOC 浓度显著高于–20cm 地下水位，且 TC 和 SOC 浓度随着水位的升高而降低（图 4.6f、h）。地下水位显著改变了 10cm 土层的可溶性有机碳（DOC），随着地下水位的升高，DOC 浓度显著降低（图 4.7），但 30cm 和 50cm 土层不同地下水位的 DOC 浓度没有显著差异。另外，DOC 浓度随着土壤深度的增大而减小。

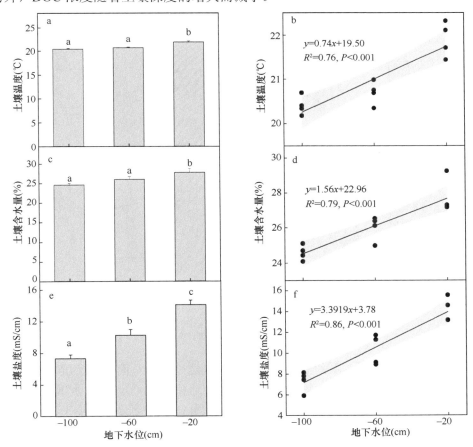

图 4.5　野外不同地下水位对土壤温度（a、b）、土壤含水量（c、d）和土壤盐度（e、f）的影响

柱状图上不同小写字母表示所有处理在 $P<0.05$ 水平差异显著

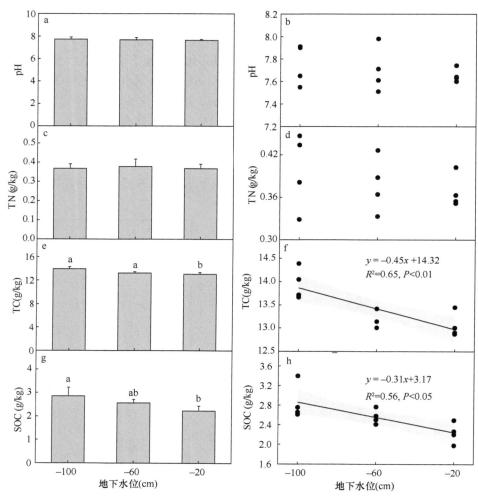

图 4.6 野外不同地下水位对 pH（a、b）、总氮（c、d）、总碳（e、f）和土壤有机碳（g、h）的影响

柱状图上不同小写字母表示所有处理在 $P<0.05$ 水平差异显著

地下水埋深直接关系到土壤毛细水能否到达地表，从而导致土壤积盐，也在一定程度上决定着土壤积盐的程度（宋长春和邓伟，2000）。在室内试验中，0cm 地下水位中土壤处于饱和状态，稀释了土壤盐分，使得盐分含量小于其他处理，而野外试验中，–20cm 地下水位埋深最浅，随着土壤水分蒸发，盐分通过毛管水上升到地表，使盐分表聚，造成盐胁迫（Han et al., 2018）。金晓媚等（2009）研究了银川平原盐分与地下水位埋深的关系，得出二者的关系曲线呈现单峰特征，当地下水位埋深在 1.5m 时，土壤盐分达到最大值。麦麦提吐尔逊·艾则孜等（2012）

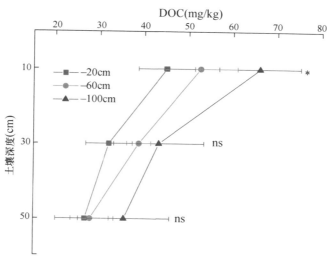

图 4.7 野外不同地下水位对可溶性有机碳的影响

对新疆伊犁河流域的研究发现，土壤盐分表聚性强烈，盐分随着地下水位埋深的增加呈对数增加。由此可见，土壤盐分与地下水位的关系可能因为地形和气候等原因存在差异性。另外，SOC 和 TC 在两个试验中表现出不一样的结果，主要的差异是有无植物的参与。无植物参与时，地下水位升高抑制了土壤微生物活性，降低了有机碳的分解速率，导致有机碳的积累。有植物参与时，地下水位升高导致土壤盐分增加，降低了植物生产力，减少了光合产物，因此输入土壤中的碳变少；而-100cm 地下水位植物生产力更高，使得植物光合碳更多地分配到地下土壤中，这提高了 SOC 的浓度，增加了土壤肥力。特别是土壤表层因富集了较多的生物量和植物根系，促进了有机碳的逐渐积累（Megonigal et al., 2004）。因此，-100cm 地下水位的 TC 和 SOC 浓度更高。

湿地中的水文条件特别是地下水位对可溶性有机碳（DOC）有很大的影响（Strack et al., 2008, 2019）。无论有无植物参与，地下水位升高对土壤 DOC 的影响都是一致的，即地下水位较低时 DOC 浓度显著升高，这与以前的研究一致（Frank et al., 2014；Strack et al., 2019）。一方面，较低的地下水位下土壤富含 O_2，而富含 O_2 的土壤层可促进有机碳分解，从而增加 DOC 浓度（Liu et al., 2016a；Strack et al., 2019）。另一方面，DOC 是 SOC 中比较活跃的组分，主要来源于凋落物、植物残体和有机质的微生物分解。因此，-100cm 地下水位条件下的植物生物量较高，促进了土壤 DOC 的产生。另外，先前的研究与我们的结论相反。例如，低地下水位下由于 SO_4^{2-} 含量和土壤酸度升高，因而 DOC 浓度降低（Tang et al., 2013）。在泥炭沼泽地中，-30cm 地下水位的 DOC 浓度是-50cm 地下水位的 1.2 倍（Matysek et al., 2019）。在若尔盖泥炭地中，地下水位从-50cm 到 0cm，DOC

浓度无显著差异，这是由于地下水位变化不会改变 CO_2 排放（Yang et al., 2017b）。然而，高水位（厌氧条件）阻碍了土壤与大气之间的气体交换，并限制了土壤中 O_2 的扩散，导致有机物矿化作用和 DOC 生产受到受限（Jimenez et al., 2012；Yang et al., 2014）。另外，土壤 DOC 浓度随着土壤深度的增加而逐渐降低，这主要是因为表层土壤碳源更多，土壤微生物能分解更多的土壤碳源。尽管土壤微生物生物量碳（SMBC）占 SOC 的不到 4%，但占微生物干物质的 40%~45%，是反映土壤微生物生物量程度的重要指标之一（李荣和宋维峰，2020）。本研究中，土壤微生物生物量碳（SMBC）随着地下水位的升高而降低（图 4.3h），这主要是因为地下水位升高使得土壤处于厌氧条件，限制了土壤微生物的呼吸和活性（Yang et al., 2014），这与万忠梅（2013）对东北小叶章湿地的研究结果一致，说明地下水位对微生物具有显著影响。

4.4 地下水位对生物因子的影响

地下水位显著改变植物的盖度，随着水位的升高植物盖度显著降低，–100cm 和–60cm 地下水位的植物盖度显著高于–20cm 地下水位，但–100cm 和–60cm 地下水位的植物盖度没有显著差异（图 4.8a、b，图 4.9）。随着水位的升高，物种丰富度显著降低，–100cm 和–60cm 地下水位的物种丰富度显著高于–20cm 地下水位，但–100cm 和–60cm 地下水位的物种丰富度没有显著差异（图 4.8c、d）。–100cm 和–60cm 地下水位的物种有碱蓬、芦苇、苣荬菜、鹅绒藤和碱菀，–20cm 只有芦苇和碱蓬。地上生物量随着水位的升高而显著降低，–100cm 地下水位的地上生物量显著高于–20cm 地下水位（图 4.8e、f）。然而，不同地下水位的地下生物量没有显著差异（图 4.8g、h）。另外，土壤盐度升高显著降低了植物盖度和物种丰富度（图 4.10）。

水文过程控制着湿地生态系统演替发育，对植被群落的分布和生长能够产生深刻而显著的影响（Webb and Leake，2006）。湿地植被对水文过程的响应主要体现在物种数、丰富度及生物量等方面。由于滨海湿地海拔低且靠近海洋，地下水位较浅（Hoover et al., 2016），因此水文状况不仅同时受到淡水和海水的影响，还受到地下水和地表水的影响，而黄河三角洲非潮汐湿地（潮上带）水文过程主要受地下水和降雨的显著影响（Han et al., 2015）。本研究中，地下水位上升显著降低了滨海湿地植被的盖度、物种丰富度和地上生物量，但是对地下生物量没有显著影响，这可能是土壤盐度升高抑制了盖度、物种丰富度和地上生物量。盐分通过渗透胁迫和离子毒性影响主要的植物过程（Yadav et al., 2011），包括光合作用、细胞代谢和植物营养。在正常条件下，植物具有比土壤更高的水压，因此它们能够吸收水和必需的矿物质，当发生盐胁迫时，土壤溶液的渗透压大于植物细胞中的渗透压，因此植物无法获得足够的水和矿物质（Kader and Lindberg，2010）。

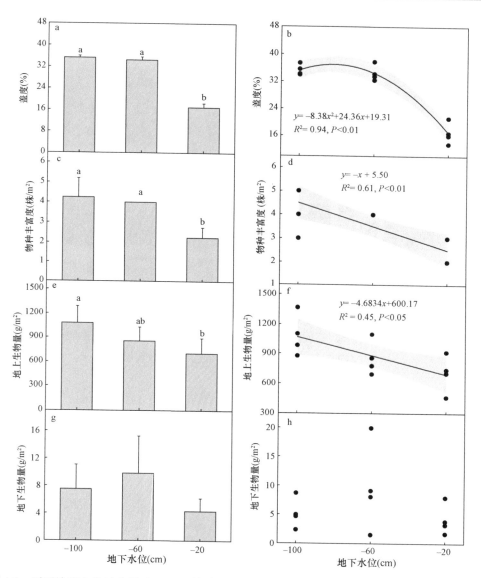

图 4.8 不同地下水位对盖度（a、b）、物种丰富度（c、d）、地上生物量（e、f）和地下生物量（g、h）的影响

柱状图上不同小写字母表示所有处理在 $P<0.05$ 水平差异显著

孔关闭会导致碳固定和活性氧（ROS）减少，ROS 通过破坏脂质、蛋白质和核酸气来破坏细胞过程（Parida and Das，2005）。此外，当盐分在细胞内部失衡并抑制细胞代谢和过程时，就会发生离子毒性。例如，当 Na^+ 浓度超出植物吸收的阈值范围时就会抑制植物的生长和发育（Zhang et al.，2013，2015）。过量的 Na^+ 会抑

制植物对 K^+ 等生长必需元素的吸收（Zhu and Bañuelos，2016）。因此，地下水位上升导致土壤盐度显著升高，进一步限制了植物的生长和生产。

图 4.9　野外原位不同地下水位小区植被现场图

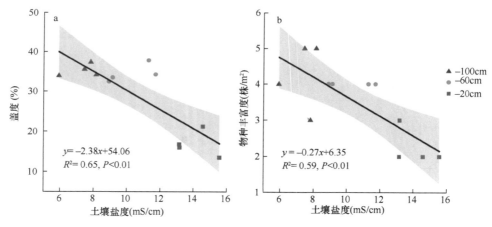

图 4.10　土壤盐度对植物盖度（a）和物种丰富度（b）的影响

4.5　地下水位对土壤 CH_4 和 CO_2 排放的影响

室内地下水位控制试验中土壤 CH_4 和 CO_2 的排放表现出相当大的波动（图 4.11a、b）。总体上，-20cm、-30cm 和-40cm 地下水位的土壤 CH_4 排放量在最初的 15d 逐渐增加，在 60d 后达到峰值［分别为（0.22±0.06）nmol/(m^2·s）、

（0.27±0.05）nmol/(m^2·s)和（0.18±0.03）nmol/(m^2·s)]，随后逐渐减少（图4.11a）。0cm和−10cm地下水位的土壤CH_4排放量在前60d呈上升趋势，分别在110d[（0.37±0.03）nmol/(m^2·s)]和90d[（0.31±0.08）nmol/(m^2·s)]达到峰值（图4.11a）。初期0cm和−10cm、−20cm、−30cm、−40cm地下水位的土壤CO_2排放量迅速增加，在10d达到峰值，分别为（0.29±0.03）μmol/(m^2·s)、（0.41±0.03）μmol/(m^2·s)、（0.53±0.04）μmol/(m^2·s)、（0.60±0.03）μmol/(m^2·s)和（0.63±0.08）μmol/(m^2·s)，然后随着时间的增加排放量逐渐减少（图4.11b）。不同地下水位的CH_4累积排放量均以恒定速率稳定增加（图4.11c）。在−40cm和0cm地下水位，平均CH_4排放量通常分别为最低和最高，分别为（0.07±0.01）nmol/(m^2·s)和（0.22±0.01）nmol/(m^2·s)（图4.12a）。0cm和−10cm地下水位的土壤CH_4排放量显著大于−20cm、−30cm和−40cm地下水位（$P<0.05$），并且0cm和−10cm地下水位的土壤CH_4排放量没有显著差异（图4.12a）。此外，土壤CH_4排放量随地下水位的升高呈指数增长（图4.12b）。土壤CO_2累积排放量以恒定速率增加（图4.11d）。地下水位在0cm时土壤CO_2排放量显著小于−20cm、−30cm和−40cm地下水位（$P<0.05$），但在−20cm、−30cm和−40cm地下水位未观察到显著差异，同时0cm和−10cm地下水位也没有显著差异（图4.12c）。土壤CO_2排放量随着地下水位的升高而线性下降（图4.12d）。此外，CH_4和CO_2的全球增温潜势随地下水位的升高而降低，平均GWP在0cm

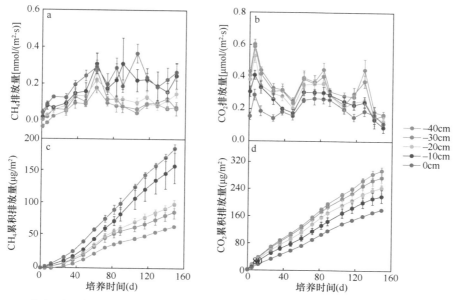

图4.11 室内不同地下水位条件下土壤CH_4、CO_2排放（a、b）及土壤CH_4和CO_2累积排放（c、d）的动态变化（平均值±标准误差）

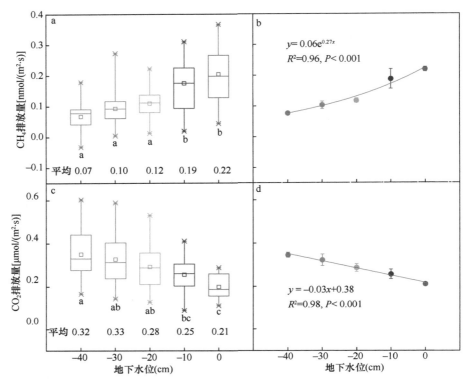

图 4.12 室内不同地下水位对土壤 CH_4 和 CO_2 排放的影响（平均值±标准误差）
不同字母表示差异显著（$P<0.05$）

[（186.19±3.03）mg CO_2-eq/m^2] 最低，–40cm 最高[（298.36±10.17）mg CO_2-eq/m^2]（图 4.13），这意味着地下水位升高有利于减缓 CH_4 和 CO_2 的全球增温潜势。此外，与其他土层相比，0～10cm 土层的 DOC 对碳排放的相对贡献率最高，同时–30cm 和–40cm 地下水位的 DOC 相对贡献率高于其他处理（图 4.14）。另外，土壤 CH_4 累积排放量与土壤表层含水量、土壤有机碳（SOC）和总碳（TC）呈现显著的正相关关系（$P<0.05$），与土壤盐度（Ec）呈现显著的负相关关系（$P<0.05$）。土壤 CO_2 累积排放量与表层土壤盐度、DOC 和土壤微生物生物量碳（SMBC）呈现显著的正相关性关系（$P<0.05$），而与土壤含水量和 pH 呈现显著的负相关关系（$P<0.05$）（图 4.15）。

野外地下水位试验中，–20cm 地下水位的土壤 CH_4 通量呈现明显的季节变化，峰值出现在 7 月中旬[（0.22±0.04）nmol/(m^2·s)]，随后迅速下降，8 月底以后在（0.05±0.01）nmol/(m^2·s)上下波动。–60cm 和–100cm 地下水位的土壤 CH_4 通量波动较小，没有明显的季节变化，最大值分别为（0.14±0.04）nmol/(m^2·s)和（0.07±0.02）nmol/

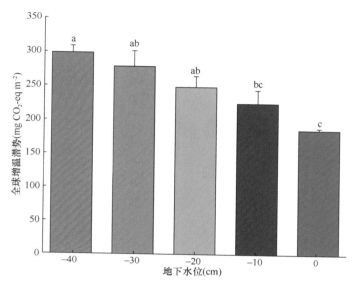

图4.13 室内不同地下水位条件下的全球增温潜势（平均值±标准误差）

不同字母表示差异显著（$P<0.05$）

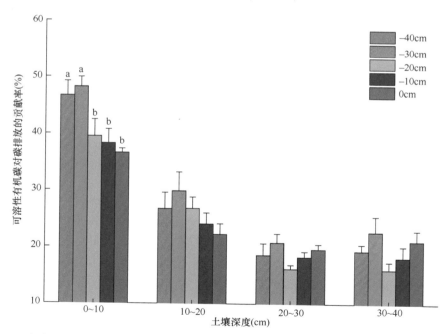

图4.14 室内不同地下水位条件下不同土层可溶性有机碳（DOC）对碳排放的贡献率（平均值±标准误差）

不同字母表示差异显著（$P<0.05$）

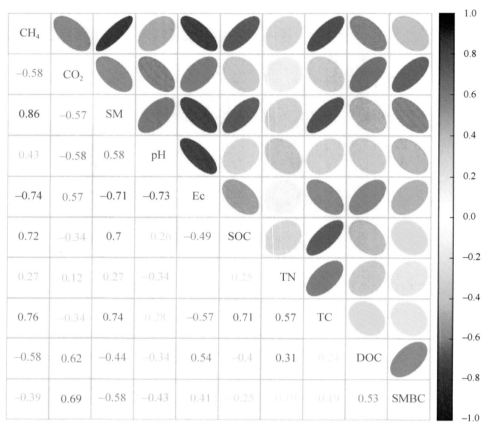

图 4.15 室内地下水位试验表层（0~10cm）土壤 CH_4 累积排放（CH_4）和 CO_2 累积排放（CO_2）与土壤含水量（SM）、pH、土壤盐度（Ec）、土壤有机碳（SOC）、总碳（TC）、总氮（TN）、可溶性有机碳（DOC）和土壤微生物生物量碳（SMBC）的相关性矩阵图

($m^2 \cdot s$)（图 4.16a）。由图 4.17a 可知，在观测期间–20cm、–60cm 和–100cm 地下水位的平均土壤 CH_4 通量分别为（0.11±0.01）nmol/($m^2 \cdot s$)、（0.09±0.01）nmol/($m^2 \cdot s$)和（0.05±0.01）nmol/($m^2 \cdot s$)。–100cm 地下水位的土壤 CH_4 通量显著低于–20cm 和–60cm 地下水位。如图 4.17b 所示，土壤 CH_4 通量随着地下水位的升高呈线性增加（$P<0.001$）。–60cm 和–100cm 地下水位的土壤 CO_2 通量呈现明显的季节变化，峰值出现在 7 月初，分别达到了（3.04±0.42）μmol/($m^2 \cdot s$)和（3.47±0.29）μmol/($m^2 \cdot s$)，随着温度的下降，土壤 CO_2 通量逐渐下降，最低值分别为（0.22±0.07）μmol/($m^2 \cdot s$)和（0.35±0.05）μmol/($m^2 \cdot s$)（图 4.16b）。–20cm 地下水位的 CO_2 通量季节变化不明显，整个观测期均在 1μmol/($m^2 \cdot s$)以下，最大值和最小值分别为（0.64±0.11）μmol/($m^2 \cdot s$)和（0.04±0.01）μmol/($m^2 \cdot s$)。在观测期间，–20cm、–60cm 和–100cm 地下水位的平均土壤 CO_2 通量分别为（0.36±0.02）μmol/($m^2 \cdot s$)、（1.45±0.11）μmol/

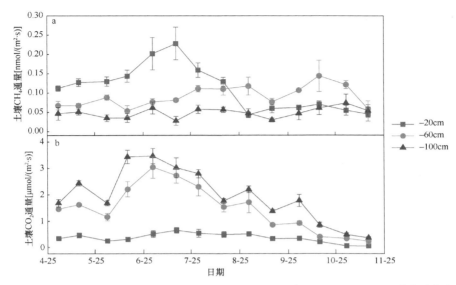

图 4.16 野外原位不同地下水位土壤 CH_4 通量（a）和土壤 CO_2 通量（b）的季节动态变化
（平均值±标准误差）

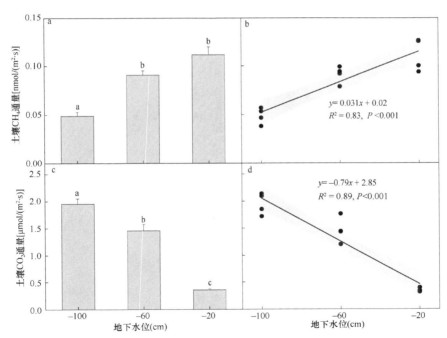

图 4.17 野外原位不同地下水位对土壤 CH_4 通量（a、b）和土壤 CO_2 通量（c、d）的影响
（平均值±标准误差）
不同字母表示差异显著（$P<0.05$）

(m²·s)和（1.95±0.10）μmol/(m²·s)（图 4.17c）。$-100cm$ 地下水位的土壤 CO_2 通量显著高于$-20cm$ 和$-60cm$ 地下水位。如图 4.17d 所示，土壤 CO_2 通量随着地下水位的升高显著降低（$P<0.001$）。另外，土壤 CH_4 通量与土壤含水量和土壤盐度呈现显著正相关关系（图 4.18a、e），土壤 CO_2 通量与土壤含水量和土壤盐度呈现显

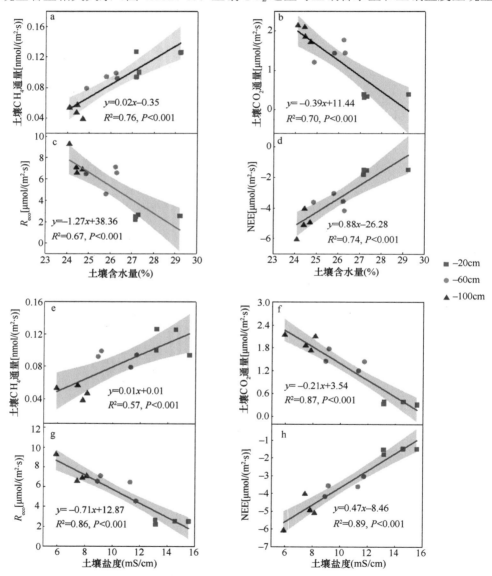

图 4.18 野外原位不同地下水位条件下土壤含水量（a～d）和土壤盐度（e～h）对土壤 CH_4 通量（a、e）、土壤 CO_2 通量（b、f）、生态系统呼吸（c、g）和净生态系统 CO_2 交换（d、h）的影响

著负相关关系（图 4.18b、f）。

无论是室内还是野外试验，地下水位都显著改变了土壤 CH_4 排放。土壤 CH_4 排放量随地下水位的升高而增加，这与先前在泥炭地（Chimner and Cooper, 2003; Turetsky et al., 2008; Tiiva et al., 2009; Berglund Ö and Berglund K, 2011; Ishikura et al., 2017; Yang et al., 2014; Cao et al., 2017; Wang et al., 2017a）、中国辽河三角洲滨海湿地（Olsson et al., 2015）及日本盐沼湿地（Yamochi et al., 2017）的研究结果相同。一方面，地下水位升高引起土壤饱和，使得土壤中的 O_2 可利用性降低，这有利于产甲烷菌的厌氧分解，从而促进 CH_4 的产生（Yang et al., 2013）。另一方面，在地下水位低的情况下，O_2 可利用性升高，这有利于土壤 CH_4 的氧化（Lombardi et al., 1997; Strack et al., 2004）。相反，地下水位升高显著降低了土壤 CO_2 排放量，这与室内试验（Jungkunst et al., 2008; Kane et al., 2013; Yang et al., 2013, 2017b; Matysek et al., 2019）和野外试验（Furukawa et al., 2005; Miao et al., 2013; Yamochi et al., 2017; Cao et al., 2017; Hoyos-Santillan et al., 2019）的研究结果是一致的。滨海湿地濒临海洋，地下水位较浅，因此，与内陆旱地沙漠相比，土壤含水量较高，导致土壤 CO_2 排放量降低。一方面，土壤中的水解酶有助于有机物分解，但是水解酶的活性会被酚类化合物抑制。在地下水位下降的情况下，酚氧化酶活性较高，可降低酚类化合物的浓度，从而增加土壤中的 CO_2 排放（Freeman et al., 2001, 2004）。Luo 和 Gu（2015）也指出，红树林湿地具有较高的土壤有机碳，可能是由于酚氧化酶活性较低。另一方面，地下水位下降也会增强土壤微生物活动，这些微生物会消耗不稳定的有机碳，直接导致 CO_2 排放增多（Chimner and Cooper, 2003）。此外，高水位下的缺氧条件会导致有毒副产物（如 HS^-）限制微生物的生长和活动（Marton et al., 2012），进而减少 CO_2 排放。然而，在泥炭沼泽研究中发现，当地下水位从 $-10cm$ 下降到 $-50cm$ 时，土壤呼吸并没有显著增强，这可能是由于土壤微生物利用的碳源较少（Muhr et al., 2011; Knorr et al., 2009）。也有其他研究表明，地下水位的改变对 CO_2 排放的影响并不显著（Watanabe et al., 2009; Yang et al., 2017b; Parmentier et al., 2009）。本研究中，土壤 CH_4 通量和土壤 CO_2 通量与地下水位的关系可以用线性或者指数关系来表示（图 4.12，图 4.17），这与先前的研究一致（Yang et al., 2013; Chimner and Cooper, 2003; Jungkunst et al., 2008; Strachan et al., 2016; Yang et al., 2013, 2014），类似地，也可以用二次函数（Jungkunst et al., 2008）、对数函数（Watanabe et al., 2009; Moore and Dalva, 1993）来描述其相关关系。

土壤温度是影响滨海湿地土壤 CO_2 通量和生态系统呼吸变化的重要环境因素之一（Miao et al., 2013; Chen et al., 2015; Han et al., 2018; 孙宝玉等, 2016）。而土壤温度只与 $-20cm$ 地下水位的土壤 CH_4 通量呈现显著的指数关系，与其他处理的相关关系不显著（图 4.19a）。$-20cm$、$-60cm$ 和 $-100cm$ 地下水位的土壤 CO_2

通量的 Q_{10} 值分别为 2.72、3.00 和 2.97，地下水位上升导致土壤 CO_2 通量的温度敏感性降低，这与胡保安等（2016）关于水位对天山中部巴音布鲁克天鹅湖高寒湿地土壤呼吸的影响的研究结果一致，即土壤呼吸的 Q_{10} 值随着地下水位的升高而降低。另外，汪浩等（2014）也发现青藏高原海北高寒湿地土壤呼吸的 Q_{10} 值随着地下水位的升高而降低。相反，在崇明东滩围垦区滩涂湿地，土壤呼吸的 Q_{10} 值随着地下水位的升高而增大（仲启铖等，2013）。Mäkiranta 等（2009）在芬兰泥炭地的研究表明，土壤呼吸的 Q_{10} 值随水位的升高而增加，这可能与土壤微生物群落结构组成相关联。在野外地下水位试验研究中，土壤呼吸温度敏感性随着地下水位的升高而降低可能有以下几个方面的原因。首先，地下水位上升导致表层土壤盐度升高，抑制了土壤微生物的活性且降低了数量，进而降低了土壤呼吸的 Q_{10} 值（Chambers et al.，2013；孙宝玉等，2016）。其次，相比于-60cm 和-100cm 地下水位，-20cm 地下水位的地上生物量和地下生物量均较低，这就意味着-20cm 地下水位条件下输入土壤中的碳变少（Megonigal et al.，2004），导致土壤微生物可利用的有机碳减少，因而土壤呼吸的 Q_{10} 值降低（黄锦学等，2017）。再次，先前的研究表明土壤底物浓度大小会改变土壤呼吸的 Q_{10} 值（Wetterstedt et al.，2010）。Fissore 等的（2013）研究发现，与不添加底物的 Q_{10} 值（1.4）相比，添

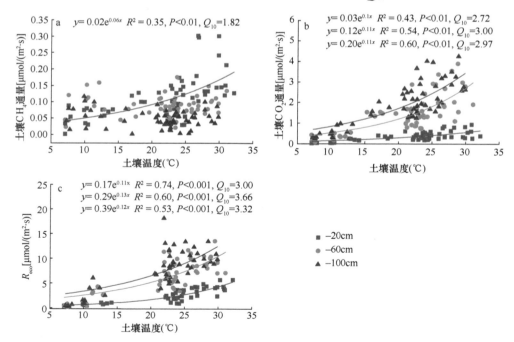

图 4.19 不同地下水位土壤 CH_4 通量（a）、土壤 CO_2 通量（b）和生态系统呼吸（c）与土壤温度的指数关系及 Q_{10} 值

加底物葡萄糖时土壤有机碳的 Q_{10} 值显著增加（2.5）。本研究中，土壤有机碳（SOC）和可溶性有机碳（DOC）在–20cm 地下水位处理中相对较低，因此，易分解有机碳底物浓度减少，影响土壤微生物的活性、结构和数量，因而 Q_{10} 值降低（Davidson and Janssens，2006；Gershenson et al.，2009）。最后，本研究的土壤呼吸包括异养呼吸和自养呼吸，其中自养呼吸主要受根系的影响较大。由于–20cm 地下水位的植物物种简单，只是碱蓬，相比于芦苇发达的地下根系，碱蓬的根系较不发达，因而根系呼吸减弱，最终导致土壤总呼吸 Q_{10} 值下降（郑鹏飞等，2019）。

无论是室内还是野外原位控制试验，土壤 CH_4 通量随着土壤含水量的增加而增加；相反，土壤 CO_2 通量随着土壤含水量的增加而减少，这表明不同地下水位引起的土壤含水量的变化是影响土壤碳通量变化的重要因子。土壤碳通量与水分的关系存在阈值范围，即一定范围内，土壤碳通量随着水分的增加而增加，当超过阈值范围时，土壤碳通量会下降（韩广轩，2017；Moyano et al.，2013；Cao et al.，2017）。本研究与先前的研究结果是一致的，例如，胡保安等（2016）在天山中部巴音布鲁克天鹅湖高寒湿地的研究中发现，土壤 CH_4 通量与土壤含水量呈现显著的正相关关系（胡保安等，2016）；Li 等（2020）在滨海盐沼湿地的研究中发现，土壤 CH_4 通量和土壤 CO_2 通量与土壤含水量分别呈现显著的正和负相关关系。

土壤盐度是滨海湿地中一个重要的环境因素，它会改变微生物过程并改变未来的碳库存（Wilson et al.，2015；Wen et al.，2019）。盐碱化导致土壤中的 Na^+、Cl^- 和 SO_4^{2-} 浓度升高，土壤微生物群落直接或间接地受到这些离子造成的渗透压力的影响，这可能会降低碳循环速率（Setia et al.，2010）。滨海湿地特别是盐沼湿地具有高浓度的 SO_4^{2-}，硫酸盐还原菌与产甲烷菌的竞争抑制了 CH_4 的产生（许鑫王豪等，2015；宫健等，2018；Olsson et al.，2015；Neubaue，2013；Hu et al.，2020）。先前的研究表明，黄河三角洲的土壤硫与盐度有显著关系（Lu et al.，2015）。在 0~30cm 土壤中硫的平均浓度约为 822.43mg/kg，高于全球硫浓度的平均值（于君宝等，2014）。这表明硫含量越高，盐度越高，并最终抑制了 CH_4 的产生（Poffenbarger et al.，2011；Wen et al.，2019）。例如，在沿海盐碱地稻田中，观测到较低的 CH_4 排放量，这主要是由于盐分含量较高（3.96dS/m）抑制了产甲烷菌的活性（Datta et al.，2013）。盐度超过 18ppt 的潮汐沼泽湿地的 CH_4 排放量明显低于淡水、低盐和中盐的沼泽湿地（Poffenbarger et al.，2011）。相反，Weston 等（2011）在美国新泽西州滨海淡水沼泽湿地的研究表明，咸水入侵增加了 CH_4 的排放量。在室内地下水位控制试验中，土壤 CH_4 排放量与土壤盐度呈现显著负相关关系；而在野外原位试验中，土壤 CH_4 排放量与土壤盐度呈现显著正相关关系，土壤 CH_4 排放量对土壤盐度的不同响应可能与地下水位有关。类似地，土壤 CO_2 排放对土壤盐度的响应是矛盾的（Stagg et al.，2017）。例如，高盐条件下的土壤

CO_2 排放量显著高于淡水条件下的排放量，这主要归因于 SO_4^{2-} 作为厌氧微生物呼吸中的末端电子受体的增加（Chambers et al.，2011；Weston et al.，2011）。相反，先前的研究也观察到盐度增加时 CO_2 排放量降低，这是因为与纤维素水解和木质素氧化相关的酶活性降低（Neubauer et al.，2013）及硫酸盐还原减弱（Yang et al.，2018b）。此外，盐度升高对微咸的滨海湿地土壤 CO_2 排放几乎没有影响，这可能是由于盐度升高不会改变微生物过程（Wilson et al.，2018）。在野外原位试验中，土壤 CO_2 排放量与盐度呈显著负相关关系，一方面，盐度升高可能抑制了微生物的活性及酶活性，导致呼吸速率降低（Iwai et al.，2012；Kiehn et al.，2013；Yang et al.，2018b）；另一方面，高盐条件下，植物根系的生长速率降低，进而影响了土壤呼吸。而在室内地下水位控制试验中，土壤 CO_2 排放量与土壤盐度呈显著正相关关系，这可能归因于较高的硫酸盐还原量对微生物呼吸作用和碳矿化贡献的差异（Weston et al.，2006）。也就是说，土壤 CH_4 排放和土壤 CO_2 排放对土壤盐度的响应关系，可能取决于地下水位的变化。在滨海盐沼湿地中，−20cm 地下水位可能是一个阈值，即当地下水位高于−20cm 时，土壤 CH_4 排放或土壤 CO_2 排放分别与盐度呈负或正相关关系，当地下水位低于−20cm 时，土壤 CH_4 排放或土壤 CO_2 排放分别与盐度呈正或负相关关系。因此，在未来评估滨海湿地碳循环时，地下水位的变化也是一个重要的因素。本研究区属于黄河三角洲非潮汐湿地，地下潜水普遍埋深较浅，平均深度为 1.14m（Fan et al.，2012），地下水矿化度高（14.3g/L）。在强烈的蒸发作用下，毛细水携带盐分向土壤表层聚集，盐分的升高势必影响土壤微生物结构和植物生长发育，进而改变生态系统碳交换；降雨之后，土壤含水量增加，缓解了盐胁迫，进而影响碳交换，因此土壤盐度和水分共同改变滨海湿地土壤碳交换（孙宝玉等，2016；韩广轩，2017；Zhang et al.，2018）。

4.6 地下水位对生态系统碳交换的影响

在整个观测期，−20cm、−60cm 和−100cm 地下水位的生态系统 CH_4 通量（E-CH_4）呈现明显的季节变化，峰值出现在 8 月，分别为（1.56±0.21）nmol/(m²·s)、（1.32±0.15）nmol/(m²·s)和（0.95±0.23）nmol/(m²·s)，随后逐渐下降，在 11 月下旬达到最小值（图 4.20a）。在观测期间，−20cm、−60cm 和−100cm 地下水位的平均 E-CH_4 分别为（0.89±0.02）nmol/(m²·s)、（0.66±0.02）nmol/(m²·s)和（0.63±0.05）nmol/(m²·s)（图 4.21a）。−20cm 地下水位的 E-CH_4 显著高于−60cm 和−100cm 地下水位（$P<0.05$），而−60cm 和−100cm 地下水位的 E-CH_4 没有显著差异。如图 4.21b 所示，E-CH_4 随着地下水位的升高而增加（$P<0.01$）。−20cm、−60cm 和−100cm 地下水位的生态系统呼吸（R_{eco}）呈现明显的季节变化，−20cm 和−60cm 的峰值均出现在 7

月末,–100cm 的峰值出现在 8 月末,分别为(4.74±0.55)μmol/(m^2·s)、(10.01±1.34)μmol/(m^2·s)和(13.65±1.62)μmol/(m^2·s),随后逐渐下降,在 11 月下旬达到最小值(图 4.20b)。在观测期间,–20cm、–60cm 和–100cm 地下水位的平均 R_{eco} 分别为(2.49±0.09)μmol/(m^2·s)、(6.18±0.55)μmol/(m^2·s)和(7.43±0.61)μmol/(m^2·s)(图 4.21c)。–20cm 地下水位的 R_{eco} 显著低于–60cm 和–100cm 地下水位($P<0.05$),而–60cm 和–100cm 地下水位的 R_{eco} 没有显著差异。如图 4.21d 所示,R_{eco} 随着地下水位的升高而线性减小($P<0.001$)。–20cm、–60cm 和–100cm 地下水位的净生态系统 CO_2 交换(NEE)呈现明显的季节变化,峰值出现在 7 月中旬,分别为(–3.56±0.31)μmol/(m^2·s)、(–8.67±1.43)μmol/(m^2·s)和(–10.70±1.35)μmol/(m^2·s),在 11 月下旬达到最小值(图 4.20c)。在观测期间,–20cm、–60cm 和–100cm 地下水位的平均 NEE 分别为(–1.57±0.07)μmol/(m^2·s)、(–3.59±0.23)μmol/(m^2·s)和(–5.03±0.42)μmol/(m^2·s)(图 4.21e)。–20cm 地下水位的 NEE 显著低于–60cm 和–100cm 地下水位($P<0.05$)。如图 4.21f 所示,地下水位显著影响 NEE,随着地下水位的升高,NEE 显著降低($P<0.001$)。

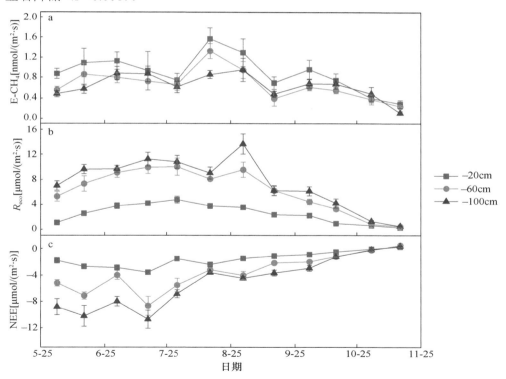

图 4.20 不同地下水位生态系统 CH_4 通量(a)、生态系统呼吸(b)和净生态系统 CO_2 交换(c)的季节动态变化

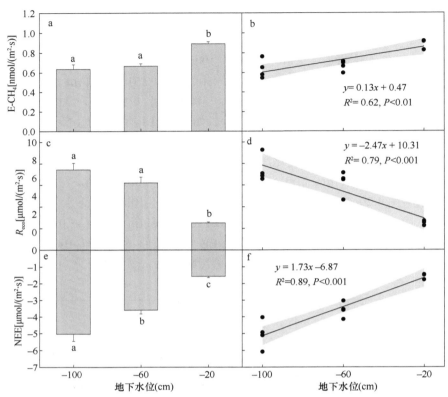

图 4.21 不同地下水位对生态系统 CH_4 通量（a、b）、生态系统呼吸（c、d）和净生态系统 CO_2 交换（e、f）的影响

柱状图上不同小写字母表示所有处理在 $P<0.05$ 水平差异显著

地下水位显著改变了 E-CH_4、R_{eco} 和 NEE，这主要是与植物特征息息相关。在本研究中，随着地下水位的升高，R_{eco} 和 NEE 显著减小，相反，E-CH_4 显著增大。先前的研究也发现了类似的结果。例如，在芬兰的一个泥炭湿地培养试验中，E-CH_4 在 0cm 水位比–20cm 地下水位高约 3 倍，而–20cm 地下水位的 R_{eco} 显著高于 0cm 水位（Tiiva et al.，2009）；在丹麦一个泥炭湿地中，R_{eco} 和 NEE 均随着地下水位的升高而减小，但是 E-CH_4 却显著增大（Karki et al.，2014）；在美国密歇根州泥炭湿地中，当水位下降 15cm 时，R_{eco} 显著增加，但是 NEE 没有显著增加（Ballantyne et al.，2014）；在中国西藏高山湿地中，相比 0cm 水位，地下水位下降 20cm 时 R_{eco} 和总初级生产力显著增加，相反，E-CH_4 增加，而 NEE 没有显著变化（Wang et al.，2017b）；Song 等（2015）在青藏高原泥炭湿地通过涡度相关了一个事实，即地下水位下降会增强 CH_4 氧化，减少产甲烷菌产生的 CH_4；Liu 监测发现 E-CH_4 与水位相关性强烈；Dijkstra 等（2012）在若

尔盖泥炭湿地中，通过"中宇宙"培养试验发现 E-CH_4 随着地下水位的降低呈线性降低，这可能反映等（2015）在对中国东北山区多年冻土区湿地的研究中发现，随着地下水位的升高，R_{eco} 和 E-CH_4 均显著增加，这主要是莎草生物量的增加导致的。

土壤温度是影响湿地生态系统呼吸（R_{eco}）的重要环境因素（Han et al.，2014；初小静等，2016；刘胜和陈宇炜，2017）。不同地下水位的 R_{eco} 与土壤温度呈现显著的指数关系，土壤表层温度能够解释 R_{eco} 变化的 53%~74%（图 4.19c）。先前的研究也表明，滨海湿地 R_{eco} 与土壤温度存在显著的指数关系。例如，Han等（2012）在黄河三角洲芦苇湿地的研究中发现，土壤温度能够解释生态系统呼吸变化的 68%；在黄河三角洲潮上带湿地中，土壤温度能够解释 R_{eco} 变化的 55%（Han et al.，2014）。相比于-20cm 地下水位处理，-60cm 和-100cm 地下水位 R_{eco} 的 Q_{10} 值更高，这意味着-60cm 和-100cm 地下水位相比于-20cm 地下水位对温度的响应更敏感，这可能主要是由于-60cm 和-100cm 地下水位具有更高的生物量。有研究指出，在植物生物量较高的地区，R_{eco} 的 Q_{10} 值更高（Juszczak et al.，2013；McConnell et al.，2013），这与我们的研究结果一致。在阿拉斯加多年冻土区，McConnell 等（2013）发现，R_{eco} 的 Q_{10} 值与地下水位呈显著负相关关系。此外，-20cm 地下水位的土壤盐度显著高于其他处理，可能是由于高盐度对微生物活性具有抑制作用（Chambers et al.，2013），因此，较高的土壤盐度可能导致 R_{eco} 的 Q_{10} 值减小。

R_{eco} 和 NEE 与地上生物量和盖度显著相关，但 R_{eco} 和 NEE 与地下生物量的相关性不显著（图 4.22）。先前的研究也证实了生物量对生态系统碳交换具有显著影响（Lund et al.，2010；Han et al.，2014；Chu et al.，2019）。例如，综合 12 个湿地的生态系统碳交换的数据，Lund 等（2010）发现 NEE 与 LAI（叶面积指数）显著相关；在温带香蒲沼泽湿地，地上生物量与 24h 平均 NEE 显著相关（Bonneville et al.，2008）；在黄河三角洲农业开垦湿地中，地上生物量和 LAI 显著改变了 R_{eco} 和 NEE（Han et al.，2014）。盖度和生物量与生态系统碳交换之间的显著相关关系说明植被特征对生态系统 CO_2 交换非常重要，冠层发育是调节 CO_2 通量的重要生物过程（Lund et al.，2010；Han et al.，2014）。首先，盖度影响植被截获光的量（Goldstein et al.，2000），因此在生态系统尺度上，盖度高可以增强光合 CO_2 吸收能力（Lund et al.，2010）。其次，通过调节底物利用率和凋落物输入量，植物地上生物量很好地代表了自养呼吸和异养呼吸的变化程度（Flanagan and Johnson，2005），因此，地上生物量变化能够显著改变 R_{eco}（Aires et al.，2008）。最后，冠层生物量和结构配置可能通过改变植物盖度来影响 NEE（Cheng et al.，2009）。

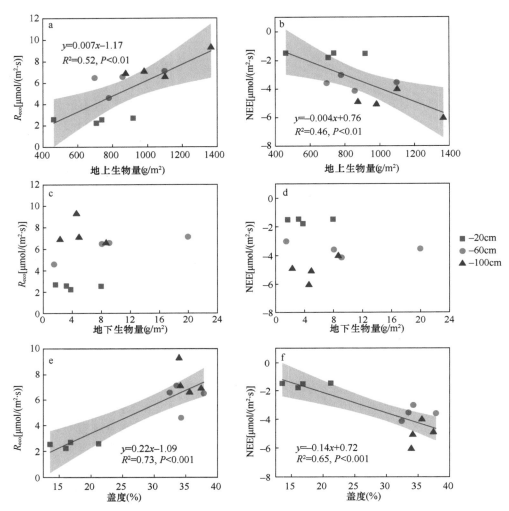

图 4.22 不同地下水位条件下地上生物量（a、b）、地下生物量（c、d）和盖度（e、f）对生态系统呼吸（a、c、e）及净生态系统 CO_2 交换（b、d、f）的影响

参 考 文 献

初小静, 韩广轩, 朱书玉, 等. 2016. 环境和生物因子对黄河三角洲滨海湿地净生态系统 CO_2 交换的影响. 应用生态学报, 27(7): 2091-2100.

宫健, 崔育倩, 谢文霞, 等. 2018. 滨海湿地 CH_4 排放的研究进展. 资源科学, 40(1): 173-184.

韩广轩. 2017. 潮汐作用和干湿交替对盐沼湿地碳交换的影响机制研究进展. 生态学报, 37(24): 8170-8178.

胡保安, 贾宏涛, 朱新萍, 等. 2016. 水位对巴音布鲁克天鹅湖高寒湿地土壤呼吸的影响. 干旱区资源与环境, 30(7): 175-179.

黄锦学, 熊德成, 刘小飞, 等. 2017. 增温对土壤有机碳矿化的影响研究综述. 生态学报, 37(1): 12-24.

金晓媚, 胡光成, 史晓杰. 2009. 银川平原土壤盐渍化与植被发育和地下水埋深关系. 现代地质, 23(1): 23-27.

李荣, 宋维峰. 2020. 哈尼梯田生态系统土壤微生物量碳的影响因素研究. 生态学报, 40(17): 1-10.

刘胜, 陈宇炜. 2017. 退水期鄱阳湖薹草(*Carex cinerascens*)和藜蒿(*Artemisia selengensis*)洲滩湿地 CO_2 通量变化及其影响因子. 湖泊科学, 29(6): 1412-1420.

麦麦提吐尔逊·艾则孜, 海米提·依米提, 祖皮艳木·买买提. 2012. 伊犁河流域土壤盐渍化对地下水特征的响应. 水文, 32(6): 14-20.

宋长春, 邓伟. 2000. 吉林西部地下水特征及其与土壤盐渍化的关系. 地理科学, 20(3): 246-250.

孙宝玉, 韩广轩, 陈亮, 等. 2016. 模拟增温对黄河三角洲滨海湿地非生长季土壤呼吸的影响. 植物生态学报, 40(11): 1111-1123.

万忠梅. 2013. 水位对小叶章湿地 CO_2、CH_4 排放及土壤微生物活性的影响. 生态环境学报, 22(3): 465-468.

汪浩, 于凌飞, 陈立同, 等. 2014. 青藏高原海北高寒湿地土壤呼吸对水位降低和氮添加的响应. 植物生态学报, 38(6): 619-625.

许鑫王豪, 赵一飞, 邹欣庆, 等. 2015. 中国滨海湿地 CH_4 通量研究进展. 自然资源学报, 30(9): 1594-1605.

于君宝, 褚磊, 宁凯, 等. 2014. 黄河三角洲滨海湿地土壤硫含量分布特征. 湿地科学, 12(5): 559-565.

郑鹏飞, 余新晓, 贾国栋, 等. 2019. 北京山区不同植被类型的土壤呼吸特征及其温度敏感性. 应用生态学报, 30(5): 1726-1734.

仲启铖, 关阅章, 刘倩, 等. 2013. 水位调控对崇明东滩围垦区滩涂湿地土壤呼吸的影响. 应用生态学报, 24(8): 2141-2150.

周刊社, 罗骦翱, 杜军, 等. 2015. 西藏高原地温对气温变化的响应. 中国农业气象, 36(2): 129-138.

Aires L M I, Pio C A, Pereira J S. 2008. Carbon dioxide exchange above a Mediterranean C3/C4 grassland during two climatologically contrasting years. Global Change Biology, 14(3): 539-555.

Ballantyne D M, Hribljan J A, Pypker T G, et al. 2014. Long-term water table manipulations alter peatland gaseous carbon fluxes in Northern Michigan. Wetlands Ecology and Management, 22(1): 35-47.

Berglund Ö, Berglund K. 2011. Influence of water table level and soil properties on emissions of greenhouse gases from cultivated peat soil. Soil Biology and Biochemistry, 43(5): 923-931.

Bonneville M C, Strachan I B, Humphreys E R, et al. 2008. Net ecosystem CO_2 exchange in a temperate cattail marsh in relation to biophysical properties. Agricultural and Forest Meteorology, 148(1): 69-81.

Cao R, Xi X Q, Yang Y H S, et al. 2017. The effect of water table decline on soil CO_2, emission of Zoige peatland on eastern tibetan plateau: a four-year in situ, experimental drainage. Applied Soil Ecology, 120: 55-61.

Carretero S C, Kruse E E. 2012. Relationship between precipitation and water-table fluctuation in a coastal dune aquifer: northeastern coast of the Buenos Aires province, Argentina. Hydrogeology Journal, 20: 1613-1621.

Chambers L G, Osborne T Z, Reddy K R. 2013. Effect of salinity-altering pulsing events on soil organic carbon loss along an intertidal wetland gradient: a laboratory experiment. Biogeochemistry, 115(1-3): 363-383.

Chambers L G, Reddy K R, Osborne T Z. 2011. Short-term response of carbon cycling to salinity pulses in a freshwater wetland. Soil Science Society of America Journal, 75(5): 2000-2007.

Chen Y P, Chen G C, Ye Y. 2015. Coastal vegetation invasion increases greenhouse gas emission from wetland soils but also increases soil carbon accumulation. Science of the Total Environment, 526: 19-28.

Cheng X L, Luo Y Q, Su B, et al. 2009. Responses of net ecosystem CO_2 exchange to nitrogen fertilization in experimentally manipulated grassland ecosystems. Agricultural and Forest Meteorology, 149(11): 1956-1963.

Chimner R A, Cooper D J. 2003. Influence of water table levels on CO_2 emissions in a Colorado subalpine fen: an in situ microcosm study. Soil Biology and Biochemistry, 35(3): 345-351.

Chu X J, Han G X, Xing Q H, et al. 2019. Changes in plant biomass induced by soil moisture variability drive interannual variation in the net ecosystem CO_2 exchange over a reclaimed coastal wetland. Agricultural and Forest Meteorology, 264: 138-148.

Cowling S A. 2016. Sea level and ground water table depth (WTD): a biogeochemical pacemaker for glacial-interglacial cycling. Quaternary Science Reviews: The International Multidisciplinary Review Journal, 151: 309-314.

Datta A, Yeluripati J B, Nayak D R, et al. 2013. Seasonal variation of methane flux from coastal saline rice field with the application of different organic manures. Atmospheric Environment, 66: 114-122.

Davidson E A, Janssens I A. 2006. Temperature sensitivity of soil carbon decomposition and feedbacks to climate change. Nature, 440: 165-173.

Dijkstra F A, Prior S A, Runion G B, et al. 2012. Effects of elevated carbon dioxide and increased temperature on methane and nitrous oxide fluxes: evidence from field experiments. Frontiers in Ecology and the Environment, 10(10): 520-527.

Dinsmore K J, Skiba U M, Billett M F, et al. 2009. Effect of water table on greenhouse gas emissions from peatland mesocosms. Plant and Soil, 318: 229-242.

Dlugokencky E, Tans P. 2018. Trends in atmospheric carbon dioxide. National Oceanic & Atmospheric Administration, Earth System Research Laboratory (NOAA/ESRL). http://www.esrl.noaa.gov/gmd/ccgg/trends/history.html.

Fan X, Pedroli B, Liu G. 2012. Soil salinity development in the yellow river delta in relation to groundwater dynamics. Land Degradation and Development, 23(2): 175-189.

Fan Y, Li H, Miguez-Macho G. 2013. Global patterns of groundwater table depth. Science, 339(6122): 940-943.

Fennessy M S. 2014. Wetland ecosystems and global change//Freedman B. Global Environment Change. Netherlands: Springer Press: 255-261.

Fissore C, Giardina C P, Kolka R K. 2013. Reduced substrate supply limits the temperature response of soil organic carbon decomposition. Soil Biology & Biochemistry, 67: 306-311.

Flanagan L B, Johnson B G. 2005. Interacting effects of temperature, soil moisture and plant biomass production on ecosystem respiration in a northern temperate grassland. Agricultural and Forest Meteorology, 130(3-4): 237-253.

Frank S, Tiemeyer B, Gelbrecht J, et al. 2014. High soil solution carbon and nitrogen concentrations in a drained Atlantic bog are reduced to natural levels by 10 years of rewetting. Biogeosciences, 11: 2309-2324.

Freeman C, Ostle N J, Fenner N, et al. 2004. A regulatory role for phenol oxidase during decomposition in peatlands. Soil Biology & Biochemistry, 36(10): 1663-1667.

Freeman C, Ostle N, Kang H. 2001. An enzymic "latch" on a global carbon store. Nature, 409: 149.

Furukawa Y, Inubushi K, Ali M, et al. 2005. Effect of changing groundwater levels caused by land-use changes on greenhouse gas fluxes from tropical peat lands. Nutrient Cycle in Agroecosystems, 71: 81-91.

Gershenson A, Bader N E, Cheng W X. 2009. Effects of substrate availability on the temperature sensitivity of soil organic matter decomposition. Global Change Biology, 15(4): 176-183.

Goldstein A H, Hultman N E, Fracheboud J M, et al. 2000. Effects of climate variability on the carbon dioxide, water, and sensible heat fluxes above a ponderosa pine plantation in the Sierra Nevada (CA). Agricultural and Forest Meteorology, 101(2-3): 113-129.

Han G X, Chu X, Xing Q, et al. 2015. Effects of episodic flooding on the net ecosystem CO_2 exchange of a supratidal wetland in the yellow river delta. Journal of Geophysical Research: Biogeosciences, 120: 1506-1520.

Han G X, Sun B Y, Chu X J, et al. 2018. Precipitation events reduce soil respiration in a coastal wetland based on four-year continuous field measurements. Agricultural and Forest Meteorology, 256-257: 292-303.

Han G X, Xing Q H, Yu J B, et al. 2014. Agricultural reclamation effects on ecosystem CO_2 exchange of a coastal wetland in the Yellow River Delta. Agriculture, Ecosystems and Environment, 196: 187-198.

Han G X, Yang L Q, Yu J B, et al. 2012. Environmental controls on net ecosystem CO_2 exchange over a reed (*Phragmites australis*) wetland in the Yellow River Delta, China. Estuaries and Coasts, 36: 401-413.

Hoover D J, Odigie K O, Swarzenski P W, et al. 2016. Sea-level rise and coastal groundwater inundation and shoaling at select sites in California, USA. Journal of Hydrology: Regional Studies, 11(C): 234-246.

Horn M A, Matthies C, Küsel K, et al. 2003. Hydrogenotrophic methanogenesis by moderately acid-tolerant methanogens of a methane-emitting acidic peat. Applied and Environmental Microbiology, 69(1): 74-83.

Hoyos-Santillan J, Lomax B H, Large D, et al. 2019. Evaluation of vegetation communities, water table, and peat composition as drivers of greenhouse gas emissions in lowland tropical peatlands. Science of the Total Environment, 688: 1193-1204.

Hu M J, Sardans J, Yang X Y, et al. 2020. Patterns and environmental drivers of greenhouse gas fluxes in the coastal wetlands of China: a systematic review and synthesis. Environmental Research, 186: 109576.

IPCC. 2013. Climate Change 2013: The Physical Science Basis. Cambridge: Cambridge University Press.

IPCC. 2014. Climate change 2014: synthesis report contribution of working groups I, II and III to the fifth assessment report of the intergovernmental panel on climate change. Switzerland: IPCC.

Ishikura K, Yamada H, Toma Y, et al. 2017. Effect of groundwater level fluctuation on soil respiration rate of tropical peatland in Central Kalimantan, Indonesia. Soil Science & Plant Nutrition, 63(1): 1-13.

Iwai C B, Oo A N, Topark-ngarm B. 2012. Soil property and microbial activity in natural salt affected soils in an alternating wet-dry tropical climate. Geoderma, 189: 144-152.

Jimenez K L, Starr G, Staudhammer C L, et al. 2012. Carbon dioxide exchange rates from short-and long-hydroperiod Everglades freshwater marsh. Journal of Geophysical Research: Biogeosciences, 117(G4): 12751.

Joergensen R G. 1996. The fumigation-extraction method to estimate soil microbial biomass: calibration of the k_{EC} value. Soil Biology & Biochemistry, 28(1): 25-31.

Jungkunst H F, Fiedler S. 2008. Latitudinal differentiated water table control of carbon dioxide, methane and nitrous oxide fluxes from hydromorphic soils: feedbacks to climate change. Global Change Biology, 13(12): 2668-2683.

Juszczak R, Humphreys E, Acosta M, et al. 2013. Ecosystem respiration in a heterogeneous temperate peatland and its sensitivity to peat temperature and water table depth. Plant and Soil, 366: 505-520.

Kader M A, Lindberg S. 2010. Cytosolic calcium and pH signaling in plants under salinity stress. Plant Signaling and Behavior, 5(3): 233-238.

Kane E S, Chivers M R, Turetsky M R, et al. 2013. Response of anaerobic carbon cycling to water table manipulation in an Alaskan rich fen. Soil Biology & Biochemistry, 58: 50-60.

Karki S, Elsgaard L, Audet J, et al. 2014. Mitigation of greenhouse gas emissions from reed canary grass in paludiculture: effect of groundwater level. Plant and Soil, 383(1-2): 217-230.

Kiehn W M, Mendelssohn I A, White J R. 2013. Biogeochemical recovery of oligohaline wetland soils experiencing a salinity pulse. Soil Science Society of America Journal, 77(6): 2205-2215.

Kirwan M L, Megonigal J P. 2013. Tidal wetland stability in the face of human impacts and sea-level rise. Nature, 504(7478): 53-60.

Knorr K H, Lischeid G, Blodau C. 2009. Dynamics of redox processes in a minerotrophic fen exposed to a water table manipulation. Geoderma, 153: 379-392.

Koh H S, Ochs C A, Yu K W, 2009. Hydrologic gradient and vegetation controls on CH_4 and CO_2 fluxes in a spring-fed forested wetland. Hydrobiologia, 630(1): 271-286.

Li J Y, Qu W D, Han G X, et al. 2020. Effects of drying-rewetting frequency on vertical and lateral loss of soil organic carbon in a tidal salt marsh. Wetlands, 40(1): 1433-1443.

Liu L F, Chen H, Zhu Q A, et al. 2016a. Responses of peat carbon at different depths to simulated warming and oxidizing. Science of the Total Environment, 548-549: 429-440.

Liu X, Guo Y D, Hu H Q, et al. 2015. Dynamics and controls of CO_2 and CH_4 emissions in the wetland of a montane permafrost region, northeast China. Atmospheric Environment, 122: 454-462.

Lombardi J E, Epp M A, Chanton J P. 1997. Investigation of the methyl fluoride technique for etermining rhizospheric methane oxidation. Biogeochemistry, 36: 153-172.

Lovelock C E, Atwood T, Baldock J, et al. 2017. Assessing the risk of carbon dioxide emissions from blue carbon ecosystems. Frontiers in Ecology and the Environment, 15(5): 257-265.

Lu Q Q, Bai J H, Fang H J, et al. 2015. Spatial and seasonal distributions of soil sulfur in two marsh wetlands with different flooding frequencies of the Yellow River Delta, China. Ecological Engineering, 96: 63-71.

Lund M, Lafleur P M, Roulet N T, et al. 2010. Variability in exchange of CO_2 across 12 northern peatland and tundra sites. Global Change Biology, 16(9): 2436-2448.

Luo N, Gu J D. 2015. Seasonal variability of extracellular enzymes involved in carbon mineralization in sediment of a subtropical mangrove wetland. Geomicrobiology Journal, 32(1): 68-76.

Marton J M, Herbert E R, Craft C B. 2012. Effects of salinity on denitrification and greenhouse gas production from laboratory-incubated tidal forest soils. Wetlands, 32(2): 347-357.

Matysek M, Leake J, Banwart S, et al. 2019. Impact of fertiliser, water table, and warming on celery yield and CO_2 and CH_4 emissions from fenland agricultural peat. Science of the Total Environment, 667: 179-190.

McConnell N A, Turetsky M R, McGuire A D, et al. 2013. Controls on ecosystem and root respiration across a permafrost and wetland gradient in interior Alaska. Environmental Research Letters, 8(4): 045029.

Mcleod E, Chmura G L, Bouillon S, et al. 2011. A blueprint for blue carbon: toward an improved understanding of the role of vegetated coastal habitats in sequestering CO_2. Frontiers in Ecology and the Environment, 9(10): 552-560.

Megonigal J P, Mines M E, Visscher P T. 2004. Anaerobic metabolism: linkages to trace gases and aerobic processes. Biogeochemistry, 8: 317-424.

Miao G F, Noormets A, Domec J C, et al. 2013. The effect of water table fluctuation on soil respiration in a lower coastal plain forested wetland in the southeastern U.S. Journal of Geophysical Research: Biogeosciences, 118(4): 1748-1762.

Moore T R, Dalva M. 1993. The influence of temperature and water table position on carbon dioxide and methane emissions from laboratory columns of peatland soils. Journal of Soil Science, 44(4): 651-664.

Moyano F E, Manzoni S, Chenu C. 2013. Responses of soil heterotrophic respiration to moisture availability: an exploration of processes and models. Soil Biology & Biochemistry, 59: 72-85.

Muhr J, Höhle J, Otieno D O, et al. 2011. Manipulative lowering of the water table during summer does not affect CO_2 emissions and uptake in a fen in Germany. Ecological Applications, 21(2): 391-401.

Neubauer S C. 2013. Ecosystem responses of a tidal freshwater marsh experiencing saltwater intrusion and altered hydrology. Estuaries & Coasts, 36: 491-507.

Olsson L, Ye S, Yu X, et al. 2015. Factors influencing CO_2 and CH_4 emissions from coastal wetlands in the Liaohe Delta, northeast China. Biogeosciences, 12: 4965-4977.

Parida A K, Das A B. 2005. Salt tolerance and salinity effects on plants: a review. Ecotoxicology and Environmental Safety, 60(3): 324-349.

Parmentier F J W, van der Molen M K, de Jeu R A M, et al. 2009. CO_2 fluxes and evaporation on a peatland in the Netherlands appear not affected by water table fluctuations. Agricultural and Forest Meteorology, 149(6-7): 1201-1208.

Poffenbarger H J, Needelman B A, Megonigal J P. 2011. Salinity influence on methane emissions from tidal marshes. Wetlands, 31(5): 831-842.

Rotzoll k, Fletcher C H. 2012. Assessment of groundwater inundation as a consequence of sea-level rise. Nature Climate Change, 3(5): 477-481.

Servais S, Kominoski J S, Charles S P, et al. 2019. Saltwater intrusion and soil carbon loss: testing effects of salinity and phosphorus loading on microbial functions in experimental freshwater wetlands. Geoderma, 337(3): 1291-1300.

Setia R, Marschner P, Baldock J, et al. 2010. Is CO_2 evolution in saline soils affected by an osmotic effect and calcium carbonate? Biology and Fertility of Soils, 46(8): 781-792.

Song W M, Wang H, Wang G S, et al. 2015. Methane emissions from an alpine wetland on the Tibetan Plateau: neglected but vital contribution of the nongrowing season. Journal of Geophysical Research: Biogeosciences, 120(8): 1475-1490.

Stagg C L, Schoolmaster D R, Krauss K W, et al. 2017. Causal mechanisms of soil organic matter decomposition: deconstructing salinity and flooding impacts in coastal wetlands. Ecology, 98(8): 2003-2018.

Strachan I B, Pelletier L, Bonneville M C. 2016. Inter-annual variability in water table depth controls net ecosystem carbon dioxide exchange in a boreal bog. Biogeochemistry, 127(1): 99-111.

Strack M, Munir T M, Khadka B. 2019. Shrub abundance contributes to shifts in dissolved organic carbon concentration and chemistry in a continental bog exposed to drainage and warming. Ecohydrology, 12(5): e2100.

Strack M, Waddington J M, Bourbonniere R A, et al. 2008. Effect of water table drawdown on peatland dissolved organic carbon export and dynamics. Hydrological Processes, 22(17): 3373-3385.

Strack M, Waddington J M, Tuittila E S. 2004. Effect of water table drawdown on northern peatland methane dynamics: Implications for climate change. Global Biogeochemical Cycles, 18(4): GB4003.

Sun Z G, Sun W G, Tong C, et al. 2015. China's coastal wetlands: conservation history, implementation efforts, existing issues and strategies for future improvement. Environment International, 79: 25-41.

Tang R, Clark J M, Bond T, et al. 2013. Assessment of potential climate change impacts on peatland dissolved organic carbon release and drinking water treatment from laboratory experiments. Environmental Pollution, 173(3-4): 270-277.

Taylor R G, Scanlon B, Döll P, et al. 2013. Ground water and climate change. Nature Climate Change, 3: 322-329.

Tiiva P, Faubert P, Räty S, et al. 2009. Contribution of vegetation and water table on isoprene emission from boreal peatland microcosms. Atmospheric Environment, 43(34): 5469-5475.

Turetsky M R, Treat C C, Waldrop M P, et al. 2008. Short-term response of methane fluxes and methanogen activity to water table and soil warming manipulations in an Alaskan peatland. Journal of Geophysical Research Biogeosciences, 113(G3): 119-128.

Wang H, Yu L F, Zhang Z H, et al. 2017b. Molecular mechanisms of water table lowering and nitrogen deposition in affecting greenhouse gas emissions from a Tibetan alpine wetland. Global Change Biology, 23: 815-829.

Wang X Y, Siciliano S, Helgason B, et al. 2017a. Responses of a mountain peatland to increasing temperature: a microcosm study of greenhouse gas emissions and microbial community dynamics. Soil Biology & Biochemistry, 110: 22-33.

Watanabe A, Purwanto B H, Ando H, et al. 2009. Methane and CO_2 fluxes from an Indonesian peatland used for sago palm (*Metroxylon sagu* Rottb.) cultivation: effects of fertilizer and groundwater level management. Agriculture, Ecosystems and Environment, 134(1-2): 14-18.

Webb R H, Leake S A. 2006. Ground-water surface-water interactions and long-term change in riverine riparian vegetation in the southwestern United States. Journal of Hydrology, 320(3-4): 302-323.

Wen Y L, Bernhardt E S, Deng W B, et al. 2019. Salt effects on carbon mineralization in southeastern coastal wetland soils of the United States. Geoderma, 339: 31-39.

Weston N B, Dixon R E, Joye S B. 2006. Ramifications of increased salinity in tidal freshwater sediments: geochemistry and microbial pathways of organic matter mineralization. Journal of Geophysical Research Biogeosciences, 111(G1): G01009.

Weston N B, Vile M A, Neubauer S C, et al. 2011. Accelerated microbial organic matter mineralization following saltwater intrusion into tidal freshwater marsh soils. Biogeochemistry, 102(1-3): 135-151.

Wetterstedt J Å M, Persson T, Ågren G I. 2010. Temperature sensitivity and substrate quality in soil organic matter decomposition: results of an incubation study with three substrates. Global Change Biology, 16: 1806-1819.

Wilson B J, Mortazavi B, Kiene R P. 2015. Spatial and temporal variability in carbon dioxide and methane exchange at three coastal marshes along a salinity gradient in a northern Gulf of Mexico Estuary. Biogeochemistry, 123(3): 329-347.

Wilson B J, Servais S, Charles S P, et al. 2018. Declines in plant productivity drive carbon loss from brackish coastal wetland mesocosms exposed to saltwater intrusion. Estuaries and Coasts, 41(8): 2147-2158.

Yadav S, Irfan M, Ahmad A, et al. 2011. Causes of salinity and plant manifestations to salt stress: a review. Journal of Environmental Biology, 32(5): 667-685.

Yamochi S, Tanaka T, Otani Y, et al. 2017. Effects of light, temperature and ground water level on the CO_2 flux of the sediment in the high water temperature seasons at the artificial north salt marsh of Osaka Nanko bird sanctuary, Japan. Ecological Engineering, 98: 330-338.

Yang G, Chen H, Wu N, et al. 2014. Effects of soil warming, rainfall reduction and water table level on CH_4 emissions from the Zoige peatland in China. Soil Biology & Biochemistry, 78: 83-89.

Yang G, Wang M, Chen H, et al. 2017. Responses of CO_2 emission and pore water DOC concentration to soil warming and water table drawdown in Zoige Peatlands. Atmospheric

Environment, 152: 323-329.

Yang J S, Liu J S, Hu X J, et al. 2013. Effect of water table level on CO_2, CH_4 and N_2O emissions in a freshwater marsh of northeast China. Soil Biology & Biochemistry, 61: 52-60.

Yang J S, Zhan C, Li Y Z, et al. 2018b. Effect of salinity on soil respiration in relation to dissolved organic carbon and microbial characteristics of a wetland in the Liaohe River Estuary, northeast China. Science of the Total Environment, 642: 946-953.

Yang P, Lai D Y F, Huang J F, et al. 2018a. Temporal variations and temperature sensitivity of ecosystem respiration in three brackish marsh communities in the Min River Estuary, southeast China. Geoderma, 327(1): 138-150.

Zhang H X, Zhang G M, Lü X T, et al. 2015. Salt tolerance during seed germination and early seedling stages of 12 halophytes. Plant and Soil, 388(1-2): 229-241.

Zhang J L, Flowers T J, Wang S M. 2013. Differentiation of low-affinity Na^+ uptake pathways and kinetics of the effects of K^+ on Na^+ uptake in the halophyte *Suaeda maritima*. Plant and soil, 368(1-2): 629-640.

Zhang Y F, Cui M M, Duan J B, et al. 2018. Abundance, rather than composition, of methane-cycling microbes mainly affects methane emissions from different vegetation soils in the Zoige alpine wetland. MicrobiologyOpen, 8(4): e699.

Zhu H, Bañuelos G. 2016. Influence of salinity and boron on germination, seedling growth and transplanting mortality of guayule: a combined growth chamber and greenhouse study. Industrial Crops and products, 92: 236-243.

第 5 章

黄河三角洲湿地增温对生态系统碳交换的影响

5.1 引言

滨海湿地在大气中碳（C）的固定和长期储存方面发挥着重要作用（Gabler et al.，2017），在沉积物中储存长达数千年的碳，并将有机物横向输送到海洋，因此植被覆盖的滨海湿地是生物圈中重要的天然 CO_2 汇（Gabler et al.，2017）。然而，全球滨海湿地碳循环对气候变暖的响应机制目前尚不清楚。例如，由于滨海湿地处于海陆过渡地带，气候变暖条件下土壤盐分如何调节碳循环过程尚不清楚（Baldwin et al.，2014）。此外，植物物候及物种组成的变化可以快速响应气温上升，从而影响生态系统生产力的大小或生态系统碳通量的季节性（Charles and Dukes，2009；Richardson et al.，2013）。因此，为了更好地保护滨海湿地的生态服务功能，理解未来气候变暖条件下生态系统 CO_2 交换的规模和季节性变化至关重要。

温度是调节生态系统 CO_2 交换最重要的因素之一。气候变暖会降低半干旱或干旱生态系统的生产力和 CO_2 的固存能力，这是由于气候变暖对蒸散发具有积极作用（Wu et al.，2011）。相反，气候变暖通常会对内陆淡水湿地植物生长和生态系统生产力产生积极影响（Makiranta et al.，2018）。而在滨海湿地，深层土壤中的水溶性盐可以通过毛细管上升和蒸散作用转移到根区及土壤表面（Yao and Yang，2010）。根区土壤盐分的增加可以抑制甚至逆转气候变暖对生态系统生产力的正效应。一方面，高盐度会对植物光合作用造成额外的非生物胁迫（Reef and Lovelock，2014；Najar et al.，2019）。另一方面，高盐度胁迫可以促进物种组成的变化，有利于高盐度耐受性强的物种，而物种的改变会影响生态系统生产力（Munns and Gilliham，2015；Zhang et al.，2017）。这两种盐度驱动的影响都可以改变生态系统 CO_2 交换（Osland et al.，2018）。此外，温度升高和土壤水盐动态变化的相互作用会影响 CO_2 通量的季节性。例如，黄河三角洲的试验升温导致叶片光合作用在初夏减弱，而在秋季增强（Sun et al.，2018）。土壤盐分的作用及其与滨海湿地植被群落的相互作用将使这些季节模式复杂化（Chu et al.，2018）。因此，非生物过程和植物过程的季节动态对于阐明气候变暖条件下 CO_2 交换的潜在机制具有重要意义。

为了探讨生态系统 CO_2 通量的大小和季节性对气候变暖的响应，人们对多种生态系统进行了大量的增温试验，包括温带草原（Xia et al.，2009）、杂草草原（Zhu et al.，2017）、高寒草甸（Xu et al.，2016）和苔原（Natali et al.，2011）生态系统。尽管之前在沿海湿地的试验也显示了气候变暖对生产有积极影响（Gray and Mogg，2001；Charles and Dukes，2009；Gedan et al.，2011；Baldwin et al.，2014；Noyce et al.，2019），但目前还没有研究报道生态系统 CO_2 通量在季节尺度上的响应。因此，我们迫切地想知道气候变暖是否改变了沿海湿地 CO_2 汇的大小及季节性。

5.2 增温控制试验平台

5.2.1 试验设计

增温试验于 2014 年 11 月开始，采用完全随机区组设计，共 8 个小区，面积为 3m×4m（对照小区 4 个，增温小区 4 个）。两个相邻地块之间的距离为 3m。从 2014 年 11 月 1 日起，所有被加热的地块都由悬挂在地面上大约 1.75m 高的红外加热器（Kalglo Electronics，美国宾夕法尼亚州）持续加热。在每个控制地块中，一个与红外加热器尺寸相同的虚拟加热器悬挂在相同的高度，以模拟加热器的遮阳效果。所有加温处理下的加热器均设定在约 1600W 的辐射输出。

5.2.2 环境因子测量

2014 年 11 月，将 8 个 5TE 传感器（Decagon Devices，美国华盛顿州普尔曼）插入每个地块中心土壤的 10cm 深度，监测土壤温度、土壤水分和土壤盐度。EM50 数据记录仪（Decagon Devices，美国华盛顿州普尔曼）每隔 2h 自动记录数据。每天的气温（HMP45C, Vaisala，芬兰赫尔辛基）、降水（TE525 tipping bucket gauge, Texas Electronics，美国得克萨斯州）和光合有效辐射（PAR）（LI-190SB, LI-COR Inc.，美国）由安装在距离试验地点 200m 的一组传感器自动记录。

5.2.3 生态系统气体交换测量

生态系统气体交换测量采用静态箱法，将红外气体分析仪（IRGA；LI-6400；LI-COR Inc.，美国）连接到一个透明箱体（直径 0.5m，高 0.6m）。关于静态箱的细节可以在 Xia 等（2009）的研究中找到。2017 年 4 月，将直径 0.5m、高 0.1m 的圆形框架永久插入每个地块土壤的 7cm 深度。透明箱内固定一个小电风扇，连续运转，使箱内空气混合。在达到稳态条件后，每隔 10s 连续记录 CO_2 和 H_2O 浓度，记录 90s。CO_2 和 H_2O 通量计算参照 Xia 等（2009）的方法，根据浓度的时间历程分别计算净生态系统生产力（NEP）和蒸散量（ET）。NEP 测量结束后，将透明箱重新安置在框架上，并用不透明的布覆盖，用于测量生态系统呼吸（R_{eco}）。生态系统总初级生产力（GPP）为 NEP 和 R_{eco} 之和。通常每月进行 2~3 次季节性气体交换测量，选择晴天 9:00~11:00 进行。土壤异养呼吸（Rh）用便携式自动土壤碳通量系统（LI-8100; LI-COR Inc., 美国）测量。土壤环插入土壤的 40cm 深度。

5.2.4 地上生物量

2015 年 4 月，在每个地块建立 1m×1m 的固定样方。2017 年和 2018 年的 5~11 月，每个样方每月记录 2 次植物物种组成及各物种的数量、高度。本研究通过建立生物量与物种数量和高度的回归方程，采用无损方法估算地上生物量。在两个年份的试验样地附近设置了 5 个 1m×1m 的校正样地，以涵盖研究中出现的所有物种。在测定了试验区和定标区各物种的数量及高度后，我们在定标区获取地上生物量，并按物种进行分离。在 70℃烤箱中干燥 48h，称重测定干生物量。然后建立各树种地上生物量（AGB）与数量（N）和高度（H）的回归方程。2017 年和 2018 年，所有物种均表现出良好的相关性。例如，芦苇的地上生物量（AGB_{PA}）和碱蓬的地上生物量（AGB_{SG}）的方程可描述为：$AGB_{PA}=1.18×N+0.44×H–27.04$（$R^2=0.88$，$P<0.01$）；$AGB_{SG} = 0.11×N×\exp（0.033×H）$（$R^2=0.94$，$P<0.01$）。最后，利用相应的方程估算各个样方中各物种的地上生物量。

5.2.5 数据分析

整个生长季分为两个时期，即夏季（5 月 1 日至 8 月 5 日）和秋季（8 月 6 日至 11 月 7 日）。本研究采用重复测量的 ANOVA 方法，研究增温、年份、季节及其交互作用对土壤温度、土壤水分、土壤盐度、地上生物量、生态系统气体通量的影响。在季节尺度上，CO_2 通量与非生物因素（如土壤温度、土壤水分和土壤盐度）和生物因素［如物种地上生物量及其相对比（增温处理相对于对照处理的比例）］之间的关系进行线性回归分析。本研究利用结构方程模型（SEM）分析夏季和秋季影响 NEP 的土壤盐度、物种地上生物量及其相对比的相互作用网络，基于相关极差标准化方法计算单个通路的相对效应强度（Grace et al., 2018）。注意，与所有标准化的部分效应一样，数值不局限在+1 和–1 之间。所有统计分析使用 SPSS17.0 进行（SPSS for Windows，美国伊利诺伊州芝加哥）。

5.3 模拟增温对湿地土壤环境因子的影响

2017 年生长季平均气温为 22.6℃，2018 年为 23.1℃。2017 年总降水量为 429mm，2018 年为 443mm。淹水经常发生在 8 月，并伴有特大降水事件。例如，2017 年 8 月和 2018 年 8 月分别出现了 42mm 和 125mm 的降水事件。2017 年和 2018 年最大淹水深度分别为 31.3mm 和 205.0mm（图 5.1a、b）。2017 年和 2018

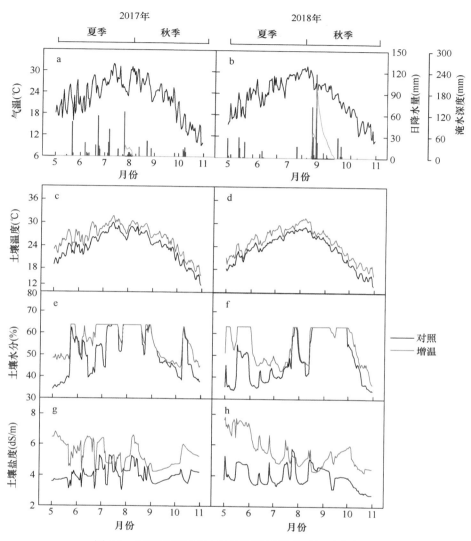

图 5.1 2017 年和 2018 年各环境因子的时间动态变化
对照和增温样地 10cm 深度的土壤温度、土壤水分和土壤盐度

年洪水事件持续时间分别为 9d 和 27d（图 5.1a、b）。对照样地的平均土壤水分和土壤温度两年间相似，但 2017 年的平均土壤盐度（4.0dS/m）略高于 2018 年（3.9dS/m）（$P = 0.010$，表 5.1）。

重复测量方差分析结果表明，增温显著提高了土壤温度（+2.4℃，$P<0.001$）、土壤水分（+10.9%，$P = 0.001$）和土壤盐度（+35.0%，$P=0.00$），但土壤温度和土壤水分年际差异不显著（$P>0.05$）（表 5.1）。从全年来看，夏季增温对所有非生

表 5.1 增温（W）、年份（Y）、季节（S）及其交互作用对土壤温度（T_{soil}）、土壤水分（M_{soil}）、土壤盐度（S_{soil}）、净生态系统生产力（NEP）、总初级生产力（GPP）、生态系统呼吸（R_{eco}）、异养呼吸（Rh）、蒸散量（ET）、地上生物量（AGB_{total}、AGB_{PA}、AGB_{SG}）及芦苇和碱蓬两物种的地上生物量之比（AGB_{PA}/AGB_{SG}）影响的重复测量方差分析

来源	T_{soil}	M_{soil}	S_{soil}	NEP	GPP	R_{eco}	Rh	ET	AGB_{total}	AGB_{PA}	AGB_{SG}	AGB_{PA}/AGB_{SG}
W	<0.001	0.001	0.001	<0.001	<0.001	<0.001	<0.001	0.002	<0.001	<0.001	<0.001	0.027
Y	0.325	0.304	0.010	<0.001	<0.001	0.966	<0.001	0.008	0.001	0.150	0.015	0.050
S	<0.001	0.029	<0.001	<0.001	<0.001	<0.001	<0.001	<0.001	<0.001	<0.001	<0.001	0.010
$W \times Y$	0.224	0.598	0.053	0.001	0.001	0.018	0.128	0.018	0.006	0.284	0.142	0.014
$W \times S$	0.003	0.017	0.010	0.007	0.010	0.001	0.001	<0.001	<0.001	<0.001	<0.001	0.011
$Y \times S$	0.957	0.025	0.045	<0.001	0.001	0.001	<0.001	<0.001	<0.001	<0.001	<0.001	0.001
$W \times Y \times S$	0.196	0.049	0.045	<0.001	0.001	0.005	0.084	0.009	0.010	0.014	<0.001	0.001

物因子的影响均大于秋季（表 5.2）。例如，土壤温度在夏季增加了 2.5℃，而在秋季增加了 2.3℃（表 5.2）。增温对土壤水分的影响在 2017 年夏季和 2018 年夏季分别为 9.8%和 21.8%，而在秋季则不显著（$P<0.05$；图 5.1e、f）。在这两年中，由于 8 月洪水的影响，土壤盐度在夏季增加 45.0%，而在秋季仅增加 28.2%（$P<0.05$）（图 5.1g、h）。

5.4 植物生长的季节变化

对照和增温样地的总地上生物量（AGB_{total}）均表现出明显的季节变化规律，从 5 月开始上升，9 月下旬达到峰值，然后下降（图 5.2a、b）。增温对 AGB_{total} 有显著的负影响（−9.9%；$P = 0.001$）（表 5.2）。在夏季，增温使 AGB_{total} 下降（−27.6%），但在秋季增温并没有显著影响（表 5.2）。

芦苇（AGB_{PA}）和碱蓬（AGB_{SG}）的地上生物量峰值占该生态系统地上初级生产力（ANPP）总量的 96.9%。芦苇在夏季生长速度较快，而碱蓬在秋季生长速度较快，因此夏季 AGB_{PA} 与 AGB_{SG} 的比值（6.5∶1）高于秋季（2.2∶1）。2017～2018 年气候变暖使芦苇的地上生物量降低了 22.5%（$P<0.001$），碱蓬的地上生物量却增加了 34.1%（$P<0.001$）。增温对芦苇地上生物量的负效应主要出现在夏季（−69.4g/m^2），而对碱蓬地上生物量的正效应主要出现在秋季（+50.8g/m^2）（表 5.2）。重复测量方差分析结果显示，两年间 AGB_{PA} 和 AGB_{SG} 对升温的响应没有显著差异（$P>0.05$）。

表 5.2 对照和增温样地土壤温度（T_{soil}）、土壤水分（M_{soil}）、土壤盐度（S_{soil}）、生态系统 CO_2 通量（NEP、R_{eco}、GPP）、土壤异养呼吸（Rh）、蒸散量（ET）、植物地上生物量（AGB_{total}、AGB_{PA}、AGB_{SG}）和植被地上生物量比值（AGB_{PA}/AGB_{SG}）的均值及标准误差

季节	处理	T_{soil} (℃)	M_{soil} (%)	S_{soil} (dS/m)	NEP [g/(m²·d)]	GPP [g/(m²·d)]	R_{eco} [g/(m²·d)]	Rh [g/(m²·d)]	ET [μmol/(m²·s)]	AGB_{total} (g/m²)	AGB_{PA} (g/m²)	AGB_{SG} (g/m²)	AGB_{PA}/AGB_{SG}
夏季	对照	23.8±0.37	47.2±0.30	4.0±0.30	31.2±1.89	52.8±2.36	20.9±1.41	6.9±0.16	3.2±0.19	231.5±13.30	199.5±11.27	30.5±2.03	6.5±0.79
	增温	26.3±0.30	55.5±0.64	5.8±0.64	17.5±1.71	32.3±2.66	13.7±1.56	4.6±0.29	2.3±0.21	167.5±13.07	130.1±10.03	37.3±3.03	3.5±0.39
秋季	对照	21.0±0.18	52.2±0.16	3.9±0.16	10.6±1.41	20.9±2.09	11.4±1.06	3.7±0.19	1.3±0.14	431.74±16.94	290.6±11.91	134.9±5.03	2.2±0.36
	增温	23.3±0.28	55.0±0.69	5.0±0.69	17.1±1.98	26.2±2.59	9.9±1.56	3.3±0.14	1.3±0.14	442.7±15.89	256.9±11.07	185.7±4.82	1.4±0.18
生长季	对照	22.5±0.28	49.6±0.23	4.0±0.23	22.4±1.67	38.8±2.24	16.7±1.25	5.3±0.12	2.4±0.18	318.5±14.88	239.1±11.55	75.9±3.33	3.2±0.43
	增温	24.9±0.30	55.0±0.67	5.4±0.67	17.1±1.97	29.7±2.62	12.2±1.56	4.0±0.20	1.9±0.20	287.0±14.29	185.3±10.48	101.8±3.81	1.8±0.25

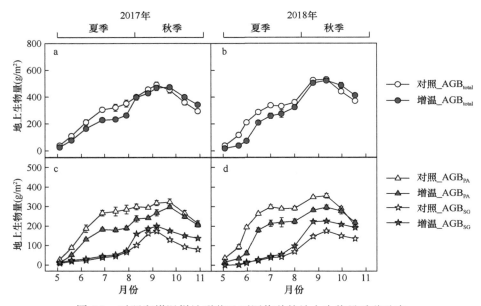

图 5.2　对照和增温样地群落及不同物种的地上生物量季节动态

5.5　生态系统 CO_2 通量的季节性动态

对照样地的生态系统 CO_2 通量（GPP、R_{eco} 和 NEP）在两个生长季（夏季和秋季）均表现出明显的季节动态变化，这与气温的季节变化规律一致（图 5.3）。降水也影响 CO_2 通量的变化。例如，2018 年 8 月的生态系统 CO_2 通量在强降水后急剧下降（图 5.3b、d、f）。NEP 和 GPP 均表现为 2018 年显著高于 2017 年，但 R_{eco} 在两年之间没有显著差异（表 5.1）。GPP、R_{eco} 和 NEP 的平均值在这两年中分别为（38.8±2.24）g/(m^2·d)、（16.7±1.25）g/(m^2·d)、（22.4±1.67）g/(m^2·d)（表 5.2）。GPP、R_{eco}、NEP 均随土壤温度的升高而升高（$P<0.01$）。生态系统 CO_2 通量与土壤盐度、植被地上生物量（AGB_{total}）无显著相关关系（图 5.4）。

该滨海湿地生长季的净 CO_2 吸收量为（22.4±1.67）g/(m^2·d)（表 5.2），与其他湿地的数值相当。例如，在温带香蒲湿地净生态系统 CO_2 交换量为 20.9g/(m^2·d)（Dušek et al.，2009）；在一个恢复湿地为 28.9g/(m^2·d)（Knox et al.，2015）。在本研究中，我们发现 2018 年的 NEP 高于 2017 年（表 5.1，图 5.3），这主要是由于 2017 年的地上生物量低于 2018 年（表 5.1，图 5.2）。在季节尺度上，生态系统 CO_2 通量的季节变化显著依赖于土壤温度的季节变化，这说明土壤温度变化在调节生态系统 CO_2 通量的季节动态中具有重要作用。此外，我们发现生态系统 CO_2 通量（NEP、GPP 和 R_{eco}）在 2018 年 8 月急剧下降（图 5.3b、d、f）。这种急剧下

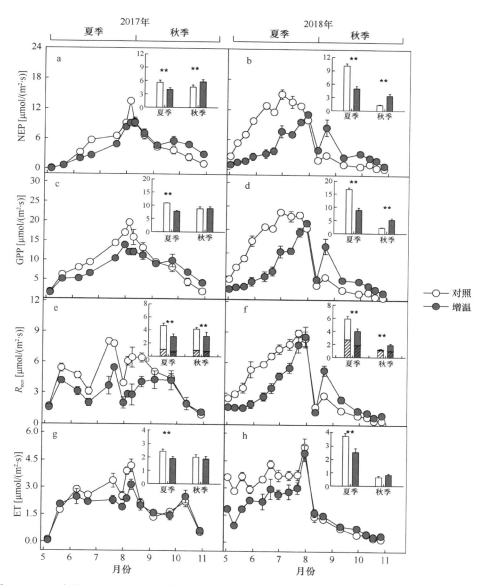

图 5.3 2017 年和 2018 年对照和增温样地净生态系统生产力（NEP）、总初级生产力（GPP）、生态系统呼吸（R_{eco}）和蒸散量（ET）的季节动态

**表示 $P<0.01$

降是由于 8 月出现了特大降水事件，8 月 14 日至 9 月 10 日发生了淹水事件，淹水会限制植物的光合作用和呼吸作用（Chu et al., 2018），因此该地区生态系统 CO_2 通量急剧减少。这些研究结果表明，滨海湿地生态系统 CO_2 通量的季节性变化在很大程度上受土壤温度和降水的影响。

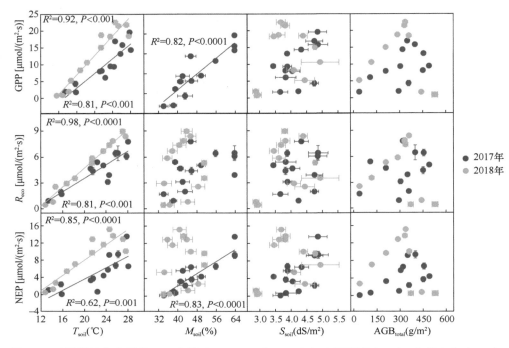

图 5.4 对照样地生态系统 CO_2 交换（GPP、R_{eco} 和 NEP）与土壤温度（T_{soil}）、土壤水分（M_{soil}）、土壤盐度（S_{soil}）及植被地上生物量之间的关系

5.6 增温对生态系统 CO_2 通量大小的影响

生长季增温显著降低了 GPP（–23.5%）、R_{eco}（–26.9%）、Rh（–24.5%）、NEP（–23.7%）和 ET（–20.8%）（表 5.1，表 5.2）。回归分析表明，增温对生态系统 CO_2 通量的影响（ΔGPP 和 ΔR_{eco}）与土壤温度或土壤水分变化（ΔT_{soil}，ΔM_{soil}）无显著相关关系（$P>0.05$）。2017 年和 2018 年，增温处理下 NEP 及其两个决定通量（GPP 和 R_{eco}）的变化均与植物地上生物量和 AGB_{PA}/AGB_{SG} 的变化呈显著线性相关关系（$P \leq 0.001$）；NEP 和 GPP 的增温效应与土壤盐度的增温效应呈线性负相关关系（$P<0.01$）（图 5.5）。

沿纬度梯度的实地观测通常表明，气候变暖可以提高潮汐湿地的生态系统生产力（Bouillon et al.，2008；Kirwan and Mudd，2012）。气候变暖对湿地 CO_2 汇的积极影响也由最近在盐沼湿地进行的一些操控性试验所证实（Baldwin et al.，2014；Charles and Dukes，2009；Gray and Mogg，2001；Gedan et al.，2011）。然而，在本研究中，增温对 NEP 有显著负效应（–23.7%，$P<0.001$）（表 5.1，表 5.2）。

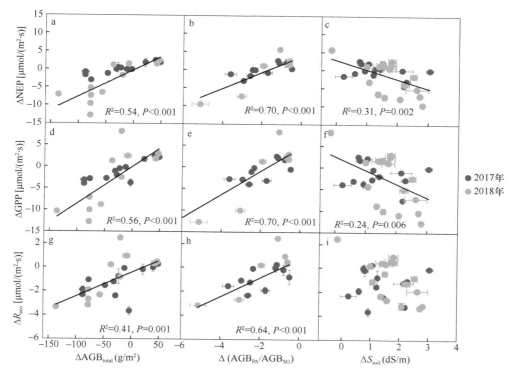

图 5.5 增温导致的 CO_2 通量变化（ΔGPP、ΔNEP、ΔR_{eco}）与植物地上生物量变化 [ΔAGB_{total}、$\Delta(AGB_{PA}/AGB_{SG})$] 和土壤盐度变化（$\Delta S_{soil}$）的关系

回归分析表明，增温对湿地 NEP 的负面影响主要是由土壤盐度升高和植被生长减少造成的（图 5.5）。增温样地土壤盐度增加（+35.0%）（图 5.1）主要是由于温度升高导致蒸发加强。以往许多湿地研究都报道了土壤高盐度对植被生长的负面影响（Greiner La Peyre et al., 2001; Osland et al., 2018）。因此，气候变暖下 NEP 的减小主要是由植被生长减少和 GPP 减小驱动的。这种 GPP 驱动的 NEP 对气候变暖的响应在其他生态系统中也有报道，如半干旱草地（Xia et al., 2009）。有趣的是，在本项研究中我们发现增温降低了生态系统呼吸（图 5.3e、f）。实际上，2017~2018 年全球变暖导致异养呼吸减少 24.5%。高盐度土壤对异养呼吸的负面影响可能是微生物活性和酶活性的降低导致的（Chambers et al., 2013）。

增温导致的土壤盐度的升高使湿地植物群落由芦苇向碱蓬转移。在该生态系统中，芦苇和碱蓬为优势种，而碱蓬表现出更强的耐盐性（Zhang et al., 2017）。在我们的研究中，2017 年和 2018 年增温引起的碱蓬生物量的增加与芦苇生物量的减少呈线性相关关系（$R^2=0.64$，$P=0.010$）（图 5.6）。这些结果表明，在我们的试验中，增温条件下发生了物种的更替。物种更替对调节生态系统 CO_2 通量对气候变暖的响应具有重要意义（Gedan et al., 2011）。例如，温带草原的增温对生态

系统 CO_2 通量的影响由负转向正，这是草本和灌木生物量比例的变化所致（Xia et al.，2009）。在高草草原上，在暖化条件下 C3 草向 C4 草转移，CO_2 的固存增加（Niu et al.，2013）。在我们的研究中，暖化引起的 NEP 变化（ΔNEP）与芦苇和碱蓬地上生物量的比值变化[Δ（AGB$_{PA}$/AGB$_{SG}$）]呈正相关关系（图 5.5b）。这一发现表明，气候变暖条件下芦苇向碱蓬的转移将缓解气候变暖对生态系统 CO_2 交换的负面影响。

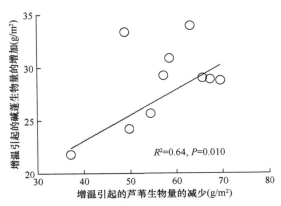

图 5.6 增温引起的碱蓬生物量的增加与芦苇生物量的减少的关系

5.7 增温对生态系统 CO_2 通量季节性的影响

增温对生态系统 CO_2 通量的影响存在明显的季节性差异。例如，2017 年夏季，增温使 GPP、R_{eco} 和 NEP 分别下降了 28.1%、34.9%和 28.2%（$P<0.01$）（图 5.7）；在秋季，增温使 NEP 增加了 25.5%，这是由于增温降低了 R_{eco}（$P<0.01$），但却对 GPP 无显著影响。GPP、R_{eco} 和 NEP 在 2018 年夏季均有所下降（−44.3%、−33.1% 和−50.9%），而在秋季有所上升（+115.1%、+57.7%和+169.9%）（$P<0.01$）（图 5.7）。平均而言，夏季和秋季的增温幅度分别为 34.5%和 13.1%。此外，增温分别显著降低了 2017 年夏季和 2018 年夏季蒸散发的 21.9%和 31.4%，但在秋季没有显著影响（图 5.3g、h），导致 2017 年和 2018 年的年蒸散发分别降低−15.5%~25.1%。

本研究利用结构方程模型（SEM）探讨了不同季节植物地上生物量变化对增温影响的调节作用。如图 5.8 所示，SEM 分别能够解释 NEP 96%和 88%的变化（夏季，χ^2=29.3，P=0.059，df=8；秋季，χ^2=36.3，P=0.067，df=8）。夏季增温主要通过降低 AGB$_{total}$（路径系数−0.26，$P<0.05$）来降低 GPP（$P<0.05$）（图 5.8a）。在秋季，增温能够通过改变 AGB$_{PA}$/AGB$_{SG}$（路径系数 0.93，$P<0.05$）来影响 GPP（图 5.8b）。

第 5 章 黄河三角洲湿地增温对生态系统碳交换的影响

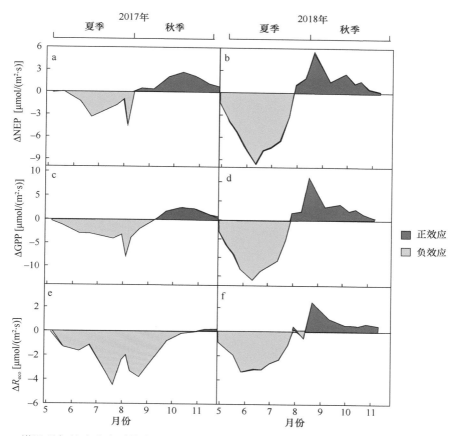

图 5.7 增温引起的净生态系统生产力（ΔNEP）、总初级生产力（ΔGPP）和生态系统呼吸（ΔR_{eco}）的季节变化

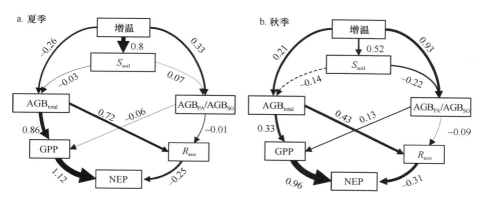

图 5.8 夏季和秋季非生物因素及生物因素对 NEP 的影响路径图

路径箭头的粗细反映了关系的强度。每个箭头旁边的值表示标准化路径系数。实线表示有统计学意义（$P<0.05$），灰线表示无统计学意义（$P>0.05$）

本项研究中，增温降低了夏季的净生态系统生产力（NEP），却增加了秋季的 NEP（图 5.7）。以前的研究表明，增温引起的土壤水分的减少是调节净碳吸收季节性的关键因素（Zhu et al.，2017）。然而，在黄河三角洲湿地，土壤水文过程与土壤盐度相互作用，导致了 CO_2 吸收的季节性变化（Chu et al.，2018）。在我们的试验中，尤其是在夏季，气候变暖对土壤水分的刺激是出乎意料的。这一发现与之前大多数人为操纵试验的结果相反（Xia et al.，2009；Natali et al.，2011）。增温导致土壤水分增加的原因可能是增温条件下冠层绿化度下降（Ham and Knapp，1998）或植物提前衰老（Zavaleta et al.，2003），从而导致蒸散量减少。在我们的研究中，增温条件下夏季蒸散量显著下降，2017 年下降 21.9%，2018 年下降 31.4%（图 5.3g、h）。在增温条件下，碱蓬地上生物量的增加并没有弥补芦苇地上生物量的减少，导致群落总地上生物量下降。总的来说，土壤水分（图 5.1e、f）与生态系统 CO_2 通量的相反变化（图 5.3）表明土壤水分并不是调节该地区气候变暖条件下生态系统 CO_2 通量季节变化的主要因素。

气候变暖对地上生物量季节性变化的影响主要是由夏季芦苇地上生物量的减少及秋季碱蓬生物量的增加控制的（图 5.2c、d）。物种生长物候学的不同及芦苇和碱蓬耐盐性的不同在推动着增温下 NEP 的季节性变化中扮演着重要角色。由于 8 月是淹水期，增温对土壤盐度的影响小于其他时期（图 5.1），因此秋季增温显著促进了碱蓬的生长。SEM 的分析结果进一步表明，气候变暖条件下夏季 NEP 的下降主要是由植被地上生物量的减少下降驱动的，尤其是芦苇地上生物量的减少。然而，增温导致的秋季 NEP 的增加主要是碱蓬的生长增强所导致的。芦苇和碱蓬相反的增温响应可能主要是由于碱蓬比芦苇具有更强的耐盐性。因此，土壤盐度与植被群落的相互作用对未来气候变暖下滨海湿地碳交换的季节性具有重要影响。

参 考 文 献

Baldwin A H, Jensen K, Schönfeldt M. 2014. Warming increases plant biomass and reduces diversity across continents, latitudes, and species migration scenarios in experimental wetland communities. Global Change Biology, 20(3): 835-850.

Bouillon S, Borges A V, Castañeda-oya E, et al. 2008. Mangrove production and carbon sinks: a revision of global budget estimates. Global Biogeochemical Cycles, 22(2): GB2013.

Chambers L C, Osboorne T Z, Reddy R K. 2013. Effect of salinity-altering pulsing events on soil organic carbon loss along an intertidal wetland gradient: a laboratory experiment. Biogeochemistry, 115: 363-383.

Charles H, Dukes J S. 2009. Effects of warming and altered precipitation on plant and nutrient dynamics of a New England salt marsh. Ecological Applications, 19(7): 1758-1773.

Chu X J, Han G G, Xing Q H, et al. 2018. Dual effect of precipitation redistribution on net ecosystem CO_2 exchange of a coastal wetland in the Yellow River Delta. Agricultural and Forest

Meteorology, 249: 286-296.

Chu X J, Han G X, Xing Q H, et al. 2019. Changes in plant biomass induced by soil moisture variability drive interannual variation in the net ecosystem CO_2 exchange over a reclaimed coastal wetland. Agricultural and Forest Meteorology, 264: 138-148.

Drake B. 2014. Rising sea level, temperature, and precipitation impact plant and ecosystem responses to elevated CO_2 on a Chesapeake Bay wetland: review of a 28-year study. Global Change Biology, 20(11): 3329-3343.

Dušek J, Čížková H, Czerný R, et al. 2009. Influence of summer flood on the net ecosystem exchange of CO_2 in a temperate sedge-grass marsh. Agricultural and Forest Meteorology, 149(9): 1524-1530.

Feher L C, Osland M J, Griffith K T, et al. 2017. Linear and nonlinear effects of temperature and precipitation on ecosystem properties in tidal saline wetlands. Ecosphere, 8(10): e01956.

Gabler C A, Osland M J, Grace J B, et al. 2017. Macroclimatic change expected to transform coastal wetland ecosystems this century. Nature Climate Change, 7(2): 142-147.

Gedan K B, Altieri A H, Bertness M D. 2011. Uncertain future of New England salt marshes. Marine Ecology Progress Series, 434: 229-237.

Gedan K B, Bertness M D. 2010. How will warming affect the salt marsh foundation species *Spartin patens* and its ecological role? Oecologia, 164(2): 479-487.

Grace J B, Johnson J D, Lefcheck J S, et al. 2018. Quantifying relative importance: computing standardized effects in models with binary outcomes. Ecosphere, 9(6): e02283.

Gray A J, Mogg R J. 2001. Climate impacts on pioneer saltmarsh plants. Climate Research, 8: 105-112.

Greiner La Peyre M K, Grace J B, Hahn E, et al. 2001. The importance of competition in regulating plant species abundance along a salinity gradient. Ecology, 82(1): 62-69.

Ham J M, Knapp A K. 1998. Fluxes of CO_2, water vapor, and energy from a prairie ecosystem during the seasonal transition from carbon sink to carbon source. Agricultural and Forest Meteorology, 89(1): 1-14.

Han G X, Sun B Y, Chu X J, et al. 2018. Precipitation events reduce soil respiration in a coastal wetland based on four-year continuous field measurements. Agricultural and Forest Meteorology, 256-257: 292-303.

JimenezK L, Starr G, Staudhammer C L, et al. 2012. Carbon dioxide exchange rates from short- and long-hydroperiod Everglades freshwater marsh. Journal of Geophysical Research: Atmospheres, 117: G04009.

Karim M F, Mimura N. 2008. Impacts of climate change and sea-level rise on cyclonic storm surge floods in Bangladesh. Global Environmental Change, 18(3): 490-500.

Kirwan M L, Mudd S. 2012. Response of salt-marsh carbon accumulation to climate change. Nature, 489(7417): 550-553.

Knox S H, Sturtevant C, Matthes J H, et al. 2015. Agricultural peatland restoration: effects of land-use change on greenhouse gas (CO_2 and CH_4) fluxes in the Sacramento-San Joaquin Delta. Global Change Biology, 21(2): 750-765.

Lovelock C E, Feller I C, Reef R, et al. 2017. Mangrove dieback during fluctuating sea levels.

Scientific Reports, 7(1): 1680.

Lu M, Herbert E R, Langley J A, et al. 2019. Nitrogen status regulates morphological adaptation of marsh plants to elevated CO_2. Nature Climate Change, 9: 764-768.

Lu W, Xiao J F, Liu F, et al. 2017. Contrasting ecosystem CO_2 fluxes of inland and coastal wetlands: a meta-analysis of eddy covariance data. Global Change Biology, 23(3): 1180-1198.

Mäkiranta P, Laiho R, Mehtätalo L, et al. 2018. Responses of phenology and biomass production of boreal fens to climate warming under different water-table level regimes. Global Change Biology, 24(3): 944-956.

Munns R, Gilliham M. 2015. Salinity tolerance of crops - what is the cost? New Phytologist, 208: 668-673.

Najar R, Aydi S, Sassi-Aydi S, et al. 2019. Effect of salt stress on photosynthesis and chlorophyll fluorescence in *Medicago truncatula*. Plant Biosystems: An International Journal Dealing with All Aspects of Plant Biology, 153: 88-97.

Natali S M, Schuur E A G, Trucco C, et al. 2011. Effects of experimental warming of air, soil and permafrost on carbon balance in Alaskan tundra. Global Change Biology, 17(3): 1394-1407.

Niu S L, Sherry R A, Zhou X H, et al. 2013. Ecosystem carbon fluxes in response to warming and clipping in a tallgrass prairie. Ecosystems, 16(6): 948-961.

Noyce G L, Kirwan M L, Rich R L, et al. 2019. Asynchronous nitrogen supply and demand produce nonlinear plant allocation responses to warming and elevated CO_2. Proceedings of the National Academy of Sciences of the United States of America, 116(43): 21623-21628.

Osland M J, Gabler C A, Grace J B, et al. 2018. Climate and plant controls on soil organic matter in coastal wetlands. Global Change Biology, 24(11): 5361-5379.

Reef R, Lovelock C E. 2014. Regulation of water balance in mangroves. Annals of Botany, 115(3): 385-395.

Richardson A D, Keenan T F, Migliavacca M, et al. 2013. Climate change, phenology, and phenological control of vegetation feedbacks to the climate system. Agricultural and Forest Meteorology, 169: 156-173.

Sun B Y, Han G X, Chen L, et al. 2018. Effect of short-term experimental warming on photosynthetic characteristics of *Phragmites australis* in a coastal wetland in the Yellow River Delta, China. Acta Ecologica Sinica, 38(1): 167-176.

Wu Z T, Dijkstra P, Koch G, et al. 2011. Responses of terrestrial ecosystems to temperature and precipitation change: a meta-analysis of experimental manipulation. Global Change Biology, 17(2): 927-942.

Xia J Y, Niu S L, Wan S Q. 2009. Response of ecosystem carbon exchange to warming and nitrogen addition during two hydrologically contrasting growing seasons in a temperate steppe. Global Change Biology, 15(6): 1544-1556.

Xu X, Shi Z, Chen X, et al. 2016. Unchanged carbon balance driven by equivalent responses of production and respiration to climate change in a mixed-grass prairie. Global Change Biology, 22: 1857-1866.

Yao R J, Yang J S. 2010. Quantitative evaluation of soil salinity and its spatial distribution using electromagnetic induction method. Agricultural Water Management, 97(12): 1961-1970.

Zavaleta E S, Thomas B D, Chiariello N R, et al. 2003. Plants reverse warming effect on ecosystem water balance. Proceedings of the National Academy of Sciences of the United States of America, 100(17): 9892-9893.

Zhang B W, Li W J, Chen S P, et al. 2019. Changing precipitation exerts greater influence on soil heterotrophic than autotrophic respiration in a semiarid steppe. Agricultural and Forest Meteorology, 271: 413-421.

Zhang L W, Wang B C, Qi L B. 2017. Phylogenetic relatedness, ecological strategy, and stress determine interspecific interactions within a salt marsh community. Aquatic Sciences, 79(3): 587-595.

Zhong Q C, Du Q, Gong J N, et al. 2013. Effects of in situ experimental air warming on the soil respiration in a coastal salt marsh reclaimed for agriculture. Plant and Soil, 371(1-2): 487-502.

Zhu J T, Zhang Y J, Jiang L. 2017. Experimental warming drives a seasonal shift of ecosystem carbon exchange in Tibetan alpine meadow. Agricultural and Forest Meteorology, 233: 242-249.

Zou J L, Tobin B, Luo Y Q, et al. 2018. Response of soil respiration and its components to experimental warming and water addition in a temperate Sitka spruce forest ecosystem. Agricultural and Forest Meteorology, 260-261: 204-215.

第 6 章

降雨量变化对黄河三角洲非潮汐湿地生态系统土壤碳排放的影响

6.1 引言

　　滨海湿地大部分区域不受周期性潮汐侵淹的影响，但由于海拔较低且靠近海洋（Hoover et al.，2015），滨海湿地地下水位较浅且地下水为咸水，其表层土壤水分波动主要受大气降雨和地下水水位变化的影响（Zhang et al.，2011）。滨海湿地土壤碳库巨大，土壤碳排放除受土壤水分、土壤温度、植被因素（West et al.，1989；Han et al.，2015）的影响外，还受土壤盐度（Han et al.，2018）及土壤通气状况（West et al.，1989）等的影响。有研究指出，大气降雨和地下咸水的交互作用会显著影响湿地土壤水盐运移（Han et al.，2015），而降雨量的变化会通过改变土壤的水盐条件（Xie et al.，2013），显著影响滨海湿地表层土壤碳矿化率和微生物、植物根系活性（Cui et al.，2009；Fan et al.，2012），进而影响滨海湿地土壤碳循环。

　　黄河三角洲湿地位于渤海西岸的渤海湾和莱州湾之间，是现存世界上形成年代最晚、陆海相互作用最为活跃的大河三角洲之一，也是中国暖温带地区保存最完整、发育时间最短的湿地生态系统，景观类型多种多样，并且还是中国最大的沿海湿地植被区（张晓龙，2005）。除了潮汐湿地，黄河三角洲湿地其他大部分区域均远离海洋，不受潮汐作用的影响，其水文状况主要受大气降雨、地下咸水交互作用的影响（Zhang et al.，2011），同时地表淡水和地下咸水的相互渗透作用将直接影响黄河三角洲非潮汐湿地土壤的水盐运移（Zhang et al.，2011；Han et al.，2015）。在黄河三角洲非潮汐湿地，由于地下水和水溶性盐能够通过毛细管上升和蒸发向上输送到根区，即使无降雨事件的发生，湿地的土壤湿度也处于较高的状态（Zhang et al.，2011；Han et al.，2015），因此当地下水位和土壤毛细管边缘接近土壤表层时，少量的降雨就能使土壤含水量迅速达到饱和状态（Sophocleous，2002）。地下水位较浅的黄河三角洲非潮汐湿地对降雨事件敏感，极易导致湿地土壤从有氧状态转变到无氧状态，进而显著影响黄河三角洲非潮汐湿地土壤碳循环（Rey et al.，2016）。此外，在黄河三角洲非潮汐湿地，由于地下水溶性盐能够通过毛细管上升和蒸发向上输送到根区，当湿地无降雨时，地表蒸气压随着气温的升高而增强，进而加速土壤盐分在地表集聚（Zhang et al.，2011；Yao et al.，2010）。由于土壤盐度是滨海湿地植被生长发育和分布的主要影响因子（Zhang et al.，2007），因而湿地土壤盐度的升高会进一步抑制植被的光合作用和呼吸作用，显著影响湿地植被的生长发育和群落结构演变。当湿地降雨量增加时，由于地下水位较浅，降雨使土壤含水量迅速达到饱和状态甚至淹水状态（Sophocleous，2002）。湿地降雨量增加，淋洗地表盐分，显著降低土壤盐度，进一步促进植被生长发育。因此降雨引起的土壤盐分表聚与淋洗显著影响湿地植被的生长发育和群落组成，进而改变湿地土壤有机碳输入，影响滨海湿地土壤碳循环。此外，湿地地表水文状况的变化也是影响滨海湿地土壤碳循环的重要因素（Heinsch，2004）。较多研究指出，未来全球降雨的年际变化将继续加强，同时包括极端湿润和极端干旱的极端降雨事件发生频率也将继续升高（IPCC，2013）。未来降雨格局的变化将通过改变滨海湿地水文状况，进一步改变湿地的理化环境，影响植被的生长发育过程，进而影响湿地生态系统碳循环，改变湿地土壤碳过程与功能（Morillas et al.，2015）。

有研究指出，在近一个世纪内，全球地表温度的升高显著影响了全球水文循环模式（Huntington，2006），全球水文循环变化导致全球或区域降雨量发生变化（Trenberth et al.，2003），全球极端降雨和极端干旱事件发生频率也逐渐升高（Easterling et al.，2000）。例如，从1960年到2006年，全球变暖导致东亚地区秋季减雨而冬季增雨（Ding et al.，2007；Piao et al.，2010），降雨的季节性发生显著变化。较多研究指出，未来全球降雨模式变化将继续增加，中纬度部分地区和亚热带地区的年降雨量将会不断减少，而高纬度和赤道地区年降雨量将会不断增加，同时极端降雨和干旱事件发生频率及幅度也会不断升高（Zhang et al.，2013；Han et al.，2018）。有研究指出，未来降雨格局的变化将通过改变土壤有效含水量，显著影响土壤碳循环过程与功能（Morillas et al.，2015；Zhu et al.，2013）。而黄河三角洲湿地作为中国暖温带地区发育最年轻、保存最完整的新型滨海湿地生态系统（李吉祥，1997），其降雨模式在过去的50多年间也发生了较大变化。该地区在过去的55年（1961～2015年），年平均降雨量下降了241.8mm，降幅为4.4mm/a，同时平均每年降雨天数也以6.9d/10a的速率减少（Han et al.，2018）。但IPCC第五次评估报告也指出，近100年来北半球中纬度地区年降雨量呈不断增加的趋势（IPCC，2013）。湿地降雨量变化会显著影响湿地水文条件，进而显著影响湿地土壤碳循环过程，改变湿地碳收支平衡，影响湿地碳源/汇功能。因此，开展降雨量变化对滨海湿地碳循环过程影响的研究，对认识滨海湿地生态系统碳循环过程响应降雨变化的机制、定量评估降雨量变化对滨海湿地生态系统碳循环过程的影响、预测气候变化背景下滨海湿地碳源/汇功能的转变具有重要意义，同时也为探究滨海湿地对全球变化的响应提供进一步的数据支持。

6.2 增减雨控制试验平台

随着气候变暖的不断加剧，滨海湿地的降雨模式包括降雨量、降雨强度等正在发生剧烈变化。黄河三角洲是典型的滨海湿地生态系统，近年来该区域降雨格局正发生剧烈变化，主要表现为：年降雨量逐渐减少，降雨季节分配不均衡加剧，生长季降雨量减少，但生长季极端降雨事件发生频率逐渐升高（Piao et al.，2010）。

为更准确地预测未来降雨量的变化对滨海湿地生态系统碳循环过程和功能的影响，山东省东营市中国科学院黄河三角洲滨海湿地生态试验站于 2015 年以黄河三角洲非潮汐湿地典型芦苇（*Phragmites australis*）群落生态系统为研究对象，建立降雨强度梯度控制试验平台，同时经过物种调查和水分测定无显著差异后于 2016 年生长季开始对生态系统环境因子、生物因子、土壤呼吸、土壤 CH_4 排放等进行周期监测。

试验平台主要采用随机区组试验设计，共设计 24 个面积为 3m×4m 的小区，各小区间隔 3m。同时为阻止湿地地表水平方向上的水分交换，所有小区四周均被埋入地下 20cm 的隔离带包围。每个小区内布设 2m×3m 的样方，样方周围设计 0.5m 缓冲区域以减少小区边缘效应。根据该地区过去 50 年（1965～2014 年）降雨量的 −41.2%至+54.8%的年际波动，本研究设计减雨 60%（−60%）、减雨 40%（−40%）、对照 60%（C60%）、对照 40%（C40%）、增雨 40%（+40%）、增雨 60%（+60%），共 6 种处理，每种处理 4 个重复，共 24 个样方随机分布。试验主要采用集雨架收集雨水和管道运输雨水的方法模拟减雨和增雨处理。集雨架主要由夹角为 60°、宽 10cm 的透明聚碳酸树脂"V"形槽和两侧高度分别为 2m、1.5m 的金属支撑架组成。根据降雨量减少的模拟要求，试验在减雨小区集雨架上设置一定数量、均匀朝上的"V"形槽收集雨水，以达到减雨的目的（"V"形槽的数量越多，减雨效果越好），同时减雨 40%和减雨 60%处理的"V"形槽所截留的雨水会通过管道流入白色聚乙烯塑料雨水采集器里，并同时通过管道输入相应的增雨 40%和增雨 60%处理的小区中，以达到增雨 40%和增雨 60%的目的。为保证雨水均匀喷施到增雨小区内部，试验在增雨小区地表布设下方钻孔的栅格状排水管道，以达到均匀增雨的目的。同时，为了减少或消除聚乙烯塑料遮阴、影响风速等气象条件等造成的试验误差，在相应对照和增雨处理小区上方均设置与对应减雨小区同样数量、开口向下透明的聚碳酸树脂"V"形槽（图 6.1）。

为方便对各降雨处理小区进行周期性指标测定，将各小区平均分为 4 个功能区，主要包括植被调查区、植被生物量刈割区、土壤 CO_2 和 CH_4 排放测定区及其他指标测定区。同时为最大程度减少试验期间试验人员对样地自然条件的干扰，在各小区固定位置及整个样地的主干道设置供方便行走的木桥。

6.3 降雨量变化对湿地环境因子和生物因子的影响

随着全球气候变暖加剧，全球降雨模式也发生了较大改变，主要包括降雨量、降雨频率、降雨强度及降雨的季节分配变化（Trenberth et al.，2003），降雨模式的变化会对土壤环境条件及植被生长发育造成影响（Whitford et al.，2002；Reynolds et al.，2004）。研究表明，降雨变化通过改变土壤湿度和土壤温度，显著

第6章 降雨量变化对黄河三角洲非潮汐湿地生态系统土壤碳排放的影响

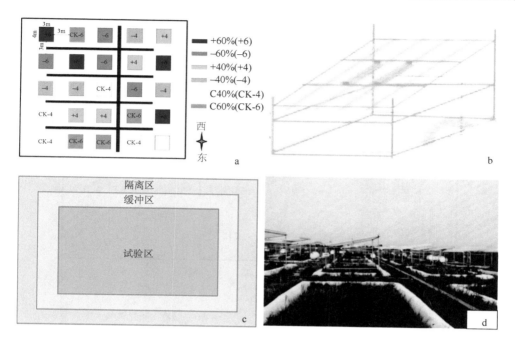

图 6.1 降雨控制平台试验设计图

影响植被生长发育和生物量分配，尤其是在干旱或半干旱地区（Chesson et al.，2004；张清雨等，2013）。例如，增加降雨通过提高土壤湿度，为植被生长提供所需水分，刺激植被生长发育，提高植被地上和地下生物量（Bai et al.，2008；Sala et al.，1988），而减少降雨一方面通过加重土壤水分胁迫，抑制植被生长发育，降低植被地上生物量，另一方面使地下根系为获取更多资源而延伸生长，进而提高了植被地下生物量（Gao et al.，2011）。此外，有研究指出，土壤盐度也是影响滨海湿地植被生长发育的重要因素（Zhang et al.，2007）。在滨海湿地，降雨变化如何改变环境因子及在此基础上影响植被生长发育还存在较多不确定性。本研究基于 2017~2018 年黄河三角洲湿地土壤温度、水分、盐度等环境因子和植被生长发育及生物量分配等生物因子观测资料，分析了降雨变化对湿地环境因子和生物因子的影响机制，为下一步湿地土壤碳排放的影响因素分析提供数据支持。

2017 年和 2018 年黄河三角洲湿地气温呈明显的季节变化，夏季气温较高，冬季气温较低，其中 2017 年和 2018 年最高日平均气温分别为 7 月的 31.9℃和 31.8℃，2017 年和 2018 年最低日平均气温分别为 1 月的-5.5℃和-8.5℃。2017 年和 2018 年湿地总降雨量分别为 460.5mm 和 589.8mm，其中日降雨量变化很大，为 0.1mm~117.7mm。降雨主要集中在 4 月中旬到 11 月中旬的生长季，生长季降雨量分别占 2017 年和 2018 年总降雨量的 93%和 96%，从 11 月中旬到次年的 4

月中旬降雨量较少（图6.2a）。2017～2018年湿地不同降雨处理的地下10cm深土壤温度和气温的季节变化一致，总体趋势均呈"单峰"变化（图6.2b），7月达到

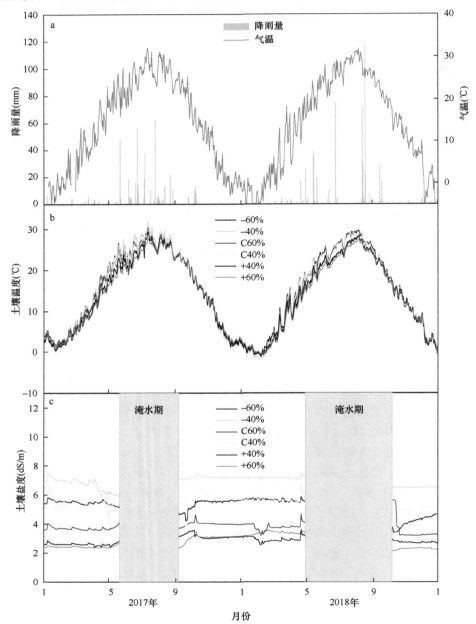

图6.2　2017～2018年湿地气温、降雨量季节变化（a）及不同降雨处理下地下10cm深土壤温度（b）、土壤盐度（c）的季节变化

气温最高值，1月达到气温最低值，同时在不同降雨处理的土壤温度季节变化的比较中也可以看出，随着降雨量的增加，土壤温度逐渐降低。2017～2018年，不同降雨处理的地下10cm深土壤盐度的季节变化趋势也一致（图6.2c）。非生长季土壤盐度较高，生长季随着夏季雨季的来临，降雨明显降低湿地土壤盐度。同时由于黄河三角洲湿地地下水位较浅，地下水为咸水，而黄河三角洲湿地土壤以砂质黏壤土为主，湿地夏季降雨极易形成季节性淹水。淹水期湿地土壤盐度也随着土壤水分的瞬间饱和而发生较大的变化。此外，在不同降雨处理下土壤盐度季节变化的比较中也可以看出，随着降雨量的增加，湿地土壤盐度逐渐降低。

对2017～2018年湿地土壤温度监测的结果表明，湿地土壤温度在年际尺度上存在差异，但不同降雨处理在2017～2018两年间对土壤温度没有显著影响（表6.1）。2017年，相对于对照处理，增雨60%和增雨40%处理分别使土壤温度显著降低了0.90℃和0.43℃（$P<0.01$），减雨60%和减雨40%处理分别使土壤温度显著提高了0.17℃和0.57℃（$P<0.01$）（图6.3a）。2018年，相对于对照处理，增雨60%处理使土壤温度显著降低了0.26℃（$P<0.05$），减雨60%和减雨40%处理分别使土壤温度显著提高了1.19℃和0.76℃（$P<0.05$）（图6.3b）。试验结果表明，2017～2018年降雨处理显著影响土壤温度，2017年相对于对照处理，增雨处理显著降低了土壤温度，减雨处理显著提高了土壤温度，2018年相对于对照处理，减雨处理显著提高了土壤温度，增雨60%处理显著降低了土壤温度。同时，随着处理年份的增加，湿地土壤温度对降雨量变化的响应逐渐加强。

表6.1　2017～2018年降雨处理及年份对土壤温度、盐度、土壤呼吸影响的方差分析结果（F值）

因子	土壤温度	土壤盐度	土壤呼吸
年份	9.07	2.455	139.399[***]
降雨处理	3.7	2.455	4.467[*]
年份×降雨处理	0.915	2.455	7.331[*]

***表示$P<0.001$；*表示$P<0.05$

对2017～2018年湿地土壤盐度监测的结果表明，土壤盐度不存在明显的年际差异，不同降雨处理对土壤盐度也无显著影响（$P>0.05$）（表6.1）。2017年，相对于对照处理，增雨处理显著降低了湿地土壤盐度（$P<0.05$），其中增雨60%和增雨40%处理分别使土壤盐度显著降低了1.15dS/m和1.91dS/m（图6.3c），但增雨60%和增雨40%处理的土壤盐度无显著差异；减雨处理显著提高了湿地土壤盐度（$P<0.05$），其中减雨60%和减雨40%处理分别使土壤盐度显著提高了1.20dS/m和1.69dS/m（图6.3c）。2018年，相对于对照处理，增雨处理显著降低了湿地土壤盐度（$P<0.05$），其中增雨60%和增雨40%处理分别使土壤盐度显著降低了1.04dS/m

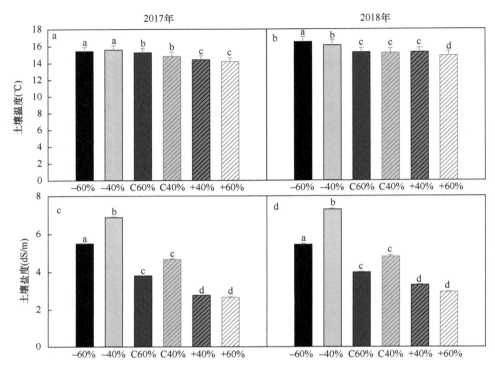

图6.3　2017~2018年降雨处理对湿地地下10cm深土壤温度（a、b）、土壤盐度（c、d）的影响（平均值±标准误差）

不同字母表示差异显著（$P<0.05$）

和1.89dS/m（图6.3d），但增雨60%和40%处理的土壤盐度无显著差异；减雨处理显著提高了湿地土壤盐度（$P<0.05$），其中减雨60%和减雨40%处理分别使土壤盐度显著提高了0.88dS/m和1.47dS/m（图5.6d）。试验结果表明，增雨处理显著降低了土壤盐度，减雨处理显著提高了土壤盐度，但降雨处理对土壤盐度的影响随着年份的增加而逐渐减弱。

2017~2018年，湿地不同降雨处理下植被叶面积指数季节变化趋势一致，均随植被的生长而逐渐增大，同时随着植被生长期的结束而逐渐降低，此外叶面积指数在湿地植被生长中后期的变化趋势主要与湿地季节性淹水有关（图6.4）。在对样地进行周期性植被调查时发现，湿地季节性淹水会减少植被叶片数，进而降低植被叶面积指数。2018年湿地淹水期结束时，湿地植被淹水胁迫消失，进而刺激了植被生长，植被叶面积指数进而升高（图6.4b）。此外，从2017~2018年不同降雨处理下植被叶面积指数的季节变化也可以看出，随着降雨量的增加，湿地植被叶面积指数逐渐增大。

第 6 章 降雨量变化对黄河三角洲非潮汐湿地生态系统土壤碳排放的影响

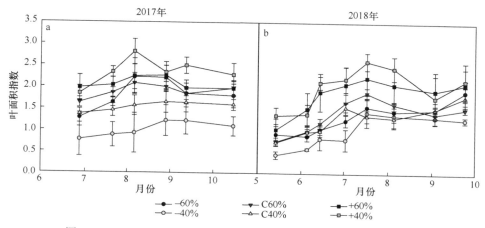

图 6.4 2017~2018 年湿地不同降雨处理下植被叶面积指数季节变化

2017~2018 年,植被物种多样性指数、物种丰富度指数、地上生物量和地下生物量等无显著的年际差异($P>0.05$)(表 6.2),但植被叶面积指数存在显著的年际差异($P<0.05$)(表 6-2)。同时降雨处理显著影响了植被叶面积指数和地上生物量。而降雨处理和年份的交互作用对植被物种多样性指数、物种丰富度指数、叶面积指数、地上生物量、地下生物量均无明显影响($P>0.05$)(表 6.2)。

表 6.2 2017~2018 年降雨处理、年份对物种多样性指数、丰富度指数、叶面积指数、地上生物量和地下生物量的方差分析结果(F 值)

因子	物种多样性指数	物种丰富度指数	叶面积指数	地上生物量	地下生物量
年份	4.359	2.961	4.379*	9.824	2.423
降雨处理	2.87	3.705	18.56*	5.11**	2.486
年份×降雨处理	0.726	0.679	2.021	0.761	0.492

***表示 $P<0.001$;**表示 $P<0.01$;*表示 $P<0.05$

试验结果表明,相对于对照处理,2017 年增雨处理和 2018 年增雨 40%处理均显著提高了湿地植被物种多样性指数;2017 年减雨 60%处理显著降低了湿地植被物种多样性指数($P<0.05$),2018 年减雨 60%处理显著降低了湿地植被物种多样性指数($P<0.05$)(图 6.5a)。而对于植被丰富度指数,相对于对照处理,2017年和 2018 年增雨处理均显著提高了湿地植被物种丰富度指数($P<0.05$),但增雨 40%和增雨 60%处理间无显著差异($P>0.05$);2018 年减雨 60%处理显著降低了湿地植被物种丰富度指数($P<0.05$)(图 6.5b)。此外,2017 年和 2018 年增雨 40%处理显著提高了湿地植被物种数和叶面积指数($P<0.05$),而减雨处理对湿地植被物种数和叶面积指数无显著影响($P>0.05$)(图 6.5c、d)。试验结果表明,2017

年和 2018 年增雨处理显著降低了植被地上生物量（$P<0.05$），而减雨处理对植被地上生物量无显著影响（$P>0.05$）（图 6.6a）。对于植被地下生物量，2017 年减雨 60%处理和增雨 40%处理相对于对照 60%处理均显著提高了湿地植被地下生物量（图 6.6b）（$P<0.05$）。此外，试验结果表明，降雨处理也显著影响湿地植被根冠比（地下生物量和地上生物量之比）。在 2017 年，相对于对照处理，增雨处理均显著提高了湿地植被根冠比（图 6.6c），具体表现为：增雨 60%处理相对于对照 60%使湿地植被根冠比提高了 0.065（$P<0.05$），增雨 40%处理相对于对照 40%使湿地植被根冠比提高了 0.047（$P<0.05$）。而在 2018 年，相对于对照处理，增雨处理也显著提高了湿地植被根冠比（图 6.6d），具体表现为：增雨 40%处理相对于对照 40%使湿地植被根冠比提高了 0.19（$P<0.05$）。上述试验结果表明，随着降雨量的增加，湿地植被根冠比也显著增加，这表明增雨处理改变了湿地植被的生物量分配策略，促使湿地植被将更多的生物量分配到地下根系。

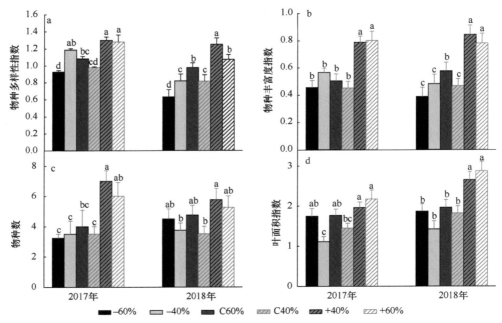

图 6.5 2017~2018 年降雨处理对湿地植被物种多样性指数（a）、物种丰富度指数（b）、物种数（c）、叶面积指数（d）的影响（平均值±标准误差）

不同字母表示差异显著（$P<0.05$）

以往较多的研究表明，由降雨变化引起的土壤水分变化是调节植物生长发育的主要因素（Schwinning et al., 2004）。例如，夏季和冬季降雨能显著影响植被物种多样性（Chesson et al., 2004）及植被碳和养分循环（IPCC, 2013; Dijkstra et al., 2012），增雨处理和长期干旱处理均能显著影响植被物种丰富度和植被物种组成

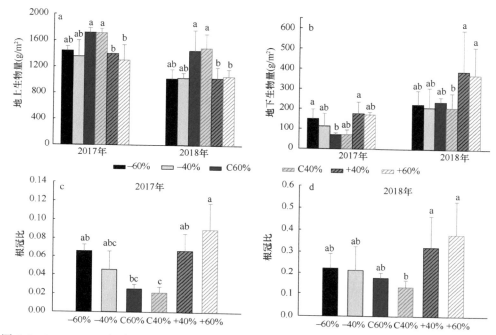

图 6.6 2017~2018 年降雨处理对湿地植被地上生物量（a）、地下生物量（b）、根冠比（c、d）的影响（平均值±标准误差）

不同字母表示差异显著（$P<0.05$）

(Yang et al., 2011a, Collins et al., 2012)。因此，降雨模式的变化可能对生态系统中的植被群落结构和功能产生重要影响。

相对于对照处理，2017 年增雨处理均显著提高了植被物种多样性，2018 年增雨 40%处理显著提高了植被物种多样性，这一研究结果与 Yang 等（2011a）在内蒙古多伦地区进行的 6 年增雨试验研究结果相一致，表明水分利用性是影响植被物种多样性的因素之一。增雨可通过提高土壤水分利用率显著影响植被物种多样性对气候环境变化的响应（Yang et al., 2011b）。2018 年增雨 60%处理对植被物种多样性无显著影响，虽然这一研究结果与在美国堪萨斯州东北部地区进行的 19 年生长季增雨处理试验对植被物种多样性无显著影响（Collins et al., 2012）的研究结果相一致，但两者的影响机制存在较大差异。美国堪萨斯州东北部地区 19 年生长季增雨处理试验对植被物种多样性无显著影响主要是由于长期增雨处理提高了植被生产力，但降低了林下物种的光能利用率（Hautier et al., 2009），因而没有改变植被物种多样性（Collins et al., 2012）。而在黄河三角洲湿地，虽然长期增雨处理显著降低了植被地上生物量，但增雨处理也显著降低了湿地土壤盐度，刺激了非盐生植物的生长发育，扩展了非盐生植物的分布范围，同样也降低了林下物种的光能利用率，因而对植被物种多样性无显著影响。此外，相对于对照处理，2017年减雨处理显著降低了植被物种多样性，而2018年减雨60%处理显著降低了植被物种多样性。以往的研究也表明，减雨处理会显著降低生态系统植被物种多样性，例如，在美国东北部地区4年干旱试验中生态系统植被群落物种多样性显著降低（Chase et al.，2007）。以上研究结果表明，减雨造成的干旱胁迫可能通过加重水分利用的限制性，进而抑制植被在生态环境中的生存与分布（Chase et al.，2003）。同时，2018年减雨处理对植被物种多样性无显著影响的研究结果也表明减雨40%未对湿地植被的生长发育造成干旱胁迫，植被通过调节气孔导度和光合酶的含量与活性来提高植被水分利用率，进而适应生态系统适度干旱（Reddy et al.，2004）。相对于对照处理，2017年增雨处理均显著提高了植被物种丰富度，2018年增雨处理也均显著提高了植被物种丰富度。这一研究结果与在中国西北地区植被物种丰富度随降雨量增加而提高的研究结果相一致（Yang et al.，2011a；Zhang et al.，2018），同时在美国中部地区6年野外增雨42%处理也显著提高了植被物种丰富度（Selene et al.，2013）。这些研究结果表明，增雨处理能通过影响植被生长发育显著提高植被物种丰富度，与增雨处理对植被物种多样性的影响相一致。但也有研究指出，在地中海和半干旱沙漠地区，相对于对照处理，9年增雨处理对植被物种丰富度无显著影响。与本研究结果存在差异可能是因为在地中海和半干旱沙漠地区，增雨处理形成的气候变化适于优势物种的生长发育（Tielboerger et al.，2014），因而对植被物种丰富度无显著影响，而在黄河三角洲湿地增雨处理显著降低了湿地土壤盐度，刺激了非盐生植物的生长发育，进而显著提高了湿地植被物种丰富度。此外，相对于对照处理，2017年减雨处理均对植被物种丰富度无显著影响，而2018年减雨60%处理显著降低了植被物种丰富度，减雨40%处理对植被物种丰富度无显著影响。以往的研究结果也表明，在美国中部地区5年野外减雨42%处理对植被物种丰富度无显著影响（Selene et al.，2013），但在美国科罗拉多州地区11年的干旱处理在前期降低了植被物种丰富度而在后期提高了植被物种丰富度（Evans et al.，2011），这些研究结果的产生可能存在以下几种机制：首先，短期内植被对减雨处理造成的干旱胁迫的响应因干旱的强度和植被的生理特性而有较大不同，当干旱程度较低、植被耐旱能力较强时，减雨造成的干旱胁迫对植被物种丰富度无显著影响（Selene et al.，2013），而当干旱程度较强以致超过植被耐旱能力时，减雨造成的干旱胁迫环境条件会"淘汰"一些不适合生存的物种，因而减雨处理显著降低植被物种丰富度（Evans et al.，2011；Chase et al.，2003）。其次，长期减雨造成的干旱胁迫使得植被生态系统群落发生二次演替，在原本适应环境的原生物种存在的基础上，一些适合生存的新物种进入长期干旱形成的生态环境，因而减雨处理反而提高了植被物种丰富度（Tielboerger et al.，2014）。最后，减雨处理对植被物种丰富度的影响还与群落生态系统有关，例如，在干旱沙漠地区水分利用性是调节植被生长发育的关键因子，

第6章　降雨量变化对黄河三角洲非潮汐湿地生态系统土壤碳排放的影响

减雨处理通过加重水分利用的限制性显著降低植被物种丰富度（Chase et al., 2007）。在本研究区，减雨处理在限制湿地植被水分利用的同时也加重了湿地植被盐度胁迫，显著抑制了水生和中生植物的生长发育，因而显著降低了植被物种丰富度（陈亮等，2017）。

降雨引起的土壤水分变化能显著刺激植物生长发育和生物量分配（张腊梅等，2014）。2017年和2018年增雨处理均显著降低了植被地上生物量。这一研究结果与单立山等（2016）得出的增雨30%显著提高了荒漠红砂地上生物量的研究结果相反，研究结果的不同可能与黄河三角洲湿地和荒漠地区的土壤质地及年降雨量有关。黄河三角洲湿地地势平坦、地下水位浅，地下水为咸水，其中超过50%的区域为不同程度的盐渍化土壤（初小静，2018），土壤发育年轻、矿化度高，质地为砂质黏壤土。同时2017年和2018年黄河三角洲夏季降雨量占年降雨量的70%以上，因而夏季降雨易造成湿地季节性淹水，而增雨40%和增雨60%会进一步加重植被淹水胁迫，显著抑制植物的光合作用（Bailey et al., 2008），进而降低湿地植被生物量在地上部分的分配。此外，增雨处理会通过形成地表径流进而引发养分流失，因而增雨处理可能会通过影响湿地植被养分吸收而影响湿地植被地上生物量对降雨变化的响应。虽然以往有较多研究表明，在温带草原和高山草原植被地上生物量会随年降雨量的增加而增加（Zhou et al., 2009；Guo et al., 2012，Yang et al., 2009），但研究中年降雨量随着纬度和空间的变化而逐渐变化，不能保证不同研究地区植被物种组成和土壤状况一致，因而与本文研究结果差异较大。而且也有一些野外定点降雨控制试验也得到了与本研究相似的结论，在青藏高原地区增雨25%处理对植被地上生物量无显著影响（Zhang et al., 2017），甚至在科尔沁固定沙地增雨60%处理显著降低了植被地上生物量（张腊梅等，2014），这些研究结果进一步证明当增雨处理造成土壤湿度升高至超过植被生长发育的阈值时（Tielboerger et al., 2014），增雨处理不再使植被地上生物量增加，相反可能会对植被地上生物量无显著影响其至显著降低植被地上生物量。减雨处理轻微降低了植被地上生物量，但结果不显著，与在青藏高原地区减雨25%处理显著降低植被地上生物量（Zhang et al., 2017）和在美国田纳西州地区减雨50%显著降低植被地上生物量（Deng et al., 2017）等研究结果差异明显。研究结果的不同可能存在以下两个原因：一是黄河三角洲湿地年降雨量较多，减雨使土壤水分减少，但土壤水分仍不是植被生长发育的限制因子，而对于青藏高原地区和美国田纳西州地区减雨处理造成的干旱胁迫超过了地区植被的"忍受阈值"，因而显著降低了植被地上生物量；二是湿地减雨处理使植物降低气孔导度和光合酶的含量与活性来提高植被水分利用率，进而适应轻度干旱胁迫（Reddy et al., 2004），在美国田纳西州地区虽然减雨50%显著降低植被地上生物量，但减雨33%处理轻微减少植被地上生物量的研究结论进一步验证了这种可能性（Deng et al., 2017）。

对于植被地下生物量，研究发现，2017年减雨60%处理显著提高了湿地植被地下生物量，2017年减雨40%处理和2018年减雨处理对湿地植被地上生物量均无显著影响。较多研究表明，当植物遭受干旱胁迫时，会减少植被地上生物量分配而相对增加植被地下生物量分配，促使植被将更多的生物量分配给地下根系，使根系更好地吸收土壤深处的水分和养分（种培芳等，2018），进而实现植被生物量的最优分配（Chapin et al.，1987）。2017年减雨60%处理显著提高了湿地植被地下生物量和减雨40%处理对植被地下生物量无显著影响的研究结果也表明，当减雨造成干旱强度增加，达到植被根系的"忍受阈值"时，植被会通过向地下分配更多生物量以获取地下更深层养分和水分来实现植被最优生长。以往的研究也表明，在干旱条件下，植被地下生物量会随着降雨量的减少而增加（Kahmen et al.，2005）。但也有研究表明，植被地下生物量对减雨的响应不仅与干旱的强度有关，还受到干旱处理的持续时间的影响（Evans et al.，2011；Kahmen et al.，2005）。有研究指出，适度的水压力使干旱处理持续时间为51d时，植被可以通过分配更多光合产物到根系来提高植被地下生物量（Kahmen et al.，2005），但当干旱处理时间持续达10年后，减雨处理显著降低了植被地下生物量（Evans et al.，2013）。此外，减雨造成的干旱对植被地下生物量无显著影响还可能与减雨在提高地下根系碳分配比例的同时造成根系周转率下降有关（Kimmins et al.，1989；Pietikäinen et al.，2011）。再者，减雨造成的干旱对植被地下生物量无显著影响还与不同地区的气候条件和土壤特征有关（Fiala et al.，2009），虽然以往对于植被地下生物量对降雨变化响应的研究较少，但其中大多数关于植被地下生物量随年降雨量空间变化的研究结果均表明，植被地下生物量随着年降雨量的增加而提高（Zhou et al.，2009），这一研究结论已在草原生态系统（Mcculley et al.，2005）、森林生态系统（Austin et al.，2002）和不同植被群落组成的生态系统（Zhou et al.，2009）的研究中得到了验证。种培芳等（2018）在野外开展的降雨量变化控制试验研究也发现，增雨30%处理显著提高了荒漠红砂植被地下生物量。这一研究结论的产生可能是增雨能有效补充土壤水分，促进了植物根系的生长发育，因而显著提高了植被地下生物量（单立山等，2016）。同时，黄河三角洲湿地地下水为咸水，湿土壤盐度是植被生长发育的重要影响因子（冯忠江等，2008）。因而增雨处理显著提高了湿地植被地下生物量还可能与增雨显著降低湿地土壤盐度，进而促进植被根系生长发育有关。研究表明，植被会为适应土壤水分有效性的变化而改变植物个体的生物量分配策略，进而显著影响陆地生态系统碳循环（董丽佳等，2012；张守仁等，2011）。相对于对照处理，2017年增雨处理均显著提高了湿地植被根冠比，2018年相对于对照40%处理，增雨60%处理显著提高了湿地植被根冠比。这一研究结果与增雨60%显著降低了科尔沁固定沙地植被地上生物量，但显著提高了科尔沁固定沙地植被根冠比的研究结果相一致（Huntington et al.，2006）。研究结果一致性可能与增雨改变了植被的碳分配策略、降低植被地上生物量、促进光合产物向植被地下根系转移有关（Yuan et al., 2010；Hayes et al., 1987）。此外，黄河三角洲湿地土壤有机碳含量高，增雨处理还可能通过刺激土壤有机碳分解、提高根系碳供应、缓解地下根系养分限制而刺激地下根系发育，进而显著提高湿地植被根冠比（Zhou et al., 2009；Xu et al., 2012）。同时，2017年和2018年减雨处理均对植被根冠比无显著影响。但有研究表明，植物根冠比会随着减雨引起干旱胁迫程度的加重而增大（种培芳等，2018）。结果的差异性可能与本研究区年降雨量较大、土壤湿度较高、减雨后水分仍不是植被根系发育的限制因子有关（董丽佳等，2012）。

总体上，增雨可显著提高湿地植被物种多样性、物种丰富度、物种数及叶面积指数，而减雨可显著降低湿地植被物种多样性、物种丰富度、物种数及叶面积指数，这一研究结果表明，增雨显著促进植被的生长发育，相反，减雨显著抑制植被的生长发育，因而湿地降雨量的变化在调节生态系统功能上发挥着重要的作用。此外，增雨和减雨均可显著降低植被地上生物量，而增雨和减雨均可显著提高植被地下生物量，因而增雨和减雨均可显著提高湿地植被根冠比，这一研究结果表明，即使增雨显著提高了植被物种多样性、物种丰富度，但仍可能通过影响植被分布密度而降低植被地上生物量。植被生长发育及生物量是表征生态系统功能对气候变化响应的重要指标，降雨量变化的促进或抑制作用均会显著影响湿地生态系统碳储存和碳循环。研究结果强调了在未来黄河三角洲滨海湿地年降雨量不断变化的气候背景下，探究植被生长发育过程对降雨量变化的响应对黄河三角洲湿地生态系统碳源/汇功能的预测和评估具有重要意义。

6.4 降雨量变化对湿地土壤呼吸的影响

土壤呼吸作用主要指土壤微生物和地下根系代谢产生CO_2的过程（李新鸽等，2018）。研究指出，土壤环境因子和生物因子是影响土壤呼吸的主要因素（Wang et al., 2018b）。而降雨通过改变土壤理化性质及影响植被生长发育对土壤呼吸具有重要作用。较多研究表明，一方面，降雨通过提高土壤湿度、改变土壤透气性、影响土壤微生物群落结构和活性等直接改变土壤呼吸速率（陈荣荣等，2016）；另一方面，降雨通过影响植被生长发育，影响土壤有机碳输入，间接改变土壤呼吸速率（Yoon et al., 2014）。此外，有研究指出，降雨对土壤呼吸的影响还与降雨量大小及研究区土壤特征有关（李新鸽等，2018）。滨海湿地地下水位较浅，地下水为咸水，土壤为砂质黏壤土，干季无降雨，土壤盐渍化，但湿季降雨造成湿地季节性积水。降雨量变化改变土壤水盐运移，对湿地土壤呼吸的影响机制较为复杂，还存在着较多不确定性。本研究基于2017~2018年黄河三角洲湿地土壤呼吸作用和环境因子及生物因子观测资料，分析不同降雨处理下湿地土壤呼吸作用的季节动态和降雨量变化对湿地土壤呼吸的影响，并在分析湿地土壤呼吸与环境因子和生物因子之间相关关系的基础上，探究湿地土壤呼吸对降雨变化响应的规律及内在机制。

2017～2018 年黄河三角洲湿地不同降雨处理的土壤呼吸季节变化趋势一致（图 6.7），受到湿地气候条件和湿地地表淹水的共同影响，具体表现为：2017 年土壤呼吸速率随着生长季气温升高、降雨增多而逐渐升高，5 月中旬达到峰值，由于 6 月中旬湿地逐渐进入淹水期，土壤呼吸受到抑制，土壤呼吸速率迅速下降到最低值，之后在 9 月初随着湿地淹水期结束，土壤呼吸速率逐渐回升，在 9 月中上旬达到第二个峰值，后期随着气温降低、减雨，湿地进入非生长季，土壤呼吸速率逐渐降低，整体上 2017 年不同降雨处理下土壤呼吸季节动态均呈"双峰"变化趋势。2018 年土壤呼吸速率也随着生长季开始逐渐升高，随着生长季结束逐渐降低，但同时由于 2018 年湿地降雨主要集中在生长季中后期，在生长季前期 6～8 月，土壤呼吸速率随着湿地降雨而波动变化，而到生长季 9 月左右，湿地迎来大幅度降雨，湿地进入淹水期，土壤呼吸速率逐渐下降，后期土壤呼吸速率随湿地淹水期结束而逐渐升高的趋势也随着湿地生长季结束而受到抑制，因而 2018 年不同降雨处理下土壤呼吸季节动态由于第二个峰值范围较小而整体上呈"单峰"变化趋势。

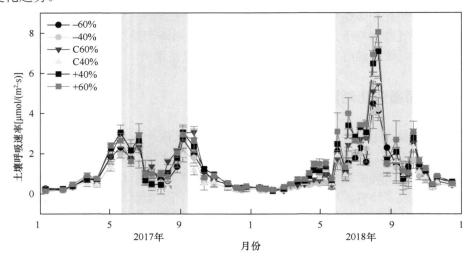

图 6.7　2017～2018 年土壤呼吸季节和年际变化（平均值±标准误差）
阴影代表湿地地表淹水期

利用单因素方差分析对 2017 年和 2018 年不同降雨处理年平均土壤呼吸差异进行分析，结果表明，不同降雨处理显著影响湿地年平均土壤呼吸（$P<0.05$），具

体表现为：2017 年，相对于对照处理，减雨 60%处理使湿地年平均土壤呼吸速率显著降低了 15.9%，而增雨处理对湿地年平均土壤呼吸无显著影响；2018 年，相对于对照处理，减雨 40%处理使湿地年平均土壤呼吸速率显著降低了 25%，而增雨 40%和增雨 60%处理使湿地年平均土壤呼吸速率分别显著提高了 22.9%和 36.7%（图 6.8a、b），这表明 2018 年随着降雨量增加，湿地年平均土壤呼吸速率逐渐升高。由于湿地地表淹水显著抑制土壤呼吸，因此年平均土壤呼吸对不同降雨处理的响应大小可能与淹水期地表淹水显著抑制土壤呼吸有关。本研究进一步对淹水期和非淹水期不同降雨处理的土壤呼吸进行差异分析，结果表明，在淹水期，2017 年和 2018 年不同降雨处理土壤呼吸无显著差异（$P>0.05$）（图 6.8c、d）。而在非淹水期，不同降雨处理显著影响湿地土壤呼吸（$P<0.05$），具体表现为：2017 年，相对于对照处理，减雨 60%处理使湿地土壤呼吸速率显著降低了 14.0%，增雨 40%处理使湿地土壤呼吸速率显著提高了 57.8%，但增雨 40%处理和增雨 60%处理间无显著差异；2018 年，相对于对照处理，减雨 60%和减雨 40%处理使湿地土壤呼吸速率分别显著降低了 12.7%和 26.3%，而增雨 60%和增雨 40%处理使湿地土壤呼吸速率分别显著升高了 36.0%和 21.7%（图 6.8e、f）。上述试验结果表明，在非淹水期，随着降雨量的增加，湿地土壤呼吸速率逐渐提高，并且土壤呼吸对降雨处理的响应随处理年份的增加而逐渐增强。

由于湿地淹水期地表淹水显著抑制土壤呼吸，因此淹水期土壤呼吸主要受地表淹水环境因素的影响，因而通过对 2017 年和 2018 年非淹水期各降雨处理下土壤呼吸与土壤温度进行回归分析。试验结果表明，2017～2018 年黄河三角洲湿地非淹水期不同降雨处理下土壤温度均显著影响土壤呼吸，非淹水期不同降雨处理下土壤呼吸速率与土壤温度呈显著指数相关关系（图 6.9a、b），不同降雨处理的土壤呼吸速率随着土壤温度的升高呈指数增加（$P<0.001$）。同时 2017～2018 年湿地不同降雨处理的土壤呼吸 Q_{10} 也差异明显，具体表现为：在 2017 年非淹水期，相对于对照处理，增雨 60%处理和增雨 40%处理使湿地土壤呼吸 Q_{10} 分别显著提高了 12.6%和 15.7%，表明 2017 年增雨显著提高了湿地土壤呼吸 Q_{10}。2018 年非淹水期湿地土壤呼吸 Q_{10} 也随着降雨量的增加而逐渐升高，具体表现为：增雨 60%（3.06）>增雨 40%（3.03）>对照 40%（2.75）>对照 60%（2.69）>减雨 40%（2.53）>减雨 60%（2.36）。相对于对照处理，增雨 60%处理和增雨 40%处理使湿地土壤呼吸 Q_{10} 分别显著提高了 13.8%和 10.2%，减雨 60%处理和减雨 40%处理使湿地土壤呼吸 Q_{10} 分别显著降低了 12.3%和 8%，这表明 2018 年增雨显著提高了湿地土壤呼吸 Q_{10}，而减雨显著降低了湿地土壤呼吸 Q_{10}。此外，试验结果也表明，2017 年和 2018 年黄河三角洲湿地非淹水期不同降雨处理下土壤盐度也显著影响土壤呼吸（图 6.9c、d）。对 2017 年湿地非淹水期不同降雨处理的土壤呼吸速率与土壤盐度进行线性回归分析，结果表明，2017 年减雨 60%处理和减雨 40%

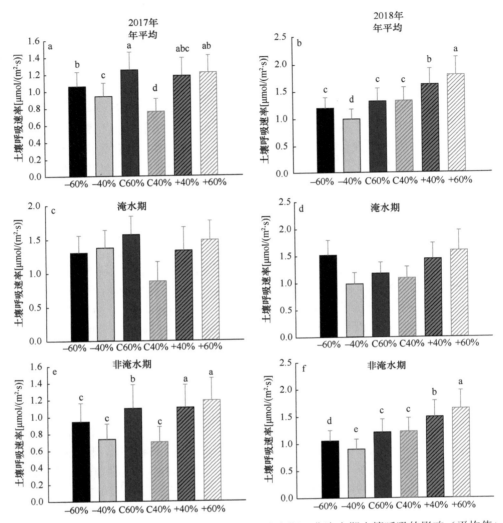

图 6.8 2017~2018 年降雨处理对湿地年平均、淹水期、非淹水期土壤呼吸的影响（平均值±标准误差）

不同字母表示差异显著（$P<0.05$）

处理的土壤呼吸速率均与土壤盐度呈显著线性负相关关系（$P<0.001$）。对 2018 年湿地非淹水期不同降雨处理的土壤呼吸速率与土壤盐度进行回归分析，结果表明，2018 年减雨 60%处理和减雨 40%处理的土壤呼吸速率均与土壤盐度呈显著指数负相关关系（$P<0.001$）。而 2017 年和 2018 年增雨 40%、增雨 60%处理和对照 40%、对照 60%处理的土壤呼吸速率与土壤盐度均无显著相关关系。试验结果表明，提高土壤盐度显著抑制湿地土壤呼吸，并且减雨造成的干旱胁迫会显著加剧湿地土壤盐度对土壤呼吸的抑制作用。

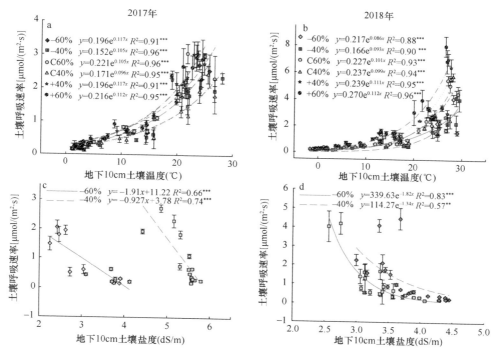

图 6.9　2017～2018 年非淹水期不同降雨处理下土壤呼吸分别与土壤温度（a、b）、土壤盐度（c、d）的关系（平均值±标准误差）

表示 $P<0.01$，*表示 $P<0.001$

黄河三角洲湿地由于地下水位较浅，土壤类型主要为砂质黏壤土，因而夏季雨季来临时易形成季节性淹水。同时根据湿地季节性淹水显著抑制土壤呼吸的试验结果，本研究探究了湿地淹水期土壤呼吸与地表水深之间的关系。试验结果表明，2017 年 7 月 27 日至 8 月 17 日湿地各降雨处理的土壤呼吸速率均随地表水深的增加而逐渐降低（图 6.10a），且土壤呼吸速率与地表水深呈显著线性负相关关系（$P<0.05$），但相关系数（0.2414）较低。而 2018 年的试验结果却表明，淹水期湿地各降雨处理的土壤呼吸速率均随地表水深的增加而逐渐升高（图 6.10b），且土壤呼吸速率与地表水深呈显著线性正相关关系（$P<0.001$），而且两者的相关系数（0.736）较高。

本研究对 2017 年和 2018 年不同降雨处理的湿地土壤呼吸与植被地上生物量、地下生物量和叶面积指数进行了相关分析。结果发现，对于植被地上生物量，2017 年年平均土壤呼吸速率随着地上生物量的增加而逐渐降低，即年平均土壤呼吸速率与植被地上生物量呈显著线性负相关关系（$P<0.05$），植被地上生物量解释了湿地年平均土壤呼吸速率变化的 67.6%（图 6.11a）。2018 年年平均土壤呼吸速率与植被地上生物量之间无显著相关关系（图 6.11b）（$P>0.05$）。对于植被地下生物量

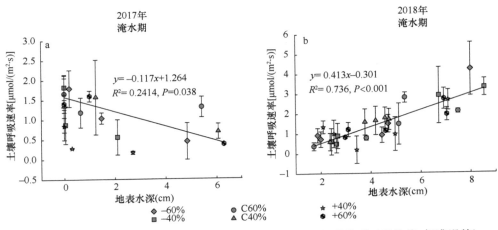

图 6.10 2017~2018 年湿地淹水期土壤呼吸与地表水深之间的关系（平均值±标准误差）

而言，2017 年年平均土壤呼吸速率随着植被地下生物量的增加而逐渐升高，但年平均土壤呼吸速率与植被地下生物量之间无显著相关关系（图 6.11c）（$P>0.05$）。2018 年年平均土壤呼吸速率也随着植被地下生物量的增加而逐渐升高，并且土壤呼吸速率与植被地下生物量之间呈显著线性负相关关系（$P=0.05$），植被地下生物量解释了湿地年平均土壤呼吸速率变化的 82.6%（图 6.11d）。同时本研究也对 2017 年和 2018 年不同降雨处理的年平均土壤呼吸速率与植被覆盖度（以叶面积指数表示）进行了相关分析。对于植被覆盖度，2017 年年平均土壤呼吸速率随植被覆盖度的增加而逐渐升高，年平均土壤呼吸速率与植被覆盖度呈显著线性正相关关系（$P<0.05$），植被覆盖度解释了湿地年平均土壤呼吸速率变化的 80.7%（图 6.11e）。2018 年年平均土壤呼吸速率也随植被覆盖度的增加而逐渐升高，年平均土壤呼吸速率与植被覆盖度呈显著线性正相关关系（$P<0.05$），植被覆盖度解释了湿地年平均土壤呼吸速率变化的 82.6%（图 6.11f）。此外，结合上述植被生长各指标和植被生物量对不同降雨处理的响应可以看出，随着降雨量增加，植被地下生物量和植被覆盖度逐渐增大，湿地年平均土壤呼吸速率也逐渐升高。

之前的研究证明，降雨对植被生长发育（Schwinning et al.，2004）和微生物群落结构及活动（Zhao et al.，2016）具有十分重要的作用。而增雨处理能为植被生长发育提供更多的可利用水分，从而显著促进植被生长发育和提高微生物活性（Reynolds et al.，2004），减雨处理通过加重植被生长发育水分利用的限制性，从而显著抑制植被生长发育和降低微生物活性（Evans et al.，2011）。对湿地土壤呼吸分别与土壤温度和土壤盐度的回归分析发现，增雨处理可以通过增加土壤水分、显著降低土壤温度（Nielsen et al.，2015）和土壤盐度（肖波等，2017）等直接影响湿地土壤呼吸，而减雨处理可以通过降低土壤水分、显著提高土壤温度（Nielsen

第6章 降雨量变化对黄河三角洲非潮汐湿地生态系统土壤碳排放的影响

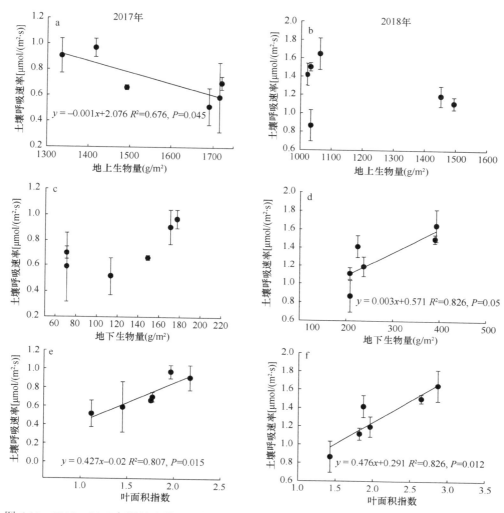

图6.11 2017~2018年湿地土壤呼吸与植被地上生物量（a、b）、地下生物量（c、d）、叶面积指数（e、f）之间的关系（平均值±标准误差）

et al.，2015）和土壤盐度（肖波等，2017）等直接抑制湿地土壤呼吸。此外，在增雨处理下，湿地土壤呼吸随着植被覆盖度和植被地下生物量的增加而逐渐提高，表明增雨处理可以通过提高湿地植被物种多样性、物种丰富度、植被覆盖度（Ru et al.，2018）和地下生物量（Austin et al.，2002）等间接途径显著促进湿地土壤呼吸。而在减雨处理下，湿地土壤呼吸随着植被覆盖度和植被地下生物量的下降而逐渐减弱，表明减雨处理可以通过降低湿地植被物种多样性、物种丰富度、植被覆盖度（Ru et al.，2018）和地下生物量（Austin et al.，2002）等间接途径显著抑制湿地土壤呼吸。

以往较多的研究表明，增雨处理能通过改善土壤水分条件显著促进土壤呼吸（Nielsen et al.，2015；Yan et al.，2013）。本研究也发现，非淹水期增雨处理能显著促进湿地土壤呼吸，与中国西北地区荒漠草原（Zhang et al.，2018）、美国田纳西州地区柳枝稷草原（Yu et al.，2017）土壤呼吸速率随着降雨量的增加而升高的研究结果相一致。但以往也有研究发现，增雨处理对土壤呼吸无显著影响。例如，在中国南部亚热带森林，雨季增雨处理对阔叶林和针阔混交林的土壤呼吸无显著影响（Jiang et al.，2013），旱季增雨相对于雨季更能促进土壤呼吸。同时在中国西北温带草原地区，增雨15%处理对土壤呼吸也无显著影响（Huang et al.，2015）。此外，也有研究表明，土壤呼吸速率会随着降雨量的增加而降低，即增雨处理抑制了土壤呼吸（董丽佳等，2015；邓琦等，2009），例如，在中国南亚热带地区，模拟高强度降雨明显抑制了森林土壤呼吸（邓琦等，2009）。这些研究结果不仅指出增雨处理对土壤呼吸的影响与先前土壤水分状态有关，同时还表明增雨对土壤呼吸的影响存在一定的阈值。在降雨阈值范围内，一方面增雨处理通过提高土壤含水量（金冠一等，2013）、提高土壤微生物活性和植物根系活性（刘涛等，2012；Fierer et al.，2003）、促进土壤孔隙中 CO_2 的排放（West et al.，1989）等途径显著促进土壤呼吸；另一方面增雨处理通过使更多雨水填充土壤孔隙从而置换土壤中的 CO_2（West et al.，1989）、促进土壤无机碳酸盐分解（肖波等，2017）等增加土壤 CO_2 排放。同时增雨还通过进一步破坏土壤团粒结构释放有机物、促进微生物细胞溶解和释放胞内有机物、瞬间提高土壤水势造成微生物死亡等来为土壤微生物呼吸提供更多的呼吸底物（Yang et al.，2011；Collins et al.，2012），从而提高微生物呼吸速率。此外，滨海湿地长时间的增雨处理不仅能显著降低土壤盐度、缓解土壤微生物和根系盐胁迫（董丽媛等，2012）、提高微生物和植物根系活性，同时还能通过促进植被生长发育、增强植被光合作用、提高光合产物在根系的分配（Liu et al.，2014）、影响根系发育和周转，进而显著促进土壤微生物和植物根系呼吸（Liu et al.，2014）。而在降雨阈值范围外，增雨会通过降低土壤透气性，使土壤形成厌氧环境，显著抑制根系和微生物新陈代谢对 O_2 的利用（董丽媛等，2012），同时显著影响 CO_2 和 O_2 在土壤中的传输，进而抑制土壤呼吸。另外也有研究表明，增雨处理能通过显著降低土壤温度而提高土壤呼吸速率（Nielsen et al.，2015），非淹水期湿地土壤呼吸速率与土壤温度呈指数正相关关系，同时相关性随着降雨量的增加而逐渐提高的研究结果进一步验证了这一观点。有研究表明，减雨能通过加重微生物和根系的干旱胁迫显著抑制土壤呼吸（Fay et al.，2003）。也有研究表明，减雨显著抑制湿地土壤呼吸，且土壤呼吸对减雨处理的响应随着年份的增加而逐渐增强。这一研究结果与国内外大多数学者的研究结果相一致。例如，在中国西北地区，减雨40%处理和减雨60%处理均显著降低了半干旱草甸的土壤呼吸速率。在美国 Kanza 高草草原，减雨70%处理使季节平均土壤呼吸速率降低了 8%（Cleveland et al.，2010）。同时也有研究指出，在中国西南西双版纳地区，减雨 25%处理和减雨 50%处理均显著提高了热带森林土壤呼吸速率（Jassal et al.，2008）。也有研究表明，在中国南北过渡带地区和西北荒漠地区，减雨处理均对土壤呼吸无显著影响（任艳林等，2012）。这些研究结果表明，减雨处理对土壤呼吸的影响不仅受到减雨量大小的影响，还与降雨前土壤的水分条件有关。在土壤干旱或湿润条件下，一方面减雨处理通过造成土壤干旱胁迫、减少土壤微生物呼吸底物来源、提高土壤盐度、抑制土壤微生物活性、改变土壤微生物群落结构（刘彦春等，2016），显著降低土壤微生物呼吸速率；另一方面减雨处理通过提高土壤盐度，对植被造成干旱和盐胁迫，抑制植被生长发育，改变植被群落结构，减少光合产物向根际的转移，降低土壤根系呼吸速率（Cleveland et al.，2010）。非淹水期两种减雨处理下湿地土壤呼吸速率与土壤盐度均呈显著负相关关系的研究结果进一步证明了这一结论。在土壤湿度较高的条件下，适当减雨不足以对土壤微生物和植物根系造成干旱胁迫，因而对植被发育和微生物活性产生的影响较小，对土壤呼吸也无显著影响（任艳林等，2012）。当大幅度减雨时，减雨处理对生态系统造成的干旱胁迫会抑制植被生长发育，降低土壤微生物和植物根系活性，进而显著抑制土壤呼吸（Nielsen et al.，2015）。而在土壤含水量处于饱和或过饱和的条件下，减雨处理能通过改善土壤透气性、提高土壤温度（刘彦春等，2016；Hartmann et al.，2012），进而提高微生物和植物根系酶活性（Harper et al.，2005；Jiang et al.，2013），因而减雨能显著促进土壤呼吸。

本研究结果表明，随着降雨量增加，非淹水期土壤呼吸 Q_{10} 逐渐增大。这与在中国南北气候过渡带地区增雨 50%（Q_{10}=4.07）相对于对照（Q_{10}=2.66）显著提高了锐齿栎林土壤呼吸 Q_{10}（刘彦春等，2016）的研究结果相一致，同时增雨处理也显著提高了北京樟子松人工林土壤呼吸 Q_{10}（任艳林等，2012）。但也有研究指出，增雨处理提高土壤水分会显著降低土壤呼吸 Q_{10}。例如，土壤水分过高显著降低了中国东北森林土壤呼吸 Q_{10}（李娜等，2017），同时在黄河三角洲地区，非生长季湿地土壤呼吸 Q_{10} 明显高于生长季（Han et al.，2018）。这表明在适宜的范围内，增雨提高土壤水分会显著提高土壤呼吸 Q_{10}，但增雨导致土壤水分过高时显著降低土壤呼吸 Q_{10}（康文星等，2008）。同时本研究结果表明，随着降雨量的减少，非淹水期土壤呼吸 Q_{10} 逐渐降低，这与 Jassal 等（2008）对美国西海岸冷杉林的研究发现土壤水分处于亏损状态导致土壤呼吸 Q_{10} 明显低于 2 的研究结果相一致。2017 年增雨处理的湿地非淹水期土壤呼吸 Q_{10} 均明显高于对照处理，2018 年湿地非淹水期土壤呼吸 Q_{10} 也随着降雨量的增加而逐渐升高。2017 年减雨处理对湿地非淹水期土壤呼吸 Q_{10} 无显著影响，2018 年减雨处理明显降低了湿地非淹水期土壤呼吸 Q_{10}，即土壤呼吸 Q_{10} 随着降雨量的减少而逐渐降低。有研究表明，一方面，增雨处理通过提高土壤水分减小气体扩散阻力，从而增大土壤微生物呼吸底物与细胞外酶的接触面积（Mcintyre et al.，2009），同时增雨通过进一步破坏土壤团粒结构释放有机物、促进微生物细胞溶解和释放胞内有机物（Mcintyre et al.，2009；Huxman et al.，2004）等为微生物提供更多呼吸底物，从而促进微生物呼吸；另一方面，增雨处理通过促进植被生长发育，向根系转移更多光合产物，促进根系新陈代谢，进而促进根系呼吸（Han et al.，2014；Inglett et al.，2012），显著提高湿地土壤呼吸 Q_{10}。同时有研究指出，一方面，减雨处理通过降低土壤水分增大气体扩散阻力，从而减小土壤微生物呼吸底物与细胞外酶的接触面积，同时减雨通过减少土壤团粒结构破坏等释放有机物、抑制微生物细胞溶解和释放胞内有机物（Mcintyre et al.，2009；Huxman et al.，2004）等为微生物提供较少的呼吸底物，从而抑制微生物呼吸；另一方面，减雨处理通过提高土壤盐度，抑制植被生长发育，向根系转移较少光合产物，抑制根系新陈代谢，进而抑制根系呼吸（Yoon et al.，2014；Liu et al.，2015），显著降低湿地土壤呼吸 Q_{10}。此外，土壤呼吸 Q_{10} 随土壤水分降低而逐渐降低还与干旱胁迫使得土壤表层枯枝落叶等较为干燥、不易分解，减少有机凋落物向深层土壤的转移，进而使土壤呼吸底物供应减少有关（Davidson et al.，2010；Wang et al.，2006）。

2017 年和 2018 年地表淹水均显著抑制了湿地土壤呼吸，导致湿地 2017 年土壤呼吸季节动态呈现"双峰"变化趋势，同时推迟了 2018 年土壤呼吸季节变化峰值出现的时间，这一研究结果与陈亮等（2016）在该地区对土壤呼吸日动态的研究结果相一致，黄河三角洲地表淹水使土壤呼吸日动态呈多峰变化规律，并且使湿地土壤呼吸日动态峰值推迟了 4h。此外，有研究指出，降雨造成土壤饱和或淹水引起土壤从有氧状态转变为无氧状态，进而使土壤呼吸速率呈现先降低后升高的变化趋势（Batson et al.，2015）。

有研究发现，2017 年不同降雨处理土壤呼吸与地表水深呈线性负相关关系，而在 2018 年不同降雨处理土壤呼吸与地表水深呈线性正相关关系，并且 2018 年相关系数大于 2017 年。较多研究表明，当土壤湿度较大时，降雨会使土壤迅速达到饱和或淹水状态，进而显著抑制土壤呼吸。例如，有研究指出，在湖泊、沼泽和草甸洼地生态系统，从边缘到中心，土壤呼吸速率随着淹水深度的增加而逐渐降低（朱敏等，2013；Bubier et al.，2003）。以上研究结果表明，降雨显著抑制湿地土壤呼吸可能存在以下几种机制：首先，降雨造成地表淹水，雨水可填满土壤孔隙，限制 O_2 进入土壤，进而降低土壤微生物对 O_2 的利用率，影响微生物活性，从而抑制土壤微生物呼吸（Jimenez et al.，2012；Mcnicol et al.，2014）。其次，降雨造成的地表淹水导致土壤处于厌氧环境，使得植被从有氧代谢向效率较低的无氧发酵转换，进而抑制地下根系的新陈代谢，从而抑制植物根系呼吸（Bailey et al.，2008）。再次，降雨造成的地表淹水使得土壤呼吸产生的一部分 CO_2 溶解到水中，显著抑制了 CO_2 从土壤向大气中的排放（Fa et al.，2015）。再者，降雨造成的地表淹水会通过淹没部分植株或全部植株，减少植被有效的光合面积，减弱植被光合作用（Sairam et al.，2008），同时地表淹水的浑浊度会显著降低植被叶片对光的利用率，进而减少光合产物在地下根系的分配，降低植被根系呼吸速率（Han et al.，2014；Mcnicol et al.，2014；Bartholomeus et al.，2011）。此外，降雨造成的地表淹水还能通过显著降低土壤温度，抑制土壤微生物和植物根系活性，进而显著抑制土壤微生物和植物根系呼吸（Hidding et al.，2014）。最后，降雨造成的地表淹水还通过增大气体扩散阻力，降低土壤呼吸产生的 CO_2 排放速率，抑制 CO_2 向大气中的扩散（Hidding et al.，2014；Rochette et al.，1991）。而当降雨造成的地表淹水退去时，土壤水分含量逐渐降低，土壤的通气状况得到改善，土壤微生物和植物根系的 O_2 利用率增加（Zhang et al.，2015），土壤呼吸速率逐渐回升（Batson et al.，2015）。2017 年湿地土壤呼吸速率与地表水深成反比，但 2018 年湿地土壤呼吸速率与地表水深成正比，研究结果的差异可能与降雨造成的地表淹水增加了地表凋落物有关（孟伟庆等，2015）。随着降雨处理年份增加，湿地地表凋落物增多，当增加的地表凋落物较多时，湿地土壤呼吸速率随地表水深的增加而降低的趋势受到微生物呼吸底物增加的影响，因而湿地土壤呼吸速率与地表水深成正比。

2017 年减雨 60%处理显著降低了湿地年平均土壤呼吸速率，2018 年增雨处理显著提高了湿地年平均土壤呼吸速率，而减雨 40%处理显著降低了湿地年平均土壤呼吸速率。同时，在非淹水期，2017 年和 2018 年湿地土壤呼吸速率均随降雨量的增加而逐渐升高。研究结果表明，湿地淹水期地表淹水显著抑制土壤呼吸从而降低年平均土壤呼吸对降雨处理的响应。同时在非淹水期，湿地土壤呼吸速率与土壤盐度负相关，这表明在滨海湿地生态系统，增雨处理可以通过显著降低土壤盐度刺激土壤呼吸，相应地，减雨处理通过提高土壤盐度，加重土壤干旱和盐胁迫，显著抑制湿地土壤呼吸。此外，湿地年平均土壤呼吸速率与植被地下生物量和覆盖度正相关，这表明增雨处理还通过增加植被根系生物量和植被覆盖度显著促进土壤呼吸，相应地，减雨处理通过减少植被根系生物量和植被覆盖度显著抑制土壤呼吸。

土壤呼吸作为陆地生态系统碳循环的重要组成部分，是表征生态系统碳循环对气候变化响应的重要指标。降雨量变化对土壤呼吸的促进或抑制作用均会显著影响湿地生态系统土壤碳储存和碳循环。研究结果强调了在未来黄河三角洲湿地年降雨量不断变化的气候背景下，湿地环境因子和植被生物因子在土壤呼吸对降雨量变化响应中具有重要作用。

6.5 降雨量变化对湿地土壤 CH_4 排放的影响

CH_4 是大气中重要的温室气体，其全球增温潜势是 CO_2 的 22 倍，同时大气中

CH_4 浓度每年还以 0.6%的速率增长（黄国宏等，2001），因而大气 CH_4 浓度变化问题备受关注。有研究表明，湿地土壤 CH_4 排放是大气 CH_4 的主要来源，占全球 CH_4 排放的 40%～50%（Elberling et al.，2011）。同时，湿地土壤水分变化是土壤 CH_4 产生的主要原因。例如，有研究指出，土壤 CH_4 排放通量波动是由于土壤水分条件提高了产甲烷菌的活性，当水位上升接近泥炭层时，CH_4 排放通量就会增加（黄国宏等，2001；Wang et al.，1995；牟长城等，2009），甚至当湿地处于常年积水状态时，土壤碳排放以 CH_4 排放为主（郝庆菊等，2004；Elberling et al.，2011）。此外，也有研究表明，湿地土壤 CH_4 排放量随着地表淹水深度的增大而逐渐升高（姚允龙等，2017）。因而，降雨变化改变湿地土壤湿度及湿地水文状况会显著影响湿地土壤 CH_4 排放。本节基于 2018 年黄河三角洲湿地土壤 CH_4 排放和环境因子及生物因子观测资料，分析不同降雨处理下湿地土壤 CH_4 排放的季节动态和降雨量变化对湿地土壤 CH_4 排放的影响，并在分析湿地土壤 CH_4 排放与环境因子和生物因子之间相关关系的基础上，探究湿地土壤 CH_4 排放对降雨变化响应的规律及内在机制。

由于黄河三角洲湿地淹水期与非淹水期土壤 CH_4 排放量差距较大，同时淹水期湿地土壤 CH_4 排放主要受地表淹水影响，因而将湿地土壤 CH_4 排放分为淹水期土壤 CH_4 排放和非淹水期土壤 CH_4 排放。2018 年黄河三角洲湿地非淹水期土壤 CH_4 排放受到湿地降雨的影响，季节变化趋势一致（图 6.12a），具体表现为：非淹水期土壤 CH_4 排放量随着湿地降雨而逐渐增加，同时随着降雨的增多，土壤 CH_4 排放量也升高。整体上 2018 年不同降雨处理下土壤 CH_4 排放量随着降雨量的季节变化呈"波动"趋势变化。

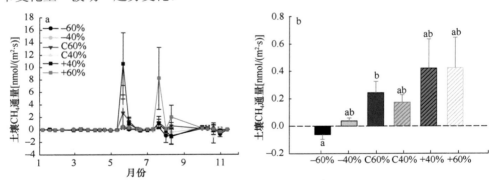

图 6.12　2018 年非淹水期土壤 CH_4 排放季节变化（a）及降雨处理对土壤 CH_4 排放的影响（平均值±标准误差）（b）

不同字母表示差异显著（$P<0.05$）

利用单因素方差分析对 2018 年非淹水期不同降雨处理平均土壤 CH_4 排放差异进行分析，结果表明，不同降雨处理显著影响湿地年平均土壤 CH_4 排放（$P<0.05$）

(图 6.12b)，具体表现为：2018 年，相对于对照处理，减雨 60%处理使非淹水期湿地平均土壤 CH_4 排放量显著降低了 125%，同时，随着降雨量增加，非淹水期湿地平均土壤 CH_4 排放量逐渐升高，但增雨处理对非淹水期湿地平均土壤 CH_4 排放无显著影响。

由于淹水期湿地土壤 CH_4 排放主要受地表淹水环境因素的影响，因而仅对 2018 年非淹水期各降雨处理下土壤 CH_4 排放与土壤湿度进行回归分析。试验结果表明，除了减雨处理，2018 年非淹水期不同降雨处理下土壤湿度均显著影响湿地土壤 CH_4 排放，二者呈显著线性相关关系（图 6.13a），不同降雨处理的土壤 CH_4 排放量随着土壤湿度的升高呈线性增加（$P<0.01$），并且随着湿地降雨量的增加，非淹水期土壤 CH_4 排放量随土壤湿度改变的变化量越大。此外，试验结果也表明，2018 年非淹水期不同降雨处理下土壤盐度也显著影响湿地土壤 CH_4 排放（图 6.13b）。对 2018 年湿地非淹水期不同降雨处理的土壤 CH_4 排放量与土壤盐度进行线性回归分析，结果表明，2018 年非淹水期不同降雨处理下湿地土壤 CH_4 排放量与土壤盐度呈显著线性负相关关系（$P<0.05$），即提高土壤盐度显著抑制了湿地土壤 CH_4 排放。

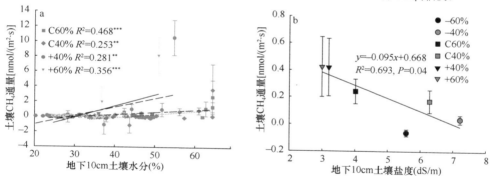

图 6.13　2018 年非淹水期不同降雨处理下土壤 CH_4 排放与土壤湿度（a）、土壤盐度（b）的关系（平均值±标准误差）

表示 $P<0.01$，*表示 $P<0.001$

黄河三角洲湿地由于地下水位较浅，土壤类型主要为砂质黏壤土，因而夏季雨季来临时易形成季节性淹水。根据上述降雨显著促进湿地土壤 CH_4 排放，并且随着降雨增多，土壤 CH_4 排放量逐渐升高的试验结果，本研究探究了土壤 CH_4 排放与影响湿地淹水期土壤 CH_4 排放的主要因素地表水深之间的关系。试验结果表明，2018 年淹水期湿地各降雨处理土壤 CH_4 排放量均随地表水深的增加而增大（图 6.14），且土壤 CH_4 排放量与地表水深之间呈显著指数正相关关系（$P<0.001$）。

本研究对 2018 年不同降雨处理的湿地土壤 CH_4 排放与植被地下生物量进行了相关分析，结果表明，湿地土壤 CH_4 排放量随着地下生物量的增加而逐渐升高，二者呈显著线性正相关关系（$P<0.05$）。2018 年植被地下生物量解释了湿地土壤

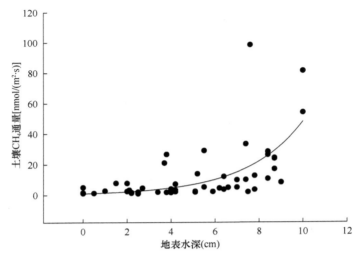

图 6.14 2018 年湿地淹水期土壤 CH_4 排放量与地表水深之间的关系

CH_4 排放量变化的 73.3%（图 6.15a）。同时本研究也对 2018 年不同降雨处理的湿地土壤 CH_4 排放与植被覆盖度（以叶面积指数表示）进行了相关分析。结果表明，湿地土壤 CH_4 排放量随植被覆盖度的增加而逐渐升高，二者呈显著线性正相关关系（$P<0.05$）。2018 年植被覆盖度解释了湿地土壤 CH_4 排放量变化的 73.5%（6.15b）。此外，结合上述植被生长各指标和植被生物量对不同降雨处理的响应可以看出，随着降雨量增加，植被地下生物量和植被覆盖度逐渐增加，湿地土壤 CH_4 排放量也逐渐升高。

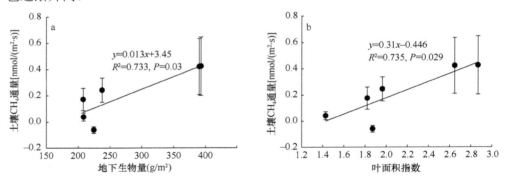

图 6.15 2018 年土壤 CH_4 排放量与植被地下生物量（a）、叶面积指数（b）之间的关系（平均值±标准误差）

之前的研究证明，降雨通过改变土壤水分条件显著影响植被生长发育（牟长城等，2009）。因而增雨处理能通过为植被生长发育提供更多的可利用水分，从而显著促进植被生长发育（Reynolds et al., 2004），而减雨处理通过加重土壤水分胁迫，从而显著抑制植被生长发育（Evans et al.，2011）。对湿地土壤 CH_4 排放量与土壤湿度和土壤盐度的回归分析发现，减雨处理可以通过降低土壤水分、显著提高土壤盐度等直接抑制湿地土壤 CH_4 排放（陈亮等，2017）。此外，在减雨处理下，湿地土壤 CH_4 排放量随着植被覆盖度和植被地下生物量的下降而逐渐降低，表明减雨处理可以通过降低湿地植被覆盖度和植被地下生物量（Cheng et al.，2007）等间接途径显著抑制湿地土壤 CH_4 排放。研究表明，一方面降雨能通过使土壤处于厌氧状态，刺激产甲烷菌等微生物厌氧分解产生 CH_4，另一方面降雨通过刺激植被生长发育，促进植被固定更多的碳，并将更多的碳（光合作用，然后浸出，根周转和碎屑输入）分配到土壤中，为微生物厌氧分解提供更多有机产物，促进土壤 CH_4 的产生（Olefeldt et al.，2017）。因而减雨处理能通过加重干旱胁迫、抑制植被生长发育等显著抑制土壤 CH_4 排放。研究结果还表明，减雨显著降低了湿地土壤 CH_4 排放量。这一研究结果与美国阿拉斯加泥炭地湿地干季土壤 CH_4 排放量显著降低的研究结论相一致（Olefeldt et al.，2017）。这些研究结果表明，减雨处理不仅通过改善土壤通气状况，减少土壤 CH_4 的产生，同时造成 CH_4 在传输过程中的氧化（Chowdhury et al.，2011），还通过造成土壤干旱胁迫、提高土壤盐度、抑制土壤微生物活性、改变土壤微生物群落结构（刘彦春等，2016），对植被造成干旱和盐胁迫，来抑制植被生长发育，减少光合产物向根际的转移，减少产甲烷菌厌氧分解的有机底物（杨红霞等，2007）。非淹水期不同降雨处理下湿地土壤 CH_4 排放量与土壤盐度呈显著负相关关系，以及土壤 CH_4 排放量与植被地下生物量和植被覆盖度呈显著正相关的研究结果进一步证明了这一结论。

2018 年地表淹水显著促进了湿地土壤 CH_4 排放，同时湿地土壤 CH_4 排放量随着地表水位的升高而增加，这一研究结果与淡水湿地地表淹水 2～14cm 时，土壤 CH_4 排放量与地表水位正相关的研究结果相一致（杨红霞等，2007）。同时，有研究表明，滨海湿地土壤盐度较高，与季节性淹水的淡水湿地相比，土壤 CH_4 排放可能存在差异（李海防等，2007）。但也有研究指出，在闽江河口地区，2007 年土壤 CH_4 排放量随着高潮水位的升高而逐渐增加，而在 2008 年和 2009 年，潮汐水位变化对湿地土壤 CH_4 排放无显著影响甚至降低了湿地土壤 CH_4 排放量（黄国宏等，2001）。

2018 年不同降雨处理下湿地土壤 CH_4 排放量与地表水深呈指数正相关关系。较多研究表明，当土壤湿度较高时，降雨会使土壤迅速达到饱和或淹水状态，进而显著影响湿地土壤 CH_4 排放。例如，在三江平原湿地，长期淹水的毛果苔草沼泽的土壤 CH_4 排放量远远大于地表长期湿润但不淹水的灌丛（郝庆菊等，2004），同时在三江平原小叶章湿地的研究中也发现，土壤 CH_4 排放量随着地表水深的增加而逐渐升高（姚允龙等，2017）。以上研究结果表明，降雨造成的地表淹水通过使土壤处于厌氧状态显著促进了湿地土壤 CH_4 排放，降雨造成的地表淹水对土壤

CH_4 排放的影响可能存在以下几种机制：①降雨造成的地表淹水使土壤处于厌氧状态，有利于有机物厌氧分解，提高产甲烷菌的活性，增强产甲烷菌分解有机碳产生 CH_4 的能力，从而促进土壤 CH_4 的排放（黄国宏等，2001）；②降雨造成的地表淹水使土壤处于厌氧状态，显著降低土壤氧化还原电位，从而有利于产甲烷菌分解有机物产生 CH_4（郝庆菊等，2004；黄国宏等，2001）；③降雨造成的地表淹水淹没低植株，有利于有机物向土壤深层转移，增加产甲烷菌分解作用的有机底物，有利于 CH_4 的产生（李海防等，2007）；④降雨造成的地表淹水使土壤处于厌氧状态，导致土壤氧化层变薄，从而显著减少传输过程中 CH_4 的氧化（宋长春等，2004）；⑤降雨造成的地表淹水降低土壤温度，影响产甲烷菌微生物的酶活性，进而减少土壤 CH_4 的产生（宋长春等，2004）；⑥降雨造成的地表淹水淹没部分植株，进而减少植被有效光合面积，减少光合产物在根系的分配，导致根际分泌有机物的能力降低，减少有机物来源，从而减少产甲烷菌分解有机碳产生的 CH_4（郝庆菊等，2004）；⑦降雨造成的地表淹水降低 CH_4 气泡扩散速率，同时促进 CH_4 在水体传输过程中被氧化（黄国宏等，2001）；⑧降雨造成的地表淹水降低土壤盐度，降低土壤中 SO_4^{2-} 浓度，抑制 CH_4 生成过程，进而提高土壤 CH_4 排放量（袁晓敏等，2019）。

2018 年减雨处理降低了湿地非淹水期土壤 CH_4 排放量，同时显著促进淹水期土壤 CH_4 排放。此外，在非淹水期，湿地土壤 CH_4 排放量与土壤盐度负相关，表明在滨海湿地生态系统，减雨处理可以通过提高土壤盐度抑制湿地土壤 CH_4 排放。相应地，减雨处理通过提高土壤盐度，加重土壤干旱和盐胁迫，显著抑制湿地土壤呼吸。此外，湿地土壤 CH_4 排放量与植被地下生物量和植被覆盖度正相关，表明减雨处理还通过降低植被根系生物量和植被覆盖度显著降低土壤 CH_4 排放量。与之前其他的研究结论相一致，降雨量变化在调节陆地生态系统土壤碳循环的过程中具有十分重要的作用。

6.6 降雨对土壤呼吸的抑制机制

6.6.1 长期定位观测平台

位于渤海南岸和莱州湾西部的黄河三角洲是海陆交互作用最活跃的地区之一。自 1855 年以来，黄河改道 10 次以上，并创造了 2500 多平方千米的新湿地。由于海拔低（通常在 10m 以下）且靠近海域，黄河三角洲的水文特征受淡水与海水及地下水与地表水之间相互作用的影响（Cui et al.，2009）。该区域地下水受潮汐过程和黄河径流的影响，地下水位较浅，平均深度为 1.1m（Fan et al.，2012），同时矿化水平较高，平均矿化度为 30.1g/L（Yang et al.，2009；Luan and Deng，2013）。该地区属于暖温带大陆性季风气候，四季分明，夏季多雨，年平均温度 12.9℃，最低和最高日均温度分别为 1 月的–2.8℃和 7 月的 26.7℃，年平均降雨量约 560mm，70%的降雨集中在 7～9 月。因此，在该区域经常观察到暴雨事件造成的地表淹水现象。在干旱季节（4～6 月），由于强烈的蒸发作用，浅层地下水中的水和可溶性盐表聚输至根部区域，因此表层土的水分和盐分相对较高。通常，黄河三角洲湿地的土壤类型从潮汐土到盐渍土逐渐过渡，土壤质地主要是沙质黏壤土（Nie et al.，2009）。研究地点位于中国科学院黄河三角洲滨海湿地生态试验站（37.75°N，118.98°E）。该地区植被覆盖相对均匀，芦苇为优势种群，其他相关物种包括盐地碱蓬、柽柳、白茅和碱蒿。在生长旺盛期（7 月初至 8 月中旬），植被的最大冠层高度可以达到 1.7m，而封闭指数为 0.3～0.8（Han et al.，2015）。4 月中旬至 11 月中旬为滨海湿地生态系统的生长期。

如之前研究所述，我们用一系列传感器同时测量了各种气象参数，包括净辐射（Rn）、气温、风速、风向、大气压力和降雨（Han et al.，2015）；使用热敏电阻（109SS, Campbell Scientific Inc., 美国）在 5 个深度（5cm、10cm、20cm、30cm 和 50cm）测量土壤温度；土壤含水量（SWC）采用时域反射仪（EnviroSMART SDI-12, Sentek Pty Ltd., 美国）在 7 个深度（10cm、20cm、30cm、40cm、60cm、80cm 和 100cm）进行测量。之前的研究表明，表层土壤温度和土壤水分对土壤呼吸的影响要比更大深度处（20～80cm）的更显著（Han et al.，2014）。因此，选择 10cm 深度的土壤温度和 10cm 深度的 SWC 来研究土壤温度或土壤湿度对土壤呼吸的影响。每隔 15s 测量一次所有气象数据，然后每半小时取平均值。从黄河三角洲的当地气象站获得了长期气候数据（1961～2015 年）。使用 LI-8100 自动土壤呼吸测量系统和带有 4 个 8100-104 长期腔室的 LI-8150 多路复用器（LI-COR Inc., 美国）连续 4 年（2012 年 2 月至 2015 年 12 月）对土壤呼吸进行了测量。有关土壤呼吸测量的更多详细信息参见 Han 等（2014）的研究。在研究地点随机分布 4 个土壤 PVC 环（高 11.4cm，直径 21.3cm），并在首次测量前一周将土壤 PVC 环插入土壤中 2cm。在整个研究期间，土壤 PVC 环都留在原地。每隔 2h 至少连续测量一次各个腔室，每次测量耗时 120s，腔室中的 CO_2 浓度用于估算土壤呼吸速率。在整个研究期间，将土壤 PVC 环内的所有活植物小心地从土壤表面修剪下来，以排除地上植物的呼吸作用。降雨事件引起的地表淹水每年持续 1～2 个月（Han et al.，2015），在此期间无法测定土壤呼吸速率。

由于除地面淹水外，该测量系统在 4 年的测量期内运行良好，因此通过线性插值法填补了土壤呼吸短间隙数据。将 4 个腔室的土壤呼吸速率平均值计算为土壤呼吸的每小时平均值，将每小时平均值 [$\mu mol/(m^2 \cdot s)$] 计算为每日平均值 [$g/(m^2 \cdot d)$]。用日平均值分析土壤呼吸对不同季节土壤温度和土壤湿度的响应。回归分析分别用于评估 2012~2015 年生长季与非生长季土壤温度和土壤湿度对土壤呼吸季节变化的影响。

使用简单的经验指数模型拟合土壤呼吸速率与土壤温度之间的关系为 $SR=ae^{bT}$，其中 SR 为土壤呼吸速率 [g/(m²·d)]，T 为土壤温度（℃），a 和 b 为模型参数。土壤呼吸的温度敏感性（Q_{10}）可以估计为 $Q_{10}=e^{10b}$。线性和非线性回归分析用于确定土壤水分对土壤呼吸季节变化的影响。

为了确定土壤呼吸对降雨的响应变化，我们在 2012~2015 年的生长季选择了 12 个采样周期，采用线性和非线性回归分析方法，研究了降雨后土壤呼吸与土壤水分的相关性。此外，我们还采用线性回归分析方法研究了 4 年来土壤水分变化对降雨驱动的土壤呼吸日变化的影响，采用 11 个双尾双样本 t 检验法检验了降雨事件前后 SWC 的显著性差异。在所有试验中，采用显著性水平 $P=0.05$。我们还比较了 2012~2015 年降雨前后 10cm 深度土壤呼吸速率与土壤温度的关系。所有的统计分析都是用 SPSS 11.5（SPSS for Windows，美国伊利诺伊州芝加哥）进行的。

6.6.2 环境气象因子动态

黄河三角洲湿地季节特征明显。非生长季（11 月中旬至次年 4 月中旬）气温和土壤温度低，降雨量少，土壤湿度较低。与非生长季相比，生长季（4 月中旬至 11 月中旬）气温较高，降雨量也较多。净辐射（Rn）、气温和土壤温度的季节模式相似（图 6.16a、b）。2012 年、2013 年、2014 年和 2015 年的日平均 Rn 具有相似的季节趋势，分别为 114.8W/m²、113.1W/m²、115.9W/m² 和 120.8W/m²，其中最小的日平均 Rn 是 2012 年 11 月的–5.6W/m²，而最大的日平均 Rn 是 2015 年 7 月的 261.2W/m²（图 6.16a）。每年的日平均气温均呈单峰变化，最低日平均气温为 2013 年 1 月的–10.9℃，最高日平均气温为 2013 年 7 月的 31.5℃（图 6.16b）。同时，最高年平均土壤温度（地下 10cm）为 2014 年的 13.5℃，最低年平均土壤温度为 2013 年的 12.6℃，4 年平均温度为 13.0℃（表 6.3），年际变化率仅 3.2%。

降雨量和土壤含水量（土壤体积含水量）的季节变化反映了典型的湿地水文条件，在 4 年（2012~2015 年）的时间里，生长季短期淹水事件导致土壤含水量较高，而在非生长季土壤含水量较低（图 6.16c）。黄河三角洲湿地日降雨量变化较大，范围为 0.1~193.6mm。许多日降雨量较小（<1mm），但约有 25%的降雨量超过 5.0mm。

2012 年、2013 年、2014 年和 2015 年的年降雨量分别为 614.8mm、634.1mm、425.3mm 和 519.3mm，4 年平均降雨量为 548.4mm（表 6.3），年际变化率为 17.5%。

第 6 章 降雨量变化对黄河三角洲非潮汐湿地生态系统土壤碳排放的影响

SWC 的连续测量结果表明，与非生长季（35.8%）相比，生长季（45.0%）的土壤湿度通常较大。夏季季风期间（7～9 月）发生的强降雨使得 SWC 保持在 45% 以上（图 6.16c）。此外，7 月和 8 月的降雨事件导致湿地淹水，4 年间淹水持续时间 1～2 个月（图 6.16c）。由于降雨量和降雨模式的变化，降雨是研究期间显著不同的环境因素。

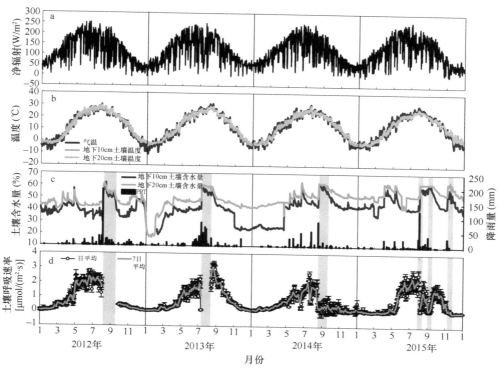

图 6.16 黄河三角洲湿地环境气象因子动态
阴影代表地表淹水期，误差线代表 4 个土壤腔室的标准误差

6.6.3 土壤呼吸的季节和年际变化

4 年（2012～2015 年）土壤呼吸的季节模式大致相似，非生长季土壤呼吸速率（R_s）较低，生长季土壤呼吸速率较高（表 6.3）。土壤呼吸速率在一年中寒冷月份持续较低，4 月迅速增加，7～9 月达到最大值，另外，随着湿地生长季的结束，土壤呼吸速率逐渐下降（图 6.16d）。总的来说，在生长季，土壤呼吸速率平均值为 4.60g/(m²·d)，比非生长季高 4.13g/(m²·d)（表 6.3）。

表 6.3　4 年（2012～2015 年）非生长季（11 月中旬至 4 月中旬）和生长期（4 月中旬至 11 月中旬）的环境变量和土壤呼吸速率

年份	非生长季				生长季				全年			
	T_s (℃)	SWC (%)	PPT (mm)	R_s [g/(m²·d)]	T_s (℃)	SWC (%)	PPT (mm)	R_s [g/(m²·d)]	T_s (℃)	SWC (%)	PPT (mm)	R_s [g/(m²·d)]
2012	1.4	40.6	49.4	0.24	20.8	40.6	565.4	5.31	12.7	40.6	614.8	3.18
2013	1.6	26.7	55.9	0.16	20.4	42.5	578.2	5.30	12.6	35.9	634.1	3.22
2014	3.5	31.3	28.2	0.46	20.6	47.9	397.1	3.30	13.5	40.9	425.3	2.32
2015	3.5	45.0	57.0	1.00	20.3	49.0	462.3	4.48	13.3	47.3	519.3	2.75
4 年平均	2.5	35.9	47.6	0.47	20.5	45.0	500.8	4.60	13.0	41.2	548.4	2.87

注：T_s-土壤温度（地下 10cm）；SWC-土壤含水量；PPT-降雨量；R_s-土壤呼吸速率

在 4 年（2012～2015 年）期间，土壤呼吸速率变化很大，从 2015 年 2 月的 0.01μmol/(m²·s)到 2013 年 8 月的 3.21μmol/(m²·s)（图 6.16d）。2012 年、2013 年、2014 年和 2015 年土壤呼吸速率日平均值分别为 3.18g/(m²·d)、3.22g/(m²·d)、2.32g/(m²·d)和 2.75g/(m²·d)，平均土壤呼吸速率为 2.87g/(m²·d)（表 6.3），年际变率为 14.7%。在年度尺度上，2012 年、2013 年、2014 年和 2015 年的累积土壤呼吸量分别为 317g C/m²、321g C/m²、231g C/m² 和 274g C/m²，平均值为 286g C/m²。

6.6.4　土壤温度和湿度对土壤呼吸季节变化的影响

研究期内，生长季和非生长季地下 10cm 土壤呼吸速率均随土壤温度呈指数增长（$P<0.01$）（图 6.17）。分析结果表明，土壤温度分别能够解释 2012 年、2013 年、2014 年和 2015 年土壤呼吸速率变化的 69%、87%、58%和 70%。此外，土壤温度的变化在非生长季（51%～76%）比生长季（27%～52%）更能解释土壤呼吸速率的变化。2012 年、2013 年、2014 年和 2015 年的年平均 Q_{10} 值分别为 2.7、3.0、2.1 和 3.6，4 年平均值为 2.9。尽管差异并不显著，但 2012 年、2013 年、2014 年和 2015 年非生长季的 Q_{10} 值（分别为 4.5、4.0、2.5 和 2.5）大于生长季的 Q_{10} 值（分别为 1.8、2.2、2.3 和 2.4）。

土壤呼吸速率对土壤含水量的响应在季节尺度上比较复杂。在生长季，土壤呼吸速率的季节变化与土壤含水量显著相关；在非生长季，土壤呼吸速率不受土壤含水量的影响（图 6.17e～h）。在 2012 年和 2015 年的生长季，土壤呼吸速率与土壤含水量显著负相关（R^2 分别为 0.55、0.59）（图 6.17e、h）。这表明降雨后土壤含水量的增加抑制了土壤 CO_2 的排放。此外，在 2013 年和 2014 年的生长季，土壤呼吸速率与土壤含水量呈抛物线关系（R^2 分别为 0.56、0.28）（图 6.17f、g）。这表明在季节时间尺度上，无论是在湿润还是干旱条件下，土壤呼吸都受到抑制。

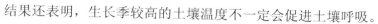

结果还表明,生长季较高的土壤温度不一定会促进土壤呼吸。

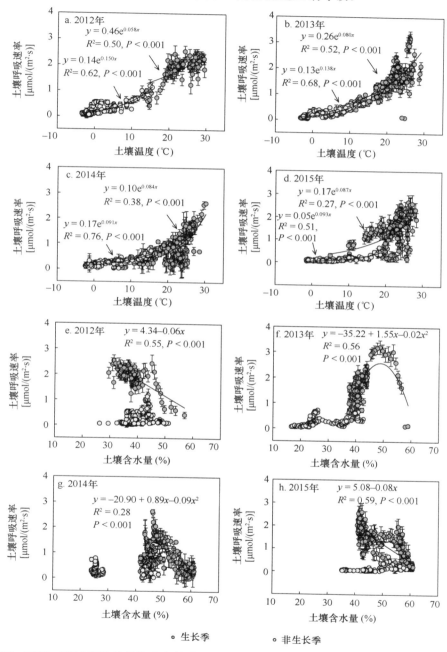

图 6.17　2012～2015 年生长季和非生长季地下 10cm 土壤呼吸速率与土壤温度(a～d)和土壤含水量(e～h)之间的关系(平均值±标准误差)

土壤呼吸速率随时间发生变化，生长季土壤呼吸速率［4.60g/(m²·d)］较高，是非生长季［0.47g/(m²·d)］的 10 倍左右。在长江口开垦的滨海湿地（Zhong et al.，2016）和中国东南部滨海盐碱湿地（Xu et al.，2014）也观察到了同样的季节变化。在这 4 年（2012～2015 年），黄河三角洲湿地土壤呼吸速率［231～321g C/(m²·a)］与芬兰南部的北方泥炭地［220～320g C/(m²·a)］相当（Alm et al.，1999）。此外，本研究中的平均土壤呼吸速率高于加拿大东部亚北极泥炭地的平均土壤呼吸速率［80～180g C/(m²·a)］（Moore，1986），低于全球湿地［(344±278) g C/(m²·a)］（Bond-Lamberty and Thomson，2010）、美国东南部滨海平原森林湿地［960～1103g C/(m²·a)］（Miao et al.，2013）和美国弗吉尼亚州山前的短期水漫滩湿地［(1091±54) g C/(m²·a)］（Batson et al.，2015）的平均土壤呼吸速率。

土壤呼吸的季节性变化似乎主要由土壤温度和土壤含水量的可利用性控制（图 6.17，图 6.18）。室内试验和野外试验均表明，湿地土壤温度和土壤湿度是驱动土壤呼吸时间变化的重要环境因素（Miao et al.，2013；Xu et al.，2014；Yoon et al.，2014）。在滨海湿地，2012～2015 年土壤温度的变化解释了土壤呼吸速率变化的 58%～87%，同样的研究结果已在多种湿地生态系统类型中发现，如亚热带洪泛区湿地（Chen et al.，2013）、滨海盐渍湿地（Xu et al.，2014）、山地湿地（Liu et al.，2015）和沿海低平原森林湿地（Miao et al.，2013）。最常见的是，湿地生态系统土壤呼吸对温度的响应类似于高地生态系统（Xu et al.，2014；Yoon et al.，2014；Liu et al.，2015）。例如，在好氧和厌氧条件下不同植被类型的湿地土壤呼吸速率都随着温度的升高而呈指数增长（Inglett et al.，2012）。我们发现相对于生长季（27%～52%），非生长季土壤温度变化更能解释（51%～76%）土壤呼吸速率的季节变化，这一研究结果与半干旱草原的结果一致（Bowling et al.，2011）。此外，Q_{10} 的年均平均值为 2.9（2012 年、2013 年、2014 年和 2015 年分别为 3.0、3.0、2.1 和 3.6），高于全球中位数 2.4（Raich and Schlesinger，1992）和全球温带平均值 2.7（Chen and Tian，2005），但位于河漫滩数据（1.6～4.6）的范围内（Doering et al.，2011）。4 年间 Q_{10} 值的明显差异可能归因于各种环境条件的变化，如水文状况、微生物活性，甚至根生物量和基质质量（Inglett et al.，2012；Han et al.，2014；Yoon et al.，2014；Liu et al.，2015）。例如，土壤呼吸速率与近期植被在不同时间尺度上的光合作用密切相关（Kuzyakov and Gavrichkova，2010；Han et al.，2014），而新产生的光合同化物甚至可占土壤呼吸总量的 65%～70%（Högberg et al.，2001；Søe et al.，2004）。光合作用直接促进土壤呼吸改变了土壤呼吸的温度敏感性（Gu et al.，2008）。具体而言，光合作用降低了土壤呼吸的表观温度敏感性，因此土壤呼吸的温度敏感性冬天更高，而在夏季更低（Gu et al.，2008）。

研究结果还表明，生长季土壤呼吸速率的季节变化与土壤含水量密切相关（图 6.18a～d）。许多学者已经对不同的生态系统不同土壤含水量条件下的土壤呼吸进行了广泛研究（Fissore et al., 2009; Drake et al., 2014; Hu et al., 2016）。土壤含水量通过影响根和微生物的生理过程直接影响土壤呼吸，并通过底物和 O_2 的扩散间接影响土壤呼吸（Luo and Zhou, 2006）。研究结果表明，在较多陆地生态系统中，即使在最适宜土壤温度下，过高或过低的土壤湿度也会显著抑制土壤呼吸（Almagro et al., 2009; Bowling et al., 2011; Drake et al., 2014）。在 2012 年和 2015 年，土壤呼吸速率与土壤含水量呈负相关关系（图 6.17e、h），但是在 2013 年和 2014 年，土壤呼吸速率与土壤含水量呈抛物线关系（图 6.17f、g）。相应地，非生长季土壤呼吸速率不受土壤含水量的影响（图 6.17e～h），因此土壤呼吸对土壤含水量的响应模式是复杂的（线性或非线性，正或负），具体取决于诸如干湿状况、水势、O_2 和养分的有效性及干旱的持续时间（Reichstein et al., 2002; Luo and Zhou, 2006; Yoon et al., 2014）。在旱季或干旱条件下，低土壤湿度会直接抑制土壤微生物活性和植物根系呼吸作用（Yoon et al., 2014; Hu et al., 2016），因此，在由干土向湿土过渡过程中，土壤湿度的增加伴随着土壤呼吸速率的增加（Liu et al., 2014）。先前的研究还发现，在受盐分影响的季节性湿地（Drake et al., 2014）、低海拔平原森林湿地（Miao et al., 2013）和高低潮汐滩地（Hu et al., 2016），土壤含水量较低时土壤有氧呼吸速率随着土壤湿度的增加而升高。

此外，当土壤湿度较高以致降低空气中的土壤孔隙度、降低 O_2 和基质的利用率并阻碍 CO_2 在土壤中的扩散时，高土壤含水量会强烈抑制土壤呼吸（Luo and Zhou, 2006; Fissore et al., 2009）。研究结果表明，在高水分条件下，土壤呼吸速率与土壤含水量呈负相关关系（图 6.18）。湿地土壤呼吸速率减小和土壤含水量增加之间的联系已在其他研究中得到证实（Drake et al., 2014; Yoon et al., 2014; Batson et al., 2015）。一般来说，土壤呼吸有一个接近土壤田间持水量的最佳土壤含水量（Luo and Zhou, 2006; Almagro et al., 2009）。在黄河三角洲湿地，地下 10cm 的土壤含水量约为 48.3%，2013 年和 2014 年土壤呼吸速率和土壤含水量之间的抛物线关系表明，最佳通量贡献的潜在土壤含水量在 40%至 55%之间（图 6.17f、g）。在低于最佳含水量时，土壤含水量在土壤微生物和植物根系最佳活动所需的范围内（Zhang et al., 2015），因此土壤呼吸速率通常随着土壤湿度的增大而增大，直到达到最大呼吸速率的转折点（Almagro et al., 2009; Wu and Lee, 2011）。当超过最佳含水量时，土壤处于超饱和状态，土壤呼吸速率随着土壤含水量的增大而降低，这是因为土壤的微孔空间大多是充满水分的，所以有利于可溶性基质的扩散（Qi and Xu, 2001; Luo and Zhou, 2006; Wu and Lee, 2011）。

6.6.5　降雨引起的土壤湿度变化对土壤呼吸的影响

仅考虑相对显著的降雨事件引起的土壤含水量（SWC）变化来分析 4 年期间

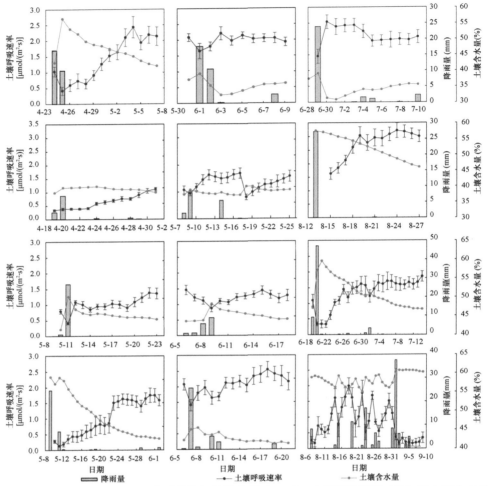

图 6.18 2012～2015 年的 12 个采样期间的降水量（PPT）、土壤呼吸速率（R_s）和土壤含水量（SWC）

土壤呼吸速率的误差线代表 4 个土壤腔室的标准误差

（2012～2015 年）降雨事件对土壤呼吸的影响。如预期的那样，降雨事件导致土壤含水量和土壤呼吸速率存在显著差异（图 6.18）。降雨前，土壤含水量都相对较高（>30%）。降雨事件导致土壤含水量显著增加，甚至迅速饱和（达到约 55%）。降雨事件发生后的第二天，土壤含水量稳定下降，并在数天内达到初始水平。同时，降雨引起的土壤含水量增大显著降低了土壤呼吸速率（图 6.18）。降雨事件发生后不久，土壤呼吸速率随初始土壤含水量的增大而迅速下降，但随着土壤变干，土壤呼吸速率在随后的几天逐渐升高。例如，在 2014 年 6 月 6～9 日发生降雨事件之前，土壤呼吸速率相对较高，6 月 6 日为 1.46μmol/(m²·s)，降雨事件（6 月 8

日和 9 日分别为 6.3mm 和 9.6mm）导致土壤呼吸速率迅速下降，6 月 9 日的最低值为 $0.87\mu mol/(m^2 \cdot s)$，与 6 月 6 日的初始值相比下降了 40%。随着土壤逐渐干燥，土壤呼吸速率直到 6 月 15 日持续增加。

4 年（2012～2015 年）中的每次降雨之后，土壤呼吸速率对土壤水分条件的响应都相似，并且土壤呼吸速率均与土壤含水量呈显著负相关关系（图 6.19）。土壤呼吸速率与土壤含水量呈线性或二次回归关系，土壤含水量变化解释了土壤呼吸速率变化的 61%～93%（图 6.19）。这表明降雨后土壤含水量的增大减小了土壤呼吸速率。观测结果进一步证实了这一点，即降雨后土壤呼吸速率变化（ΔR_s）与土壤含水量变化（ΔSWC）之间存在显著的正相关关系（$R^2=0.80$, $P<0.001$）（图 6.20）。

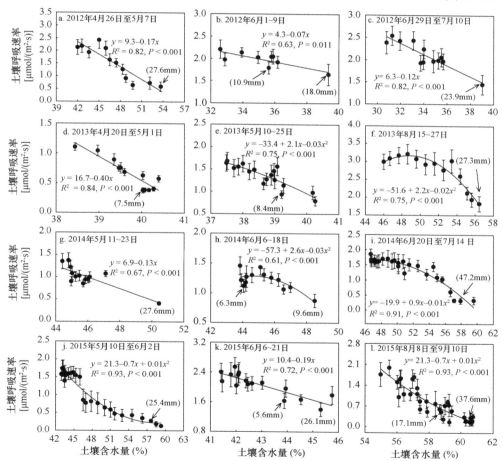

图 6.19　2012～2015 年的 12 个采样期间地下 10cm 土壤呼吸速率与土壤含水量（10cm）之间的关系

土壤呼吸速率的误差线代表 4 个土壤腔室的标准误差；括号中的数字表示降雨量

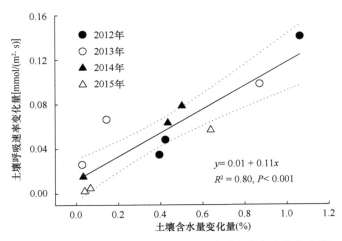

图 6.20 2012~2015 年降雨引起的土壤呼吸速率变化与土壤含水量变化（地下 10cm）之间的关系

黑线表示线性回归。虚线表示回归的 95%置信区间

在我们的研究中，即使是较小的降雨事件（6.3mm、7.5mm 和 8.4mm），土壤呼吸速率也会随着初始土壤含水量的增大而迅速减小（图 6.18）。同时，降雨事件发生后，土壤呼吸速率与土壤含水量呈显著负相关关系（图 6.19）。此外，我们还发现，在降雨事件发生后，土壤呼吸速率的变化和土壤含水量的变化之间存在显著的正相关关系（图 6.20）。这一观察结果与先前研究的结果一致，即在潮湿土壤条件下发生降雨事件时，土壤呼吸受到抑制（McIntyre et al.，2009；Wang et al.，2012b；Liu et al.，2014）。我们的研究结果还表明，随着土壤含水量的降低，土壤呼吸作用逐渐增强的现象持续了几天（图 6.18）。一些研究表明，先前湿润的土壤经历干旱会导致土壤呼吸速率在数天内迅速增大，并加速湿地土壤碳流失（Miao et al.，2013；Batson et al.，2015）。这一发现也得到其他降雨控制试验的支持，即降雨减少或干旱处理通过减少较湿润土壤中的土壤水分增加土壤向大气的 CO_2 排放量（Cleveland et al.，2010；Zhang et al.，2015）。这些结果表明，降雨事件可能是调节滨海湿地土壤呼吸的一个重要因素。

降雨引起滨海湿地土壤湿度增加进而抑制土壤呼吸可能有以下几种潜在机制。第一，在土壤湿润条件下，降雨引起的高水分使得土壤大孔隙空间充满水分，进而限制 O_2 的扩散。因此，较低的 O_2 利用率和对有氧呼吸的抑制可通过限制微生物活动来降低土壤 CO_2 排放量（Jimenez et al.，2012；McNicol and Silver，2014）。在滨海湿地，由于地下水位浅，湿地的土壤含水量普遍较高（>30%）（Han et al.，2015），在降雨事件后土壤含水量会显著提高或短时间内（几天）饱和，造成湿地土壤处于缺氧条件，进而抑制有机物分解和土壤呼吸（Batson et al.，2015；Vidon et al.，2016）。第二，高土壤含水量导致的氧胁迫会抑制植物根系呼吸（Bartholomeus et al., 2011)。第三，土壤呼吸产生的 CO_2 溶解在土壤渗透水中（Fa et al., 2015），导致土壤向大气释放的 CO_2 减少。第四，CO_2 在湿润土壤中的扩散速度较慢（Rochette et al., 1991），从而降低了表层土壤的 CO_2 排放速率。第五，降雨还可能导致土壤吸收大气中的 CO_2，这主要是由于大气和土壤之间的气压梯度会引起 CO_2 质量流（Fa et al., 2015）。因此，降雨引起的较高的湿地土壤含水量一般会降低土壤呼吸速率。同时随着土壤含水量的降低，湿地土壤从厌氧环境向有氧环境转变，氧化性有氧呼吸加强（Batson et al., 2015），因而湿地土壤含水量会通过改变土壤氧的有效性来刺激土壤呼吸（Zhang et al., 2015）。

相比之下，其他研究表明，降雨事件发生后，先前干燥的土壤在湿润阶段会导致各种生态系统的土壤呼吸速率在数天内迅速增加，特别是在干旱、半干旱和地中海生态系统中（Almagro et al., 2009; Rey et al., 2017），这些现象通常被称为"脉冲效应"，会对生态系统碳平衡产生显著影响（Wu and Lee, 2011; Waring and Powers, 2016）。降雨后土壤 CO_2 外流的增强可解释为土壤重新湿润后土壤微生物生物量和活性的增加（Wu and Brookes, 2005; Kim et al., 2012），一方面，干旱胁迫导致的死亡微生物生物量会在湿润阶段使得土壤呼吸可用基质增加（Van Gestel et al., 1993），另一方面，对水分有效性做出响应的光合作用在土壤含水量增加后增强了植物根系的呼吸作用（Borken and Matzner, 2009）。此外，降雨过程中还会对前一个干旱期土壤孔隙中储存的 CO_2 产生脱气作用（Huxman et al., 2004），以上过程均导致干旱条件下土壤呼吸速率在降雨事件后显著增大。

降雨对土壤呼吸影响的这些相互矛盾的结果可以用初始土壤含水量的差异来解释（Shi et al., 2011; Wu and Lee, 2011; Yoon et al., 2014）。也就是说，当初始土壤湿度较低时，土壤呼吸速率随着降雨引起的土壤湿度的增大而增大（Almagro et al., 2009; Shi et al., 2011; Waring and Powers, 2016）。在干旱和半干旱地区，降雨产生的土壤水分通常会增大干燥土壤中土壤有机质的产生和分解速率（Shi et al., 2011; Rey et al., 2017）。如果初始土壤含水量较高，土壤水分的进一步增加可能会在复水期间或之后抑制土壤呼吸（Miao et al. 2013; Liu et al., 2014; Yoon et al., 2014）。例如，由于湿地（Jimenez et al., 2012; Batson et al., 2015）或热带雨林（Cleveland et al., 2010）的初始土壤湿度大，在降雨事件发生之后，土壤呼吸受到抑制。以前的研究表明，土壤呼吸速率通常随着土壤含水量的增大而升高，直到达到最大呼吸的转折点（阈值），超过这个点后，土壤呼吸速率会随着土壤含水量的增大而降低（Almagro et al., 2009; Shi et al., 2011; Wu and Lee, 2011; Jiang et al., 2013）。例如，约 60% 的持水能力是土壤呼吸开始随土壤含水量增大而下降的阈值（Shi et al., 2011）。在针叶林中，土壤含水量的最大转折点为 20.6%（Qi and Xu, 2001）。与之前的一些研究结果相反，通过跟踪自然降雨事件，我们的结果没有显示出一个明显的土壤含水量阈值，就如同之前研究中的结果一样，土壤含水量超过这个阈值后土壤呼吸受到抑制（图 6.19）。因而需要进一步开展研究来阐明土壤呼吸对降雨和土壤含水量变化响应的不确定性（Sitch et al.，2008）。

6.6.6 降雨引起的土壤温度变化对土壤呼吸的影响

根据降雨前的测量，土壤呼吸速率随土壤温度呈指数增长（图 6.21）。总体而言，土壤温度变化解释了土壤呼吸速率变化的 62%～94%。也就是说，在降雨前的整个测量期间，土壤呼吸速率的变化主要受土壤温度控制，土壤呼吸速率对土

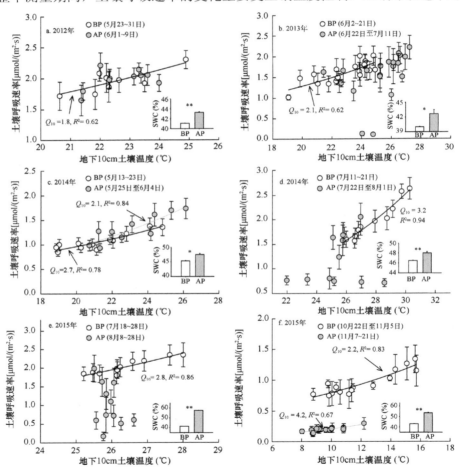

图 6.21　2012～2015 年降雨前（BP）和降雨后（AP）地下 10cm 土壤呼吸速率与土壤温度之间的关系

方程 $y=ae^{bx}$ 用于描述土壤呼吸速率与土壤温度之间的关系，$Q_{10}=e^{10b}$。黑线和灰线分别是 BP 和 AP 的回归曲线。误差线代表 4 个土壤腔室的标准误差。星号表示在降雨事件前后土壤含水量的测量值之间存在显著差异（* $P<0.05$，** $P<0.01$）

壤温度的敏感性（Q_{10}）为 1.8~3.2。与降雨事件之前收集的数据相比，降雨后土壤含水量显著增加（$P<0.05$）（图 6.21）。结果表明，降雨后土壤含水量的增大改变了土壤呼吸速率与土壤温度之间的关系。一方面，降雨后土壤湿度相对较高时，土壤呼吸速率与土壤温度无关（图 6.21a、b、d、e）。然而，与土壤温度相比，土壤呼吸速率与土壤含水量之间存在显著的负相关关系（图 6.19）。这表明降雨后的高温并不一定导致土壤呼吸加快，在这种情况下，土壤含水量是土壤呼吸的更好预测指标。此外，尽管降雨后土壤呼吸有时也对土壤温度有强烈的响应（图 6.21c、f），但土壤含水量的增大改变了指数回归曲线和土壤呼吸的温度敏感性。例如，根据降雨前（2015 年 10 月 22 日至 11 月 5 日）和降雨后（2015 年 11 月 7~21 日）进行的测量，Q_{10} 分别为 2.2 和 4.2。

参 考 文 献

陈亮, 刘子亭, 韩广轩, 等. 2016. 环境因子和生物因子对黄河三角洲滨海湿地土壤呼吸的影响. 应用生态学报, 27(6): 1795-1803.

陈亮, 孙宝玉, 韩广轩, 等. 2017. 降雨量增减对黄河三角洲滨海湿地土壤呼吸和芦苇光合特性的影响. 应用生态学报, (9): 2794-2804.

陈荣荣, 刘全全, 王俊, 等. 2016. 人工模拟降水条件下旱作农田土壤"Birch 效应"及其响应机制. 生态学报, 36(2): 306-317.

初小静. 2018. 黄河三角洲非潮汐湿地生态系统 CO_2 交换对降雨季节性分配的响应机制. 中国科学院大学博士学位论文.

邓琦, 刘世忠, 刘菊秀, 等. 2007. 南亚热带森林凋落物对土壤呼吸的贡献及其影响因素. 地球科学进展, 22(9): 976-986.

邓琦, 周国逸, 刘菊秀, 等. 2009. CO_2 浓度倍增、高氮沉降和高降雨对南亚热带人工模拟森林生态系统土壤呼吸的影响. 植物生态学报, 33(6): 1023-1033.

董丽佳, 桑卫国. 2012. 模拟增温和降水变化对北京东灵山辽东栎种子出苗和幼苗生长的影响. 植物生态学报, 36(8): 819-830.

董丽媛, 武传胜, 高建梅, 等. 2012. 模拟降雨对西双版纳热带次生林和橡胶林土壤呼吸的影响. 生态学杂志, 31(8): 1887-1892.

冯忠江, 赵欣胜. 2008. 黄河三角洲芦苇生物量空间变化环境解释. 水土保持研究, 15(3): 170-174.

郝庆菊, 王跃思, 宋长春, 等. 2004. 三江平原湿地 CH_4 排放通量研究. 水土保持学报, 18(3): 194-199.

黄国宏, 李玉祥, 陈冠雄, 等. 2001. 环境因素对芦苇湿地 CH_4 排放的影响. 环境科学, 22(1): 1-5.

金冠一, 赵秀海, 康峰峰, 等. 2013. 太岳山油松人工林土壤呼吸对强降雨的响应. 生态学报, 33(6): 1832-1841.

康文星, 赵仲辉, 田大伦, 等. 2008. 广州市红树林和滩涂湿地生态系统与大气二氧化碳交换. 应用生态学报, 19(12): 2605-2610.

李海防, 夏汉平, 熊燕梅, 等. 2007. 土壤温室气体产生与排放影响因素研究进展. 生态环境, 16(6): 1781-1788.

李吉祥. 1997. 山东黄河三角洲国家级自然保护区. 生物学通报, (5): 20-21.

李娜, 牟长城, 王彪, 等. 2017. 小兴安岭天然森林沼泽湿地生态系统碳源/汇. 生态学报, (9): 2880-2893.

李新鸽, 韩广轩, 朱连奇, 等. 2018. 降雨引起的干湿交替对土壤呼吸的影响: 进展与展望. 生态学杂志, 38(2): 567-575.

刘涛, 张永贤, 许振柱, 等. 2012. 短期增温和增加降水对内蒙古荒漠草原土壤呼吸的影响. 植物生态学报, 36(10): 1043-1053.

刘彦春, 尚晴, 王磊, 等. 2016. 气候过渡带锐齿栎林土壤呼吸对降雨改变的响应. 生态学报, (24): 8054-8061.

孟伟庆, 莫训强, 胡蓓蓓, 等. 2015. 模拟干湿交替对湿地土壤呼吸及有机碳含量的影响. 土壤通报, 46(4): 910-915.

牟长城, 石兰英, 孙晓新. 2009. 小兴安岭典型草丛沼泽湿地 CO_2、CH_4 和 N_2O 的排放动态及其影响因素. 植物生态学报, 33(3): 617-623.

任艳林, 杜恩在. 2012. 降水变化对樟子松人工林土壤呼吸速率及其表观温度敏感性 Q_{10} 的影响. 北京大学学报(自然科学版), 48(6): 933-941.

单立山, 李毅, 段桂芳, 等. 2016. 模拟降雨变化对两种荒漠植物幼苗生长及生物量分配的影响. 干旱区地理, 39(6): 1267-1274.

宋长春. 2004. 湿地生态系统甲烷排放研究进展. 生态环境, 13(1): 69-73.

肖波, 郭成久, 赵东阳, 等. 2017. 黄土和风沙土藓结皮土壤呼吸对模拟降雨的响应. 生态学报, 37(11): 3724-3732.

杨红霞, 王东启, 陈振楼, 等. 2007. 长江口崇明东滩潮间带甲烷(CH_4)排放及其季节变化. 地理科学, 27(3): 408-413.

姚允龙, 王蕾, 于洪贤, 等. 2017. 三江平原退耕小叶章湿地 CO_2 和 CH_4 排放通量特征. 中国科技论文, (15): 17-22.

袁晓敏, 杨继松, 刘凯, 等. 2019. 辽河口滨海湿地 CH_4 排放特征及其影响因素. 生态学报, (5): 1-8.

张腊梅, 刘新平, 赵学勇, 等. 2014. 科尔沁固定沙地植被特征对降雨变化的响应. 生态学报, 34(10): 2737-2745.

张清雨, 吴绍洪, 赵东升, 等. 2013. 内蒙古草地生长季植被变化对气候因子的响应. 自然资源学报, (5): 754-764.

张守仁, 马克平, 闫慧, 等. 2011. 模拟降水变化和土壤施氮对浙江古田山 5 个树种幼苗生长和生物量的影响. 植物生态学报, 35(3): 256-267.

张晓龙. 2005. 现代黄河三角洲滨海湿地环境演变及退化研究. 中国海洋大学博士学位论文.

种培芳, 刘晟彤, 姬江丽, 等. 2018. 模拟 CO_2 浓度升高和降雨量变化对红砂生物量分配及碳氮特征的影响. 生态学报, 38(6): 2065-2073.

朱敏, 张振华, 于君宝, 等. 2013. 氮沉降对黄河三角洲芦苇湿地土壤呼吸的影响. 植物生态学报, 37(6): 517-529.

Alm J, Schulman L, Walden J, et al. 1999. Carbon balance of a boreal bog during a year with an exceptionally dry summer. Ecology, 80(1): 161-174.

Almagro M, López J, Querejeta J, et al. 2009. Temperature dependence of soil CO_2 efflux is strongly modulated by seasonal patterns of moisture availability in a Mediterranean ecosystem. Soil Biology & Biochemistry, 41(3): 594-605.

Austin A T, Yahdjian L, Stark J M, et al. 2004. Water pulses and biogeochemical cycles in arid and semiarid ecosystems. Oecologia, 141(2): 221-235.

Austin A T. 2002. Differential effects of precipitation on production and decomposition along a rainfall gradient in Hawaii. Ecology, 83(2): 328-338.

Bai Y F, Wu J G, Xing Q, et al. 2008. Primary production and rain use efficiency across a precipitation gradient on the Mongolia plateau. Ecology, 89(8): 2140-2153.

Bailey-Serres J, Voesenek L A C J. 2008. Flooding stress: acclimations and genetic diversity. Annual Review of Plant Biology, 59: 313-339.

Bartholomeus R P, Witte J M, van Bodegom P M, et al. 2015. Climate change threatens endangered plant species by stronger and interacting water-related stresses. Journal of Geophysical Research: Biogeosciences, 116(G4): 116-120.

Batson J, Noe G B, Hupp C R, et al. 2015. Soil greenhouse gas emissions and carbon budgeting in a short-hydroperiod floodplain wetland. Journal of Geophysical Research: Biogeosciences, 120(1): 77-95.

Bond-Lamberty B, Thomson A. 2010. A global database of soil respiration data. Biogeosciences, 7: 1915-1926.

Borken W, Matzner E. 2009. Reappraisal of drying and wetting effects on C and N mineralization and fluxes in soils. Global Change Biology, 15(4): 808-824.

Bowling D R, Grote E E, Belnap J. 2011. Rain pulse response of soil CO_2 exchange by biological soil crusts and grasslands of the semiarid Colorado Plateau, United States. Journal of Geophysical Research, 116: G03028.

Bubier J, Crill P, Mosedale A, et al. 2003. Peatland responses to varying interannual moisture conditions as measured by automatic CO_2 chambers. Global Biogeochemical Cycles, 17(2): 1066.

Chapin F S, Bloom A J, Field C B, et al. 1987. Plant responses to multiple environmental factors physiological ecology provides tools for studying how interacting environmental resources control plant growth. Bioscience, (1): 49-57.

Chase J M. 2007. Drought mediates the importance of stochastic community assembly. Proceedings of the National Academy of Sciences of the United States of America, 104(44): 17430-17434.

Chase J M, Knight T M. 2003. Community genetics: toward a synthesis. Ecology, 84(3): 580-582.

Chen H, Tian H Q. 2005. Does a general temperature-dependent Q_{10} model of soil respiration exist at biome and global scale? Journal of Integrative Plant Biology, 47(11): 1288-1302.

Chen J R, Wang Q L, Li M, et al. 2013. Effects of deer disturbance on soil respiration in a subtropical floodplain wetland of the Yangtze River. European Journal of Soil Biology, 56(2013): 65-71.

Cheng X L, Peng R H, Chen J Q, et al. 2007. CH_4 and N_2O emissions from Spartina alterniflora and Phragmites australis in experimental mesocosms. Chemosphere, 68(3): 420-427.

Chesson P, Gebauer R L E, Schwinning S, et al. 2004. Resource pulses, species interactions, and diversity maintenance in arid and semi-arid environments. Oecologia, 141(2): 236-253.

Chowdhury N, Marschner P, Burns R G. 2011. Soil microbial activity and community composition: Impact of changes in matric and osmotic potential. Soil Biology & Biochemistry, 43(6): 1229-1236.

Cleveland C C, Wieder W R, Reed S C, et al. 2010. Experimental drought in a tropical rain forest increases soil carbon dioxide losses to the atmosphere. Ecology, 91(8): 2313-2323.

Collins S L, Koerner S E, Plaut J A, et al. 2012. Stability of tallgrass prairie during a 19-year increase in growing season precipitation. Functional Ecology, 26(6): 1450-1459.

Cui B S, Yang Q C, Yang Z F, et al. 2009. Evaluating the ecological performance of wetland restoration in the Yellow River Delta, China. Ecological Engineering, 35(7): 1090-1103.

Davidson E A, Nepstad D C, Ishida Y, et al. 2010. Effects of an experimental drought and recovery on soil emissions of carbon dioxide, methane, nitrous oxide, and nitric oxide in a moist tropical forest. Global Change Biology, 14(11): 2582-2590.

Deng Q, Aras S, Yu C L, et al. 2017. Effects of precipitation changes on aboveground net primary production and soil respiration in a switchgrass field. Agriculture, Ecosystems & Environment, 248: 29-37.

Dijkstra F A, Augustine D J, Fischer B J C V. 2012. Nitrogen cycling and water pulses in semiarid grasslands: are microbial and plant processes temporally asynchronous? Oecologia, 170(3): 799-808.

Ding Y H, Ren G Y, Zhao Z C, et al. 2007. Detection, causes and projection of climate change over China: an overview of recent progress. Advances in Atmospheric Sciences, 24(6): 954-971.

Doering M, Uehlinger U, Ackermann T, et al. 2011. Spatiotemporal heterogeneity of soil and sediment respiration in a river-floodplain mosaic (Tagliamento, NE Italy). Freshwater Biology, 56(7): 1297-1311.

Drake P L, McCormick C A, Smith M J. 2014. Controls of soil respiration in a salinity-affected ephemeral wetland. Geoderma, 221-222: 96-102.

Easterling D R. 2000. Climate extremes: observations, modeling, and impacts. Science, 289(5487): 2068-2074.

Elberling B, Askaer L, Christian J J, et al. 2011. Linking soil O_2, CO_2, and CH_4 concentrations in a wetland soil: implications for CO_2 and CH_4 fluxes. Environmental Science & Technology, 45(8): 3393-3399.

Evans S E, Burke I C. 2013. Carbon and nitrogen decoupling under an 11-year drought in the Shortgrass Steppe. Ecosystems, 16(1): 20-33.

Evans S E, Byrne K M, Lauenroth W K, et al. 2011. Defining the limit to resistance in a drought-tolerant grassland: long-term severe drought significantly reduces the dominant species and increases ruderals. Journal of Ecology, 99(6): 1500-1507.

Fa K Y, Liu J B, Zhang Y Q, et al. 2015. CO_2 absorption of sandy soil induced by rainfall pulses in a desert ecosystem. Hydrological Processes, 29(8): 2043-2051.

Fan X, Pedroli B, Liu G, et al. 2012. Soil salinity development in the yellow river delta in relation to groundwater dynamics. Land Degradation & Development, 23(2): 175-189.

Fay P A, Carlisle J D, Knapp A K, et al. 2003. Productivity responses to altered rainfall patterns in a C_4-dominated grassland. Oecologia (Berlin), 137(2): 245-251.

Fiala K, Tuma I, Holub P. 2009. Effect of manipulated rainfall on root production and plant belowground dry mass of different grassland ecosystems. Ecosystems, 12(6): 906-914.

Fierer N, Schimel J P. 2003. A proposed mechanism for the pulse in carbon dioxide production commonly observed following the rapid rewetting of a dry soil. Soil Science Society of America Journal, 67(3): 798-805.

Gao Y Z, Chen Q, Lin S, et al. 2011. Resource manipulation effects on net primary production, biomass allocation and rain-use efficiency of two semiarid grassland sites in Inner Mongolia, China. Oecologia, 165(4): 855-864.

Gestel M V, Merckx R, Vlassak K. 1993. Microbial biomass responses to soil drying and rewetting: the fate of fast- and slow-growing microorganisms in soils from different climates. Soil Biology & Biochemistry, 25(1): 109-123.

Guo Q, Hu Z M, Li S G, et al. 2012. Spatial variations in aboveground net primary productivity along a climate gradient in Eurasian temperate grassland: effects of mean annual precipitation and its seasonal distribution. Global Change Biology, 18(12): 3624-3631.

Han G X, Chu X J, Xing Q H, et al. 2015. Effects of episodic flooding on the net ecosystem CO_2 exchange of a supratidal wetland in the Yellow River Delta. Journal of Geophysical Research, 120(8): 1506-1520.

Han G X, Luo Y Q, Li D J, et al. 2014. Ecosystem photosynthesis regulates soil respiration on a diurnal scale with a short-term time lag in a coastal wetland. Soil Biology & Biochemistry, 68: 85-94.

Han G X, Sun B Y, Chu X J, et al. 2018. Precipitation events reduce soil respiration in a coastal wetland based on four-year continuous field measurements. Agricultural and Forest Meteorology, 256-257: 292-303.

Harper C W, Blair J M, Fay P A, et al. 2005. Increased rainfall variability and reduced rainfall amount decreases soil CO_2 flux in a grassland ecosystem. Global Change Biology, 11(2): 322-334.

Hartmann A A, Niklaus P A. 2012. Effects of simulated drought and nitrogen fertilizer on plant productivity and nitrous oxide (N_2O) emissions of two pastures. Plant and Soil, 361(1-2): 411-426.

Hautier Y, Niklaus P A, Hector A. 2009. Competition for light causes plant biodiversity loss after eutrophication. Science, 324(5927): 636-638.

Hayes D C, Seastedt T R. 1987. Root dynamics of tallgrass prairie in wet and dry years. Botany, 65(4): 787-791.

Heinsch F A, Heilman J L, Mcinnes K J, et al. 2004. Carbon dioxide exchange in a high marsh on the Texas Gulf Coast: effects of freshwater availability. Agricultural and Forest Meteorology, 125(1-2): 159-172.

Hidding B, Sarneel J M, Bakker E S. 2014. Flooding tolerance and horizontal expansion of wetland plants: facilitation by floating mats? Aquatic Botany, 113(1-2): 83-89.

Hoover D J, Odigie K O, Swarzenski P W, et al. 2015. Sea-level rise and coastal groundwater inundation and shoaling at select sites in California, USA. Journal of Hydrology: Regional Studies, 11(C): 234-249.

Hu Y, Wang L, Fu X H, et al. 2016. Salinity and nutrient contents of tidal water affects soil respiration and carbon sequestration of high and low tidal flats of Jiuduansha wetlands in different ways. Science of the Total Environment, 565: 637-648.

Huang G, Li Y, Su Y G. 2015. Effects of increasing precipitation on soil microbial community composition and soil respiration in a temperate desert, northwestern China. Soil Biology & Biochemistry, 83: 52-56.

Huntington T G. 2006. Evidence for intensification of the global water cycle: review and synthesis. Journal of Hydrology, 319(1-4): 80-95.

Huxman T E, Snyder K A, Tissue D, et al. 2004. Precipitation pulses and carbon fluxes in semiarid and arid ecosystems. Oecologia, 141(2): 254-268.

Inglett K S, Inglett P W, Reddy K R, et al. 2012. Temperature sensitivity of greenhouse gas production in wetland soils of different vegetation. Biogeochemistry (Dordrecht), 108(1-3): 77-90.

IPCC. 2013. Climate Change 2013: The Physical Science Basis. Cambridge: Cambridge University Press.

Jassal R S, Black T A, Novak M D, et al. 2008. Effect of soil water stress on soil respiration and its temperature sensitivity in an 18-year-old temperate Douglas-fir stand. Global Change Biology, 14(6): 1305-1318.

Jiang H, Deng Q, Zhou G, et al. 2013. Responses of soil respiration and its temperature/moisture sensitivity to precipitation in three subtropical forests in southern China. Biogeosciences, 10(6): 3963-3982.

Jimenez K L, Starr G, Staudhammer C L, et al. 2012. Carbon dioxide exchange rates from short- and long-hydroperiod Everglades freshwater marsh. Journal of Geophysical Research: Biogeosciences, 117(G4): 12751.

Kahmen A, Perner J, Buchmann N. 2005. Diversity-dependent productivity in semi-natural grasslands following climate perturbations. Functional Ecology, 19(4): 594-601.

Kim D G, Vargas R, Bond-Lamberty B, et al. 2012. Effects of soil rewetting and thawing on soil gas fluxes: a review of current literature and suggestions for future research. Biogeosciences, 9(7): 2459-2483.

Kimmins P. 1989. Above- and below-ground biomass and production of lodgepole pine on sites with differing soil moisture regimes. Canadian Journal of Forest Research, 19(4): 447-454.

Kuzyakov Y, Gavrichkova O. 2010. Time lag between photosynthesis and carbon dioxide efflux from soil: a review of mechanisms and controls. Global Change Biology, 16: 3386-3406.

Liu X, Guo Y D, Hu H Q, et al. 2015. Dynamics and controls of CO_2 and CH_4 emissions in the wetland of a montane permafrost region, northeast China. Atmospheric Environment, 122: 454-462.

Liu Y C, Liu S R, Wang J X, et al. 2014. Variation in soil respiration under the tree canopy in a temperate mixed forest. central China, under different soil water conditions. Ecological Research, 29(2): 133-142.

Luan Z, Deng W, Luan Z, et al. 2013. Tidal and fluvial influence on shallow groundwater fluctuation in coastal wetlands in Yellow River Delta, China. Acta Hydrochimica et Hydrobiologica, 41(6):

534-538.

Luo Y, Zhou X. 2006. Soil Respiration and the Environment. Burlington: Academic Press.

Mcculley R L, Burke I C, Nelson J A, et al. 2015. Regional patterns in carbon cycling across the Great Plains of North America. Ecosystems, 8(1): 106-121.

McIntyre R E S, Adams M A, Ford D J, et al. 2009. Rewetting and litter addition influence mineralisation and microbial communities in soils from a semi-arid intermittent stream. Soil Biology & Biochemistry, 41(1): 92-101.

McNicol G, Silver W L. 2014. Separate effects of flooding and anaerobiosis on soil greenhouse gas emissions and redox sensitive biogeochemistry. Journal of Geophysical Research, 119(4): 557-566.

Miao G, Noormets A, Domec J C, et al. 2013. The effect of water table fluctuation on soil respiration in a lower coastal plain forested wetland in the southeastern US. Journal of Geophysical Research: Biogeoences, 118: 1748-1762.

Moore T. 1986. Carbon dioxide evolution from subarctic peatlands in eastern Canada. Arctic Antarctic and Alpine Research, 18(4): 189-193.

Morillas L, Durán J, Rodríguez A, et al. 2015. Nitrogen supply modulates the effect of changes in drying-rewetting frequency on soil C and N cycling and greenhouse gas exchange. Global Change Biology, 21(10): 3854-3863.

Nie M, Zhang X D, Wang J Q, et al. 2009. Rhizosphere effects on soil bacterial abundance and diversity in the Yellow River Deltaic ecosystem as influenced by petroleum contamination and soil salinization. Soil Biology & Biochemistry, 41(12): 2535-2542.

Nielsen U N, Ball B A. 2015. Impacts of altered precipitation regimes on soil communities and biogeochemistry in arid and semi-arid ecosystems. Global Change Biology, 21(4): 1407-1421.

Olefeldt D, Euskirchen E S, Harden J, et al. 2017. A decade of boreal rich fen greenhouse gas fluxes in response to natural and experimental water table variability. Global Change Biology, 23(6): 2428-2440.

Pendleton L, Donato D C, Murray B C, et al. 2012. Estimating global "blue carbon" Emissions from conversion and degradation of vegetated coastal ecosystems. PLOS ONE, 7(9): e43542.

Piao S, Ciais P, Huang Y, et al. 2010. The impacts of climate change on water resources and agriculture in China. Nature, 467(7311): 43-51.

Pietikäinen J, Vaijärvi E, Ilvesniemi H, et al. 2011. Carbon storage of microbes and roots and the flux of CO_2 across a moisture gradient. Canadian Journal of Forest Research, 29(8): 1197-1203.

Qi Y, Xu M. 2001. Separating the effects of moisture and temperature on soil CO_2 efflux in a coniferous forest in the Sierra Nevada. Plant and Soil, 237(1): 15-23.

Raich J W, Schlesinger W H. 1992. The global carbon dioxide flux in soil respiration and its relationship to vegetation and climate. Tellus, 44(2): 81-99.

Reddy A R, Chaitanya K V, Vivekanandan M. 2004. Drought-induced responses of photosynthesis and antioxidant metabolism in higher plants. Journal of Plant Physiology, 161(11): 1189-1202.

Reichstein M, Tenhunen J D, Roupsard O, et al. 2002. Ecosystem respiration in two Mediterranean evergreen Holm Oak forests: drought effects and decomposition dynamics. Functional Ecology, 16(1): 27-39.

Rey A, Oyonarte C, Morán-López T, et al. 2017. Changes in soil moisture predict soil carbon losses upon rewetting in a perennial semiarid steppe in SE Spain. Geoderma, 287: 135-146.

Reynolds J F, Kemp P R, Kiona O, et al. 2004. Modifying the "pulse-reserve" paradigm for deserts of North America: precipitation pulses, soil water, and plant responses. Oecologia, 141(2): 194-210.

Rochette P, Desjardins R, Pattey E. 1991. Spatial and temporal variability of soil respiration in agricultural fields. Soil Science Society of America Journal, 71(2): 189-196.

Ru J, Zhou Y, Hui D, et al. 2018. Shifts of growing-season precipitation peaks decrease soil respiration in a semiarid grassland. Global Change Biology, 24(3): 1001-1011.

Sairam R K, Kumutha D, Ezhilmathi K, et al. 2008. Physiology and biochemistry of waterlogging tolerance in plants. Biologia Plantarum, 52(3): 401-412.

Sala O E, Parton W J, Joyce L A, et al. 1988. Primary production of the central grassland region of the United States. Ecology, 69(1): 40-45.

Schwinning S, Sala O E. 2004. Hierarchy of responses to resource pulses in arid and semi-arid ecosystems. Oecologia, 141(2): 211-220.

Selene B, Collins S L, Pockman W T, et al. 2013. Effects of experimental rainfall manipulations on Chihuahuan Desert grassland and shrubland plant communities. Oecologia (Berlin), 172(4): 1117-1127.

Shi W Y, Ryunosuke T, Zhang J G, et al. 2011. Response of soil respiration to precipitation during the dry season in two typical forest stands in the forest-grassland transition zone of the Loess Plateau. Agricultural and Forest Meteorology, 151(7): 854-863.

Sitch S, Huntingford C, Gedney N, et al. 2008. Evaluation of the terrestrial carbon cycle, future plant geography and climate-carbon cycle feedbacks using five Dynamic Global Vegetation Models (DGVMs). Global Change Biology, 14(9): 2015-2039.

Søe A R B, Giesemann A, Anderson T H, et al. 2004. Soil respiration under elevated CO_2 and its partitioning into recently assimilated and older carbon sources. Plant and Soil, 262: 85-94.

Sophocleous M. 2002. Interactions between groundwater and surface water: the state of the science. Hydrogeology Journal, 10(2): 348.

Tielboerger K, Bilton M C, Metz J, et al. 2014. Middle-eastern plant communities tolerate 9 years of drought in a multi-site climate manipulation experiment. Nature Communications, 5: 5102.

Trenberth K E, Dai A, Rasmussen R M, et al. 2003. The changing character of precipitation. American Meteorological Society, 84(9): 1205-1217.

van Gestel M, Merckx R, Vlassak K. 1993. Microbial biomass responses to soil drying and rewetting: the fate of fast-and slow-growing microorganisms in soils from different climates. Soil Biology & Biochemistry, 25(1): 109-123.

Vidon P, Marchese S, Welsh M, et al. 2016. Impact of precipitation intensity and riparian geomorphic characteristics on greenhouse gas emissions at the soil-atmosphere interface in a water-limited riparian zone. Water, Air, & Soil Pollution, 227: 1-12.

Wang C K, Yang J Y, Zhang Q Z. 2006. Soil respiration in six temperate forests in China. Global Change Biology, 12(11): 2103-2114.

Wang F L, Bettany J R. 1995. Methane emission from a usually well-drained prairie soil after snowmelt and precipitation. Canadian Journal of Soil Science, 75(2): 239-241.

Wang Y D, Wang Z L, Wang H M, et al. 2012. Rainfall pulse primarily drives litterfall respiration and its contribution to soil respiration in a young exotic pine plantation in subtropical China. Soil Science Society of America Journal, 42(4): 657-666.

Waring B G, Powers J S. 2016. Unraveling the mechanisms underlying pulse dynamics of soil respiration in tropical dry forests. Environmental Research Letters, 11(10): 105005.

West A W, Sparling G P, Speir T W. 1989. Microbial activity in gradually dried or rewetted soils as governed by water and substrate availability. Australian Journal of Soil Research, 27(4): 747-757.

Whitford W, Wade E L. 2002. Ecology of desert systems. Journal of Mammalogy, (3): 1122.

Wu H J, Lee X. 2011. Short-term effects of rain on soil respiration in two New England forests. Plant and Soil, 338(1): 329-342.

Wu J, Brookes P C. 2005. The proportional mineralisation of microbial biomass and organic matter caused by air-drying and rewetting of a grassland soil. Soil Biology & Biochemistry, 37(3): 507-515.

Xie W P, Yang J S. 2013. Assessment of soil water content in field with antecedent precipitation index and groundwater depth in the Yangtze River Estuary. Journal of Integrative Agriculture, 12(4): 711-722.

Xu X W H, Zou X Q, Cao L G, et al. 2014. Seasonal and spatial dynamics of greenhouse gas emissions under various vegetation covers in a coastal saline wetland in southeast China. Ecological Engineering, 73: 469-477.

Xu X, Niu S, Sherry R A, et al. 2012. Interannual variability in responses of belowground net primary productivity (NPP) and NPP partitioning to long-term warming and clipping in a tallgrass prairie. Global Change Biology, 18(5): 1648-1656.

Yan J, Chen L, Li J J, et al. 2013. Five-year soil respiration reflected soil quality evolution in different forest and grassland vegetation types in the Eastern Loess Plateau of China. Clean–Soil Air Water, 41(7): 680-689.

Yang H, Mingyu W U, Liu W, et al. 2011. Community structure and composition in response to climate change in a temperate steppe. Global Change Biology, 17(1): 452-465.

Yang H, Yang L I, Mingyu W U, et al. 2011. Plant community responses to nitrogen addition and increased precipitation: the importance of water availability and species traits. Global Change Biology, 17(9): 2936-2944.

Yang M, Liu S, Yang Z, et al. 2009. Effect on soil properties of conversion of Yellow River Delta ecosystems. Wetlands, 29(3): 1014-1022.

Yang Y H, Fang J Y, Pan Y D, et al. 2009. Aboveground biomass in Tibetan grasslands. Journal of Arid Environments, 73(1): 91-95.

Yao R, Yang J. 2010. Quantitative evaluation of soil salinity and its spatial distribution using electromagnetic induction method. Agricultural Water Management, 97(12): 1961-1970.

Yoon T K, Noh N J, Han S, et al. 2014. Soil moisture effects on leaf litter decomposition and soil carbon dioxide efflux in wetland and upland forests. Soil Science Society of America Journal, 78(5): 1804-1816.

Yu C L, Hui D, Deng Q, et al. 2017. Responses of switchgrass soil respiration and its components to precipitation gradient in a mesocosm study. Plant and Soil, 420(1-2): 105-117.

Yuan Z Y, Chen H Y H. 2010. Fine root biomass, production, turnover rates, and nutrient contents in boreal forest ecosystems in relation to species, climate, fertility, and stand age: Literature review and meta-analyses. Critical Reviews in Plant Sciences, 29(4): 204-221.

Zhang F, Quan Q, Song B, et al. 2017. Net primary productivity and its partitioning in response to precipitation gradient in an alpine meadow. Scientific Reports, 7(1): 15193.

Zhang G S, Wang R Q, Song B M. 2007. Plant community succession in modern Yellow River Delta, China. Journal of Zhejiang University (Science B: An International Biomedicine & Biotechnology Journal), 8(8): 540-548.

Zhang L H, Xie Z K, Zhao R F, et al. 2018. Plant, microbial community and soil property responses to an experimental precipitation gradient in a desert grassland. Applied Soil Ecology, 127: 87-95.

Zhang Q, Li J, Singh V P, et al. 2013. Copula-based spatio-temporal patterns of precipitation extremes in China. International Journal of Climatology, 33(5): 1140-1152.

Zhang T T, Zeng S L, Gao Y, et al. 2011. Assessing impact of land uses on land salinization in the Yellow River Delta, China using an integrated and spatial statistical model. Land Use Policy, 28(4): 857-866.

Zhang X, Zhang Y P, Sha L Q, et al. 2015. Effects of continuous drought stress on soil respiration in a tropical rainforest in southwest China. Plant and Soil, 394: 343-353.

Zhao C C, Miao Y, Yu C D, et al. 2016. Soil microbial community composition and respiration along an experimental precipitation gradient in a semiarid steppe. Scientific Reports, 6: 24317.

Zhong Q C, Wang K Y, Lai Q F, et al. 2016. Carbon dioxide fluxes and their environmental control in a reclaimed coastal wetland in the Yangtze Estuary. Estuaries and Coasts, 39(2): 344-362.

Zhou G, Wang Y, Wang S. 2009. Responses of grassland ecosystems to precipitation and land use along the northeast China Transect. Journal of Vegetation Science, 13(3): 361-368.

Zhou X H, Talley M, Luo Y Q. 2009. Biomass, litter, and soil respiration along a precipitation gradient in southern Great Plains, USA. Ecosystems, 12(8): 1369-1380.

Zhu B, Cheng W. 2013. Impacts of drying-wetting cycles on rhizosphere respiration and soil organic matter decomposition. Soil Biology & Biochemistry, 63: 89-96.

第7章

降雨季节分配对黄河三角洲
湿地碳交换的影响

7.1 引言

全球气候模型预测，未来极端气候发生频率与强度的增加会加大降雨分配的季节变异（Ingram，2002；Knapp et al.，2008）。由降雨分配引起的干旱或者淹水能够影响土壤湿度并显著改变生态系统结构、功能、进程及碳平衡状态（Easterling et al.，2000；Jia et al.，2016）。关于降雨分配引起的干旱或者淹水对生态系统 CO_2 交换影响的研究已经在一系列生态系统展开（Scott et al.，2015；Liu and Mou，2016），包括草地（Bowling et al.，2015；Sloat et al.，2015）、灌木（Ross et al.，2012）、森林（Doughty et al.，2015）及沼泽生态系统（Lund et al.，2012；Leppälä et al.，2015）。

降雨分配变化通过直接或者间接作用于生态系统光合固碳及呼吸排碳过程，进而影响净生态系统 CO_2 交换（NEE）（Lund et al.，2012；Doughty et al.，2015；Leppälä et al.，2015）。一方面，降雨季节分配减少导致植被生长缓慢（Rajan et al.，2013），相比植被冠层完成展开阶段，在叶片伸展期及盖度发展阶段，植被的光合和呼吸作用对干旱反应更敏感（Kwon et al.，2008；Rajan et al.，2013）。另一方面，降雨季节分配过多导致土壤淹水，O_2 在土壤中扩散受阻（Heinsch et al.，2004），而微生物活动减少及有机质降解速率降低导致异养呼吸受到抑制。此外，淹水影响生态系统 CO_2 交换对光温变化响应的敏感性，从而对生态系统 CO_2 吸收产生反馈（Jimenez et al.，2015）。

受陆海相互作用影响，滨海湿地在全球碳汇中扮演着重要角色（Han et al.，2018）。由于初级生产力高和有机质降解速率低，滨海湿地具有大的土壤碳库（Drake et al.，2015）。大部分滨海湿地处于潮上带湿地，由于不受潮汐作用的影响，其水文过程主要受垂直方向上降雨和浅且咸的地下水位交互影响（Zhang et al.，2011；Han et al.，2015）。在旱季，受降雨制约极强的蒸气压作用，水溶性盐会通过毛细作用上升至地表，造成盐分在地面的表聚（Yao et al.，2010；Han et al.，2015）。在雨季，降雨虽然通过淋洗作用降低土壤盐度，但由于地下水位浅，通常会造成地表积水。降雨季节分配引起的盐分集聚与淋洗，通过影响植被的盐胁迫和水胁迫压力，最终对生态系统碳的生物地球化学循环与碳平衡产生显著影响（Heinsch et al.，2004）。因此，了解 NEE 对降雨分配的响应不仅有助于预测碳储量的长短期变化，还有助于预测气候改变的影响。但目前有关降雨分配对滨海湿地生态系统 CO_2 交换的影响机制还鲜有涉及。2012 年与 2013 年的总降雨量接近，但是季节内的降雨分配差异显著，为我们探究降雨分配对滨海湿地 CO_2 交换的影响提供了有利条件。本章主要研究目的是评估降雨分配对滨海湿地 NEE 动态及光温响应差异的影响。

7.2 降雨季节分配对黄河三角洲潮汐湿地年际净生态系统 CO_2 交换的影响

7.2.1 潮汐湿地观测场

研究区位于中国科学院黄河三角洲滨海湿地生态试验站的潮间带观测场（37°40′54″~38°10′54″N，118°41′41″~119°16′41″E），海拔 3~5m，通量塔位于黄河以北约 3km（37°46′54″N，119°9′41″E）。研究区属于典型的暖温带半湿润大陆性季风气候，年平均气温 12.9℃，年平均日照 2590~2830h，年平均无霜期 211d，多年平均降雨量 551.6mm，年平均蒸散量 750~2400mm，年平均风速 2.98m/s，且常年盛行东北风与东南风。在垂直方向上水文状况主要受降雨和地下水位的影响，水平方向上主要受潮汐作用的影响。土壤类型为滨海潮盐土，土壤质地为砂质黏壤土，有机质含量丰富，土壤发育年轻，生长季通量塔附近 10cm 深处土壤盐度波动范围为 0.20%~0.81%。植物群落组成简单，以盐地碱蓬（*Suaeda salsa*）为优势种，伴生有柽柳（*Tamarix chinensis*）和芦苇（*Phragmites australis*）。

潮间带盐沼湿地 LI-7500A 开路式涡度相关观测系统安装高度为 2.8m，由开路式红外 CO_2/H_2O 气体分析仪（LI-7550，LI-COR Inc.，美国）和三维超声风速仪（GILLWM，LI-COR Inc.，美国）组成，采样频率为 10Hz，每 30min 输出平均值。同时，测定了距地面 2.8m 和 2m 的光合有效辐射（LI-190SL，LI-COR Inc.，美国），四分量净辐射（NR01，LI-COR Inc.，美国），地下 5cm、10cm、20cm、30cm、50cm 处的土壤温度（TM-L10，LI-COR Inc.，美国），以及地下 5cm、10cm、20cm、30cm、50cm 处的土壤含水量（EC-5，LI-COR Inc.，美国）等环境因子。另外，该观测系统的能量平衡系统（DYNAMET，LI-COR Inc.，美国）数据包括风向/风速（3m）、气温/相对湿度（2m）、降雨量（1.5m）、太阳总辐射（2.8m），以上气象数据由数据采集器（CR1000，LI-COR Inc.，美国）每 30min 自动记录 1 次。

7.2.2 潮汐湿地 NEE 和气象因子季节与年际尺度动态

光合有效辐射（PAR）、气温（T_{air}）和地下 10cm 土壤温度（T_{soil}）在年内的变化趋势均呈单峰模式，在 7 月或 8 月达到最大值（图 7.1a、b）。8 年年均 PAR、T_{air} 和 T_{soil} 分别为 298W/m²、13.0℃和 14.5℃。年降雨量的年际变化较大，其中年均值为 638mm，年降雨量最小为 325mm，最大为 931mm（图 7.1c）。季节性降雨年际变化的标准偏差（SD）和变异系数（CV%）在生长早期分别是 23.95mm 和 65%，在生长中期分别是 209.79mm 和 42%，在生长末期分别是 72.09mm 和 100.8%，在非生长季分别是 50.51mm 和 181.8%。植被生物量在生长早期 4 月初开始累积，在生长中期达到峰值，在生长末期随植被枯萎开始降低，但不同年份植被生物量累积的季节动态具有显著差异（图7.1d）。

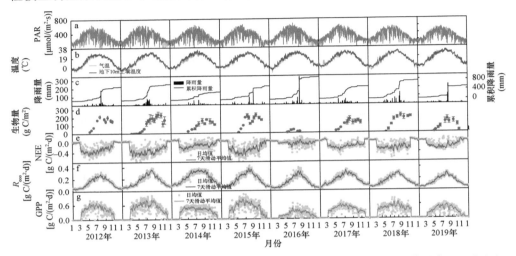

图7.1　2012～2019年光合有效辐射（PAR）（a）、气温（T_{air}）和地下10cm土壤温度（T_{soil}）（b）、降雨量（PPT）和累积降雨量（c）、生物量（d）、净生态系统CO_2交换（NEE）（e）、生态系统呼吸（R_{eco}）（f）及总初级生产力（GPP）（g）

2012～2019年NEE具有明显的季节变化特征，生长季为碳汇，非生长季为碳源（图7.1e）。日均NEE存在较大的年际变化，年际尺度上日均NEE变化范围为–0.80g/(m²·d)（2013年）至0.23g/(m²·d)（2016年）（图7.1e）。特别是2016年为弱碳汇，对应的生物量最低（图7.1d）。除了季节性变化，日平均R_{eco}和GPP的年际差异也很大（图7.1f、g）。年内累积NEE表明该生态系统均为碳汇，2012～2019年的累积NEE分别为–62g C/m²、–85g C/m²、–26g C/m²、–73g C/m²、–8g C/m²、–45g C/m²、–53g C/m²和–38 g C/m²（图7.2a）。2012～2019年总初级生产力（GPP）变化范围为58～151g C/m²（图7.2b），R_{eco}变化范围为48～87g C/m²（图7.2c）。此外，在2012～2019年不同生长阶段的日累计NEE与GPP呈显著线性相关关系（R^2=0.80，$P<0.01$）（图7.3）。GPP与R_{eco}数据点低于/高于1∶1线，表明R_{eco}大于/小于GPP，生态系统为CO_2净源/汇的角色（图7.3）。

7.2.3　多元时间尺度上NEE与主要环境因子的关系

本研究利用小波相干分析（WTC）和部分小波相干分析（PWC）对多个时间尺度上NEE与环境因子之间的相关性进行了检验。在256～512d的时间尺度上，NEE与主要环境因子之间存在显著相关的连续区域（图7.4）。值得注意的是，在

第 7 章 降雨季节分配对黄河三角洲湿地碳交换的影响

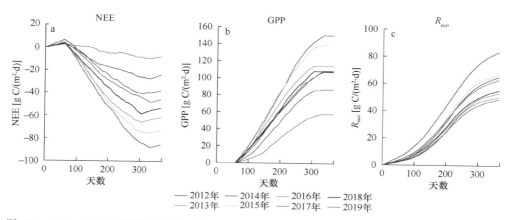

图 7.2 2012~2019 年累积净生态系统 CO_2 交换（NEE）（a）、总初级生产力（GPP）（b）和生态系统呼吸（R_{eco}）（c）

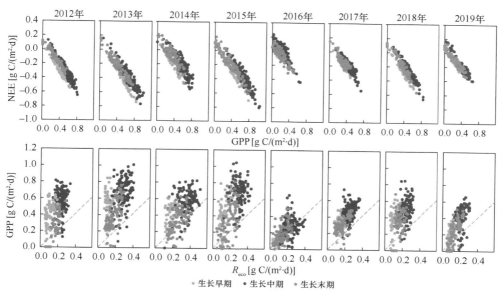

图 7.3 不同生长季节 NEE-GPP（a）和 GPP-R_{eco}（b）的年际变化

超过 512d 的时间尺度上，NEE 与生物量（Biomass）和降雨量（PPT）也存在紧密的相关性（图 7.4c、d）。

通过 PWC 分析进一步区分环境因素对 NEE 的复杂影响（图 7.5）。最有趣的是，排除生物量后 NEE 与 PPT 的 PWC 分析［NEE-PPT（排除 Biomass）］和排除 PPT 后 NEE 与生物量的 PWC 分析［NEE-Biomass（排除 PPT）］（图 7.5a、b）结果表明，在年度尺度上（>256d），生物量对 NEE 的影响大于 PPT，但是这种规律在 2016 年

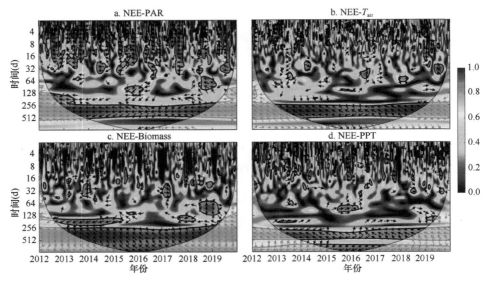

图 7.4 2012~2019 年净生态系统 CO_2 交换（NEE）与光合有效辐射（PAR）（a）、气温（T_{air}）（b）、生物量（Biomass）（c）、降雨量（PPT）（d）的小波相干分析（WTC）

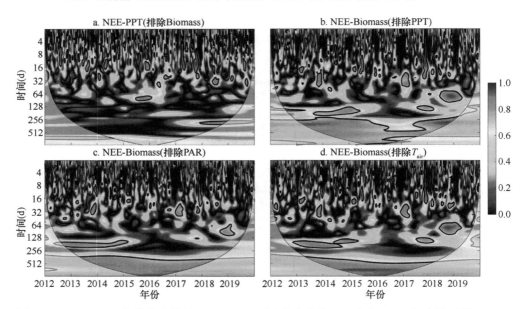

图 7.5 2012~2019 年排除生物量（Biomass）后净生态系统 CO_2 交换（NEE）和降雨量（PPT）（a）、排除 PPT 后 NEE 和生物量（b）、排除光合有效辐射（PAR）后 NEE 和生物量（c）、排除气温（T_{air}）后 NEE 和生物量（d）的部分小波相干分析

不存在，因为 2016 年生物量极低（图 7.1d）。此外，PWC 分析结果还显示，在超过 512d 的时间段内，主导 NEE 变化的不是 PAR 或 T_{air}，而是生物量（图 7.5c、d）。

7.2.4 季节和年际降雨量对年际 NEE 的影响

年际尺度上，日均 NEE 与最大生物量呈显著线性负相关关系（R^2=0.88，P<0.01）（图 7.6a），而与年均光合有效辐射（图 7.6b）、年均气温（图 7.6c）和年降雨量（图 7.6d）无显著相关关系（P>0.05）。季节尺度上，年均 NEE 主要受生长早期降雨量控制，二者呈显著线性负相关关系（图 7.6e）。而最大生物量与生长早期降雨量具有显著线性正相关关系（R^2=0.41，P<0.05），这表明季节降雨通过影响最大生物量积累来调控年际 NEE。此外，最大生物量与 GPP 具有较强的线性相关关系（R^2=0.83）。

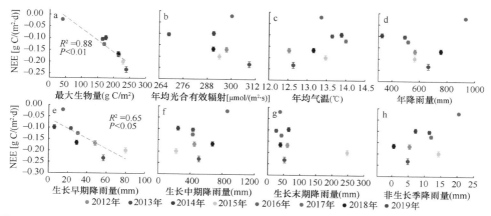

图 7.6　2012~2019 年净生态系统 CO_2 交换（NEE）与最大生物量（a）、年均光合有效辐射（b）、年均气温（c）、年降雨量（d）及生长早期降雨量（e）、生长中期降雨量（f）、生长末期降雨量（g）和非生长季降雨量（h）的关系

2020 年依托春季降雨分配控制试验平台发现，随着春季降雨量的增加，春季土壤盐度显著降低（图 7.7a），其中+56%处理（春季降雨量相比 CK 处理增加 56%）的土壤盐度最低，比 CK 处理（1988~2018 年春季平均降雨量）低 8%左右，–56%处理（春季降雨量相比 CK 处理减少 56%）的土壤盐度最高，比 CK 处理高约 14%。NEE 随春季降雨量的增加呈显著增加趋势（图 7.7b）。此外，NEE 与土壤盐度之间存在显著的线性正相关关系（图 7.7c）。

试验结果表明，年 NEE 对季节降雨较为敏感，特别是在生长早期。首先，不同生长阶段的植被对土壤盐度的敏感性不同，幼苗期耐盐能力相对较低，盐地碱蓬种子的萌发率随着土壤盐度的升高而显著降低（Duan et al.，2007）。其次，生

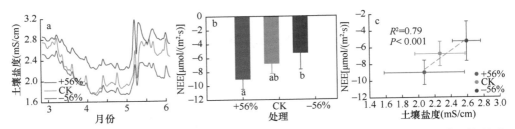

图 7.7 2020 年春季降雨分配控制试验平台地下 10cm 土壤盐度的动态变化、不同降雨处理下净生态系统 CO_2 交换（b）及其与土壤盐度的关系（c）

柱状图上不同小写字母表示所有处理在 $P<0.05$ 水平差异显著

长早期气温回升促进了种子萌发，但同时加重了盐分在地表的集聚（Han et al.，2018）。盐胁迫的抑制作用强于促进作用，尤其是在土壤干燥的情况下（Chu et al.，2018）。因此，高盐度导致萌发率降低，从而抑制了冠层发育，导致生态系统光合作用减弱和生产力降低（Heinsch et al.，2004）。

季节降雨而不是年降雨驱动盐沼湿地 NEE 的年际变化。一方面，如果年降雨量高但植被生长早期降雨量较低，特别是持续性干旱的生长早期，地下水盐就会通过毛细作用上升至根部及地表（图 7.8）。随着盐胁迫加强，新叶子萌发会受到抑制（Forbrich et al.，2018）。随着生长早期降雨量的降低，干旱胁迫伴随盐胁迫会对盐地碱蓬造成伤害，进而在更大时空尺度上影响滨海湿地"蓝碳"功能。降雨减少伴随的土壤盐度升高和气孔导度降低，会降低植被水分利用率，导致植被萌发和生物量积累受到抑制（Hanson et al.，2016）。此外，年降雨量较高容易导致生长中期降雨量增加，从而引发突发性洪水（Wei et al.，2020b）。降雨变异引起的涝渍胁迫会降低净光合速率和净 CO_2 吸收量（Han et al.，2015）。另一方面，植被生长主要受土壤盐度抑制（Tian et al.，2020），如果年降雨量较低但生长早期降雨量较高，生长早期降雨就会通过提高土壤含水量降低土壤盐度，促进植被萌发和生长，增加植被对生长中期不利环境的抵抗能力，从而促进生物量积累和净 CO_2 吸收（Heinsch et al.，2004；Forbrich et al.，2018）。2012~2019 年不同植被生长阶段 NEE 与 GPP 表现出强线性相关性，表明 NEE 与 GPP 同样重要。值得注意的是，碳汇较强年份（如 2012 年、2013 年、2015 年和 2018 年）对应生长早期数据在 NEE-GPP 的 1∶1 线以下的较多，表明 CO_2 净积累更多，CO_2 汇强度也更大。生物量与 GPP 相关，淡水供应量较少、土壤盐度较高时 GPP 较低（Heinsch et al.，2004）。植被生长早期有较多降雨，对应夏季的生物量较高（如 2012 年、2013 年、2015 年、2017 年、2018 年），说明对应的年份碳汇能力更强（图 7.2）。这与我们之前在样地尺度的研究一致，增加生长早期降雨会降低土壤盐度，进而促进植被萌发生长（Chu et al.，2019）。这些观察结果表明，在盐沼湿地中，对植被生长而言降雨时间比降雨量更重要（Ru et al.，2017）。

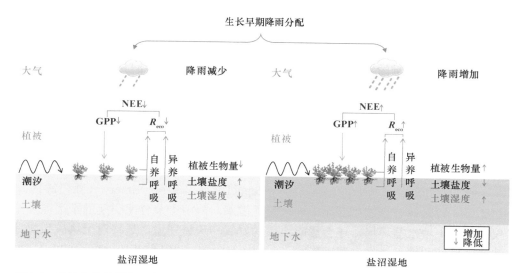

图 7.8 植被生长早期降雨分配对滨海湿地生态系统 CO_2 交换的影响生长早期降雨分配通过影响土壤湿度和土壤盐度来影响植被萌发、生长和生物量积累，进而通过调节 GPP 和 R_{eco} 最终影响 NEE

以往的研究也表明，季节性降雨而非年度降雨通过改变植被生物量积累或通过土壤压实和矿化驱动生态系统的年度碳同化与固存（O'Connor et al.，2010；Zeppel et al.，2014）。例如，在干旱和半干旱地区的研究发现，季节性降雨不仅决定了植被生长和生物量对 CO_2 的积累响应（Coe et al.，2012；Hovenden et al.，2014），还决定了土壤呼吸过程中碳的释放（Ru et al.，2017）。一些研究结果与我们的研究结果不同，认为 NEE、土壤和微生物呼吸的年际变化是由年平均降雨量的差异造成的（Gherardi et al.，2018；Lyu et al.，2018）。不同研究结果的差异可能是土壤质地、物种组成和环境条件的差异造成的（Prevey et al.，2015）。因此，不同研究区域对降雨随时间变化的反应可能有所不同。

7.2.5 研究展望

8 年（2012～2019 年）的野外观测结果表明，增加生长早期降雨量会增加盐沼湿地年均 NEE，促进生物量积累，这表明季节性降雨对盐沼湿地碳交换有显著影响。这一结果与以往研究认为的季节性降雨在调节年度碳预算方面起着重要作用的结论相一致（Beier et al.，2012；Li et al.，2020b）。年际 NEE 强烈受控于生长早期降雨量，而非生长中期、末期降雨量及年降雨量，这很大程度上可以归因于生长早期降雨引起的土壤水盐环境对植被萌发的即时影响及后期生长的滞后影响，进而决定了整个生长季植被生长和净碳吸收能力。大气碳汇对降雨季节分配的影响已有较多研究，但很少有学者将地下土壤碳的生物地球化学循环对降雨季节分配的响应纳入研究。不同于陆地生态系统，潮汐湿地 NEE 不能完全代表净碳积累，因为有大量的有机和无机形式的碳通过横向潮汐和河口水动力进行交换（Cai，2011；Wang et al.，2017；Forbrich et al.，2018），但目前有关沉积物碳埋藏速率的研究较少，导致对潮汐湿地碳汇能力的低估。因此，准确量化 NEE 测量值与埋藏速率之间的差异，对于估算未与大气交换的碳质量损失至关重要（Forbrich et al.，2018）。

气候变暖会加剧未来全球水循环变异，预计降水模式（包括降水的时间、强度和季节性）将在未来发生重大变化（Zeppel et al.，2014；Emery et al.，2019），相比于降雨量盐沼植被可能对这种变化更敏感。降雨季节分配引起的干湿循环不仅会影响土壤水盐环境，还会影响土壤的好氧和厌氧环境，最终对土壤碳生物地球化学循环和碳平衡产生深远影响（Goldstein et al.，2014；Li et al.，2020a）。土壤干湿交替是决定土壤氧化还原条件的重要因素，干湿交替会进一步影响土壤微生物活性和有机质分解速率（Chivers et al.，2009）。生态系统碳的传统模型概念主要是从中观生态系统中获得的知识发展起来的，因此它们无法捕获季节性降雨动态（Carbone et al.，2011）。考虑到未来降雨格局的变异，降雨变异会加剧土壤水盐运移变异，导致生态系统碳库的不稳定性，这可能是生态系统碳循环模型关键的不确定性碳源。

7.3 降雨季节分配对黄河三角洲非潮汐湿地生态系统 CO_2 交换的影响

7.3.1 非潮汐湿地观测场

非潮汐湿地观测场具体情况见 3.3.1 小节。

7.3.2 环境因子及不同生长阶段 NEE 的季节动态比较

1961～2011 年，研究区各生长阶段的降雨频率分布均呈单峰变化，但变化振幅存在明显差异（图 7.9）。2012 年与 2013 年的年降雨量接近，但季节内降雨分配差异显著。虽然两年降雨量主要集中在生长季（2012 年为 87%，2013 年为 91%），但 2012 年 72%集中在生长中期，2013 年 59%集中在快速生长期。

在快速生长期内，2013 年的降雨量为 341.1mm，远高于近 50 年（1961～2011 年）同时期均值（229.3mm）（图 7.9，图 7.10a，表 7.1）；而 2012 年快速生长期降雨量仅为 123.4mm（2013 年同时期降雨量的 36%），远低于（54%）近 50 年同

第 7 章　降雨季节分配对黄河三角洲湿地碳交换的影响

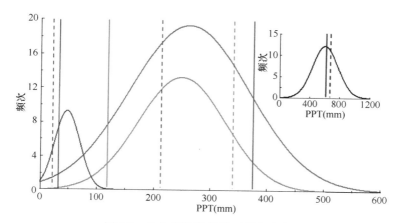

图 7.9　各生长阶段的降雨频率分布图

红线-快速生长期；绿线-生长中期；蓝线-生长末期；黑线-整个生长期。曲线代表 1961～2011 年不同生长期降雨频率分布，竖直实线代表 2012 年降雨量，竖直虚线代表 2013 年降雨量

时期均值。降雨分配导致年际土壤含水量（SWC）差异显著（图 7.10b，表 7.1）。2012 年相对干旱的快速生长期的 SWC 显著低于 2013 年（$P=0.003$）。在生长中期，2012 年降雨量为 384.2mm（近 50 年同时期均值的 174%），显著高于 2013 年（215.0mm）；这一时期，2012 年 SWC 显著高于 2013 年（$P<0.05$）。在生长末期，由于降雨减少，SWC 差异不显著。在快速生长期，2012 年 PAR 和气温均高于 2013 年，但两年的差异不显著（$P>0.05$）；但在生长中期与生长末期，两年间的 PAR 与气温均不存在显著差异（$P>0.05$）（表 7.1）。

地上生物量在快速生长期内快速增长，在生长中期由于叶面积达到最大生长速度减缓增长，在生长末期生长速度由于植被枯萎而下降。2013 年由于快速生长期内降雨较多及外界环境温暖，植被的盖度发展快于 2012 年（图 7.10c）。受环境与植被生长状况的影响，2012 年与 2013 年 NEE 具有明显的季节变化特征，但 2012 年的变化幅度小于 2013 年（图 7.10d）。在快速生长期内，降雨及 SWC 是激发 NEE 的首要因子。在快速生长期初期，由于湿地的地上生物量比较低（图 7.10c），尽管 2012 年与 2013 年相比具有更高的 PAR 与 T_{air}（表 7.1），但由于降雨量与 SWC 更低，地上生物量增长受到抑制（图 7.10c），因此 2012 年 NEE 日均值 [(−2.2±0.2) g C/(m²·d)] 显著低于 2013 年 [(−6.3±0.5) g C/(m²·d)]（$P<0.01$）。在生长中期，2012 年相比于 2013 年降雨量显著提高，但高的降雨量伴随着高的 SWC 增加了植被的淹水胁迫，表现为 CO_2 吸收受到抑制。这一时期，2012 年 NEE 均值为−1.1g C/(m²·d)，与 2013 年的−4.2g C/(m²·d) 存在显著差异（$P<0.01$）。在生长末期，两年间 NEE 均值没有显著差异（$P>0.05$）。由此可见，植被枯萎对 NEE 动态产生直接影响，迅速地由碳汇变为碳源。2012 年与 2013 年快速生长期累积 NEE 分别为−112.8g C/m² 和−177.7g C/m²，生长中期分别为−34.1g C/m² 和−69.8g C/m²，生长末期分别为-27.8g C/m^{2}和-21.0g C/m^2（图7.10d）。

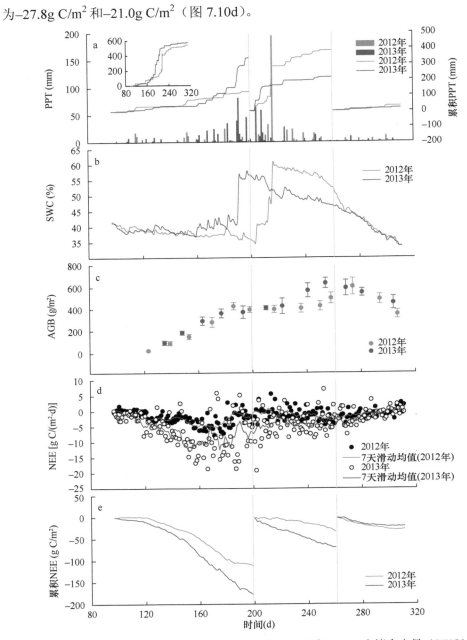

图7.10　2012年与2013年各生长阶段降雨量（PPT）和累积PPT、土壤含水量（SWC）、地上生物量（AGB）、净生态系统CO$_2$交换（NEE）和累积NEE的动态

生长阶段分为快速生长期（第97~199天）、生长中期（第200~260天）和生长末期（第261~311天）

表 7.1　2012 年与 2013 年各生长阶段降雨量（PPT）、土壤含水量（SWC）、光合有效辐射（PAR）、气温（T_{air}）和日均 NEE 的季节变化

参数	快速生长期（第 97~199 天）				生长中期（第 200~260 天）				生长末期（第 261~311 天）			
	1961~2011 年	2012 年	2013 年	P 值	1961~2011 年	2012 年	2013 年	P 值	1961~2011 年	2012 年	2013 年	P 值
PPT（mm）	229.3	123.4	341.1	—	221.1	384.2	215.0	—	53.0	30.0	18.2	—
SWC（%）	—	38.1	41.0	0.003	—	52.7	50.6	0.025	—	41.0	40.3	>0.05
PAR [μmol/(m²·s)]	—	53.1	47.2	>0.05	—	45.1	45.7	>0.05	—	21.1	19.5	>0.05
T_{air}（℃）	20.9	20.9	19.5	>0.05	25.3	25.7	25.9	>0.05	16.3	16.6	16.4	>0.05
NEE [g C/(m²·d)]	—	−2.2±0.2	−6.3±0.5	0.001	—	−1.1±0.3	−4.2±0.5	0.003	—	−1.1±0.2	−1.5±0.3	>0.05

7.3.3　白天 NEE 对光的响应

光响应参数（A_{max}、α 和 $R_{eco,day}$）季节动态呈单峰变化，通过直角双曲线模型进行拟合（表 7.2）。在快速生长期，2013 年 A_{max} 和 α[0.84mg CO_2/(m²·s)和 0.0024mg CO_2/μmol]显著高于 2012 年[0.60mg CO_2/(m²·s)和 0.0013mg CO_2/μmol]（$P<0.01$）。2012 年 $R_{eco,day}$ [0.12mg CO_2/(m²·s)] 高于 2013 年 [0.09mg CO_2/(m²·s)]。在生长中期，尽管两年间 α 没有显著差异，但 2013 年 A_{max} 和 $R_{eco,day}$ [0.87mg CO_2/(m²·s)和 0.23mg CO_2/(m²·s)]显著高于 2012 年[0.60mg CO_2/(m²·s)和 0.19mg CO_2/(m²·s)]。尽管生长末期植被大部分已枯萎，但 2013 年 A_{max} [0.65mg CO_2/(m²·s)] 显著高于

表 7.2　2012 年与 2013 年不同生长阶段光合拟合参数比较

生长阶段	A_{max} [mg CO_2/(m²·s)]		α (mg CO_2/μmol)		$R_{eco,day}$ [mg CO_2/(m²·s)]		R^2	
	2012 年	2013 年	2012 年	2013 年	2012 年	2013 年	2012 年	2013 年
快速生长期（第 97~199 天）	0.60±0.02	0.84±0.05	0.0013±0.0001	0.0024±0.0001	0.12±0.02	0.09±0.02	0.41	0.37
生长中期（第 200~260 天）	0.60±0.02	0.87±0.02	0.0020±0.0001	0.0021±0.0001	0.19±0.03	0.23±0.03	0.59	0.64
生长末期（第 261~311 天）	0.48±0.04	0.65±0.15	0.0013±0.0001	0.0012±0.0001	0.07±0.02	0.03±0.01	0.50	0.45
整个生长期	0.58±0.01	0.90±0.04	0.0013±0.0001	0.0014±0.0001	0.12±0.01	0.09±0.02	0.46	0.43

注：A_{max}-最大光合速率；α-生态系统表观量子产量；$R_{eco,day}$-日间生态系统呼吸

2012 年[0.48mg $CO_2/(m^2 \cdot s)$]（$P<0.01$）。在整个生长季尺度上，2013 年 A_{max}[0.90mg $CO_2/(m^2 \cdot s)$]显著高于 2012 年[0.58mg $CO_2/(m^2 \cdot s)$]，2013 年 $R_{eco,day}$[0.09mg $CO_2/(m^2 \cdot s)$]低于 2012 年[0.12mg $CO_2/(m^2 \cdot s)$]，但 α 没有显著差异。与 2012 年相比，在相同 PAR 条件下，2013 年的净碳吸收能力更强，说明 2013 年的光合强度远大于呼吸强度。

降雨分配控制整个生长季 NEE-PAR 的光响应关系。在快速生长期，由于蒸气压强，地下水中的盐分通过毛细作用上升至根部及地表，造成地表盐分集聚，对植被生长产生盐胁迫（Yao et al.，2010；Zhang et al.，2011）。与 2012 年相比，由于相对多的降雨分配及低的盐分胁迫，在相同 PAR 条件下，2013 年 CO_2 吸收量（NEE 负值）更大（图 7.11a），说明 2013 年快速生长期的光合强度相对呼吸强度更大。研究发现，土壤盐度升高会降低年尺度总初级生产力（Heinsch et al.，2004），这一影响尤其是在生长季前半部分显著。高土壤盐度降低植物叶片气孔导度，引起光合强度下降（Pezeshki et al.，2010），造成植被生长减缓。生态系统的生产力及组成很大程度上取决于生长早期（4~6 月）的降雨分配（Bates et al.，2006）。领域和实验室研究发现，大多数湿地生物量和植被生长速度随着盐度升高而降低（Peyre et al.，2001）。对得克萨斯海湾海岸沼泽的研究发现，在高水分获

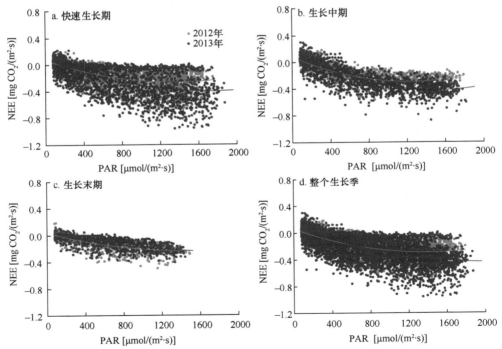

图 7.11 2012 年与 2013 年各生长阶段生态系统 CO_2 净交换（NEE）光响应曲线的比较图中的拟合参数见表 7.2

取和低盐度条件下湿地表现为碳汇,在低水分获取和高盐度条件下湿地表现为碳源(Heinsch et al.,2004)。

湿地在2012年与2013年生长中期完全进入雨季,强降雨发生后地表由于水分饱和形成积水。研究结果显示,积水造成的淹水胁迫降低了最大光合速率及净光合速率(表7.2),最终导致生长中期白天净CO_2吸收量降低。一方面,雨季由于多云降低长波辐射和反照率,引起入射太阳辐射降低,最终影响太阳能与净辐射关系变化(Kwon et al.,2008)。另一方面,当湿地水分达到饱和后,土壤气孔中的水分影响基质和大气间的气体交换,同时淹水导致植被光合有效叶面积降低,最终导致净光合速率降低(Schedlbauer et al.,2010)。同时,淹水因为土壤孔隙水饱和而造成土壤缺氧,会减弱植被整体的代谢活动,甚至造成气孔关闭和蒸腾作用停止,最终影响植被光合作用和自养呼吸(Banach et al.,2009;Moffett et al.,2010)。然而,生长末期由于植被枯萎及降雨减少,这一阶段两年间NEE-PAR光响应曲线没有显著差异。

7.3.4 夜间 NEE($R_{eco,night}$)对温度的响应及 R_{eco} 与 GPP 的关系

$R_{eco,night}$ 与气温呈显著的指数正相关关系(图7.12)($P<0.01$)。快速生长期生态系统温度敏感性(Q_{10})2012年(2.61)略高于2013年(2.51),生长中期2012年Q_{10}(2.62)高于2013年(2.09)。尽管生长末期植被大部分枯萎,2012年Q_{10}(3.32)仍高于2013年(3.18)。在整个生长季,2012年Q_{10}为2.76,2013年为2.56,说明湿地在2012年的温度敏感性要高于2013年。2012年与2013年各生长阶段R_{eco}与GPP均呈显著线性正相关关系(图7.13),在虚线1:1之上/之下的点代表GPP低于/高于R_{eco},说明生态系统是碳源/碳汇。在快速生长期与生长中期,2013年的斜率要小于2012年,说明2013年的碳吸收能力更强。

研究中,气温分别解释了2012年与2013年整个生长季生态系统呼吸R_{eco}变异的67%和71%(图7.12d),与其他湿地生态系统的研究结果相近(Lafleur et al.,2003;Zhou et al.,2009)。在快速生长期,由于缺少降雨,土壤含水量逐渐下降,同时土壤盐度上升。与2013年相比,这一阶段由于降雨量低和土壤盐度高,相同温度下2012年$R_{eco,night}$更低(图7.12)。土壤盐度的升高会导致植物细胞因高渗透压而失水,导致植被光合作用和初级生产力降低,最终表现为地上呼吸受到抑制。植物生长和基础代谢与光合活动紧密相关(Cannell and Thornley, 2000),所以2012年生态系统呼吸的减弱可以部分认为是由盐度引起GPP降低导致净光合速率降低而引起的。此外,土壤盐度升高引起渗透压升高抑制了微生物活性和降低了土壤有机质降解速率,最终导致异养呼吸减弱(Chivers et al., 2009;Setia et al.,2010)。

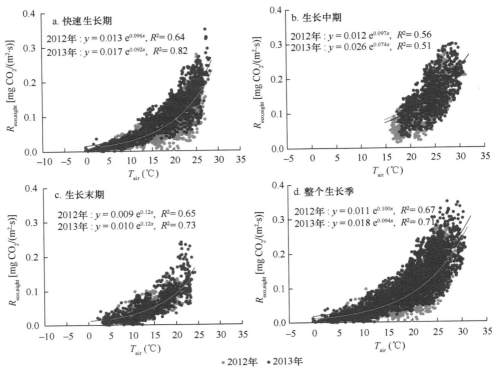

图 7.12　2012 年与 2013 年各生长阶段的夜间 NEE（$R_{eco,night}$）温度响应比较

在生长中期，虽然强降雨带来的淡水输入降低了湿地土壤盐度，但积水同时对植被造成淹水胁迫。地上呼吸主要来源于植被，由于植被根系和叶片部分甚至全部被淹没，土壤与大气间的气体扩散受到抑制，因此植被光合与呼吸等生理代谢活动减弱（Banach et al.，2009）。研究发现，生态系统呼吸与总光合速率线性相关，说明淹水条件下光合底物供应受限会抑制生态系统呼吸（Setia et al.，2010）。基质呼吸主要包括有氧呼吸和无氧呼吸，淹水引起水中 O_2 扩散率降低，最终导致植被根系 O_2 获取受阻（Han et al.，2015）。厌氧环境使得植物由有氧代谢转变为低效的厌氧发酵，最终对 R_{eco} 产生抑制作用（Sairam et al.，2008），所以，2012 年与 2013 年相比生态系统呼吸受到的抑制作用更大。生长末期的温度响应曲线与光响应曲线类似，没有显著差异。由于整个生长季降雨分配的差异，2012 年与 2013 年相比 R_{eco} 承受了更大的盐度胁迫（生长早期）和淹水胁迫（生长中期）。

7.3.5　不同生长阶段降雨量对净光合速率的影响

在快速生长期，相比对照（CK）与减雨 40%，增雨 40% 显著提高 SWC（$P<0.01$）

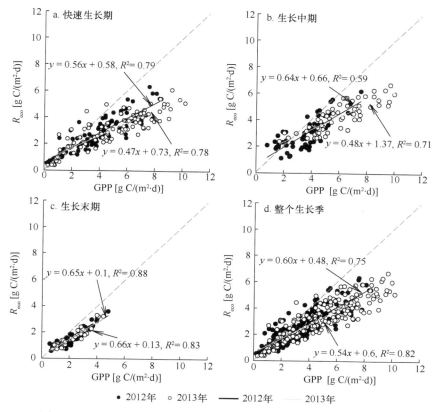

图 7.13 生态系统呼吸（R_{eco}）与总初级生产力（GPP）的线性相关
实线代表回归线，虚线为 1∶1 线。降雨数据被剔除在外

（图 7.14a），显著降低土壤盐度（$P<0.01$）（图 7.14c），且显著提高净光合速率（$P<0.01$）（图 7.14e），其中增雨 40%的 SWC 为 49.2%，分别比 CK 与减雨 40%高 29%和 64%。增雨 40%的土壤盐度为 5.1dS/m²，分别比 CK 与减雨 40%低 9%和 26%（$P<0.01$）。此外，增雨 40%的净光合速率分别比 CK 与减雨 40%高 15%和 25%（$P<0.01$）。在生长中期，虽然 SWC 与土壤盐度没有显著差异，但减雨 40%的净光合速率分别比 CK 与增雨 40%高 45%和 69%（$P<0.01$）（图 7.14f）。

7.3.6 降雨分配对湿地碳收支的影响

在生长季尺度上，滨海湿地 2012 年与 2013 年均为碳汇，净固碳量分别为 175g C/m² 和 269g C/m²。在年际尺度上，2012 年生态系统净固碳量为 164g C/m²，而 2013 年碳汇更强，为 247g C/m²，说明生长季的降雨分配显著影响年际碳收支。以往的研究认为，降雨分配引起的干湿交替能够影响湿地 NEE（Aurela et al., 2004；

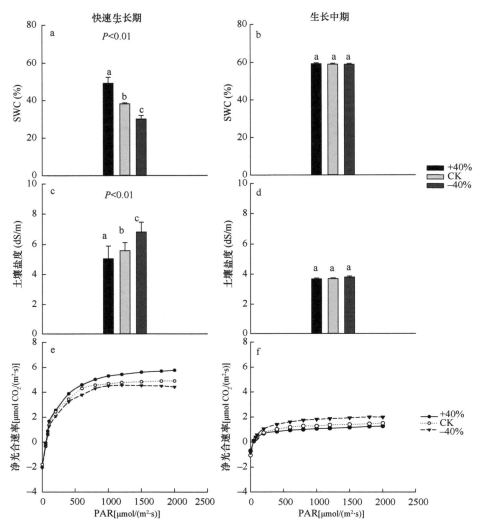

图 7.14 快速生长期与生长中期降雨量对土壤含水量（SWC）（a、b）、土壤盐度（c、d）和净光合速率（e、f）的影响

+40%-增雨 40%；CK-对照；-40%-减雨 40%。不同小写字母表示不同处理间差异显著

Hao et al.，2011；Lund et al.，2012），这与本研究的结果一致。相似的研究结果在温带草地（Hussain et al.，2011）、半干旱灌木（Jia et al.，2016）、亚高山草地（Sloat et al.，2015）、半干旱草地（Rajan et al.，2013）和森林（Kljun et al.，2007）等生态系统也已得到。

我们的研究结果显示，生长季的降雨分配对湿地的碳源汇地位至关重要。作为生长季 NEE 首要的激发因子，降雨能够通过直接或者间接过程对湿地净 CO_2 吸收产生影响。在快速生长期，降雨之后的淡水输入降低滨海湿地土壤盐度，提高净光合速率，进而促进植物生长，最终提高净 CO_2 吸收量。在生长中期，强降雨引起的淹水由于淹没植被部分或者全部叶片而导致净光合速率下降，导致净 CO_2 吸收受抑制。在同一研究地点的降雨控制试验样地里发现了相似的研究结果，快速生长期内的降雨分配增加会因为降低盐度胁迫（图 7.14c）而提高净光合速率（图 7.14e），而生长中期进入雨季过多的降雨会因为增加淹水胁迫而降低净光合速率(图 7.14f)。因此，在全球气候变化背景下，将降雨分配纳入滨海湿地碳收支评估尤为重要。

7.4 降雨季节分配对黄河三角洲湿地土壤呼吸的影响

7.4.1 降雨季节分配控制试验平台

降雨季节分配控制试验平台位于山东省东营市中国科学院黄河三角洲滨海湿地生态试验站（37.75°N，118.98°E）。试验区植被为芦苇-白茅群落。根据黄河三角洲地区连续 31 年（1988～2018 年）的日降水资料分析，研究区域 31 年内春季降雨量最高的年份比多年平均水平高约 73%，而春季降雨量最低的年份比多年平均水平低 56%，故试验设定 5 个处理，共有 4 个区组，每个区组中包含 5 个处理：①对照（CK）；②春季降雨分配增加 56%（+56）；③春季降雨分配减少 56%（–56）；④春季降雨分配增加 73%（+73）；⑤春季降雨分配减少 73%（–73）。试验采用随机区组设计，共计 20 个样方（图 7.15），5 个处理的年降雨量保持一致，春季增雨处理对应夏秋冬减雨（各季节按比例分配，夏秋冬减雨量为春季增雨量），春季减雨对应夏秋冬增雨（各季节按比例分配，夏秋冬增雨量为春季减雨量）。

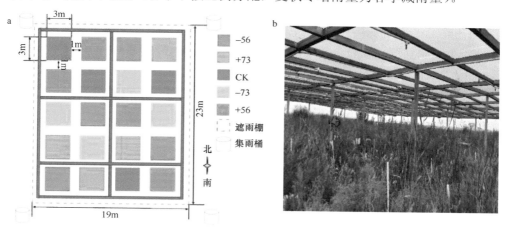

图 7.15　试验样地
a. 试验设计；b. 样地现场

每个样方的面积均为 3m×3m，样方间隔 1m，以减小边缘效应。为阻断近地表水平方向上的水流交换，所有小区四周被高约 30cm、宽约 50cm 的隔离带（由优质土工布包裹的空心砖和取于原地的土壤筑成，埋入地下 20cm）包围，区组内各小区间距为 2m。为了控制降雨，整个样地上方建立永久性的钢架结构，上覆无色透明玻璃钢作为遮雨棚遮挡自然降雨并保持正常光照。遮雨棚边缘安装不锈钢引流槽，截留的自然降雨被引流到汇流槽再通过排水管导出至样地周围的储水桶内。加水装置为喷灌系统，每个样方有 4 个喷头挂在支撑架上，每个喷头喷洒直径约为 2.5m，喷水量为 50L/h，喷灌用水从储水桶内用高压水泵抽取，每个样方总阀处安装有流量计来控制降雨量。

7.4.2 降雨季节分配变化对环境因子的影响

地下 10cm 土壤温度变化趋势整体呈"单峰"曲线，呈现生长季较高、非生长季较低的趋势，而生长季表现为春季较低、夏季较高的趋势，最高值出现在 8 月初，与大气温度最高值出现时间一致。土壤盐度季节动态与土壤温度相反，整体呈倒"几"字形，其中春季土壤盐度高、夏季低，秋冬季土壤盐度高于夏季、低于春季。土壤含水量变化趋势与土壤温度相似，但整体变化趋势表现为春季升高、夏季降低，而后保持平稳的趋势，最高点与大气温度最高点出现时间相近，出现在 8 月淹水期内（图 7.16）。

虽然不同降雨季节分配处理的土壤温度在各季节均没有显著差异，但土壤盐度和土壤含水量在季节尺度上具有显著差异（图 7.17）。方差分析显示，春季−73 处理与+73、+56 处理的土壤盐度存在显著差异（$P<0.05$），相对于对照处理，+73、+56 处理的土壤盐度分别降低了 0.5μS/cm 和 0.4μS/cm，−56、−73 处理的土壤盐度分别升高了 0.49μS/cm 和 0.80μS/cm。夏、秋、冬季各处理土壤盐度虽然没有显著差异，但土壤盐度整体随春季降雨季节分配减少而降低。春季+73 处理与−56、−73 处理的土壤含水量存在显著差异（$P<0.05$），相对于对照处理，+73、+56 处理的土壤含水量分别增加了 4.5%和 1.1%，−56、−73 处理的土壤含水量分别降低了 2.3%和 2.7%；秋季+73、+56 处理的土壤含水量分别降低了 4.0%和 2.4%，−56、−73 处理的土壤含水量分别增加了 2.7%和 3.1%。而夏、冬季各处理土壤含水量虽然没有显著差异（$P>0.1$），但整体上随春季降雨季节分配减少呈升高趋势。

7.4.3 降雨季节分配变化对地下生物量的影响

不同降雨季节分配处理对植被地上生物量无显著影响，但对地下生物量及其垂直分布产生了显著影响（图 7.18）。试验期内不同处理地下生物量为 938～

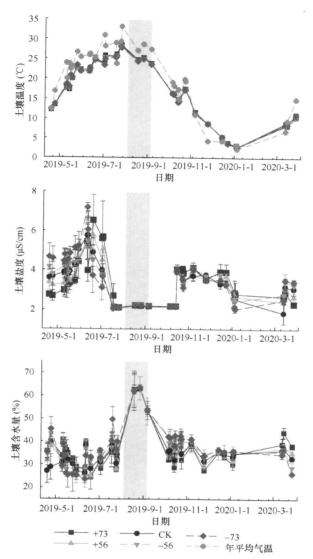

图 7.16 2019 年 4 月至 2020 年 3 月大气温度和不同降雨季节分配处理下地下 10cm 土壤温度（T_s）、盐度（S_a）和含水量（SWC）的季节动态

阴影部分表示淹水期

1712g/m²，52%～71%根系分布在深层土壤中。不同处理地下生物量总体上随春季降雨季节分配减少呈降低趋势，最小值出现在–73 处理，除–56 处理外，–73 处理与其余处理存在显著差异（$P<0.05$）。地下生物量浅层贡献率随春季降雨季节分配减少呈增高趋势，方差分析显示，+56 处理与–56、–73 处理差异显著（$P<0.05$）；而地下生物量深层贡献率的变化趋势则相反，除–56 处理外，–73 处理与其余处理

差异显著，+73、+56 处理与其余处理差异显著（$P<0.05$）。

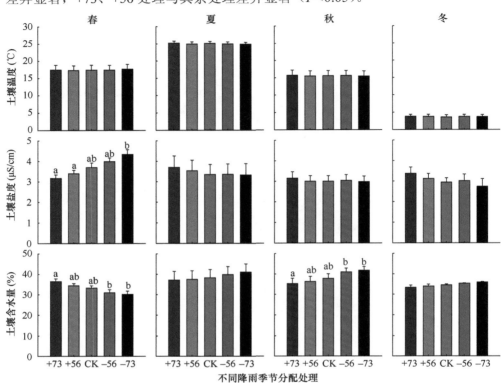

图 7.17　降雨季节分配处理对地下 10cm 土壤温度、土壤盐度和土壤含水量的影响
不同小写字母表示不同处理间差异显著（$P<0.05$）

本研究中增加春季降雨季节分配地下生物量显著增加。根系通过自身呼吸作用或者通过影响微生物呼吸，直接或间接地影响生态系统碳循环过程(Raich et al.，1995)，作为土壤与植物地上部分进行物质交换的枢纽，根系连接地上与地下碳循环的关键环节（Padilla et al.，2013；Richard et al.，2014）。降雨季节分配变化通过影响土壤水盐环境影响植被光合作用和呼吸作用，改变植被根系生长状况，进而影响地下生物量累积。一方面，春季是植物萌发和生长对降雨季节分配最为敏感的阶段，增加春季降雨季节分配会提高土壤含水量、降低土壤盐度，从而促进植被萌发和生长（乔晓欣，2019）。以往的研究发现，增雨处理促进了白茅（*Imperata cylindrica*）、稗（*Echinochloa crusgalli*）和荻（*Triarrhena sacchariflora*）等禾本科植被种类的出现，显著改变了湿地群落物种组成（李新鸽等，2019）。本研究为试验处理第一年，虽然各降雨季节分配处理下植被物种多样性没有显著差异，但地下生物量随春季降雨季节分配增加显著增大（图 7.18）。另一方面，春季降雨季节

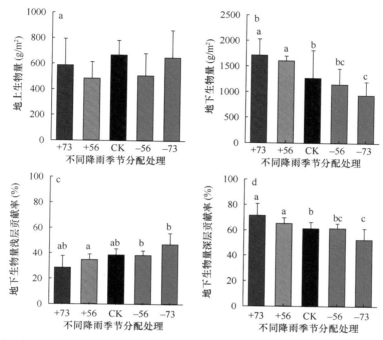

图 7.18 不同降雨季节分配处理的地上生物量（a）、地下生物量（b）、地下生物量浅层贡献率（c）和地下生物量深层贡献率（d）

柱状图上不同小写字母表示所有处理在 $P<0.05$ 水平差异显著

分配增加促进植被生长会提高根系对生长中后期水分胁迫的抵抗能力，同时高土壤含水量会产生持续效应，能够补偿生长中期的干旱胁迫负效应（Bates et al., 2006）。

降雨季节分配变化改变地下根系垂直分布，地下生物量深层贡献率随春季降雨季节分配增加而升高，而地下生物量浅层贡献率则降低（图 7.18）。以往关于降雨季节分配影响植被根系生长的研究受研究方法的局限、生态系统类型差异及测定指标多样性的影响，并无普适性定论（Bates et al., 2006；Ru et al., 2018；单立山等, 2017；宋晓辉等, 2019；赵亮, 2019）。一般认为，当遭受干旱胁迫时植被将更多的生物量分配给地下根系，使根系更好地吸收土壤深处的水分和养分，进而实现使植被达到最大生长速率的最优分配（Dan, 1971；Kerkhoff, 2007；王杨等, 2017）。也有研究认为，在应对降雨季节分配变化时，植被地上和地下的生产力会保持稳定（Boeck et al., 2011；Kerkhoff, 2007）。滨海湿地土壤盐渍化严重，淡咸水交互明显，水升盐降，水落盐涨（Li, 2018；孙宝玉等, 2018），因此盐度是影响滨海湿地植被生存、生长、分布和繁殖的重要环境因子。在春季，降雨分配减少则土壤含水量低，对根系的机械阻力会增加，同时高盐度会降低土壤微生物活性, 种子萌发与根系生长均受抑制（李新鸽等, 2019）。一般认为, 植被的比根长越大, 对养分的吸收能力越强, 越有利于植被生长（Leppälammi-Kujansuu et al., 2014; 彭素琴等, 2019）。春季植物萌发对水分的需求大, 同时对土壤盐度的变化也相对敏感, 降雨分配增加则土壤含水量升高、盐度降低, 提高植被对养分的利用效率, 从而促进植被根系发育与生长（Bates et al., 2006）。因为雨热同期, 夏季同时进入雨季, 降雨的74%发生在6~9月（陈亮等, 2016）, 植被在夏季主要受淹水胁迫影响, 春季降雨分配增多对应的夏季降雨分配减少会降低植被的淹水胁迫, 有利于植被生长。雨季过后进入秋季, 植被慢慢进入生长末期, 充足的水分供应能够延迟植物的衰老（Qiang et al., 2016）, 从而维持植物根系的活性, 并且保证对土壤微生物代谢底物的供应, 最终会显著促进土壤呼吸（Nicolas, 2009）。有研究发现, 生长末期减雨会降低地下生物量（Ru et al., 2018; 乔晓欣, 2019）, 但也有研究认为生长末期植被开始枯黄, 降雨变化在此阶段对植被生长和微生物呼吸并没有影响（Morecroft et al., 2010）。

7.4.4 降雨季节分配变化对土壤呼吸的影响

降雨季节分配显著改变土壤呼吸速率（图7.19）。从年动态看, 除去淹水期后, 虽然各降雨季节分配处理土壤呼吸速率整体呈现"单峰"曲线, 表现为淹水前逐步上升、淹水后缓慢下降的趋势, 但不同生长阶段动态差异明显。从年均值看, 土壤呼吸速率随降雨季节分配减少而降低, +73处理与-73处理差异显著（$P<0.05$）。

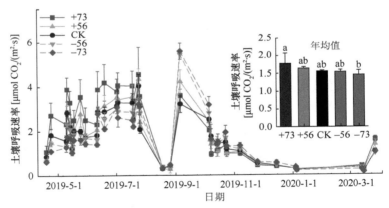

图7.19 降雨季节分配处理对土壤呼吸季节动态的影响
柱状图上不同小写字母表示所有处理在$P<0.05$水平差异显著

春、夏季土壤呼吸速率随春季降雨季节分配的减少而降低, 秋、冬则相反（图7.20）, 各季节间均表现出显著差异。春季, +73处理与-56、-73处理差异显著; 夏季,除去淹水期后，+73 处理与其余处理差异显著；秋季，−56 处理与+73、CK 处理差异显著；冬季，−56、−73 处理与其余处理差异显著（$P<0.05$）。相关分析发现，不同降雨季节分配处理下年均土壤呼吸速率不仅与春季土壤含水量和土壤盐度显著相关，还与地下生物量不同层贡献率及地下总生物量显著相关（图 7.21）。

土壤水分是植物水分利用的重要来源之一，也是植被建设极为重要的生态限制因素（郎莹和汪明，2015）。春季是植被萌发和生长的关键阶段，春季的土壤水盐运移直接影响植被定群生长，对植被的中后期生长产生深远影响（Dilustro et al.，2005；Torre，2003）。降雨季节分配变化对生态系统水分平衡和植被分布都会产生重要的影响（郎莹和汪明，2015）。滨海湿地独特的咸淡水交互水文系统使得土壤含水量与土壤盐度时常处于动态变化中（Zhu et al.，2011），水进盐退、水退盐进的垂直水文特征明显，在生长季不同阶段表现不同（陈亮等，2016）。降雨季节分配变化通过直接影响土壤含水量和间接影响土壤盐度来改变土壤呼吸。有研究指出，增加生长早期降雨分配量在提高土壤含水量的同时降低地表土壤盐度，从而减缓春季干旱造成的盐胁迫（李新鸽等，2019），使可利用底物增加、土壤微生

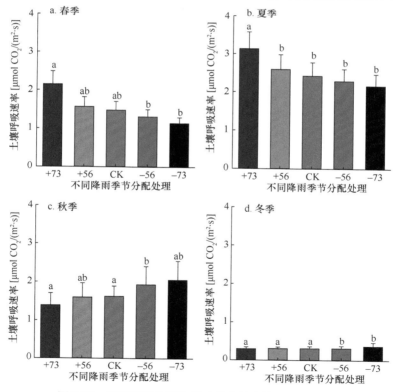

图 7.20　降雨季节分配处理对季节性土壤呼吸的影响

柱状图上不同小写字母表示所有处理在 $P<0.05$ 水平差异显著

物及根系活动增强（Fissore et al.，2009），使土壤 CO_2 排放量显著升高。但是，降雨季节分配造成的生长中期土壤含水量增高至超过田间持水量以致达到饱和时，会对植物及微生物造成淹水胁迫（陈亮等，2016），土壤孔隙被填满，阻断了 O_2 的流通，从而抑制根系及微生物呼吸（陈全胜，2003），降低土壤呼吸速率。

此外，降雨季节分配变化通过改变土壤水盐运移，显著影响地下生物量及其垂直分布，进而改变土壤呼吸（Fan et al.，2014）。有研究表明，植物根系是土壤呼吸作用的主要参与者，其根量与根系活性决定土壤呼吸作用的强弱（韩广轩等，2009）。在不同陆地生态系统中，根系呼吸作用占土壤呼吸作用的比例大部分为 10%～90%（Hanson et al.，2000）。生长早期的降雨量对于植物发育十分重要（Power et al.，2007），而生长期土壤呼吸作用主要受植物生长控制（Ågren，2002），植物比土壤微生物对水分变化更敏感（Thomas，1997）。对于滨海湿地，春季属于干旱期，降雨量小而蒸发量大（陈亮等，2016），受降雨制约及强的蒸汽压作用，水溶性盐会通过毛细作用上升至地表，造成盐分在地面的表聚（Yang，2010），而盐胁迫加剧了对植物根系的活动影响（Rath et al.，2015）。增加生长季早期降雨量能够为植物提供更多的可利用水分，降低土壤盐度，从而促进植物的发育（Bates et

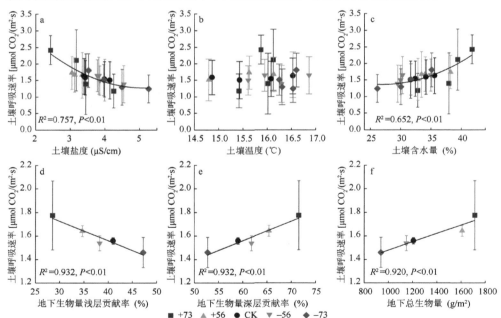

图 7.21 不同降雨季节分配处理下土壤呼吸速率与土壤盐度（a）、土壤温度（b）、土壤含水量（c）、地下生物量浅层贡献率（d）、地下生物量深层贡献率（e）和地下总生物量的相关性（f）

al., 2006；Ru et al., 2018）。但在降雨补给充足的雨季，强降雨通常导致地表积水（Han et al., 2015）。在植被生长中期，由于进入雨季，受浅地下水位影响，强降雨通常造成地表积水（孙宝玉等，2018），这个阶段如果增加降雨分配会降低植被光合有效叶面积，增加植被的淹水胁迫，造成光合速率降低（Malik et al., 2001），抑制植被生长，对根系及微生物呼吸均产生抑制作用（Raich and Potter, 1995）。因此，降雨季节分配引起的季节性盐分集聚与淋洗，通过影响植被阶段性生长及生物量累积，最终对土壤呼吸产生影响（Heinsch, 2004）。

参 考 文 献

陈亮, 刘子亭, 韩广轩. 2016. 环境因子和生物因子对黄河三角洲滨海湿地土壤呼吸的影响. 应用生态学报, 6(1): 1795-1803.

陈全胜. 2003. 水分对土壤呼吸的影响及机理. 生态学报, 23(5): 972-978.

初小静, 韩广轩, 朱书玉, 等. 2016. 环境和生物因子对黄河三角洲滨海湿地净生态系统 CO_2 交换的影响. 应用生态学报, 27(7): 2091-2100.

韩广轩, 毛培利, 刘苏静, 等. 2009. 盐分和母树大小对黑松海防林种子萌发和幼苗早期生长的影响. 生态学杂志, 28(11): 2171-2176.

韩广轩, 王光美, 毕晓丽, 等. 2018. 黄河三角洲滨海湿地演变机制与生态修复. 北京: 科学出版社.

郎莹, 汪明. 2015. 春、夏季土壤水分对连翘光合作用的影响. 生态学报, 35(9): 3043-3051.

李新鸽, 韩广轩, 朱连奇, 等. 2019. 降雨量改变对黄河三角洲滨海湿地土壤呼吸的影响. 生态学报, 39(13): 4806-4820.

彭素琴, 吴春生, 刘郁林. 2019. 起源对杉木细根形态生物量及碳氮含量的影响. 赣南师范大学学报, 3(3): 78-84.

乔晓欣. 2019. 改变生长季不同时期降雨对中国北方典型草原生态系统土壤呼吸的影响. 河南大学硕士学位论文.

单立山, 李毅, 张正中, 等. 2017. 人工模拟降雨格局变化对红砂种子萌发的影响. 生态学报, 37(16): 5282-5390.

宋晓辉, 王悦骅, 王占文, 等. 2019. 不同载畜率和模拟降水对短花针茅荒漠草原生态系统碳交换的影响. 草原与草坪, 1(1): 89-93.

孙宝玉, 韩广轩, 陈亮, 等. 2018. 短期模拟增温对黄河三角洲滨海湿地芦苇光响应特征的影响. 生态学报, 38(1): 167-176.

王杨, 徐文婷, 熊高明, 等. 2017. 檫木生物量分配特征. 植物生态学报, 41(1): 80-86.

Ågren P H, Anders N, Göran I. 2002. Carbon allocation between tree root growth and root respiration in boreal pine forest. Oecologia, 132(4): 579-581.

Aurela M, Laurila T, Tuovinen J P. 2004. The timing of snow melt controls the annual CO_2 balance in a subarctic fen. Geophysical Research Letters, 31(16): 391-401.

Banach K, Banach A M, Lamers L P M, et al. 2009. Differences in flooding tolerance between species from two wetland habitats with contrasting hydrology: implications for vegetation development in future floodwater retention areas. Annals of Botany, 103(2): 341-351.

Bates J D, Svejcar T, Miller R F, et al. 2006. The effects of precipitation timing on sagebrush steppe vegetation. Journal of Arid Environments, 64(4): 670-697.

Beier C, Beierkuhnlein C, Wohlgemuth T, et al. 2012. Precipitation manipulation experiments–challenges and recommendations for the future. Ecology Letters, 15(8): 899-911.

Boeck H J D, Dreesen F E, Janssens I A, et al. 2011. Whole-system responses of experimental plant communities to climate extremes imposed in different seasons. New Phytologist, 189(3): 806-817.

Bowling D R, Bethers‐Marchetti S, Lunch C K, et al. 2015. Carbon, water, and energy fluxes in a semiarid cold desert grassland during and following multiyear drought. Journal of Geophysical Research: Biogeosciences, 115(G4): 2393-2401.

Cai W J. 2011. Estuarine and coastal ocean carbon paradox: CO_2 sinks or sites of terrestrial carbon incineration? Annual Review of Marine Science, 3(1): 123-145.

Cannell M G R, Thornley J H M. 2000. Modelling the components of plant respiration: some guiding principles. Annals of Botany, 85(1): 45-54.

Carbone M S, Still C J, Ambrose A R, et al. 2011. Seasonal and episodic moisture controls on plant and microbial contributions to soil respiration. Oecologia, 167: 265-278.

Chivers M R, Turetsky M R, Waddington J M, et al. 2009. Effects of experimental water table and temperature manipulations on ecosystem CO_2 fluxes in an Alaskan rich fen. Ecosystems, 12(8): 1329-1342.

Chu X J, Han G X, Xing Q H, et al. 2018. Dual effect of precipitation redistribution on net ecosystem CO_2 exchange of a coastal wetland in the Yellow River Delta. Agricultural and Forest Meteorology, 249(1): 286-296.

Chu X J, Han G X, Xing Q H, et al. 2019. Changes in plant biomass induced by soil moisture variability drive interannual variation in the net ecosystem CO_2 exchange over a reclaimed coastal wetland. Agricultural and Forest Meteorology, 264: 138-148.

Coe K K, Belnap J, Sparks J P. 2012. Precipitation‐driven carbon balance controls survivorship of desert biocrust mosses. Ecology, 93(7): 1626-1636.

Dan C. 1971. Maximizing final yield when growth is limited by time or by limiting resources. Journal of Theoretical Biology, 33(2): 299-307.

Dilustro J J, Collins B, Duncan L, et al. 2005. Moisture and soil texture effects on soil CO_2 efflux components in southeastern mixed pine forests. Forest Ecology and Management, 204(1): 87-97.

Doughty C E, Metcalfe D B, Girardin C A, et al. 2015. Drought impact on forest carbon dynamics and fluxes in Amazonia. Nature, 519(7541): 78-82.

Drake K, Halifax H, Adamowicz S C, et al. 2015. Carbon sequestration in tidal salt marshes of the northeast United States. Environmental Management, 56(4): 998-1008.

Duan D Y, Li W Q, Liu X J, et al. 2007. Seed germination and seedling growth of *Suaeda salsa* under salt stress. Annales Botanici Fennici, 44(3): 161-169.

Easterling D R, Meehl G A, Parmesa C, et al. 2000. Climate extremes: observations, modeling, and impacts. Science, 289(5487): 2068-2074.

Emery H E, Angell J H, Fulweiler R W. 2019. Salt marsh greenhouse gas fluxes and microbial communities are not sensitive to the first year of precipitation change. Journal of Geophysical

Research: Biogeosciences, 124(5): 1071-1087.

Fan L L, Tang L S, Wu L F, et al. 2014. The limited role of snow water in the growth and development of ephemeral plants in a cold desert. Journal of Vegetation Science, 25(3): 681-690.

Fissore C, Giardina C P, Kolka R K, et al. 2009. Soil organic carbon quality in forested mineral wetlands at different mean annual temperature. Soil Biology & Biochemistry, 41(3): 458-466.

Forbrich I, Giblin A E, Hopkinson C S. 2018. Constraining marsh carbon budgets using long-term C burial and contemporary atmospheric CO_2 fluxes. Journal of Geophysical Research: Biogeosciences, 123(3): 867-878.

Gherardi L A, Sala O E. 2018. Effect of interannual precipitation variability on dryland productivity: a global synthesis. Global Change Biology, 25(1): 269-276.

GoldsteinL J, Suding K N. 2014. Intra‐annual rainfall regime shifts competitive interactions between coastal sage scrub and invasive grasses. Ecology, 95(2): 425-435.

Han G X, Chu X J, Xing Q H, et al. 2015. Effects of episodic flooding on the net ecosystem CO_2 exchange of a supratidal wetland in the Yellow River Delta. Journal of Geophysical Research: Biogeosciences, 120(8): 1506-1520.

Han G X, Luo Q Y, Li D J, et al. 2014. Ecosystem photosynthesis regulates soil respiration on a diurnal scale with a short-term time lag in a coastal wetland. Soil Biology Biochemistry, 68: 85-94.

Han G X, Sun B Y, Chu X J, et al. 2018. Precipitation events reduce soil respiration in a coastal wetland based on four-year continuous field measurements. Agricultural and Forest Meteorology, 256-257: 292-303.

Hanson A, Johnson R, Wigand W, et al. 2016. Responses of spartina alterniflora to multiple stressors: changing precipitation patterns, accelerated sea level rise, and nutrient enrichment. Estuaries and Coasts, 39: 1376-1385.

Hanson P J, Edwards N T, Garten C T, et al. 2000. Separating root and soil microbial contributions to soil respiration: a review of methods and observations. Biogeochemistry, 48(1): 115-146.

Hao Y B, Cui X Y, Wang Y F, et al. 2011. Predominance of precipitation and temperature controls on ecosystem CO_2 exchange in Zoige alpine wetlands of southwest China. Wetlands, 31(2): 413-422.

Heinsch F A, Heilman J L, Mcinnes K J, et al. 2004. Carbon dioxide exchange in a high marsh on the Texas Gulf Coast: effects of freshwater availability. Agricultural and Forest Meteorology, 125(1): 159-172.

Hovenden M J, Newton P C D, Wills K E. 2014. Seasonal not annual rainfall determines grassland biomass response to carbon dioxide. Nature, 511: 583-586.

Hussain M Z, Grünwald T, Tenhunen J D, et al. 2011. Summer drought influence on CO_2 and water fluxes of extensively managed grassland in Germany. Agriculture Ecosystems and Environment, 141(1): 67-76.

Ingram W J. 2002. Constraints on future changes in climate and the hydrologic cycle. Nature, 419(6903): 224-232.

Jia X, Zha T S, Gong J N, et al. 2016. Carbon and water exchange over a temperate semi-arid shrubland during three years of contrasting precipitation and soil moisture patterns. Agricultural and Forest Meteorology, 228-229: 120-129.

Jimenez K L, Starr G, Staudhammer C L, et al. 2015. Carbon dioxide exchange rates from short - and long - hydroperiod Everglades freshwater marsh. Journal of Geophysical Research: Biogeosciences, 117(G4): 12751.

Kerkhoff M C, Mccarthy B J, Enquist A J. 2007. Organ partitioning and distribution across the seed plants: assessing the relative importance of phylogeny and function. International Journal of Plant sciences, 168(5): 751-761.

Kljun N, Black T A, Gris T J, et al. 2004. Response of net ecosystem productivity of three forests stands to drought. Ecosystems, 10(6): 1039-1055.

Knapp A K, Beier C, Briske D D, et al. 2008. Consequences of more extreme precipitation regimes for terrestrial ecosystems. Bioscience, 58(9): 811-821.

Kwon H, Pendall E, Ewers B E, et al. 2008. Spring drought regulates summer net ecosystem CO_2 exchange in a sagebrush-steppe ecosystem. Agricultural and Forest Meteorology, 148(3): 381-391.

Lafleur P M, Roulet N T, Bubier J L, et al. 2003. Interannual variability in the peatland - atmosphere carbon dioxide exchange at an ombrotrophic bog. Global Biogeochemical Cycles, 17(2): 1066.

Leppälä M, Laine A M, Sevakivi M L, et al. 2015. Differences in CO_2 dynamics between successional mire plant communities during wet and dry summers. Journal of Vegetation Science, 22(2): 357-366.

Leppälammi-Kujansuu J, Aro L, Salemaa M, et al. 2014. Fine root longevity and carbon input into soil from below- and aboveground litter in climatically contrasting forests. Forest Ecology and Management, 326(2014): 79-90.

Li M, Zhang X Z, Niu B, et al. 2020a. Changes in plant species richness distribution in Tibetan alpine grasslands under different precipitation scenarios. Global Ecology and Conservation, 21: e00848.

Li P, Sayer E J, Jia Z, et al. 2020b. Deepened winter snow cover enhances net ecosystem exchange and stabilizes plant community composition and productivity in a temperate grassland. Global Change Biology, 26(5): 3015-3027.

Liu Q, Mou X. 2016. Interactions between surface water and groundwater: key processes in ecological restoration of degraded coastal wetlands caused by reclamation. Wetlands, 36(1): 95-102.

Lund M, Christensen T R, Lindroth A, et al. 2012. Effects of drought conditions on the carbon dioxide dynamics in a temperate peatland. Environmental Research Letters, 7(4): 045704.

Lyu M, Litton C M, Giardina C P. 2018. Inter-annual variation in precipitation alters warming-induced belowground carbon fluxes in tropical montane wet forests. AGU Fall Meeting Abstracts.

Malik A I, Colmer T D, Lambers J T, et al. 2001. Changes in physiological and morphological traits of roots and shoots of wheat in response to different depths of waterlogging. Australian Journal of Plant Physiology, 11(28): 1121-1131.

Moffett K B, Wolf A, Berry J A, et al. 2010. Salt marsh-atmosphere exchange of energy, water vapor, and carbon dioxide: effects of tidal flooding and biophysical controls. Water Resources Research,

46(10): 5613-5618.

Morecroft M D, Masters G J, Brown V K, et al. 2010. Changing precipitation patterns alter plant community dynamics and succession in an ex-arable grassland. Functional Ecology, 18(5): 648-655.

Nicolas B M, Schmitt M, Siegwolf R, et al. 2009. Does photosynthesis affect grassland soil-respired CO_2 and its carbon isotope composition on a diurnal timescale? New Phytologist, 182(2): 451-460.

O'ConnorT G, Haines L M, Snyman H A. 2010. Influence of precipitation and species composition on phytomass of a semi-arid african grassland. Journal of Ecology, 89(5): 850-860.

Padilla F M, Aarts B H J, Roijendijk Y O A, et al. 2013. Root plasticity maintains growth of temperate grassland species under pulsed water supply. Plant and Soil, 369(1-2): 377-386.

Peyre M K G L, Grace J B, Hahn E, et al. 2001. The importance of competition in regulating plant species abundance along a salinity gradient. Ecology, 82(1): 62-69.

Pezeshki S R, Laune R D, Patrick W H. 2010. Response of freshwater marsh species, *Panicum hemitomen* Schultz, to increased salinity. Freshwater Biology, 17(2): 195-200.

Power K B, Suttle M A, Thomsen M E. 2007. Species interactions reverse grassland responses to changing climate. Science, 315(5812): 640-642.

Prevey S, Seastedt T R, Wilson S. 2015. Seasonality of precipitation interacts with exotic species to alter composition and phenology of a semi-arid grassland. Journal of Ecology, 102(6): 1549-1561.

Qiang L, Yong S F, Zeng Z Z, et al. 2016. Temperature, precipitation, and insolation effects on autumn vegetation phenology in temperate China. Global Change Biology, 22(2): 644-655.

Raich J W, Potter C S. 1995. Global patterns of carbon dioxide emissions from soils. Global Biogeochemical Cycles, 9(3): 23-36.

Rajan N, Maas S J, Song C. 2013. Extreme drought effects on carbon dynamics of a semiarid pasture. Agronomy Journal, 105(6): 1749-1760.

Rath K M, Rousk J. 2015. Salt effects on the soil microbial decomposer community and their role in organic carbon cycling: a review. Soil Biology & Biochemistry, 81(2015): 108-123.

Richard B, Liesje M T D, Vries F. 2014. Going underground: root traits as drivers of ecosystem processes. Trends in Ecology & Evolution, 29(12): 692-699.

Ross I, Misson L, Rambal S, et al. 2012. How do variations in the temporal distribution of rainfall events affect ecosystem fluxes in seasonally water-limited Northern Hemisphere shrublands and forests? Biogeosciences, 9(9): 1007-1024.

Ru J, Zhou Y Q, Hui D F, et al. 2017. Shifts of growing-season precipitation peaks decrease soil respiration in a semiarid grassland. Global Change Biology, 24(3): 1001-1011.

Sairam R K, Kumutha D, Ezhilmathi K, et al. 2008. Physiology and biochemistry of waterlogging tolerance in plants. Biologia Plantarum, 52(3): 401-412.

Schedlbauer J L, Oberbauer S F, Starr G, et al. 2010. Seasonal differences in the CO_2 exchange of a short-hydroperiod Florida Everglades marsh. Agricultural and Forest Meteorological, 150(7-8): 994-1006.

Scott R L, Biederman J A, Hamerlynck E P, et al. 2015. The carbon balance pivot point of southwestern U.S. semiarid ecosystems: insights from the 21st century drought. Journal of Geophysical Research, 120(12): 2612-2624.

Setia R, Marschner P, Baldock J, et al. 2010. Is CO_2 evolution in saline soils affected by an osmotic effect and calcium carbonate? Biology and Fertility of Soils, 46(8): 781-792.

Sloat L L, Henderson A N, Lamanna C, et al. 2015. The effect of the foresummer drought on carbon exchange in subalpine meadows. Ecosystems, 18(3): 533-545.

Thomas T H. 1997. Physiological plant ecology by Walter Larcher. Plant Growth Regulation, 23(3): 212.

Tian F, Hou M J, Qiu Y, et al. 2020. Salinity stress effects on transpiration and plant growth under different salinity soil levels based on thermal infrared remote (TIR) technique. Geoderma, 357: 113961.

Torre M L, Sánchez M I, Ozores M J, et al. 2003. Soil CO_2 fluxes beneath barley on the central Spanish plateau. Agricultural and Forest Meteorology, 118(1-2): 85-95.

Wang S R, Iorio D D, Cai C, et al. 2017. Inorganic carbon and oxygen dynamics in a marsh-dominated estuary. Limnol Oceanography, 63: 47-71.

Wei S Y, Han G G, Chu X J, et al. 2020a. Effect of tidal flooding on ecosystem CO_2 and CH_4 fluxes in a salt marsh in the Yellow River Delta. Estuarine Coastal and Shelf Science, 232: 106512.

Wei S Y, Han G X, Jia X, et al. 2020b. Tidal effects on ecosystem CO_2 exchange at multiple timescales in a salt marsh in the Yellow River Delta. Estuarine Coastal and Shelf Science, 238(4): 106727.

Yang R J, Yao J S. 2010. Quantitative evaluation of soil salinity and its spatial distribution using electromagnetic induction method. Agricultural Water Management, 97(12): 1961-1970.

Zeppel M, Wilks J, Lewis J D. 2014. Impacts of extreme precipitation and seasonal changes in precipitation on plants. Biogeosciences, 11: 3083-3093.

Zhang T T, Zeng S L, Gao Y, et al. 2011. Assessing impact of land uses on land salinization in the Yellow River Delta, China using an integrated and spatial statistical model. Land Use Policy, 28(4): 857-866.

Zhou L, Zhou G, Jia Q. 2009. Annual cycle of CO_2 exchange over a reed (*Phragmites australis*) wetland in northeast China. Aquatic Botany, 91(2): 91-98.

Zhu G B, Wang S Y, Feng X J, et al. 2011. Anammox bacterial abundance, biodiversity and activity in a constructed wetland. Environment Science Technology, 45(23): 9951-9958.

第 8 章

大气氮沉降对滨海湿地土壤有机碳分解的影响

8.1 引言

近年来,全球氮沉降显著增加,在过去的 100 年里,人类活动导致的氮沉降增加了一倍,如施肥、化石燃料的使用及粮食生产等(Vitousek et al.,1997),预计 2025 年氮沉降量将达到 200Tg N(Galloway et al.,2008)。可以预计在不久的将来氮沉降的趋势将会增加 2~3 倍,特别是在东亚和南亚地区(Lamarque et al.,2005)。氮沉降引起的全球氮循环的波动将会潜在地改变陆地生态系统结构(生物量的分配、物种组成等)(Lee et al.,2010)、生态系统功能(碳汇或碳源)(Hogberg,2007)及全球碳循环(Galloway et al.,2008)。在陆地生态系统中,不同类型的氮(如铵氮与硝氮)通常是植物的限制性营养因素(Martens-Habbena et al.,2009)。大气氮沉降和长期添加不同类型的氮肥可能会对铵氮或硝氮的有效性产生不同影响,改变土壤中有效氮的比例(Stevens et al.,2011)。

滨海湿地是海陆间重要的过渡性栖息地,为海洋和陆地生物提供了必要的生态系统服务。除了为很多经济和生态方面重要的物种提供必要的栖息地,滨海湿地还有助于防止陆地被侵蚀、过滤地表径流中的营养元素、在地上地下存储大量的有机碳(Barbier et al.,2011;Alongi 2014)。存储在滨海湿地土壤和植物中的碳通常被称为"蓝碳"。与陆地栖息地相比,这些被称为"蓝碳"的栖息地吸收的碳量极高,且集中在有机质丰富的土壤中(Donato et al.,2011;Alongi 2014)。滨海湿地储存的有机碳来源于木本和草本植物、底栖藻类、外来物质及陆地植被进行光合作用所固定的碳(Adame and Fry,2016)。复杂的根系和密集的植被也可以使滨海湿地捕获到更多的矿物沉积物和有机质,从而提升碳固存能力(Breithaupt et al.,2014)。累积的有机质分解会受到饱和土壤缺氧条件的阻碍,所以较低的有机质分解速率也有利于提高碳库存(Chmura et al.,2003)。

氮输入会破坏土壤碳库存的稳定性(Aerts et al.,1995;Gunnarsson et al.,2008)。长期的土壤碳库存是由碳输入(植被凋落物和根系凋落物)和碳输出(异养呼吸和可溶性有机碳流失)之间的平衡所决定的(Yue et al.,2016)。一方面,氮添加可以通过提高碳输入量(增多植被凋落物和根系凋落物)(Fornara and Tilman,2012)或者减弱异养呼吸(Whittinghill et al. 2012,Frey et al.,2014)来提高碳库存;另一方面,氮添加可以通过提高碳输出量(提高土壤有机碳分解速率和相应的异养呼吸速率)来降低碳库存(Mack et al.,2004)。为了更全面地理解土壤碳库存对氮添加的响应,我们在研究中需要考虑碳输入和碳输出两方面。此外,我们还需要更加详细地探究氮添加是如何具体影响土壤碳储存的每个驱动因素的,只有这样才能更好地探究氮添加对土壤碳收支的影响及其影响土壤碳平衡的潜在机制。

已有大量野外和室内试验研究了氮输入对陆地生态系统碳循环的影响，但结论并不一致（Vitousek，1982；Magill and Aber，1998；Neff et al.，2002；Janssens et al.，2010）。凋落物分解、根系分解和土壤呼吸是调节全球陆地碳循环的相互依赖的过程。在氮限制的生态系统中，氮输入可以通过促进植被生长和光合作用来提高土壤对大气中 CO_2 的固定量（Magnani et al.，2007；Xia and Wan，2008），从而增强碳汇。然而，促进生态系统光合固碳也可能会改变新碳对老碳分解的激发效应，导致原来的分解速率和程度发生变化（Kuzyakov，2010）。根系和凋落物分解可以为土壤微生物提供易分解的、不稳定的碳，从而提高微生物活性。同时，氮添加通过改变土壤有机质化学性质、微生物量和土壤微生物群落组成影响土壤呼吸，从而改变了陆地生态系统中的土壤碳库（Janssens et al.，2010；Frey et al.，2014）。即使已知大多数情况下土壤碳库对氮添加的响应受到土壤微生物的影响，但是氮添加在分解过程中的影响仍然是有争议的（Galloway et al.，2004；Min et al.，2011）。氮添加可能通过缓解营养的可利用性来刺激分解过程，根据化学计量分解理论，提高氮利用率可以使微生物节省获取氮的能量，减轻氮胁迫对微生物的限制，从而促进土壤有机质的降解（Min et al.，2011）。反之，氮添加可能会因为微生物碳和磷的限制，降低养分循环的速率，对土壤有机碳分解呈负作用或中性作用（Monteith et al.，2007；Ju and Chen，2008；Song et al.，2010；Tao et al.，2013）。

氮沉降的主要类型分为铵氮和硝氮两种，这两种类型氮的生化性质不同，从而可能导致它们对土壤有机碳动态的影响也不同（Tao et al.，2018）。当肥料用量较高时，铵氮可能会占主导，而当化石燃料燃烧时，硝氮更容易生成（van den Berg et al.，2008）。因为铵氮需要更少的能量消耗，所以微生物可能会优先选择它（Puri and Ashman，1999）。除此之外，铵氮和硝氮对土壤微生物活性（Burger and Jackson，2003；Stanojkovic-Sebic et al.，2012）、土壤 pH 和酶活性（Currey et al.，2010；Min et al.，2011；Mariano et al.，2016）的影响都不同。

8.2 野外模拟大气氮沉降控制试验

大气氮沉降控制试验平台位于山东省东营市中国科学院黄河三角洲滨海湿地生态试验站（37°75′N，118°98′E）。由于陆海相互作用，黄河三角洲湿地的地下水水位大多为 1~3m，地下水盐度较高（Han et al.，2015）。湿地蒸发量较高，将可溶性盐输送到土壤表面，加剧了土壤盐碱化程度（Zhang and Zhao，2010）。黄河三角洲湿地是典型的温带半湿润大陆性季风气候，年均温为 12.9℃，年均降水量为 560mm（Han et al.，2018），主要植被类型为芦苇和碱蓬（Cui et al.，2009）。该试验样地生长季时（5~11月）植被高度可达 1.7m 左右，植被盖度为 0.3~0.8（Han et al.，2015）。生长季时黄河三角洲湿地氮沉降量为 2.26g/m^2，干沉降和湿沉降的氮类型主要分别为铵氮和硝氮。

该控制试验布设实施于 2012 年 5 月,样地地势较为平坦,植被长势较为均一,主要植被类型为芦苇,共分为 50 个小区（4m×6m）。为了避免不同氮添加处理之间相互影响,每个小区之间相隔 1m。氮添加共分为 10 种不同的处理,用以模拟自然或者极端情况下的氮沉降（Yu et al.,2014；Guan et al.,2019）：3 种不同类型×3 种不同量+对照组。3 种不同氮添加类型为铵氮（NH_4Cl）、硝氮（KNO_3）、硝铵氮（NH_4NO_3）。3 种不同氮添加量为 5g $N/(m^2·a)$（低氮）、10g $N/(m^2·a)$（中氮）和 20g $N/(m^2·a)$（高氮）。每种处理都有 5 个重复,随机分布在样地各处（图 8.1）。施肥时将氮肥溶于 1.2L 去离子水中,每月月中用喷雾器均匀喷洒一次,尽可能直接喷洒于植被根部或者土壤,降低植被叶片对其的截留。因为该试验模拟的是大气氮沉降,所以叶片对氮添加溶液的少量截留是合理存在的（Tu et al.,2013；Wang et al.,2019）。

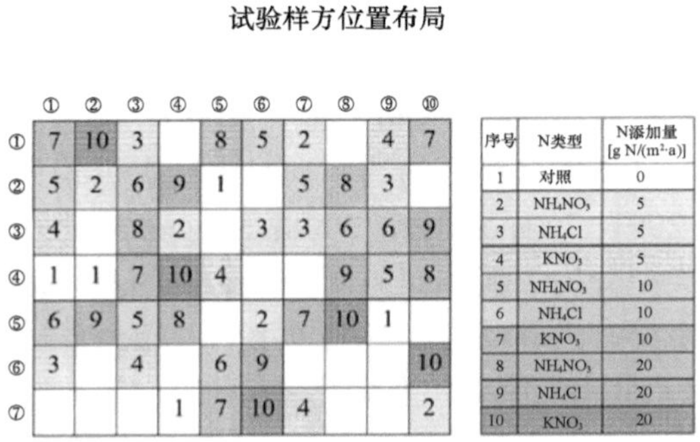

试验样方位置布局

序号	N类型	N添加量 [g N/(m²·a)]
1	对照	0
2	NH_4NO_3	5
3	NH_4Cl	5
4	KNO_3	5
5	NH_4NO_3	10
6	NH_4Cl	10
7	KNO_3	10
8	NH_4NO_3	20
9	NH_4Cl	20
10	KNO_3	20

图 8.1 野外模拟大气氮沉降控制试验样地位置与氮添加处理分布

8.2.1 土壤环境指标采样和测定

采集土壤样品时,每个小区都用土钻采集表层（0~10cm）和下层（10~20cm）两层土壤,每层土壤随机采集 3 个样品混匀形成一个样品。用直径 7cm 的环刀测定田间最大持水量。去除较大的植物残渣和根系之后,将土壤样品带回实验室。一部分鲜样放进 4℃冰箱中尽快测定微生物相关指标,另一部分样品风干后过 2mm 筛待测。

土壤温湿度传感器埋于距地面 5cm 处,每次采用便携式温湿度记录仪读数即可；土壤盐度用便携式电导率仪测定电导率表征,每次插入样地固定位置 5cm 处读数记录即可。土壤总碳（TC）、总氮（TN）采用 vario MACRO 元素分析仪测定过 100 目筛的干土获得。测定土壤总有机碳（TOC）时需要预处理,称取 1g 过

100 目筛的干土,用 1mol/L 的盐酸浸泡 16h 以去除总无机碳,烘干后上 vario MACRO 元素分析仪测定。测定土壤可溶性有机碳(DOC)时也需要预处理,将去离子水和过 100 目筛的干土以水土比 5∶1 混合,振荡(1h)离心(6000r/min,10min),过 0.45μm 的滤膜,然后上 Shimadzu TOC 分析仪(TOC-VCPH)测定。测定土壤 pH 和土壤盐度[以电导率(Ec)表示]时,将去离子水和过 2mm 筛的干土以水土比 5∶1 混合,然后分别用便携式 pH 计和便携式电导率仪测定。测定铵氮(NH_4^+-N)和硝氮(NO_3^--N)时,按照 5∶1 的水土比加入 2mol/L 的氯化钾溶液,振荡 2h,经离心过滤,转移到对应的小塑料瓶里,及时用连续流动分析仪[德国 SEAL(AUTOANALY ZER3)]测定。土壤微生物生物量碳(SMBC)采用氯仿熏蒸法(Brookes et al.,1985)提取,然后上 Shimadzu TOC 分析仪(TOC-VCPH)测定。

8.2.2 植被指标测定

在每个小区靠近东北角的位置固定 1m×1m 的植被调查样方,记录植被的种类、株数、高度、盖度、频度。叶面积指数(LAI)指一块地上阳光直射时作物叶片垂直投影的总面积与占地面积的比值,即 LAI=投影总面积/占地面积。本试验采用植物冠层分析仪(LP80, Decagon, 美国)来测定 LAI。

测定地上生物量和地下生物量选在生长季末期,将植被调查样方四分之一(0.5m×0.5m)的地表植被收割,记录不同种类植被的地上部分鲜重。同时用 10cm 根钻取地下根系部分,共取四层:0~10cm、10~20cm、20~30cm、30~40cm。将泥土带回实验室后用清水清洗干净,记录不同种类植被根系鲜重。将地上部分和地下根系用烘箱 105℃烘 1h 杀青,然后在 75℃烘至恒重,记录植被地上部分和地下根系部分的干重。

8.2.3 净生态系统 CO_2 交换、生态系统呼吸测定

在野外模拟大气氮沉降控制试验平台均使用 LGR 便携式温室气体分析仪直接测定 CO_2 和 CH_4 气体交换通量。因为受试验时长和仪器条件限制,本研究选用该平台具有代表性的处理测定气体交换(表 8.1,表 8.2)。测定净生态系统 CO_2 交换和生态系统呼吸时,均选择天气晴朗且光照充足的上午,采用有机玻璃管制作的透明箱罩在植被上,玻璃罩内安装两个小风扇保持气体流通和降温(图 8.2),测定净生态系统 CO_2 交换的过程中尽量保持光照稳定,测定生态系统呼吸时用遮光布将有机玻璃管遮盖完全。测定周期为 2019~2020 年两年时间,频率为每隔 15~20 天测定一次。

表 8.1　不同氮添加量的模拟试验处理

序号	试验处理	氮添加类型	氮添加量 [g N/(m²·a)]
1	对照	空白	0
2	NN1	NH_4NO_3	5
3	NN2	NH_4NO_3	10
4	NN3	NH_4NO_3	20

表 8.2　不同氮添加类型的模拟试验处理

序号	试验处理	氮添加类型	氮添加量 [g N/(m²·a)]
1	对照	空白	0
2	NN2	NH_4NO_3	10
3	NH2	NH_4Cl	10
4	NO2	KNO_3	10

图 8.2　LGR 结合透明箱测定净生态系统 CO_2 交换和生态系统呼吸

8.2.4　土壤呼吸测定

测定土壤呼吸同样使用 LGR 便携式温室气体分析仪，因为受试验时长和仪器条件限制，本研究选用该平台具有代表性的处理测定气体交换（表 8.1，表 8.2）。测定前分别采用 14.5cm 和 43.5cm 的 PVC 管制作土壤环，地上部分均留 3.5cm，地下部分为 40cm。每次测定时间均为下午，测定前用剪刀与地面平齐剪去地上植被部分以减少植被对数据的干扰。测定周期为 2019~2020 年两年时间，频率为每隔 15~20 天测定一次。

本研究用指数回归分析了土壤呼吸与土壤温度之间的相关关系，根据公式（8.1）、公式（8.2）可得到土壤呼吸的温度敏感性：

$$R_s = R_0 e^{bt} \tag{8.1}$$

$$Q_{10} = e^{10b} \tag{8.2}$$

式中，R_s 为土壤呼吸速率，单位为 $\mu mol/(m^2 \cdot s)$；R_0 为 0℃时的土壤呼吸速率；b 为温度响应公式中的经验参数；t 为土壤温度（℃）；Q_{10} 为土壤呼吸的温度敏感性。

8.3 室内模拟环境因子梯度试验

8.3.1 模拟不同盐分梯度试验

本试验于 2017 年 8 月初在山东黄河三角洲国家级自然保护区的潮汐盐沼湿地附近采样。采样时，分别在光滩和盐地碱蓬覆盖的两种土壤划分出 1m×1m 的样方，对盐地碱蓬覆盖的样方进行植被调查，之后除去表面凋落物，用不锈钢铲分别采集光滩 0~10cm 层土壤和盐地碱蓬覆盖的 0~10cm 层土壤样品。现场剔除土样中较大的植物根系和凋落物，分别装入土样袋中密封，带回实验室。用环刀法测出每个类型土壤的田间最大持水量。每个类型新鲜土再取出 3 个样品，每个样品 100g（新鲜土重量），保存在 4℃冰箱中。剩余土样进行自然风干，过 2mm 筛，先分别取出 3 个样品测定理化性质，每个样品 50g（干土质量），其余干土进行矿化培养。

取 200g 干土装入 1000ml 的玻璃瓶中（图 8.3），土壤含水量选用田间最大持水量的 60%，在去离子水中加入 NaCl 来控制盐度，加入培养瓶后称重，之后每两天向瓶中补充去离子水，利用恒重法维持土壤含水量的稳定。分别设置 5 种盐度梯度：3g/L、6g/L、9g/L、12g/L 及不加盐的对照组。不同盐度处理下，设置 5 个重复的培养瓶来测定气体，分别在试验开始后第 1、2、3、5、7、9、11、13、15、17、20、23、26 和 28 天测定 CO_2、CH_4 释放速率。测定气体时，提前 24h 用封口膜将培养瓶口密封，用带有三通阀的注射器抽取瓶内气体，然后利用气相色谱仪（Agilent GC-7890，美国）测出气体浓度，同时设置 5 个空瓶作为对照来测出空气中的气体浓度，减去空瓶中的气体后计算出 24h 中 CH_4 和 CO_2 的释放速率。除采气所需的培养瓶外，试验开始后第 8、18、28、38、48 天取土，每次破坏性取 3 个重复的培养瓶中的土，取土后分出 100g（未风干土质量）进行风干待测，剩余土样放入 4℃冰箱中待测。整个试验过程共需 145 个培养瓶（14 个×5 种处理×2 种植被类型+5 个空白)。

图 8.3 室内模拟环境因子梯度试验布设及试验过程

8.3.2 模拟氮沉降室内培养试验

本试验基于中国科学院黄河三角洲滨海湿地生态试验站非潮汐湿地氮沉降控制试验平台。每个氮处理(表 8.1)都有 5 个不同的重复小区,2018 年 10 月进行采样,用土钻在每个小区随机取 3 个位置的 0~10cm(表层)、10~20cm 层(下层)的土壤,现场剔除土样中较大的植物根系和凋落物,分别装入土样袋中密封,带回实验室,立即用氯仿熏蒸法测定土壤微生物生物量碳。用环刀法测出每个类型土壤的田间最大持水量。剩余土样进行自然风干,过 2mm 筛,先测定每个小区的土壤理化性质,其余干土按照每个不同氮处理均匀混合后再进行矿化培养。

取 100g 干土装入 1000ml 的玻璃瓶中,土壤含水量选用每个不同处理的田间最大持水量的 60%,加入培养瓶后称重,之后每两天向瓶中补充去离子水,利用恒重法维持土壤含水量的稳定。每种氮处理下,设置 4 个重复的培养瓶来测气,分别在试验开始后每两天测定 CO_2、CH_4 释放速率。测定气体时,提前 24h 用带有三通阀和针的木塞将培养瓶口密封,用带有三通阀的注射器抽取瓶内气体,然后利用气相色谱仪(Agilent GC-7890,美国)测出气体浓度,同时设置 5 个空瓶作为对照来测出空气中的气体浓度,减去空瓶中的气体后计算出 24h 中 CH_4 和 CO_2 的释放速率。除采气所需的培养瓶外,试验开始后第 10、20、30、40 天取土,每次破坏性取 4 个重复的培养瓶中的土,取土后分出 100g(未风干土质量)进行风干待测,剩余土样放入 4℃冰箱中待测。整个试验过程共需 325 个培养瓶(16 个×10 种处理×2 层土+5 空白)。

8.3.3 模拟不同土壤含水量梯度试验

本试验于 2019 年 3 月末在中国科学院黄河三角洲滨海湿地生态试验站采样。采样时，在植被分布较为均匀、地势较为平坦的位置划分出 1m×1m 的样方，对地表植被进行调查后，除去表面凋落物，用不锈钢铲采集 0~10cm 层土壤样品。现场剔除土样中较大的植物根系和凋落物，分别装入土样袋中密封，带回实验室。用环刀法测出每个类型土壤的田间最大持水量。分出 5 个新鲜土样放入 4℃冰箱中尽快测定土壤微生物生物量碳（SMBC）和土壤微生物生物量氮（SMBN）。其余样品经过风干后，一部分留样待测土壤理化性质，另一部分混匀留做室内培养试验。

取 100g 干土装入 1000ml 的玻璃瓶中，土壤含水量分别选用 20%WHC（田间最大持水量）、60%WHC、100%WHC、140%WHC、180%WHC，氮添加的类型都采用 NH_4NO_3。之后每两天向瓶中补充去离子水，利用恒重法维持土壤含水量的稳定。在试验开始后每隔一天测定 CO_2、CH_4 释放速率。测定气体时，提前 24h 用带有三通阀和针的木塞将培养瓶口密封，用带有三通阀的注射器抽取瓶内气体，然后利用气相色谱仪（Agilent GC-7890，美国）测出气体浓度，同时设置 5 个空瓶作为对照来测出空气中的气体浓度，减去空瓶中的气体后计算出 24h 中 CH_4 和 CO_2 的释放速率。

8.3.4 土壤有机碳分解速率计算方法

我们用 CH_4-C 排放总量和 CO_2-C 排放总量计算出土壤有机碳分解速率，记作 SOCD，公式如下：

$$\sum_{t=d_1}^{d_2} \text{SOCD} = \sum_{t=d_1}^{d_2} CH_4\text{-}C + \sum_{t=d_1}^{d_2} CO_2\text{-}C$$

式中，d_1 和 d_2 分别代表培养试验各阶段的开始天数和结束天数。

8.3.5 数据分析与统计

本研究采用 IBM SPSS Statistics 23 进行了单因素方差分析和双因素方差分析（ANOVA）。$P<0.05$ 时具有统计学意义。同时也利用偏相关分析和 Pearson 相关分析研究了植物性质、土壤性质与土壤有机碳分解的关系。本研究采用结构方程模型（SEM）研究了氮输入和土壤有机碳分解之间的关系，假设氮输入通过影响土壤养分、植被、土壤碳库存和土壤环境从而改变土壤有机碳分解。在 Pearson 相关分析中，与土壤有机碳分解显著相关的所有变量均在 SEM 中体现。SEM 的

评价指标为标准化均方根残差（SRMR）、卡方自由度比（χ^2/df）、规范拟合参数（NFI）。由于样本量小于 100，因此采用偏最小二乘法（PLS）分析复杂预测路径模型。

8.4 氮沉降对黄河三角洲湿地土壤和植被的影响

氮输入量和氮输入类型对碳库（如总碳、土壤有机碳和可溶性有机碳）、总氮、铵氮、硝氮、土壤盐度都有显著影响（$P<0.05$）（表 8.3）。6 年氮输入显著提高了土壤的氮含量，总氮、NH_4^+-N、NO_3^--N 分别提高了 91.5%、227.9%、19.7%。氮输入也会显著提高了土壤碳库，总碳、土壤有机碳、土壤微生物生物量碳分别提高了 6.6%、15.1%、228.8%。KNO_3 处理中总碳、土壤有机碳和土壤微生物生物量碳均高于 NH_4Cl 处理和 NH_4NO_3 处理。

表 8.3 氮添加量和氮添加类型影响下表层土（0～10cm）和下层土（10～20cm）双因素方差分析

	df	TN		TC		C/N		SOC		DOC	
		F	P	F	P	F	P	F	P	F	P
0～10cm											
NL	2	38.673	<0.001	2.582	0.092	37.349	<0.001	2.703	0.083	128.614	<0.001
NF	2	15.004	<0.001	55.089	<0.001	13.541	<0.001	14.575	<0.001	10.957	<0.001
NL×NF	4	7.515	<0.001	23.375	<0.001	4.632	0.005	8.743	<0.001	34.065	<0.001
10～20cm											
NL	2	22.779	<0.001	78.295	<0.001	120.353	<0.001	103.634	<0.001	4.494	0.02
NF	2	4.723	0.016	366.421	<0.001	13.128	<0.001	37.935	<0.001	37.013	<0.001
NL×NF	4	12.947	<0.001	126.496	<0.001	19.011	<0.001	22.133	<0.001	50.472	<0.001
	df	SMBC		Ec		pH		NH_4^+-N		NO_3^--N	
		F	P	F	P	F	P	F	P	F	P
0～10cm											
NL	2	2.732	0.081	2.139	0.135	0.548	0.584	295.24	<0.001	3003.989	<0.001
NF	2	15.662	<0.001	21.583	<0.001	8.971	<0.001	742.396	<0.001	115.656	<0.001
NL×NF	4	5.479	0.002	0.287	0.884	2.35	0.077	115.067	<0.001	37.644	<0.001
10～20cm											
NL	2	6.927	0.003	7.428	0.002	0.368	0.695	81.382	<0.001	530.165	<0.001
NF	2	0.167	0.846	18.193	<0.001	26.845	<0.001	168.525	<0.001	0.277	0.76
NL×NF	4	2.23	0.089	5.172	0.003	11.197	<0.001	44.162	<0.001	10.009	<0.001

注：NL-氮添加量；NF-氮添加类型；TN-总氮；TC-总碳；C/N-碳氮比；SOC-土壤有机碳；DOC-可溶性有机碳；SMBC-土壤微生物生物量碳；Ec-土壤盐度；NH_4^+-N-铵氮；NO_3^--N-硝氮。$P<0.05$ 时具有显著差异

试验测定了植被生物量、植被高度和植被密度作为植被生长的指标。结果表明，氮输入可以促进植被生长，植被生物量、植被高度和植被密度分别提高了17.6%、20.9%和16.4%（图8.4）。在NH_4NO_3处理（NN）、NH_4Cl处理（NH）和KNO_3处理（NO）中，氮添加量越多，植被生长也越好。不同氮素类型对生物量的影响随着氮添加量的增大而增大（NO>NH>NN）。

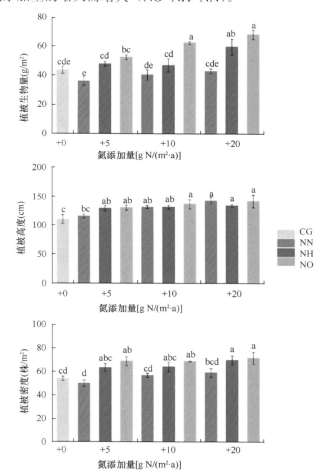

图 8.4 黄河三角洲湿地氮输入对芦苇生物量、高度、密度的影响
CG-对照处理；NN-NH_4NO_3（硝铵氮）处理；NH-NH_4Cl（铵氮）处理；NO-KNO_3（硝氮）处理，不同字母表示不同处理间差异显著（$P<0.05$），下文同

8.5 氮沉降对黄河三角洲湿地生态系统碳交换的影响

研究发现，不同量的氮添加对滨海湿地CO_2交换的影响不同。从时间走势上

看，4~8月，不同量的氮添加都显著促进了净生态系统CO_2交换（NEE），其中前期高氮（N3）的促进作用更明显，而后期低氮（N1）的促进作用更强；9~12月，氮添加的促进作用明显减弱，其中中氮（N2）和高氮添加抑制了NEE（图8.5）。因而，试验进一步对全年、生长季和非生长季不同氮添加量的NEE平均值进行了对比分析。研究发现，生长季的NEE均为负值，土壤吸收和固定CO_2，非生长季的NEE均为正值，土壤释放CO_2，其中低氮添加在生长季显著增强了土壤的碳汇功能（图8.6）。

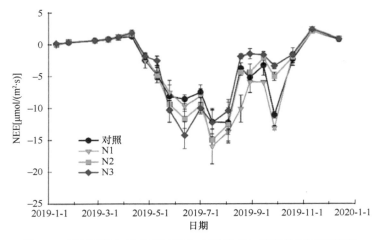

图8.5 不同氮添加量处理下净生态系统CO_2交换的时间走势图

N1-低氮；N2-中氮；N3-高氮，下文同

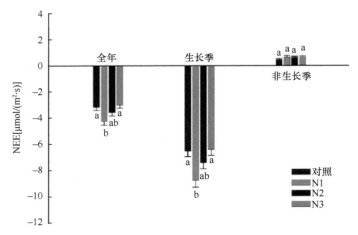

图8.6 不同氮添加量处理下净生态系统CO_2交换的平均值

不同类型的氮添加对湿地CO_2的交换影响也不同。从时间走势上看，1~9月，

不同类型的氮添加对 NEE 的影响不同，其中硝铵氮（NN）显著促进了 NEE，而铵氮（NH）和硝氮（NO）对 NEE 起到了抑制作用；10～12 月，不同类型的氮添加都抑制了 NEE（图 8.7）。试验进一步对全年、生长季和非生长季不同类型的氮添加下 NEE 平均值进行了对比分析。研究发现，在生长季硝铵氮增强了土壤的碳汇功能（图 8.8）。

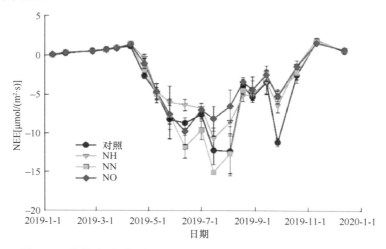

图 8.7　不同氮添加类型处理下净生态系统 CO_2 交换的时间走势图

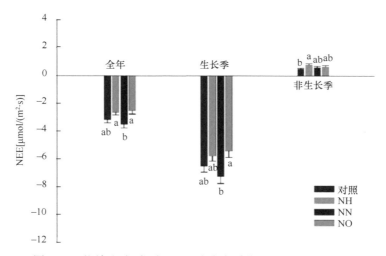

图 8.8　不同氮添加类型处理下净生态系统 CO_2 交换的平均值

生态系统呼吸（R_{eco}）主要表征了生态系统的碳源功能。研究发现，不同量的氮添加整体上促进了生态系统呼吸，其中高氮在试验前中期对生态系统呼吸的促进作用更显著，而在试验中后期低氮对生态系统呼吸的促进作用更明显（图 8.9）。

从生长季和非生长季的角度来看，不同量的氮添加在生长季显著促进了生态系统呼吸，但非生长季的促进作用不显著（图 8.10）。对比不同氮类型，硝铵氮在试验前中期对生态系统呼吸的促进作用更显著，而后期铵氮的促进作用则更明显（图 8.11）。生长季和非生长季不同类型的氮添加对生态系统呼吸的促进作用都不显著（图 8.12）。

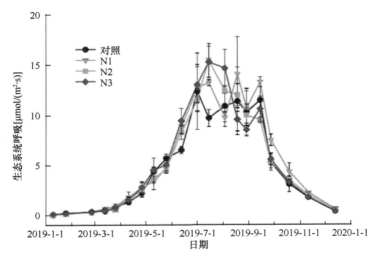

图 8.9　不同氮添加量处理下生态系统呼吸的时间走势图

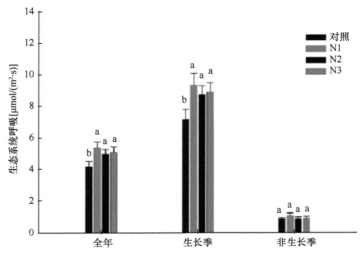

图 8.10　不同氮添加量处理下生态系统呼吸的平均值

第 8 章　大气氮沉降对滨海湿地土壤有机碳分解的影响

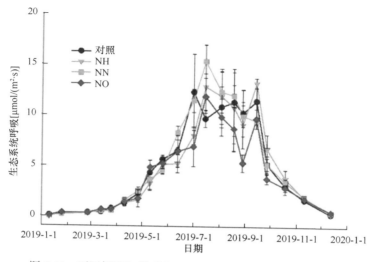

图 8.11　不同氮添加类型处理下生态系统呼吸的时间走势图

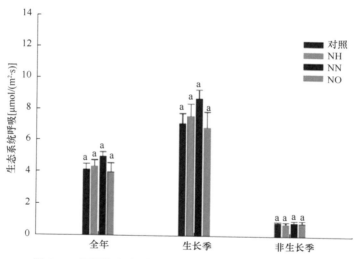

图 8.12　不同氮添加类型处理下生态系统呼吸的平均值

8.6　氮沉降对黄河三角洲湿地 CO_2 和 CH_4 排放的影响

8.6.1　氮沉降对黄河三角洲湿地土壤呼吸的影响

土壤呼吸定量反映土壤中碳释放的速率。研究表明，滨海湿地不同氮添加类型和氮添加量处理都显著提高了土壤呼吸速率。对于不同量的氮添加（图 8.13，

图 8.14),其对土壤呼吸的促进作用较为相近(约 20%),但主要集中生长季(4~10 月);在非生长季,不同量的氮添加对土壤呼吸基本没有影响。而对于不同类型的氮添加(图 8.15,图 8.16),在生长季硝氮的促进作用高于铵氮和硝铵氮,但是差异并不显著(18%~25%);同样,在非生长季,不同类型的氮添加对土壤呼吸基本没有影响。

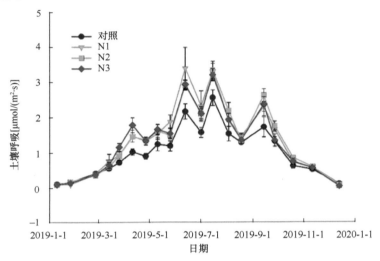

图 8.13 不同氮添加量处理下土壤呼吸的时间走势图

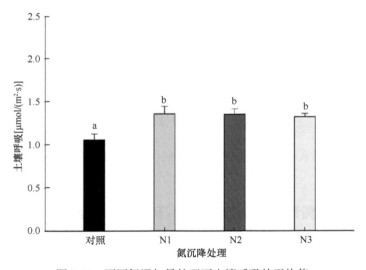

图 8.14 不同氮添加量处理下土壤呼吸的平均值

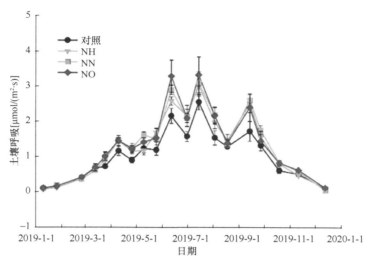

图 8.15　不同氮添加类型处理下土壤呼吸的时间走势图

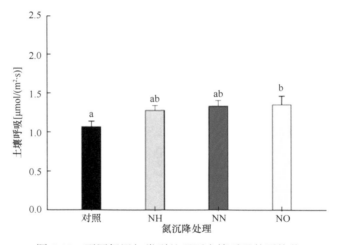

图 8.16　不同氮添加类型处理下土壤呼吸的平均值

8.6.2　氮沉降对黄河三角洲湿地有机碳分解的影响

8.6.2.1　6 年氮输入对土壤 CO_2 和 CH_4 排放的影响

在 40 天的培养试验中，不同氮添加处理的 CO_2 累积排放量呈线性增加趋势（图 8.17）。表层（0~10cm）土壤的 CO_2 排放量显著高于下层（10~20cm）土壤（$P<0.05$），且表层与下层土壤中 KNO_3 处理的 CO_2 排放量最高。而 CH_4 排放量在整个培养试验中整体上随着时间推移降低，但是不同处理之间没有显著差异（图 8.18）。

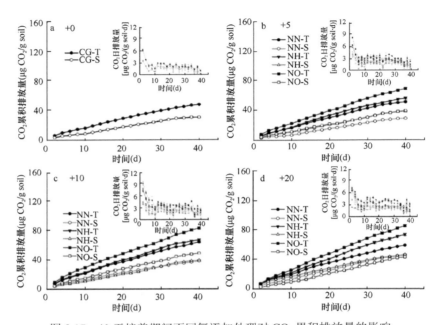

图 8.17 40 天培养期间不同氮添加处理对 CO_2 累积排放量的影响

误差线是 4 个重复计算得来的（$n=4$）。+0-无添加氮，+5-低氮，+10-中氮，+20-高氮。T 表示表层（0~10cm）土壤，S 表示下层（10~20cm）土壤

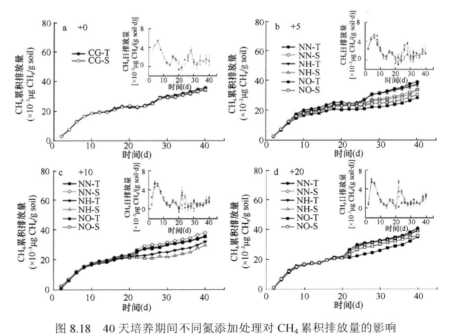

图 8.18 40 天培养期间不同氮添加处理对 CH_4 累积排放量的影响

误差线是 4 个重复计算得来的（$n=4$）。+0-无添加氮，+5-低氮，+10-中氮，+20-高氮。T 表示表层（0~10cm）土

壤，S 表示下层（10~20cm）土壤

我们利用 CO_2 和 CH_4 的排放速率计算出土壤有机碳分解速率。在 40 天的培养过程中，氮添加的土壤有机碳分解速率较高，表层土壤在氮添加处理下高出 41.6%，下层土壤在氮添加处理下高出 37.7%（图 8.19）。与 NH_4NO_3 处理和 NH_4Cl 处理对比，KNO_3 处理对有机碳分解的促进作用更强。3 种不同类型的氮输入处理下，对土壤有机碳分解的促进作用也是随着氮输入量的增加而增强（NO>NH>NN）。

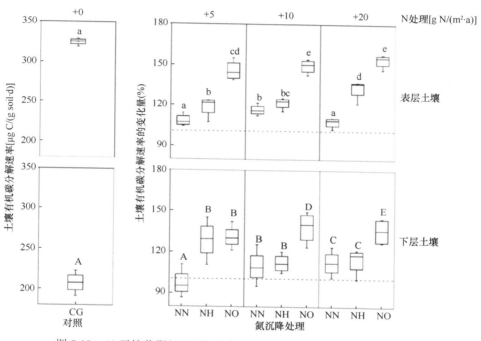

图 8.19　40 天培养期间不同氮添加处理下土壤有机碳分解速率的箱图

8.6.2.2　土壤有机碳分解与氮相关土壤性质的关系

Pearson 相关分析显示，土壤有机碳分解与植被生物量、土壤理化性质显著相关（表 8.4）。土壤有机碳分解和土壤微生物生物量碳、总碳、土壤有机碳、总氮、硝氮、pH、植被生物量呈正相关关系，与土壤盐度呈负相关关系。土壤微生物生物量碳、土壤有机碳和总氮、硝氮、植被生物量呈正相关关系，土壤微生物生物量碳与土壤盐度呈负相关关系。

我们利用结构方程模型分析了氮输入、土壤养分、植被生长、土壤碳储存、土壤环境、土壤有机碳分解之间的相关关系（图 8.20）。模型解释了土壤养分的

22.2%、植被生长的 61.1%、土壤碳储存的 56.8%、土壤环境的 32.4%和土壤有机碳分解的 57.1%。氮输入对土壤养分（总氮、铵氮、硝氮）和植被生长（生物量、高度、密度）都有促作用，且与土壤碳储存（总碳、土壤有机碳、可溶性有机碳、土壤微生物生物量碳）正相关，与土壤环境（pH、盐度）负相关。更高的土壤碳储量会促进土壤有机碳的分解（$P<0.001$），然而土壤环境对土壤有机碳的分解是负作用（$P<0.05$）。

表 8.4 土壤有机碳分解与植被生物量、土壤理化性质之间的 Pearson 相关分析

	SOCD	SMBC	TC	SOC	DOC	TN	NH_4^+-N	NO_3^--N	pH	Ec	PB
SOCD	1	**0.46****	**0.340***	**0.670****	–0.184	**0.714****	0.119	**0.694****	**0.485****	**–0.401****	**0.732****
SMBC		1	**0.347***	**0.483****	**–0.336***	**0.383****	0.030	**0.539****	**0.303***	**–0.462****	**0.286***
TC			1	**0.314***	**–0.279***	**0.616****	–0.023	**0.663****	–0.013	**–0.355****	0.039
SOC				1	–0.022	**0.416****	–0.249	**0.399****	**0.575****	0.158	**0.506****
DOC					1	–0.062	0.163	–0.256	**–0.392****	**0.509****	–0.024
TN						1	0.08	**0.829****	0.072	0.076	**0.499****
NH_4^+-N							1	**0.355***	–0.213	0.228	0.046
NO_3^--N								1	0.190	–0.010	**0.400****
pH									1	–0.070	**0.334***
Ec										1	**–0.414****
PB											1

*$P<0.05$；**$P<0.01$

注：SOCD-土壤有机碳分解；SMBC-土壤微生物生物量碳；TC-总碳；SOC-土壤有机碳；DOC-可溶性有机碳；TN-总氮；NH_4^+-N-铵氮；NO_3^--N-硝氮；pH-酸碱度；Ec-土壤盐度；PB-植被生物量

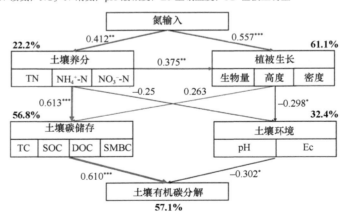

图 8.20 不同氮添加处理下土壤养分、植被生长、土壤碳储存、土壤环境和土壤有机碳分解之间的结构方程模型

TN-总氮；NH_4^+-N-铵氮；NO_3^--N-硝氮；TC-总碳；SOC-总有机碳；DOC-可溶性有机碳；SMBC-土壤微生物生物

量碳；Ec-土壤盐度；PB-植被生物量。显著相关标为粗体，$n=5$，***$P<0.001$；**$P<0.01$；*$P<0.05$，下文同

8.6.2.3 土壤有机碳分解与土壤微生物生物量碳的关系

40 天培养期间，表层（0～10cm）土壤和下层（10～20cm）土壤中的土壤微生物生物量碳（SMBC）都是随着时间推移而下降的。氮添加处理样品中的土壤微生物生物量碳相比对照处理更高，其中硝酸钾处理的最高（$P<0.05$）（图 8.21）。土壤有机碳分解和土壤有机碳、土壤微生物生物量碳呈正相关关系，系数分别为 0.65 和 0.69（图 8.22）。

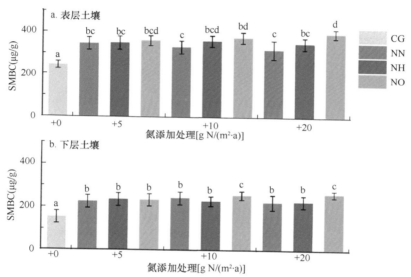

图 8.21　表层和下层土壤中氮添加处理对土壤微生物生物量碳的影响

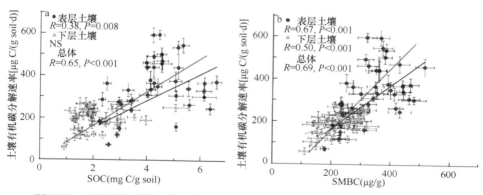

图 8.22　土壤有机碳分解和土壤有机碳（a）、土壤微生物生物量碳（b）的关系

8.6.3 不同氮沉降条件下土壤盐度对黄河三角洲湿地土壤有机碳分解的影响

8.6.3.1 培养试验前的土壤理化性质

土壤理化性质对 TC、TN、TOC、DOC 和土壤盐度有显著性影响（$P<0.05$）。相对于光滩的土壤，盐地碱蓬覆盖的土壤中 TC、TN、TOC、DOC 含量更高，而光滩的盐度比盐地碱蓬覆盖土壤的盐度高 1.5 倍（表 8.5）。

表 8.5 黄河三角洲潮汐盐沼湿地两种不同土壤的理化性质（平均值±标准差，$n=5$）

土壤理化	光滩	盐地碱蓬覆盖
黏土（%）	17.36±1.08	21.01±0.33
泥沙（%）	79.07±0.93	74.84±0.30
沙土（%）	3.57±0.22	4.15±0.07
TC（μg C/g）	1869.20±35.55	2491.25±50.43
TN（μg N/g）	36.78±4.86	63.31±6.70
TOC（μg C/g）	263.74±2.09	402.24±27.85
DOC（μg/g）	23.92±2.06	42.83±2.30
酸碱度（1∶5）	8.84±0.05	8.99±0.04
土壤盐度（mS/cm）	7.28±0.06	2.92±0.05

土壤有机碳分解与土壤理化性质之间的相关性见表 8.6。TC 和 TN、TOC、DOC 之间是显著的正作用，土壤盐度和 TC、TN、TOC、DOC 之间是显著的负作用。土壤有机碳分解和 DOC、pH 都是显著的正相关关系。

表 8.6 土壤有机碳分解与土壤理化性质之间的相关性

	TN	TC	TOC	DOC	pH	Ec
TC	0.83**					
TOC	0.78**	0.99*				
DOC	0.78**	0.85*	0.90*			
pH	0.44	0.25	0.24	0.42		
Ec	−0.74**	−0.94*	−0.92*	−0.83**	−0.4	
SOCD	0.58	0.48	0.49	0.70**	0.88*	−0.59

注：TN-总氮；TC-总碳；TOC-总有机碳；DOC-可溶性有机碳；Ec-土壤盐度；SOCD-土壤有机碳分解
** 在 0.05 水平上显著
* 在 0.01 水平上显著

8.6.3.2 培养试验中的 CH_4 和 CO_2 动态

我们可以观察到 CH_4 和 CO_2 的日动态和累积量在不同盐度处理之间有明显的差异（图 8.23，图 8.24）。通过 28 的培养处理，无论是在哪种盐度的处理下，CO_2 排放量均随着时间的推移而降低，到了第 10 天之后开始变得稳定。光滩和盐地碱蓬覆盖两种土壤的 CO_2 浓度都很高，在试验初期（0~9d）CO_2 排放量很明显地下降，而且盐地碱蓬覆盖土壤的 CO_2 排放量明显高于光滩（图 8.23）。两种土壤的 CH_4 排放量在前半部分试验阶段的波动较大，后半阶段相对平稳一些，但前后的平均值没有显著差异。然而，几乎所有的试验处理下 CH_4 累积排放量都是较为稳定地上升（图 8.24）。

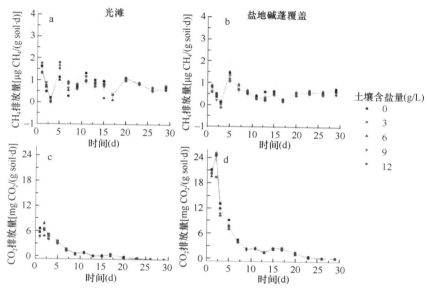

图 8.23　28 天的培养试验中光滩（a、c）和盐地碱蓬覆盖（b、d）土壤每日的 CO_2 和 CH_4 排放量
误差线表示的是标准误差

8.6.3.3 不同盐度处理下的土壤有机碳分解速率

为了更好地分析土壤有机碳分解（SOCD）在不同盐度处理下的实时动态，我们将整个培养试验过程分为三个阶段（第一阶段为第 1~8 天，第二阶段为第 9~18 天，第三阶段为 19~28 天），并得到了两种不同土壤在三个阶段的 SOCD（表 8.7）。在 28 天的培养试验中，SOCD 在光滩和盐地碱蓬覆盖的土壤中有相似的趋势，第一阶段显著高于第二阶段和第三阶段（$P<0.05$）。然而，每个阶段的盐地碱蓬覆盖土壤的 SOCD 显著高于光滩，第二阶段中的差异接近 5~8 倍。在不同盐度处理

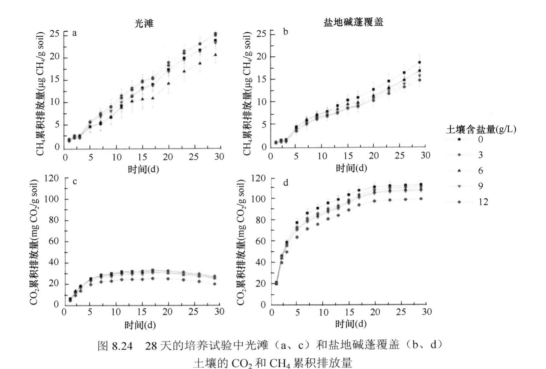

图 8.24 28 天的培养试验中光滩（a、c）和盐地碱蓬覆盖（b、d）土壤的 CO_2 和 CH_4 累积排放量

误差线表示的是标准误差

表 8.7 28 天的培养试验中两种不同土壤三个阶段的土壤有机碳分解速率 [单位：mg C/(g soil·d)]

土壤含盐量 (g/L)	0	3	6	9	12
第一阶段					
光滩	274.01±4.63 (a, 1)	215.28±7.71 (b, 1)	212.46±7.88 (bc, 1)	200.38±14.00 (c, 1)	169.27±7.39 (d, 1)
盐地碱蓬覆盖	829.35±35.32 (a, 2)	623.75±8.73 (b, 2)	608.69±9.21 (b, 2)	602.43±14.34 (b, 2)	551.91±3.32 (c, 2)
第二阶段					
光滩	32.89±6.25 (ac, 1)	32.06±2.46 (a, 1)	20.11±2.92 (b, 1)	31.11±1.43 (c, 1)	20.75±0.86 (b, 1)
盐地碱蓬覆盖	188.02±4.45 (a, 2)	160.52±4.87 (b, 2)	162.15±4.01 (b, 2)	162.15±3.95 (b, 2)	160.29±3.769 (b, 2)
第三阶段					
光滩	−52.20±5.06 (a, 1)	−39.76±8.95 (b, 1)	−38.82±2.00 (b, 1)	−34.53±2.29 (b, 1)	−34.02±2.79 (b, 1)
盐地碱蓬覆盖	32.16±5.63 (a, 2)	40.94±2.57 (b, 2)	36.30±2.77 (ab, 2)	33.13±3.19 (a, 2)	26.29±2.45 (c, 2)

注：不同的字母代表差异显著（$P<0.001$）

下,随着盐度的增加 SOCD 受到显著抑制（$P<0.05$）,但是盐度对 SOCD 的抑制作用在第二阶段和第三阶段都不显著（表 8.7）。有趣的是,我们发现光滩 SOCD 的响应在第三阶段是负面的,仍然对更细致的研究有指导性。

8.6.3.4 不同土壤盐度处理对土壤可溶性有机碳的影响

通过比较土壤的原始样品和培养后的样品,发现可溶性有机碳（DOC）随着土壤盐度增加而降低。光滩的 DOC 下降程度具有显著差异,而且随着盐度从 29.61%上升到 64.89%呈稳定下降趋势。然而,盐地碱蓬覆盖土壤的 DOC 变化（20%~47.88%）没有显著差异。通过对整个培养试验 DOC 降低程度的研究,我们发现 DOC 在光滩中随着盐分添加呈现出显著差异（$P<0.001$）（图 8.25）,然而这种抑制作用在盐地碱蓬覆盖土壤中并不显著（图 8.25）。盐地碱蓬覆盖土壤中的 DOC 在整个培养试验中都明显高于光滩。

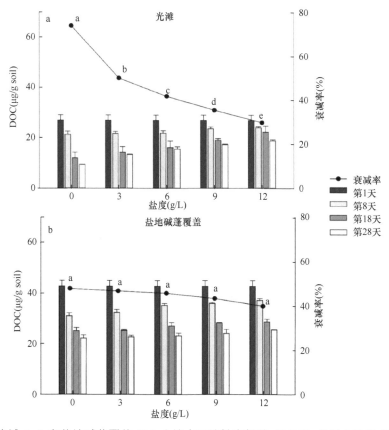

图 8.25　光滩（a）和盐地碱蓬覆盖（b）土壤中可溶性有机碳（DOC）在每个阶段末（第 8 天、第 18 天、第 28 天）的变化及 DOC 在整个培育过程中的衰减率

8.6.3.5 土壤盐度和可溶性有机碳对土壤有机碳分解速率的影响

之前的研究表明，土壤有机碳矿化受到很多因素的影响，其中包括土壤盐度（Ec）和可溶性有机碳（DOC）(Marton et al.，2012；Liu et al.，2017)。为了讨论碳矿化和土壤盐度、DOC 之间的关系，我们用 CH_4、CO_2 的累积排放量计算了碳累积排放量（$\sum C$），用来表征土壤有机碳分解的程度，并做了 Ec、DOC 和 $\sum C$ 的偏相关分析。我们发现两个环境因素和土壤有机碳分解的偏相关趋势大致相似，第二阶段的 R^2 比其他两个阶段都高（图 8.26c、d）。在第一阶段，土壤盐度对土壤有机碳分解呈现出抑制作用（$R^2=0.47$，$P=0.043$）（图 8.26a），而 DOC 的作用并不明显（图 8.26b）。在第二阶段，DOC 对土壤有机碳分解有很强的促进作用（$R^2=0.80$，$P<0.001$）（图 8.26d），土壤盐度则有很强的抑制作用（$R^2=0.93$，$P<0.001$）

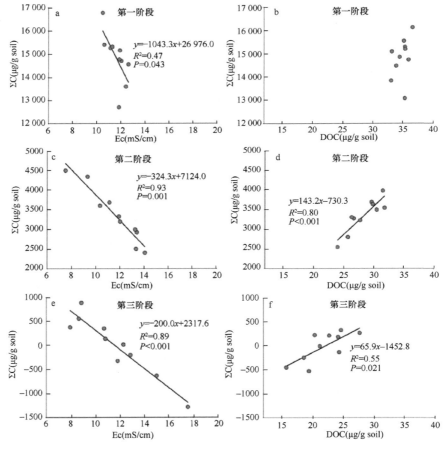

图 8.26 土壤有机碳分解能力（$\sum C$）和土壤盐度（Ec）及可溶性有机碳（DOC）的偏相关关系

（图 8.26c）。在第三阶段，土壤盐度对土壤有机碳分解有很强的抑制作用（$R^2=0.89$，$P<0.001$）（图 8.26e），而 DOC 的促进作用较为微弱（$R^2=0.55$，$P=0.021$）（图 8.26f）。

8.6.4 不同氮沉降条件下土壤含水量对黄河三角洲湿地土壤有机碳分解的影响

8.6.4.1 不同土壤含水量对土壤 CO_2 和 CH_4 排放的影响

在室内培养试验中，我们观测到不同土壤含水量下 CO_2 和 CH_4 日排放量和累积排放量明显不同（图 8.27a）。湿润处理（60%WHC 和 100%WHC）和淹水处理

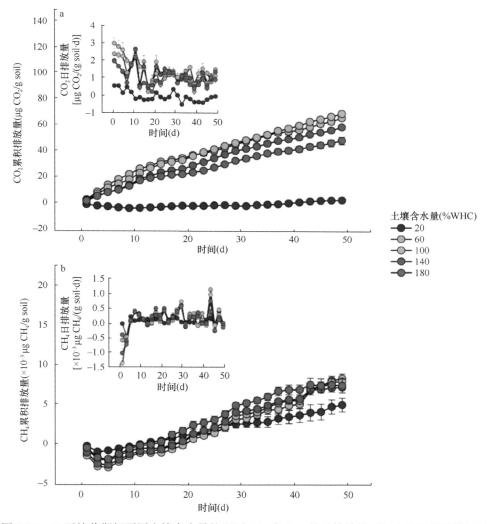

图 8.27　50 天培养期间不同土壤含水量处理下 CO_2 和 CH_4 的日排放量时间走势及累积排放量

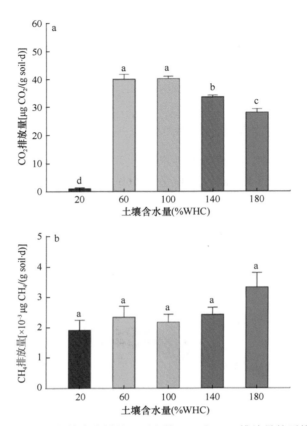

图 8.28 不同土壤含水量处理下土壤 CO_2 和 CH_4 排放量的平均值

（140%WHC 和 180%WHC）下 CO_2 日排放量走势相似，前期 CO_2 日排放量较高，但随着时间的推移逐渐降低。湿润条件下 CO_2 日排放量比淹水条件下高 23%（$P<0.05$）（图 8.27a）。在整个培养试验中，干旱处理（20%WHC）抑制了 CO_2 的排放（图 8.28a）。不同土壤含水量处理下 CH_4 的日排放趋势与 CO_2 相似，在第一周 CH_4 日排放量呈线性增长，之后较为稳定（图 8.27b）。经过 30 天的培养，20%WHC 处理下 CH_4 排放量最低，180%WHC 处理下 CH_4 排放量最高，但各个处理间并无显著差异（图 8.28b）。

8.6.4.2 不同土壤含水量对土壤性质和土壤有机碳分解的影响

通过 50 天的培养试验，发现土壤含水量显著改变了土壤性质和土壤有机碳分解（图 8.29）。土壤微生物生物量碳和土壤微生物生物量氮（SMBC 和 SMBN）随着土壤含水量的升高而增大，180%WHC 处理下 SMBC 和 SMBN 分别是 20%WHC 处理下的 18 倍和 3 倍（$P<0.05$）。干旱条件下，土壤盐度最低，pH 最

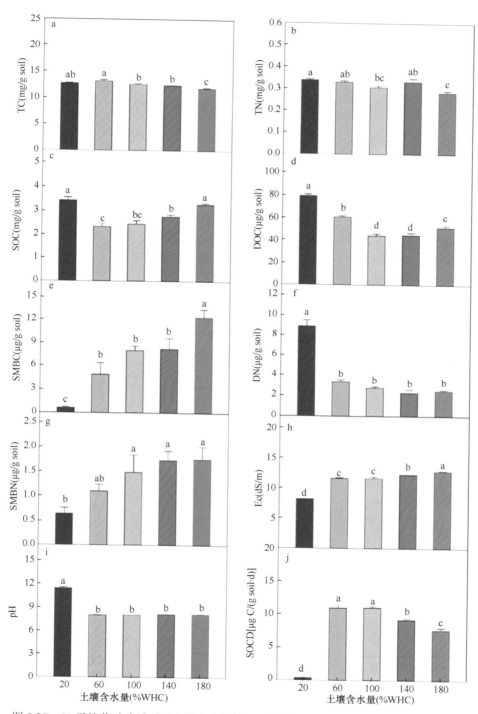

图 8.29　50 天培养试验后不同土壤含水量处理下土壤性质和土壤有机碳分解的平均值

高,土壤碳和氮(TN、SOC、DOC、DN)也是最高的,同时大体上随着土壤含水量的升高而降低。不同土壤含水量处理下,土壤有机碳分解和 CO_2 排放趋势几乎一致,湿润条件下土壤有机碳分解速率最高。

8.6.4.3 不同土壤含水量对土壤性质与气体排放之间关系的影响

Pearson 相关分析表明,不同土壤含水量(干旱、湿润和淹水)条件下土壤性质、土壤碳含量和气体排放之间存在不同的相关关系(表 8.8)。CO_2 排放与土壤有机碳、可溶性有机碳、可溶性氮呈负相关关系($P<0.01$)。土壤盐度和 CO_2 排放、CH_4 排放的正相关系数分别达到了 0.81($P<0.01$)和 0.45($P<0.05$)。pH 与土壤微生物生物量碳、土壤微生物生物量氮则呈负相关关系。当干旱处理(20%WHC)被去除后,我们发现 Ec 和 CO_2 排放的关系和之前完全相反,从正相关(表 8.8)变为了负相关(表 8.9)。我们同样也发现土壤微生物生物量碳和 pH 的关系、土壤微生物生物量碳和土壤有机碳分解的关系也发生了变化。

表 8.8 干旱(20%WHC)、湿润(60%WHC、100%WHC)、淹水(180%WHC)处理下土壤有机碳分解、气体排放、土壤碳氮含量、土壤微生物生物量碳氮和土壤性质的 Pearson 相关系数

	CO_2	CH_4	TC	TN	SOC	DOC	DN	SMBC	SMBN	Ec	pH
CH_4	0.20										
TC	0.01	−0.12									
TN	−0.27	−0.58**	0.42								
SOC	−0.75**	0.02	−0.44	0.08							
DOC	−0.79**	−0.34	0.30	0.40	0.50*						
DN	−0.87**	−0.42	0.25	0.46*	0.55*	0.91**					
SMBC	0.50*	0.36	−0.69**	−0.66**	−0.02	−0.69**	−0.71**				
SMBN	0.43	0.40	−0.20	−0.34	−0.12	−0.61**	−0.54*	0.42			
Ec	0.81**	0.45*	−0.36	−0.45*	−0.40	−0.87**	−0.95**	0.78**	0.61**		
pH	−0.94**	−0.33	0.16	0.36	0.62**	0.86**	0.95**	−0.67**	−0.55*	−0.94**	
SOCD	1.00**	0.20	0.01	−0.27	−0.75**	−0.79**	−0.87**	0.50*	0.43	0.81**	−0.94**

** $P<0.01$;* $P<0.05$

注:CO_2-CO_2 排放;CH_4-CH_4 排放;TC-总碳;TN-总氮;SOC-土壤有机碳;DOC-可溶性有机碳;DN-可溶性氮;SMBC-土壤微生物生物量碳;SMBN-土壤微生物生物量氮;Ec-土壤盐度;pH-酸碱度;SOCD-土壤有机碳分解

表 8.9　湿润（60%WHC、100%WHC）、淹水（180%WHC）处理下（不包含干旱处理）土壤有机碳分解、气体排放、土壤碳氮含量、土壤微生物生物量碳氮和土壤性质的 Pearson 相关系数

	CO_2	CH_4	TC	TN	SOC	DOC	DN	SMBC	SMBN	Ec	pH
CH_4	−0.32										
TC	**0.60**[*]	0.08									
TN	0.28	**−0.52**[*]	0.40								
SOC	**−0.78**^{**}	0.39	**−0.72**^{**}	−0.23							
DOC	0.14	−0.08	0.28	0.15	−0.05						
DN	0.43	−0.37	0.48	0.35	−0.23	**0.75**^{**}					
SMBC	**−0.60**[*]	0.21	**−0.78**^{**}	**−0.62**[*]	**0.68**[*]	−0.27	−0.39				
SMBN	−0.38	0.34	−0.09	−0.21	0.29	−0.32	−0.24	0.04			
Ec	**−0.87**^{**}	**0.51**[*]	**−0.60**[*]	−0.35	**0.66**^{**}	−0.28	**−0.61**[*]	**0.53**[*]	0.28		
pH	**−0.75**^{**}	0.33	**−0.88**^{**}	−0.43	**0.73**^{**}	−0.33	**−0.66**^{**}	**0.71**^{**}	0.29	**0.76**^{**}	
SOC_d	**1.00**^{**}	−0.32	**0.60**[*]	0.28	**−0.78**^{**}	0.14	0.43	**−0.60**[*]	0.38	**0.87**^{**}	**−0.75**^{**}

** $P<0.01$；* $P<0.05$

注：CO_2-CO_2 排放；CH_4-CH_4 排放；TC-总碳；TN-总氮；SOC-土壤有机碳；DOC-可溶性有机碳；DN-可溶性氮；SMBC-土壤微生物生物量碳；SMBN-土壤微生物生物量氮；Ec-土壤盐度；pH-酸碱度；SOCD-土壤有机碳分解

我们利用结构方程模型（SEM）分析了土壤性质、土壤碳氮含量及土壤有机碳分解之间的相互影响（图 8.30）。SEM 的 RMSEA、χ^2/df 和 NFI 的值分别为 0.094、3.028 和 0.897，满足了显著性检验指标。总体上模型解释了 46.0%的 pH、73.1%的 Ec、79.8%的 SMBC、68.7%的 SMBN 和 86.7%的土壤有机碳分解（图 8.30a）。其中，土壤含水量的升高促进了微生物量的提高，进而提高了土壤有机碳分解的速率，并降低了 SOC 和 DOC 的含量。与 Pearson 相关分析的结果一致，土壤盐度（Ec）与土壤含水量和 SMBC 显著正相关，进而促进了土壤的有机碳分解。除去干旱的影响，SEM 同样满足了显著性检验指标，其中 RMSEA、χ^2/df 和 NFI 的值分别为 0.098、3.599 和 0.852（图 8.30b）。模型解释了 71.8%的土壤有机碳分解。Ec 与土壤有机碳分解显著负相关，土壤含水量的升高显著提高了 pH，进而在湿润和淹水条件下抑制了土壤有机碳的分解。

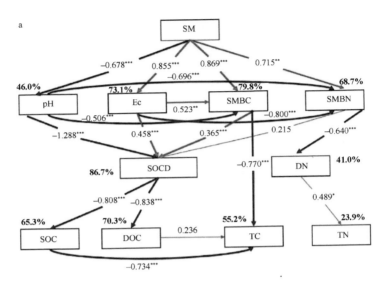
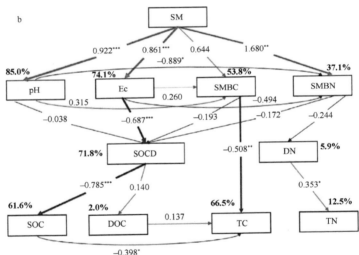

图 8.30 土壤含水量对土壤性质、土壤碳氮含量、土壤微生物生物量碳氮及土壤有机碳分解的结构方程模型（SEM）分析

a 包含所有土壤含水量处理（20%WHC、60%WHC、100%WHC、140%WHC、180%WHC），b 不包含干旱处理（20%WHC），包含湿润处理（60%、100%WHC）和淹水处理（140%、180%WHC）。图中描述了土壤含水量对土壤性质 [pH 和土壤盐度（Ec）]、土壤微生物生物量碳氮 [土壤微生物生物量碳（SMBC）、土壤微生物生物量氮（SMBN）]、土壤碳含量 [土壤有机碳（SOC）、可溶性有机碳（DOC）、总碳（TC）]、土壤氮含量 [可溶性氮（DN）、总氮（TN）] 和土壤有机碳分解（SOCD）之间的关系。沿箭头方向的路径系数（相关系数）是每个参数的标准化平均值。箭头线旁边的数字是标准化的直接路径系数。红色箭头线表示正相关，蓝色箭头线表示负相关。箭头线的粗度和关系的强度成正比，箭头旁边的数字是标准化的路径系数。变量旁边的百分比是模型所能解释的部分。

$*P<0.05$，$**P<0.01$，$***P<0.001$

参 考 文 献

Adame M F, Fry B. 2016. Source and stability of soil carbon in mangrove and freshwater wetlands of the Mexican Pacific coast. Wetlands Ecology and Management, 24(2): 129-137.

Aerts R, Vanlogtestijn R, Vanstaalduinen M. 1995. Nitrogen supply effects on productivity and potential leaf-litter decay of carex species from peatlands differing in nutrient limitation. Oecologia, 104(4): 447-453.

Alongi D M. 2014. Carbon cycling and storage in mangrove forests. Annual Review of Marine Science, 6(6): 195-219.

Barbier E B, Hacker S D, Kennedy C. 2011. The value of estuarine and coastal ecosystem services. Ecological Monographs, 81(2): 169-193.

Breithaupt J L, Smoak J M, Smith T J, et al. 2014. Temporal variability of carbon and nutrient burial, sediment accretion, and mass accumulation over the past century in a carbonate platform mangrove forest of the Florida Everglades. Journal of Geophysical Research: Biogeosciences, 119(10): 2032-2048.

Brookes P C, Kragt J F, Powlson D S, et al. 1985. Chloroform fumigation and the release of soil-nitrogen: the effects of fumigation time and temperature. Soil Biology & Biochemistry, 17(6): 831-835.

Burger M, Jackson L E. 2003. Microbial immobilization of ammonium and nitrate in relation to ammonification and nitrification rates in organic and conventional cropping systems. Soil Biology & Biochemistry, 35(1): 29-36.

Chen J G, Xiao W, Zheng C Y. 2020. Nitrogen addition has contrasting effects on particulate and mineral-associated soil organic carbon in a subtropical forest. Soil Biology & Biochemistry, 142: 107708.

Chmura G L, Anisfeld S C, Cahoon D R. 2003. Global carbon sequestration in tidal, saline wetland soils. Global Biogeochemical Cycles, 17(4): 1111.

Cui B S, Yang Q C, Yang Z F, et al. 2009. Evaluating the ecological performance of wetland restoration in the Yellow River Delta, China. Ecological Engineering, 35(7): 1090-1103.

Currey P M, Johnson D, Sheppard L J, et al. 2010. Turnover of labile and recalcitrant soil carbon differ in response to nitrate and ammonium deposition in an ombrotrophic peatland. Global Change Biology, 16(8): 2307-2321.

Donato D C, Kauffman J B, Murdiyarso D. 2011. Mangroves among the most carbon-rich forests in the tropics. Nature Geoscience, 4(5): 293-297.

Fornara D A, Tilman D. 2012. Soil carbon sequestration in prairie grasslands increased by chronic nitrogen addition. Ecology, 93(9): 2030-2036.

Frey S D, Ollinger S, Nadelhoffer K, et al. 2014. Chronic nitrogen additions suppress decomposition and sequester soil carbon in temperate forests. Biogeochemistry, 121(2): 305-316.

Galloway J N, Dentener F J, Capone D G, et al. 2004. Nitrogen cycles: past, present, and future. Biogeochemistry, 70: 153-226.

Galloway J N, Townsend A R, Erisman W J, et al. 2008. Transformation of the nitrogen cycle: recent trends, questions, and potential solutions. Science, 320(3578): 889-892.

Gorham E. 1991. Northern peatlands - role in the carbon-cycle and probable responses to climatic warming. Ecological Applications, 1(2): 182-195.

Guan B, Xie B H, Yang S S, et al. 2019. Effects of five years' nitrogen deposition on soil properties and plant growth in a salinized reed wetland of the Yellow River Delta. Ecological Engineering, 136: 160-166.

Gunnarsson U, Bronge B L, Rydin H, et al. 2008. Near-zero recent carbon accumulation in a bog with high nitrogen deposition in SW Sweden. Global Change Biology, 14(9): 2152-2165.

Han G X, Chu X J, Xing Q H, et al. 2015. Effects of episodic flooding on the net ecosystem CO_2 exchange of a supratidal wetland in the Yellow River Delta. Journal of Geophysical Research: Biogeosciences, 120(8): 1506-1520.

Han G X, Sun B Y, Chu X J, et al. 2018. Precipitation events reduce soil respiration in a coastal wetland based on four-year continuous field measurements. Agricultural and Forest Meteorology, 256-257: 292-303.

Hogberg P. 2007. Environmental science: nitrogen impacts on forest carbon. Nature, 447(7146): 781-782.

Janssens I A, Dieleman W, Luyssaert S, et al. 2010. Reduction of forest soil respiration in response to nitrogen deposition. Nature Geoscience, 3(5): 315-322.

Ju W M, Chen J M. 2008. Simulating the effects of past changes in climate, atmospheric composition, and fire disturbance on soil carbon in Canada's forests and wetlands. Global Biogeochemical Cycles, 22(3): GB3010.

Kuzyakov Y. 2010. Priming effects: interactions between living and dead organic matter. Soil Biology & Biochemistry, 42(9): 1363-1371.

Lamarque J F, Kiehl J T, Brasseur G P, et al. 2005. Assessing future nitrogen deposition and carbon cycle feedback using a multimodel approach: analysis of nitrogen deposition. Journal of Geophysical Research: Atmospheres, 110: D19303.

Lee M, Manning P, Rist J. 2010. A global comparison of grassland biomass responses to CO_2 and nitrogen enrichment. Philosophical Transactions of the Royal Society B: Biological Sciences, 365(1549): 2047-2056.

Liu X J, Ruecker A, Song B S, et al. 2017. Effects of salinity and wet-dry treatments on C and N dynamics in coastal-forested wetland soils: implications of sea level rise. Soil Biology & Biochemistry, 112: 56-67.

Mack M C, Schuur E A G, Bret-Harte M S, et al. 2004. Ecosystem carbon storage in Arctic tundra reduced by long-term nutrient fertilization. Nature, 431(7007): 440-443.

Magill A H, Aber J D. 1998. Long-term effects of experimental nitrogen additions on foliar litter decay and humus formation in forest ecosystems. Plant and Soil, 203(2): 301-311.

Magnani F, Mencuccini M, Borghetti M, et al. 2007. The human footprint in the carbon cycle of temperate and boreal forests. Nature, 447(7146): 848-850.

Mariano E, Jones D L, Hill P W, et al. 2016. Mineral nitrogen forms alter ^{14}C-glucose mineralisation and nitrogen transformations in litter and soil from two sugarcane fields. Applied Soil Ecology, 107: 154-161.

Martens-Habbena W, Berube P M, Urakawa H, et al. 2009. Ammonia oxidation kinetics determine niche separation of nitrifying Archaea and Bacteria. Nature, 461(7266): 976-979.

Marton J M, Herbert E R, Craft C B, et al. 2012. Effects of salinity on denitrification and greenhouse gas production from laboratory-incubated tidal forest soils. Wetlands, 32(2): 347-357.

Min K, Kang H, Lee D. 2011. Effects of ammonium and nitrate additions on carbon mineralization in wetland soils. Soil Biology & Biochemistry, 43(12): 2461-2469.

Monteith D T, Stoddard J L, Evans C D, et al. 2007. Dissolved organic carbon trends resulting from changes in atmospheric deposition chemistry. Nature, 450(7169): 537-539.

Neff J C, Townsend A R, Gleixner G, et al. 2002. Variable effects of nitrogen additions on the stability and turnover of soil carbon. Nature, 419(6910): 915-917.

Puri G, Ashman M R. 1999. Microbial immobilization of ^{15}N-labelled ammonium and nitrate in a temperate woodland soil. Soil Biology & Biochemistry, 31(6): 929-931.

Song M H, Jiang J, Cao G M, et al. 2010. Effects of temperature, glucose and inorganic nitrogen inputs on carbon mineralization in a Tibetan alpine meadow soil. European Journal of Soil Biology, 46(6): 375-380.

Stanojkovic-Sebic A, Djukic D A, Mandic L, et al. 2012. Evaluation of mineral and bacterial fertilization influence on the number of microorganisms from the nitrogen cycle in soil under maize. Communications in Soil Science and Plant Analysis, 43(21): 2777-2788.

Stevens C J, Manning P, van den Berg L J L, et al. 2011. Ecosystem responses to reduced and oxidised nitrogen inputs in European terrestrial habitats. Environmental Pollution, 159(3): 665-676.

Tao B X, Song C C, Guo Y D. 2013. Short-term effects of nitrogen additions and increased temperature on wetland soil respiration, sanjiang plain, China. Wetlands, 33(4): 727-736.

Tao B X, Wang Y P, Yu Y, et al. 2018. Interactive effects of nitrogen forms and temperature on soil organic carbon decomposition in the coastal wetland of the Yellow River Delta, China. Catena, 165: 408-413.

Tu L H, Hu T X, Zhang J, et al. 2013. Nitrogen addition stimulates different components of soil respiration in a subtropical bamboo ecosystem. Soil Biology & Biochemistry, 58: 255-264.

van den Berg L J L, Peters C J H, Ashmore M R, et al. 2008. Reduced nitrogen has a greater effect than oxidised nitrogen on dry heathland vegetation. Environmental Pollution, 154(3): 359-369.

Vitousek P M, Aber J D, Howarth R W, et al. 1997. Human alteration of the global nitrogen cycle: sources and consequences. Ecological Applications, 7(3): 737-750.

Vitousek P. 1982. Nutrient cycling and nutrient use efficiency. American Naturalist, 119(4): 553-572.

Wang Q K, Chen L C, Yang Q P, et al. 2019. Different effects of single versus repeated additions of glucose on the soil organic carbon turnover in a temperate forest receiving long-term N addition. Geoderma, 341: 59-67.

Whittinghill K A, Currie W S, Zak D R, et al. 2012. Anthropogenic N deposition increases soil C storage by decreasing the extent of litter decay: analysis of field observations with an ecosystem model. Ecosystems, 15(3): 450-461.

Xia J Y, Wan S Q. 2008. Global response patterns of terrestrial plant species to nitrogen addition. New Phytologist, 179(2): 428-439.

Yu J B, Ning K, Li Y Z, et al. 2014. Wet and dry atmospheric depositions of inorganic nitrogen during plant growing season in the coastal zone of Yellow River Delta. Scientific World Journal, 2014: 949213.

Yue K, Peng Y, Peng C H, et al. 2016. Stimulation of terrestrial ecosystem carbon storage by nitrogen addition: a meta-analysis. Scientific Reports, 6: 19895.

Zhang T T, Zeng S L, Gao Y. 2011. Assessing impact of land uses on land salinization in the Yellow River Delta, China using an integrated and spatial statistical model. Land Use Policy, 28(4): 857-866.

Zhang T T, Zhao B. 2010. Impact of anthropogenic land-uses on salinization in the Yellow River Delta, China: Using a new RS-GIS statistical model. International Archives of the Photogrammetry, 38: 947-952.

第 9 章

干湿交替与外源氮输入对黄河三角洲湿地土壤有机碳流失的影响

9.1 引言

滨海盐沼湿地地处陆海过渡带，是地球上高生产力植被类型分布地之一（Boorman，2003；仲启铖等，2015）。盐沼湿地具有很强的固碳能力，碳累积速度要远高于泥炭湿地（Chmura et al.，2003）。研究表明，全球潮汐盐沼湿地的碳埋藏速率为 (218 ± 24) g/(m^2·a)，比陆地森林生态系统高 40 倍以上（McLeod et al.，2011）。同时，周期性潮汐运动过程携带的大量 SO_4^{2-} 阻碍 CH_4 的产生，从而降低盐沼湿地的 CH_4 排放量（Choi and Wang，2004）。最新的统计报告显示，盐沼、海草床和红树林等滨海湿地的生物量只占陆地的 0.05%，但能从海洋及大气中储存和转移更多的碳（即"蓝碳"，blue carbon），占全球生物吸收和固定碳总量的 55%，是地球上最密集的碳汇之一（Kirwan and Mudd，2012）。同时，模型模拟结果表明，气候变暖和海平面上升可能使得盐沼湿地更迅速地捕获和埋藏大气中的 CO_2，因此盐沼湿地在减缓气候变化方面扮演着重要角色（Nellemann et al.，2009）。

盐沼湿地的碳交换包括垂直方向上的 CO_2 和 CH_4 交换及横向方向上的可溶性有机碳（DOC）、可溶性无机碳（DIC）、颗粒性有机碳（POC）交换。盐沼湿地中，植物通过光合作用吸收大气中的 CO_2 并合成有机物，同时通过呼吸作用释放 CO_2；植物死亡后的残体经腐殖化作用和泥炭化作用形成土壤有机碳（SOC）；植物残体和 SOC 在好氧环境下经微生物矿化分解产生 CO_2，在厌氧环境下则产生 CH_4，然后释放到大气中。另外，作为陆地和海洋生态系统之间过渡的生态系统类型，潮汐盐沼湿地的 SOC 在海洋潮汐和地表径流的作用下能够以 DOC、DIC、POC 的形式进入邻近水体。其中，DOC 迁移和输出是盐沼湿地通过水文过程实现土壤碳输出的一个主要途径，在盐沼湿地碳循环中发挥着重要作用（Chambers et al.，2013）。

从控制滨海湿地淹没与暴露的水文机制上看，滨海盐沼湿地可以分为潮汐盐沼湿地和非潮汐盐沼湿地。潮汐盐沼湿地受到周期性潮汐作用导致的干湿交替过程的影响，不仅控制着潮汐盐沼湿地生态系统的氧化还原环境，还伴随盐分的表聚和淋洗，可能是影响潮汐盐沼湿地碳流失过程的关键因素之一（韩广轩等，2017）。此外，自工业革命以来，人类活动对环境的影响日益加剧，化石燃料燃烧、土地利用方式变更及化肥的大量使用等，导致外源氮输入量不断升高。陆源氮素通过地表径流进入海洋生态系统，导致近岸海域富营养化现象日益加剧（Deegan et al.，2012），是目前全球海洋面临的最为严重的环境问题之一。在周期性潮汐作用下，近岸水体氮含量过高引起的大量氮素输入会对盐沼湿地的稳定性及其碳汇功能产生深刻影响（Deegan et al.，2012；Hu et al.，2016）。相比之下，非潮汐湿地不受潮汐周期性侵淹作用带来的干湿交替过程的影响。然而,大气氮沉降引起的氮素输入对非潮汐湿地的有机碳分解的影响不容忽视。1860~2012年,全球大气活性氮沉降总量从32Tg/a增加到165~259Tg/a,而全球磷沉降量增长量极低,维持在3Tg/a左右(Peñuelas et al., 2013)。氮沉降量不断增大引起的氮磷不平衡对植被生长、土壤性质及微生物群落势必产生深刻的影响,进而对土壤有机碳的生物地球化学循环过程产生重要作用(Li et al., 2016; Peng et al., 2019)。

基于以上背景,以黄河三角洲潮汐盐沼湿地为试验平台和研究对象,阐明在干湿交替频率改变和外源氮输入作用下盐沼湿地SOC流失过程的响应及机制,对于揭示海平面上升和近岸海域富营养化背景下滨海盐沼湿地蓝色碳汇的生态功能与演变机制、发展滨海盐沼湿地碳循环模型和评估其对区域及全球碳收支的贡献具有重要意义。

9.2 干湿交替与外源氮输入室内控制试验平台

干湿交替试验设置5种处理,包括3种干湿交替频率处理[每5d淹水一次(5D),每15d淹水一次(15D),每30d淹水一次(30D)]、1种长期湿润处理(CM)和1种长期干旱处理(CD)。每种处理设置18个重复,其中3个重复用于气体采集和测定,其余15个重复用于破坏性取土,分别在试验开始的第0、6、16、31、46和60天取表层(0~10cm)土壤,用于土壤理化性质的测定。

淹水频率耦合外源氮输入试验设置2种淹水频率耦合4个氮输入梯度,共计8种处理,其中2种淹水频率分别设置为半日潮和月潮,氮输入方式为将氮加入水体中,通过淹水将水体中的氮输入土壤中,4个氮输入梯度分别为0mol/L(对照,C)、100mol/L(低氮,LN)、200mol/L(中氮,MN)和300mol/L(高氮,HN)。半日潮处理每天模拟淹排水两次,每次淹水6h,排水6h;月潮处理每月模拟淹水1次,每次淹水6h,然后排水一个月,土体自然状态干旱。每次淹水时,浇水量为超过土体表面10mm,并保持8h,之后将多余的水抽出。模拟潮汐装置由集水箱、培养箱、水泵、时间继电器(开关)和电源等构成(图9.1)。集水箱用于盛放配置的人工海水,人工海水是含盐量为30g/L的NaCl溶液,根据水量加入不同氮输入处理对应量的氮素;培养箱内放置土柱,用软管连接培养箱和集水箱,软管用于进水和排水;通过时间继电器和水泵实现整个系统的自动抽排水过程。由于黄河三角洲近岸水体中的盐以NaCl为主,因此本试验模拟氮输入使用$NaNO_3$供氮。

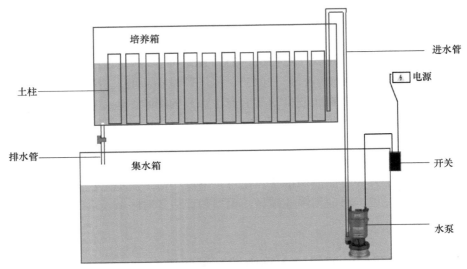

图 9.1 模拟潮汐装置示意图

9.3 干湿交替对潮汐盐沼湿地土壤有机碳流失的影响

9.3.1 干湿交替对 CO_2 和 CH_4 排放的影响

图 9.2 为 5 种干湿交替处理下 CO_2 和 CH_4 排放速率随时间的动态变化。可以看出,长期湿润处理(CM)中,CO_2 排放速率先急速下降,之后始终维持在较低的水平,而 CH_4 排放速率则一直较高;长期干旱处理(CD)中,CO_2 排放速率在第 42 天左右达到峰值,之后有所回落,而 CH_4 排放速率大体上呈降低趋势。干湿交替处理中,土壤 CO_2 排放速率随干旱过程不断升高,而一旦淹水事件发生,CO_2 排放速率就会陡降,CH_4 刚好与之相反。由此可见,对于含水量较高的土壤环境,土壤 CO_2 排放速率会在一定范围内随着水分蒸发过程而不断升高,而 CH_4 排放速率则不断降低;干旱时间越长,CO_2 排放速率攀升越高,CH_4 排放速率下降越多。在整个培养过程中,随着淹水频率降低,土壤 CO_2 累积排放量显著增大,而 CH_4 累积排放量显著减小(图 9.3a、c)。对比 3 种干湿交替处理淹水前后 CO_2 和 CH_4 排放速率均值,发现淹水前土壤 CO_2 平均排放速率显著高于淹水后,而淹水前土壤 CH_4 平均排放速率显著低于淹水后。此外,随着淹水频率降低,淹水前后土壤 CO_2、CH_4 的平均排放速率的差值越来越大(图 9.3b、d)。

第 9 章 干湿交替与外源氮输入对黄河三角洲湿地土壤有机碳流失的影响

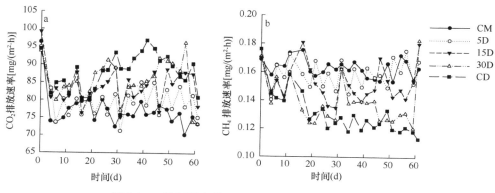

图 9.2 5 种干湿交替处理下 CO_2 和 CH_4 的排放速率

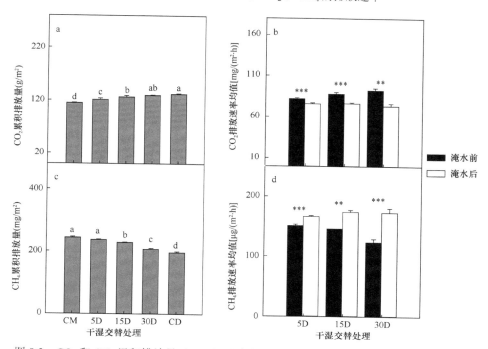

图 9.3 CO_2 和 CH_4 累积排放量（a、c）及淹水前后 CO_2 和 CH_4 排放速率均值（b、d）
不同字母表示不同处理间差异显著（$P<0.05$），**表示 $P<0.01$，***表示 $P<0.001$，下文同

土壤垂直碳损失与土壤含水量密切相关。干湿交替频率较低的土壤在处理阶段的平均 CO_2 排放量远大于暴露于较高干燥—湿润循环频率的土壤。土壤含水量超过一定阈值后将导致 CO_2 排放量随水量升高而减小，这可能是含氧量降低和气体扩散难度大导致的（Jimenez et al., 2012; Malone et al., 2013）。其他湿地生态系统的研究表明，在干旱复湿后，CO_2 排放速率非常低（Jimenez et al., 2012; Miao et al., 2017）。而在干旱期，提高土壤孔隙中的 O_2 可利用性和促进气体扩散，

CO_2 的产生量和排放量会随着好氧微生物代谢活性的增强而增加（Malone et al.，2013；Webster et al.，2013；Olsson et al.，2015）。因此，在潮汐盐沼湿地中，SOC 以 CO_2 的形式损失是土壤含水量随干湿交替频率的降低而降低引起的。相反，在湿润后的水分饱和条件下，厌氧条件下产甲烷菌的生物活性显著增强，这可能导致 CH_4 产生量增加（Kim et al.，2012；Webster et al.，2013）。前人对湿地生态系统的研究发现，CH_4 从土壤中扩散的速率和氧化速率随着氧化程度的提高而增加（Malone et al.，2013；Olson et al.，2015；Smith et al.，2018），这甚至使土壤成为 CH_4 的汇（Bachoon and Jones，1992）。

9.3.2 干湿交替对土壤 DOC 的影响

方差分析结果表明，培养结束时，CM 处理中土壤 DOC 含量最低，其次是 30D 和 15D 处理，DOC 含量最高的是 CD 处理（图 9.4）。线性回归分析发现，培养过程中土壤 DOC 含量与土壤 TOC 含量、TN 含量呈显著正相关关系（$P<0.05$）（图 9.5）。多元逐步回归分析发现，DOC 含量变化主要受到土壤 TN 含量、TC 含量和 pH 的影响（表 9.1）。

土壤 DOC 由于具有较高的流动性一直被认为是通过潮汐作用从陆地到海洋横向碳损失的主要形式之一（Fellman et al.，2017；Ray et al.，2018），因此尽管土壤 DOC 仅占 SOC 的一小部分，但它对潮汐盐沼湿地的蓝色碳库有显著影响（Mavi and Marschner，2012；Barrón and Duarte，2016）。培养 60d 后，CD 处理下土壤 DOC 含量最高，CM 处理下土壤 DOC 含量最低（图 9.4）。试验结果可能存在三个方面的原因：第一，干燥的土壤能释放更多的 DOC（van Gaelen et al.，2014）；第二，在培养过程中，由于连续干燥，CD 处理没有发生浸出或侧向输出；第三，

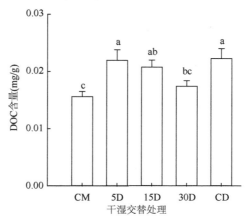

图 9.4 培养结束后土壤 DOC 含量

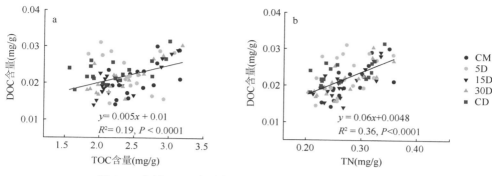

图 9.5 土壤 DOC 含量与 TOC、TN 含量的线性相关分析

表 9.1 CO_2、CH_4 排放速率及 DOC 含量与土壤理化性质的多元逐步回归关系表

	变量和 P 值	回归方程	多重相关系数	F 值和 P 值
CO_2	1. DOC,$P<0.001$ 2. 重量含水量,$P<0.001$ 3. TOC,$P=0.01$	CO_2=0.38DOC–0.36 重量含水量+0.26TOC	0.64	20.01,$P<0.001$
CH_4	1. 重量含量,$P<0.001$ 2. TC,$P<0.001$	CH_4=0.39 重量含量+0.39TC	0.62	26.51,$P<0.001$
DOC	1. TN,$P<0.001$ 2. TC,$P=0.002$ 3. pH,$P=0.019$	DOC=0.82TN–0.33TC–0.192pH	0.68	24.16,$P<0.001$

培养后的土壤 DOC 含量随着干湿交替频率升高而降低,这可能是因为干燥期产生的 DOC 在再湿润后被微生物消耗(Wu and Brookes,2005;Butterly et al.,2009)。作为一种不稳定的 SOC 成分,DOC 含量通常随着 SOC 含量的降低而降低(McDonald et al.,2017;Zhao et al.,2018)。

9.3.3 土壤 CO_2、CH_4 排放速率与土壤 DOC 的关系

土壤 DOC 属于易分解的有机碳组分,是能够被土壤微生物优先利用的有机物。回归分析发现,土壤 CO_2 排放速率与土壤 DOC 含量呈显著线性正相关关系(R^2=0.28,$P<0.0001$),CH_4 排放速率与土壤 DOC 含量没有显著相关性(图 9.6)。这一结果表明,DOC(SOC 的易分解部分)首先被微生物利用,这与前人的研究结果相同,只有一小部分 CO_2 是由难分解的有机碳分解产生的(Liu et al.,2017;Lee et al.,2018)。土壤可溶性有机碳是最容易被分解的碳源,由于土壤微生物几乎都是亲水性微生物,因此土壤有机碳的有效性由土壤水环境决定(Marschner and Kalbitz,2003)。然而,也有其他研究发现,CO_2 排放速率与 DOC 含量之间的显

著正相关关系只存在于长期培养试验的前期,随着时间的推移,由于 DOC 的消耗,DOC 含量会下降,这种关系慢慢减弱(Fellman et al.,2017;Qu et al.,2018)。此外,还有研究表明,CO_2 排放量也主要由 DOC 的生物可利用性决定(Fellman et al.,2017;Liu et al.,2017)。

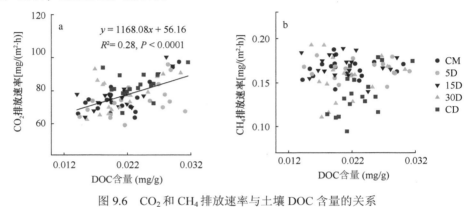

图 9.6　CO_2 和 CH_4 排放速率与土壤 DOC 含量的关系

9.4　干湿交替耦合氮输入对潮汐盐沼湿地土壤有机碳流失的影响

9.4.1　干湿交替与氮输入对 CO_2 和 CH_4 排放的影响

在整个培养过程中,CO_2 和 CH_4 排放动态与淹排水事件及其伴随的干湿交替过程同步发生变化(图 9.7)。在淹水期,两种气体排放速率都趋近于 0。而每次排水事件后,CO_2 和 CH_4 都会在短时间内出现排放脉冲。不同的是,在月潮处理中,CO_2 排放速率随着土壤含水量降低而不断升高,而 CH_4 排放速率随着土壤含水量降低在 12h 时达到峰值,之后不断降低。比较淹水期与排水期土壤 CO_2 和 CH_4 的累积排放量,淹水期气体排放量显著低于排水期,且月潮淹排水期气体排放量差值均显著高于半日潮。通过试验,我们发现淹水显著抑制了潮汐盐沼湿地中 CO_2 和 CH_4 的排放,这与前人的研究结果一致,由于土壤孔隙被堵塞,水分饱和的土壤中几乎没有气体扩散出来(Moyano et al.,2013)。淹水不仅会限制 CO_2 和 CH_4 的排放,还会限制 O_2 的向内扩散(Cook and Knight,2003;Jimenez et al.,2012),在这方面,之前的一项湿地生态系统的研究发现,由于土壤含氧量的增加,土壤呼吸在冰冻期也会有显著增加(Malone et al.,2013)。然而,CH_4 的产生是严格的厌氧过程(Liu et al.,2017;Olsson et al.,2015),尽管淹水抑制了 CH_4 从土壤中扩散,但缺氧条件对 CH_4 的产生和累积有利。有研究发现,土壤含水量在垂直方向上的变化是控制 CO_2 和 CH_4 排放的主要因素。在月潮处理中,随着干旱时间

第9章 干湿交替与外源氮输入对黄河三角洲湿地土壤有机碳流失的影响

延长,表层土壤中的水分逐渐减少,并伴随着盐分的逐渐累积(Han et al., 2018)。一般来说,水分蒸发有助于 SOC 的分解,其作用是促进 O_2 渗入土壤孔隙(Olsson et al., 2015),而盐分的增加对微生物活性和 SOC 分解有负面影响(Qu et al., 2018)。但在本研究中,我们观察到,在干燥阶段表层土壤的 SMBC 含量随着时间的推移逐渐增加,这表明水分减少对 CO_2 排放的积极影响可能超过干燥促进盐分增加的负面影响。

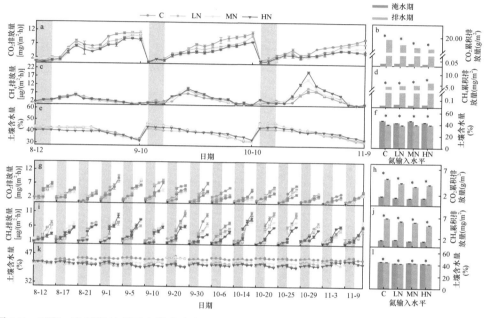

图 9.7 月潮、半日潮处理下土壤含水量动态变化、淹水前后平均值及 CO_2、CH_4 排放量动态变化、淹水前后累积量

整体来看,氮添加处理下,月潮和半日潮的 CO_2 累积排放量分别为 $12.94\sim15.49g/m^2$ 和 $4.97\sim5.68g/m^2$,显著低于对照组(月潮 $18.62g/m^2$,半日潮 $6.72g/m^2$)(图 9.8a)。回归分析发现,两种频率的干湿交替处理下,CO_2 累积排放量均随氮输入水平升高而降低(图 9.8b)。而月潮和半日潮处理下,CH_4 累积排放量随氮输入水平升高分别是线性升高和降低(图 9.8d)。双因素方差分析显示,氮输入水平对 CH_4 排放无显著影响,而氮输入水平与干湿交替频率对 CH_4 排放有显著交互作用(表 9.2)。研究结果表明,CO_2 累积排放量随着氮输入水平的增加而线性下降,这与某些研究结果一致,氮添加抑制了土壤异养呼吸(Wang et al., 2017; Yan et al., 2018),但也有一些研究结果相反(Chen et al., 2018)。碳有效性或碳利用效率是调节土壤 CO_2 排放对氮输入响应的重要驱动力(Liu et al., 2018)。在氮有限的生

态系统中，土壤微生物碳利用效率往往相对较低，在这种情况下，土壤微生物需要分配更多的能量及更多的碳来获取和吸收氮素（Spohn et al.，2016）。施氮后土壤中氮的有效性提高，土壤微生物的碳利用效率会随之提高（Fisk et al.，2015；Spohn et al.，2016）。一系列研究发现，氮输入通过抑制 SOC 分解导致土壤碳有效性降低（Jian et al.，2016；Riggs et al.，2015）。同样，在不同生态系统中，氮输入对 CH_4 排放的影响往往不一致。在本研究中，我们发现随着淹水频率的增加，氮输入对 CH_4 排放的影响经历了从正到负的转变（Bodelier and Laanbroek，2004），由此可见氮输入水平的变化与 CH_4 排放的关系是非线性的。

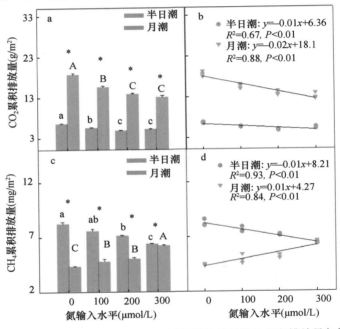

图 9.8　不同氮输入水平下 CO_2、CH_4 累积排放量差异及累积排放量与氮输入水平的线性相关关系

9.4.2　干湿交替与氮输入对 DOC 流失的影响

培养过程中，DOC 流失量与干湿交替频率关系紧密（图 9.9）。半日潮 DOC 流失量均显著高于月潮。氮输入水平对半日潮处理下土壤 DOC 流失量影响显著，而对月潮处理下土壤 DOC 流失量没有显著影响。整体来看，各种处理均以表层土壤 DOC 流失为主，特别是在月潮处理中表现尤为显著。多因素方差分析显示，干湿交替频率和土壤深度是控制 DOC 流失的关键因子（表 9.2）。我们的研究结

表 9.2 多因素方差分析结果

	CO_2-C 流失量		CH_4-C 流失量		DOC 流失量	
	F 值	效应量	F 值	效应量	F 值	效应量
氮输入水平（N）	76.95***	0.94	1.07	0.17	28.42***	0.58
干湿交替频率（I）	2708.57***	0.99	579.49***	0.97	230.26***	0.88
土壤深度（D）					310.46***	0.94
N×I	23.22***	0.81	68.71***	0.93	20.66***	0.50
N×D					3.64**	0.34
I×D					8.43***	0.29
N×I×D					6.294***	0.47

** $P<0.01$；*** $P<0.001$

注：效应量大小由 SPSS 提供的偏 Eta^2 决定

果表明，干湿交替频率是影响潮滩 DOC 流失的关键因素。在潮汐湿地中，DOC 通量在很大程度上取决于水文动力学过程（Lee et al.，2018），有野外原位试验研究表明，DOC 通量和水流通量之间有很强的正相关关系（Borken et al.，2011；Wu et al.，2013），而在试验室研究中，受到更高频率的淋溶的土壤能够释放出更多的 DOC（Lee et al.，2018）。这些研究与我们的研究结果高度一致，表明由于海平面上升，潮汐频率增加，可能有大量 DOC 从陆地输入海洋。相反，我们发现氮输入对半日潮处理有负面影响，而对月潮处理没有明显影响。作为最活跃和最高流动性的有机碳形式之一，DOC 通常被认为是微生物活性碳底物的来源（Liu et al.，2017；Luca et al.，2006），因此 DOC 损失量随氮输入的减少可能与 SOC 分解的减少有关。与干湿交替频率相比，氮输入对土壤 DOC 流失的影响不太明显，同时，增加氮输入和增加干湿交替频率对 DOC 流失相互作用表现为强烈的拮抗作用（表 9.2，图 9.9），氮输入能够减少两种干湿交替频率处理之间 DOC 流失的差异。相应地，预计氮输入将减弱干湿交替频率的增加对未来海平面上升引起的 DOC 横向流失的影响。

9.4.3 垂直碳流失和横向碳流失的关系

在月潮处理中，土壤垂直有机碳流失量（即 CO_2 和 CH_4 总累积排放量）与横向碳流失量（DOC 流失量）呈显著线性正相关关系，而半日潮处理下垂直有机碳流失量和横向有机碳流失量之间没有显著相关关系（图 9.10）。由于土壤水分是土壤微生物同化基质的必要条件，并且土壤有机质只有在溶解后才能分解，因此土

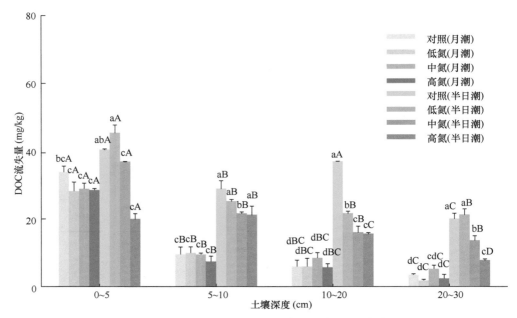

图 9.9 不同处理及不同土壤深度间土壤 DOC 流失量

小写字母表示不同处理同一土层的差异显著，大写字母表示同一处理不同土层的差异显著

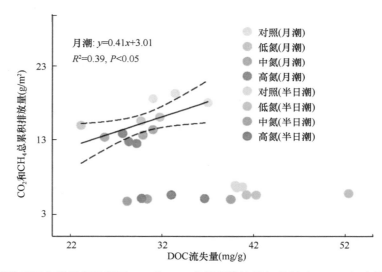

图 9.10 两种干湿交替频率处理下 CO_2 和 CH_4 总累积排放量与表层（0~5cm）土壤 DOC 流失量间的关系

壤 DOC 是微生物的主要有机碳基质（Marschner and Kalbitz，2003）。在月潮处理中，长期的好氧条件有利于 DOC 的分解，大部分土壤 DOC 被分解转化为 CO_2

并释放到大气中。此外，由于潮汐频率较低，SOC 的横向损失显著减少，而垂直损失随着 DOC 流失的增加而增加。有研究也观察到了 CO_2 产生量和 DOC 流失量之间的显著相关性（Fellman et al.，2017；Liu et al.，2017）。尽管 CH_4 的产生往往比 CO_2 的产生更为复杂，并且受到多种其他因素的控制，但总排放量通常不足以影响总垂直 SOC 损失和土壤 DOC 流失之间的关系（Liu et al.，2017）。相比之下，在半日潮处理中，由于水通量大及厌氧环境，微生物仅利用了土壤 DOC 的一小部分。因此，土壤有机碳垂直流失与土壤 DOC 流失的关系因土壤含水量的不同而有较大差异。

参 考 文 献

韩广轩. 2017. 潮汐作用和干湿交替对盐沼湿地碳交换的影响机制研究进展. 生态学报, 37(24): 8170-8178.

仲启铖, 王开运, 周凯, 等. 2015. 潮间带湿地碳循环及其环境控制机制研究进展. 生态环境学报, 24(1): 174-182.

Bachoon D, Jones R D. 1992. Potential rates of methanogenesis in sawgrass marshes with peat and marl soils in the Everglades. Soil Biology and Biochemistry, 24(1): 21-27.

Barrón C, Duarte C M. 2016 Dissolved organic carbon pools and export from the coastal ocean. Global Biogeochemical Cycles, 29(10): 1725-1738.

Bodelier P L E, Laanbroek H J. 2004. Nitrogen as a regulatory factor of methane oxidation in soils and sediments. FEMS Microbiology Ecology, 47(3): 265-277.

Boorman L. 2003. Saltmarsh review: an overview of coastal saltmarshes, their dynamic and sensitivity characteristics for conservation and management. JNCC Report: 334.

Borken W, Ahrens B, Schulz C, et al. 2011. Site-to-site variability and temporal trends of DOC concentrations and fluxes in temperate forest soils. Global Change Biology, 17(7): 2428-2443.

Butterly C R, Bünemann E K, Mcneill A M, et al. 2009. Carbon pulses but not phosphorus pulses are related to decreases in microbial biomass during repeated drying and rewetting of soils. Soil Biology and Biochemistry, 41(7): 1406-1416.

Chambers L G, Osborne T Z, Reddy K R. 2013. Effect of salinity-altering pulsing events on soil organic carbon loss along an intertidal wetland gradient: a laboratory experiment. Biogeochemistry, 115(1-3): 363-383.

Chen Z M, Xu Y H, He Y J, et al. 2018. Nitrogen fertilization stimulated soil heterotrophic but not autotrophic respiration in cropland soils: a greater role of organic over inorganic fertilizer. Soil Biology & Biochemistry, 116: 253-264.

Chmura G L, Anisfeld S C, Cahoon D R, et al. 2003. Global carbon sequestration in tidal, saline wetland soils. Global Biogeochemical Cycle, 17(4): 1111.

Choi Y H, Wang Y. 2004. Dynamics of carbon sequestration in a coastal wetland using radiocarbon measurements. Global Biogeochemical Cycle, 18: GB4016.

Cook F J, Knight J H. 2003. Oxygen transport to plant roots: modeling for physical understanding of soil aeration. Soil Science Society of America Journal, 67: 20-31.

Deegan L, Johnson D S, Warren R S, et al. 2012. Coastal eutrophication as a driver of salt marsh loss. Nature, 490: 388-392.

Fellman J B, D'Amore D V, Hood E, et al. 2017. Vulnerability of wetland soil carbon stocks to climate warming in the perhumid coastal temperate rainforest. Biogeochemistry, 133(2): 165-179.

Fisk M, Santangelo S, Minick K. 2015. Carbon mineralization is promoted by phosphorus and reduced by nitrogen addition in the organic horizon of northern hardwood forests. Soil Biology & Biochemistry, 81: 212-218.

Han G X, Sun B Y, Chu X J, et al. 2018. Precipitation events reduce soil respiration in a coastal wetland based on four-year continuous field measurements. Agricultural and Forest Meteorology, 256-257: 292-303.

Hu Y, Wang L, Fu X H, et al. 2016. Salinity and nutrient contents of tidal water affects soil respiration and carbon sequestration of high and low tidal flats of Jiuduansha wetlands in different ways. Science of the Total Environment, 565: 637-648.

Jian S Y, Li J W, Ji C, et al. 2016. Soil extracellular enzyme activities, soil carbon and nitrogen storage under nitrogen fertilization: a meta-analysis. Soil Biology & Biochemistry, 101: 32-43.

Jimenez K L, Starr G, Staudhammer C L, et al. 2012. Carbon dioxide exchange rates from short- and long-hydroperiod Everglades freshwater marsh. Journal of Geophysical Research: Biogeosciences, 117: G04009.

Kim D G, Vargas R, Bond-Lamberty B, et al. 2012. Effects of soil rewetting and thawing on soil gas fluxes: a review of current literature and suggestions for future research. Biogeosciences, 9(7): 2459-2483.

Kirwan M L, Mudd S. 2012. Response of salt-marsh carbon accumulation to climate change. Nature, 489(7417): 550.

Lee M H, Park J H, Matzner E. 2018. Sustained production of dissolved organic carbon and nitrogen in forest floors during continuous leaching. Geoderma, 310: 163-169.

Li Y, Niu S L, Yu G R. 2016. Aggravated phosphorus limitation on biomass production under increasing nitrogen loading: a meta‐analysis. Global Change Biology, 22(2): 934-943.

Liu W X, Qiao C L, Yang S, et al. 2018. Microbial carbon use efficiency and priming effect regulate soil carbon storage under nitrogen deposition by slowing soil organic matter decomposition. Geoderma, 332: 37-44.

Liu X J, Ruecker A, Song B, et al. 2017. Effects of salinity and wet–dry treatments on C and N dynamics in coastal-forested wetland soils: implications of sea level rise. Soil Biology and Biochemistry, 112: 56-67.

Luca B, Chris F, Timothy J, et al. 2006. Atmospheric nitrogen deposition promotes carbon loss from peat bogs. Proceedings of the National Academy of Sciences of the United States of America, 103(51): 19386-19389.

Malone S L, Starr G, Staudhammer C L, et al. 2013. Effects of simulated drought on the carbon balance of Everglades short-hydroperiod marsh. Global Change Biology, 19(8): 2511-2523.

Marschner B, Kalbitz K. 2003. Controls of bioavailability and biodegradability of dissolved organic matter in soils. Geoderma, 113(3): 211-235.

Mavi M S, Marschner P. 2012. Drying and wetting in saline and saline-sodic soils-effects on microbial activity, biomass and dissolved organic carbon. Plant and Soil, 355(1-2): 51-62.

McDonald G K, Tavakkoli E, Cozzolino D, et al. 2017. A survey of total and dissolved organic carbon in alkaline soils of southern Australia. Soil Research, 55(7): 617-629.

McLeod E, Chmura G L, Bouillon S, et al. 2011. A blueprint for blue carbon: toward an improved understanding of the role of vegetated coastal habitats in sequestering CO_2. Frontiers in Ecology and the Environment, 9(10): 552-560.

Miao G, Noormets A, Domec J C, et al. 2017. Hydrology and microtopography control carbon dynamics in wetlands: implications in partitioning ecosystem respiration in a coastal plain forested wetland. Agricultural and Forest Meteorology, 247: 343-355.

Moyano F E, Manzoni S, Chenu C. 2013. Responses of soil heterotrophic respiration to moisture availability: an exploration of processes and models. Soil Biology & Biochemistry, 59: 72-85.

Nellemann C, Corcoran E, Duarte C, et al. 2009. Blue carbon: the role of healthy oceans in binding carbon: a rapid response assessment. Arendal, Norway: GRID-Arendal: 589-598.

Olsson L, Ye S, Yu X, et al. 2015. Factors influencing CO_2 and CH_4 emissions from coastal wetlands in the Liaohe Delta, northeast China. Biogeosciences, 12(4): 4965-4977.

Peng Y, Peng Z, Zeng X, et al. 2019. Effects of nitrogen-phosphorus imbalance on plant biomass production: a global perspective. Plant and Soil, 436(1-2): 1-8.

Peñuelas J, Poulter B, Sardans J, et al. 2013. Human-induced nitrogen–phosphorus imbalances alter natural and managed ecosystems across the globe. Nature Communications, 4(1): 2934.

Qu W D, Li J Y, Han G X, et al. 2018. Effect of salinity on the decomposition of soil organic carbon in a tidal wetland. Journal of Soils and Sediments, 19: 609-617.

Ray R, Michaud E, Aller R C, et al. 2018. The sources and distribution of carbon (DOC, POC, DIC) in a mangrove dominated estuary (French Guiana, South America). Biogeochemistry, 3: 1-25.

Riggs C E, Hobbie S E, Bach E M, et al. 2015. Nitrogen addition changes grassland soil organic matter decomposition. Biogeochemistry, 125: 203-219.

Smith K A, Ball T, Conen F, et al. 2018. Exchange of greenhouse gases between soil and atmosphere: interactions of soil physical factors and biological processes. European Journal of Soil Science, 69(4): 10-20.

Spohn M, Pötsch E M, Eichorst S A, et al. 2016. Soil microbial carbon use efficiency and biomass turnover in a long-term fertilization experiment in a temperate grassland. Soil Biology and Biochemistry, 97: 168-175.

van Gaelen N, Verschoren V, Clymans W, et al. 2014. Controls on dissolved organic carbon export through surface runoff from loamy agricultural soils. Geoderma, 226-227: 387-396.

Wang Q K, Zhang W D, Tao S, et al. 2017. N and P fertilization reduced soil autotrophic and heterotrophic respiration in a young *Cunninghamia lanceolata* forest. Agricultural and Forest Meteorology, 232: 66-73.

Webster K L, McLaughlin J W, Kim Y, et al. 2013. Modelling carbon dynamics and response to environmental change along a boreal fen nutrient gradient. Ecological Modelling, 248(1751): 148-164.

Wu J, Brookes P C. 2005. The proportional mineralisation of microbial biomass and organic matter caused by air-drying and rewetting of a grassland soil. Soil Biology and Biochemistry, 37(3): 507-515.

Yan T, Qu T T, Sun Z Z, et al. 2018. Negative effect of nitrogen addition on soil respiration dependent on stand age: evidence from a 7-year field study of larch plantations in northern China. Agricultural and Forest Meteorology, 262: 24-33.

Zhao Q Q, Bai J H, Zhang G L, et al 2018. Effects of water and salinity regulation measures on soil carbon sequestration in coastal wetlands of the Yellow River Delta. Geoderma, 319: 219-229.

第 10 章

农田开垦对黄河三角洲湿地生态系统 CO_2 交换的影响

10.1 引言

全球气候变化背景下，降雨变异幅度增加。降雨变异引起的干旱和淹水通过控制生物量变化在生态系统碳收支中扮演着重要角色。一方面，在生长早期的旱季，由于降雨少，加之地下水位浅且地下水为咸水，因此地下水中盐分在强蒸气压条件下会通过毛细作用上升至地表，表现为地表盐分的集聚，对作物生长产生盐胁迫，表现为作物生物量增长缓慢，从而对 NEE 产生抑制作用（Kwon et al., 2008；Lund et al., 2012）。另一方面，在生长中期的雨季，由于降雨集中通常会引起地表积水，土壤由好氧环境转变为淹水的厌氧环境，根部缺氧影响光合底物供应及呼吸等新陈代谢活动，作物生长受抑制，生物量累积减慢，表现为 NEE 受抑制（Heinsch et al., 2004），长时间淹水甚至会造成根部缺氧死亡，引起生物量急剧下降（Jimenez et al., 2015）。

为满足经济发展与人口增长的土地需求，作为农业生产基地，世界范围内大面积滨海湿地已被开垦（Vitoarmando et al., 2009；Verhoeven and Setter, 2010；Kirwan and Megonigal, 2013）。在中国，一半以上的滨海湿地已被开垦，远远超过中国的沼泽湿地面积（Han et al., 2014）。一方面，湿地开垦后土壤层暴露，导致 O_2 进入土壤，土壤环境由长期厌氧环境变为好氧环境，增加微生物新陈代谢活动，加快有机质降解速率，加大土壤碳库向大气的 CO_2 排放量（Crooks et al., 2011）。另一方面，开垦改变湿地水文过程，影响土壤理化性质（盐度、微生物活性及厌氧环境），对湿地 CO_2 排放产生影响。此外，湿地开垦通过改变物种组成而影响生态系统结构和功能（Zhong et al., 2016），通过改变植物种群组成、生产力及地下生物量分配影响土壤有机质质量（Pendleton et al., 2012）。与未开垦湿地相比，开垦改变湿地水文环境和营养结构，切断水、热及物质交换，这些都会导致土壤许多重要的理化性质、形态和功能方面的差异，最终影响滨海湿地碳收支（Pendleton et al., 2012；Zhong et al., 2016）。以往很多研究发现，湿地开垦为农田或改为其他土地利用方式，不仅阻碍土壤碳封存，还增加土壤碳库的碳释放（Crooks et al., 2011）。

本章研究基于黄河三角洲开垦湿地碳通量连续 5 年（2010~2014 年）的监测，由于不受潮汐作用影响，其水文过程主要受垂直方向的降雨和浅且咸的地下水的作用，以期阐明以下科学问题：①开垦湿地 NEE 的季节与年际动态特征；②降雨分配导致的生物量变化对开垦湿地 NEE 年际动态的影响机制。

10.2 开垦农田观测场

研究区位于黄河三角洲湿地农田开垦区（37°45′50″N，118°59′24″E），属暖温带季风气候，年均温为 12.4℃，年降雨量为 401～604mm，降雨量年际变化较大，年内降雨季节分配不均，其中 88%左右的降雨主要集中在生长季。试验区在 2008 年 4 月被开垦为农田，以棉花种植为主，人为干扰较少，主要为雨养农田。棉花通常在 5 月中旬左右播种，种植密度为 5.3 株/m^2，在 10 月底进行棉花采摘。研究区域突出水文特征为地下水位浅且地下水为咸水，由于不受水平方向潮汐作用影响，其水文过程主要受垂直方向的降雨和地下水的影响。在春季，由于降雨少，地下水中的盐分会通过毛细作用上升至地表，造成盐分在地表的集聚，对农作物生长产生盐分胁迫，在降雨集中的雨季，受浅地下水位的影响，通常会形成地表积水，对农作物生长产生淹水胁迫。涡度通量塔架设于地势平坦、农作物生长茂盛的地中央，距地表 2.8m，包括开路式红外 CO_2/H_2O 气体分析仪、三维超声风速仪、数据采集器及 PC 卡。微气象数据包括风向和风速、土壤不同层体积含水量、土壤温度、净辐射、降雨量及空气温度、湿度等，数据采集频率为 10Hz。

10.3　农田开垦对黄河三角洲湿地生态系统 CO_2 交换的影响

10.3.1　环境因子与植被条件

在湿地和农田生态系统中，光合有效辐射（PAR）的时间动态变化相似。日平均 PAR 在 6 月下旬达到最大值，之后呈现出逐渐下降的趋势（图 10.1a）。在月尺度上，PAR 在 6 月达到最大 [689.0μmol/(m^2·s)]，然后逐渐减小，并在 10 月降至 340.3μmol/(m^2·s)。研究期间，湿地地下 5cm 的日平均土壤温度（soil temperature，T_{soil}）为 22.2℃，比农田的日平均土壤温度高出 2.2℃（图 10.1b）。在 5～8 月，湿地的土壤温度显著高于农田；而到了 9～10 月，两个生态系统的土壤温度没有显著差异。月降雨量显示出显著的季节动态，变化范围为 10.4～215.3mm（图 10.1c）。此外，生长季内的总降雨量为 496.2mm，最大单日降雨量（71.8mm）则由于台风 Damrey 而出现在 8 月 6 日（图 10.1c）。湿地和农田两个生态系统的土壤含水量（SWC）季节动态变化相似，并且湿地的平均 SWC（47.9%）显著大于农田（39.9%）（$P<0.001$）（图 10.1c）。

在整个生长季，两个生态系统的地上生物量（AGB）持续增加，并且分别在 10 月 4 日（湿地）和 10 月 13 日（农田）达到峰值，随后 AGB 随着植物群落的衰落而呈现出下降趋势（图 10.1d）。研究期间，湿地和农田的最大 AGB 分别为 440.0g/m^2 和 577.8g/m^2。5～7 月，湿地的 AGB（204.6g/m^2）显著高于农田（133.0g/m^2）（$P<0.001$）。然而，在 8～10 月，农田的 AGB（519.9g/m^2）则要显著高于湿地（351.7g/m^2）（$P<0.001$）（图 10.1d）。叶面积指数（LAI）的季节动态在

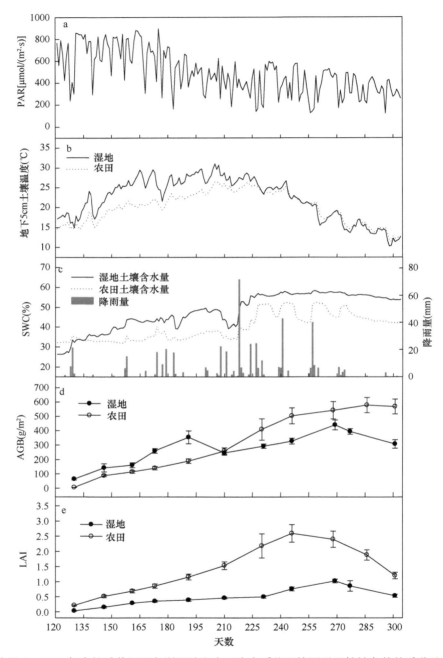

图 10.1 2011 年生长季黄河三角洲湿地和农田生态系统环境因子及植被条件的季节动态
AGB 和 LAI 数据表示为平均值±标准误差（$n=5$）

两个生态系统中都显示出单峰变化模式（图 10.1e）。LAI 从 5 月初开始逐渐升高，农田生态系统在 9 月 3 日达到了最大值（2.59）；而在湿地生态系统中，LAI 最大值出现在 9 月 26 日（1.03）。在达到最大值后，随着植被群落衰落，湿地和农田生态系统的 LAI 分别在 9 月和 10 月开始急剧下降（图 10.1e）。在整个生长季，农田生态系统的 LAI 始终显著高于湿地生态系统（$P<0.001$）。此外，研究期间农田生态系统的平均 LAI（1.38）是湿地（0.49）的 2.8 倍。

10.3.2 净生态系统 CO_2 交换的日动态与季节动态

净生态系统 CO_2 交换（NEE）的日动态在不同生态系统之间显示出显著的季节差异（图 10.2）。在湿地和农田两个生态系统中，不同月份的 NEE 日动态具有相似的单峰变化模式，但变化幅度差异很大。从 5 月到 10 月，湿地和农田的 NEE 在白天为负值（CO_2 汇），到了夜间则为正值（CO_2 源）。日出后，NEE 从正值（排放 CO_2）转变为负值（吸收 CO_2），并且 CO_2 吸收速率逐渐增加，在 11:00～14:00 达到峰值。随后，CO_2 吸收速率迅速下降，并在日落后开始排放 CO_2。在湿地生态系统中，CO_2 排放速率和吸收速率的最大值均发生在 7 月，分别为 3.48μmol/(m²·s) 和 9.94μmol/(m²·s)（图 10.2c）。然而，在农田生态系统中，CO_2 排放速率和吸收速率的峰值均出现在 8 月，分别为 2.85μmol/(m²·s) 和 10.20μmol/(m²·s)（图 10.2d）。在日尺度上，NEE 表现为正、负值的时间长度在不同月份之间有显著变化，这是不同月份的光周期（日出和日落的时间）不同造成的。例如，在主要生长季（7 月和 8 月），NEE 表现为负值（CO_2 汇）的持续时间长于生长早期（5 月）和晚期

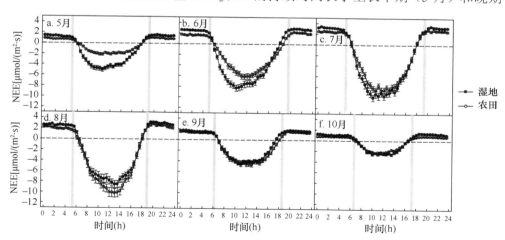

图 10.2　2011 年生长季黄河三角洲湿地和农田生态系统的净生态系统 CO_2 交换（NEE）日动态
图中灰色区域表示日出与日落时间

(10月)。在5月和8月,湿地和农田的NEE日变化具有显著差异($P<0.001$)。在植物生长早期,湿地的日间NEE比农田的日间NEE更小(即净CO_2吸收速率更大)。这是因为在农田生态系统中,棉花在5月初进行种植,所以这时的农田植物相对较小(株高小于0.25m)。随着棉花在6月、7月的快速增长(7月底平均株高大于0.9m),两个生态系统的NEE日动态之间已经没有了显著差异(6月$P=0.10$;7月$P=0.16$)。然而,由于8月的农田AGB和LAI均高于湿地(图10.1d、e),因此湿地的日间净CO_2吸收速率要显著小于农田($P<0.001$)。

在生长季,两个生态系统的日平均NEE、生态系统呼吸(R_{eco})和总初级生产力(GPP)均具有显著的季节变化模式(图10.3),体现出生态系统CO_2交换过程对不同季节的天气和植被条件的响应。在生长早期(5月),由于湿地和农田生态系统的AGB和LAI都很小(图10.1d、e),因此两个生态系统的日平均GPP和R_{eco}都很低,并且日平均NEE都接近零或为很小的正值(向大气释放CO_2)(图10.3)。随着生物量的增加和温度的升高,两个生态系统的GPP和R_{eco}开始逐渐升高,并分别在8月和7月达到峰值。两个生态系统的GPP最大值[湿地7.41g C/(m^2·d);农田7.92g C/(m^2·d)]都发生在8月22日,此时两个生态系统的LAI都相对较高(图10.1e),并且地下5cm土壤温度达到了24℃(图10.1b)。此外,在适宜的植被和温度条件下,两个生态系统的日平均R_{eco}均在7月达到峰值,湿地的最大日平均R_{eco}为4.02g C/(m^2·d)(7月24日),而农田的日平均R_{eco}则在7月24日达到最大值3.14g C/(m^2·d)。随着LAI的增加(图10.1e),两个生态系统的净CO_2吸收量逐渐增加,并在生长旺盛期(6~8月)达到峰值。在湿地生态系统中,CO_2吸收的高峰期是6~8月,最大净CO_2吸收速率为5.45g C/(m^2·d)(8月22日);而农田的CO_2吸收高峰期是在8月,最大净CO_2吸收速率是6.12g C/(m^2·d)(8月17日)(图10.3)。在生长旺盛期,由于单日降雨量较高(6月23日18.2mm;7月2日17.9mm;8月15日24.5mm),两个生态系统的GPP均降低,并从碳汇转变为短期的碳源(图10.3)。在9月和10月,两个生态系统的GPP、R_{eco}和净CO_2吸收量均明显降低,这显然是太阳辐射和温度的降低造成的。在生长末期(10月8~31日),当土壤温度降至15℃且所有叶子都变黄或凋落时,两个生态系统的CO_2吸收能力显著减弱,并最终转变为CO_2源(图10.3)。2011年,湿地的日平均NEE在生长早期(5月和6月)较高,而在生长中期(8月)则低于农田($P<0.05$)(表10.1);在7月、9月和10月,两个生态系统之间的NEE没有显著差异($P>0.05$)(表10.1)。在整个生长季,两个生态系统的R_{eco}季节变化具有明显差异(图10.3)。此外,湿地的R_{eco}在多个月份都高于农田($P<0.05$)(表10.1)。在5~7月和10月,湿地的GPP高于农田,然而,两个生态系统的GPP在其他月份(8月和9月)没有显著差异。

第 10 章 农田开垦对黄河三角洲湿地生态系统 CO_2 交换的影响

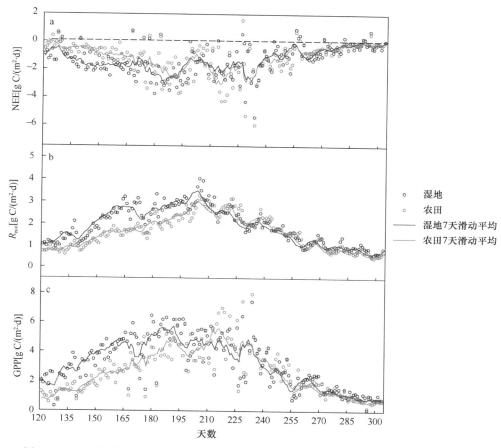

图 10.3 2011 年生长季黄河三角洲湿地和农田生态系统 NEE、R_{eco} 和 GPP 的季节动态

在 5~10 月的生长季，湿地和农田表现为净 CO_2 吸收的分别为 157d 和 164d，2011 年生长季累积 NEE 分别为 –237.4g C/m^2 和 –202.0g C/m^2（图 10.4）。尽管两个生态系统都表现为净 CO_2 汇，并且具有较为接近的净 CO_2 吸收量，但湿地的累积 NEE 在整个生长季中始终高于农田。因此，在生长季农业开垦将导致碳汇减少约 35g C/m^2。此外，两个生态系统的 CO_2 累积吸收和释放均显示出不同的变化趋势（图 10.4）。湿地和农田的累积 GPP 分别为 585.7g C/m^2 和 494.8g C/m^2，累积 R_{eco} 则分别为 348.3g C/m^2 和 292.7g C/m^2。湿地的累积 GPP 和累积 R_{eco} 均是农田的高 1.2 倍。每月 R_{eco} 与 GPP 的比率（R_{eco}/GPP）在湿地中为 0.54~0.80，而在农田中则为 0.52~0.78。在整个生长季，湿地和农田 R_{eco}/GPP 值均为 0.59，这同样证实了两个生态系统均表现为净 CO_2 汇。

表 10.1 2011 年生长季黄河三角洲湿地和农田生态系统 NEE、R_{eco} 和 GPP 的月均值

月份	NEE[g C/(m²·d)] 湿地	NEE[g C/(m²·d)] 农田	F值(NEE)	R_{eco}[g C/(m²·d)] 湿地	R_{eco}[g C/(m²·d)] 农田	F值(R_{eco})	GPP[g C/(m²·d)] 湿地	GPP[g C/(m²·d)] 农田	F值(GPP)	R_{eco}/GPP 湿地	R_{eco}/GPP 农田
5	−1.17±0.13a	−0.40±0.06ae	27.4***	1.36±0.06a	0.89±0.03a	71.1***	2.53±0.17a	1.29±0.08a	51.3***	0.54	0.69
6	−1.81±0.17b	−1.22±0.15b	4.4*	2.51±0.07b	1.66±0.04b	128.0***	4.31±0.21b	2.88±0.16b	34.4***	0.58	0.58
7	−1.97±0.19b	−1.78±0.19c	0.5	2.99±0.07c	2.44±0.07c	55.6***	4.95±0.20c	4.22±0.18c	13.2**	0.60	0.58
8	−1.89±0.23b	−2.23±0.28d	4.1*	2.26±0.07b	2.41±0.06c	19.2***	4.15±0.24b	4.64±0.28c	0.4	0.54	0.52
9	−0.69±0.12c	−0.75±0.12ab	1.6	1.39±0.06d	1.43±0.06d	6.7*	2.08±0.12a	2.17±0.14d	0.2	0.67	0.66
10	−0.21±0.06d	−0.20±0.05e	3.3	0.86±0.05e	0.71±0.03a	44.3***	1.07±0.06d	0.91±0.06a	8.1**	0.80	0.78
生长季	−1.29±0.08	−1.10±0.09	2.7	1.89±0.06	1.59±0.05	13.8***	3.18±0.12	2.69±0.12	7.9**	0.59	0.59

注：不同的字母代表同一生态系统内不同月份之间差异显著（P<0.05）；*表示同一月份不同生态系统之间存在差异（* P<0.05；** P<0.01；*** P<0.001）

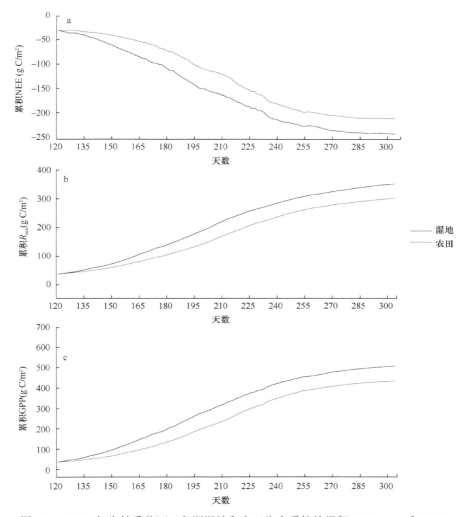

图 10.4　2011 年生长季黄河三角洲湿地和农田生态系统的累积 NEE、R_{eco} 和 GPP

10.3.3　日间 NEE 对光照条件的响应

在生长季，两个生态系统的日间 NEE 对 PAR 的响应可以用矩形双曲线函数（rectangular hyperbolic function）来表示。在主要的生长季期间（6～9 月），PAR 能够解释两个生态系统 NEE 变化的 45%以上。相反，在生长早期和末期（5 月或 10 月），即在低温和 LAI 较低的情况下，由 PAR 引起的 NEE 变化通常较小（表 10.2）。总体上，PAR 分别解释了湿地和农田生态系统 NEE 变化的 38%（$P<0.001$）和 23%（$P<0.001$）。

表 10.2 生长季（5～10 月）湿地和农田生态系统日间 NEE 对 PAR 的光响应参数

生态系统类型	月份	α（μmol CO$_2$/μmol photons）	A_{max} [μmol CO$_2$/(m^2·s)]	$R_{eco,day}$ [μmol CO$_2$/(m^2·s)]	n	R^2	P 值
湿地	5	0.012±0.005	9.53±0.57	1.52±1.02	493	0.39	<0.0001
	6	0.038±0.015	16.81±1.45	5.64±1.97	660	0.45	<0.0001
	7	0.058±0.018	20.15±1.31	6.36±1.80	665	0.49	<0.0001
	8	0.041±0.010	18.51±0.72	4.36±1.14	588	0.58	<0.0001
	9	0.015±0.003	9.93±0.72	1.39±0.48	445	0.59	<0.0001
	10	0.010±0.003	7.77±3.20	1.48±0.39	373	0.55	<0.0001
	生长季	0.033±0.005	14.24±0.41	3.78±0.60	3225	0.38	<0.0001
农田	5	0.009±0.004	5.64±0.33	1.82±0.57	476	0.44	<0.0001
	6	0.025±0.010	13.21±0.98	4.48±1.47	656	0.45	<0.0001
	7	0.039±0.012	17.00±0.92	4.49±1.37	686	0.46	<0.0001
	8	0.044±0.011	20.30±0.83	4.45±1.31	636	0.46	<0.0001
	9	0.063±0.012	10.88±1.61	4.76±1.84	511	0.46	<0.0001
	10	0.011±0.003	5.13±0.22	1.29±0.37	551	0.42	<0.0001
	生长季	0.037±0.009	11.82±0.65	3.87±0.85	3516	0.23	<0.0001

注：α-生态系统表观量子产率；A_{max}-生态系统最大光合速率；$R_{eco,day}$-日间生态系统呼吸；n-半小时测量值数量；R^2-决定系数；P 值表示显著性水平

表 10.2 给出了两个生态系统每月的光响应参数，包括生态系统表观量子产率（α）、生态系统最大光合速率（A_{max}）和日间生态系统呼吸（$R_{eco,day}$）。各参数（α、A_{max} 和 $R_{eco,day}$）均可表示为单峰曲线，并由二次模型描述，这与 Glenn 等（2006）、Syed 等（2006）、Zhou 等（2009）和 Hao 等（2011）在其他湿地生态系统中观测的结果相似。在生长季，湿地的 α 为 0.033μmol CO$_2$/μmol photons，波动范围为 0.010～0.058μmol CO$_2$/μmol photons。这一结果与在上海的河口湿地（0.009～0.086μmol CO$_2$/μmol photons）（Guo et al.，2009）和中国东北的淡水潮汐湿地（0.0098～0.036μmol CO$_2$/μmol photons）所进行的研究结果相近，并高于在中国高山湿地生态系统中所得出的研究结果（Hirota et al.，2006；Hao et al.，2011）。湿地的月平均 A_{max} 变化范围为 7.77～20.15μmol CO$_2$/(m^2·s)，这与在滨海湿地或河口湿地所进行的研究中得到的结果相近 [10～44μmol CO$_2$/(m^2·s)]（Kathilankal et al.，2008；Yan et al.，2008；Guo et al.，2009；Zhou et al.，2009）。例如，在中国东北的潮汐湿地，A_{max} 为 15～29μmol CO$_2$/(m^2·s)（Zhou et al.，2009）。湿地的 $R_{eco,day}$

为 1.39~6.36μmol CO_2/(m²·s)，并且 $R_{eco,day}$ 会随植物的生长和温度的波动而发生变化（Han et al.，2013）。与湿地生态系统相比，农田的 A_{max} 较低［5.13~20.30μmol CO_2/(m²·s)］，这也表明湿地的 CO_2 吸收能力大于农田。在 5~7 月，农田的 α 和 $R_{eco,day}$ 均比湿地低很多；但是，在 8~10 月，农田的 α 和 $R_{eco,day}$ 要高于湿地，这可能是不同时期两个生态系统中植被生长情况的差异造成的。

10.3.4 不同土壤含水量条件下夜间 NEE 对土壤温度的响应

在整个生长季，不同土壤含水量条件下，两个生态系统的夜间 NEE（即夜间 R_{eco}）与地下 5cm 土壤温度均呈显著的指数关系（图 10.5）。在两个生态系统中，土壤温度分别导致了 R_{eco} 变化的约 55%（湿地）和 54%（农田）。已有研究表明，湿地中的生态系统呼吸与土壤温度呈正相关关系，并且可以用指数函数来表示（Bonneville et al.，2008；Zhou et al.，2009；Schedlbauer et al.，2010）。在生长季，湿地的夜间生态系统呼吸的温度敏感性指数（Q_{10}）为 2.3，而农田的为 3.2，两种生态系统 Q_{10} 的差异表明农田对温度变化响应更为敏感，这可能是因为农田的生物量较高。对其他生态系统的研究表明，R_{eco} 具有随生物量的增加而增加的趋势（Xu and Baldocchi，2004；Shimoda et al.，2009）。农田的 AGB 在生长中后期远高于湿地（$P<0.01$）（图 10.1d），可以解释其较高的 Q_{10} 值。在生长季，湿地的 Q_{10} 高于佛罗里达沼泽地（Schedlbauer et al.，2010）、大泥炭地（Bubier et al.，2003）和厌氧稻田（Alberto et al.，2009）的 Q_{10}，然而低于深水湿地（Hirota et al.，2006）和温带香蒲沼泽地（Bonneville et al.，2008）的 Q_{10}。整体上，本研究中的湿地 Q_{10} 符合多个研究中的变化范围（1.8~8.9）（Zhou et al.，2009；Zhao et al.，2010）。

在生长季，频繁的降雨造成湿地的 SWC 总是高于 26%，而农田的 SWC 总是高于 31%（图 10.1c）。此外，在雨季（7 月中旬至 8 月中旬），两个生态系统会经常发生短期的地表积水（深度通常小于 5cm）（Han et al.，2013）。因此，在整个生长季，两个生态系统的土壤都拥有充足或较高的含水量。为了进一步研究不同土壤含水量条件下 R_{eco} 对土壤温度的响应，本研究将夜间 NEE 分为不同 SWC 条件下的三组（SWC≤40%、40%<SWC≤50% 和 SWC>50%）。结果表明，两个生态系统的 Q_{10} 均随土壤含水量的升高而显著下降，这可能是较高的土壤含水量或土壤表层积水造成的。Q_{10} 的最大值出现在适宜的土壤含水量条件下（SWC≤40%），并且 Q_{10} 会随 SWC 的升高而下降（40%<SWC≤50%）。当发生土壤表层积水时（SWC>50%），两个生态系统的 Q_{10} 变为最低（图 10.5）。

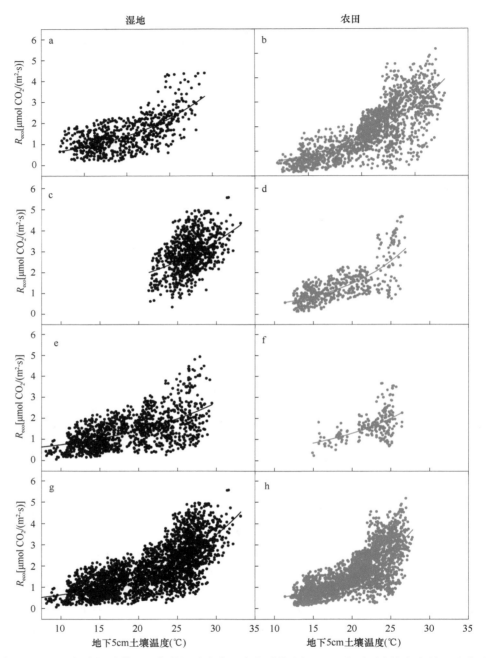

图 10.5 2011 年生长季黄河三角洲湿地和农田生态系统夜间 NEE 在不同土壤含水量下对地下 5cm 土壤温度的响应

本研究结果表明，SWC 会对生态系统呼吸的 Q_{10} 产生重要影响，并且与其他研究的结果相似。当 SWC 高于最佳含水量时，Q_{10} 会随 SWC 的升高而降低（Wen et al.，2006）。Q_{10} 在中等 SWC 条件下最高，而较高或较低的 SWC 均会导致 Q_{10} 降低（Zhang et al.，2007；Yang et al.，2011）。Alberto 等（2009）还观察到土壤含水量对稻田的 R_{eco} 具有重要影响，并且二者的关系可以用二次方程进行描述。在非常潮湿的土壤环境中，土壤与大气之间的气体交换会受限，并将进一步导致土壤中的 O_2 含量降低，最终限制土壤中生物群落的好氧呼吸（Wen et al.，2006）并降低生态系统呼吸的 Q_{10}。

10.3.5　生态系统 CO_2 交换对植被条件的响应

为了探究 CO_2 通量与 LAI 之间的关系，本研究对 LAI 测量值前后 7 天的 CO_2 通量数据进行了平均。结果表明，NEE、R_{eco} 和 GPP 均与 LAI 显著相关，并且碳通量的峰值对应于两个生态系统中较高的 LAI 值（图 10.6）。在湿地生态系统中，NEE 和 LAI 之间呈显著二次关系（R^2=0.68），而 R_{eco}（R^2=0.79）和 GPP（R^2=0.84）则与 LAI 呈显著多项式关系。在农田生态系统中，NEE、R_{eco} 和 GPP 与 LAI 在整个生长季内均没有显著相关关系。然而，在生长早期和生长旺盛期，农田中 GPP、R_{eco} 和 NEE 的时间动态则与 LAI 和 AGB 呈现显著相关性（图 10.6）。在湿地生态系统中，GPP、R_{eco} 和 NEE 与 AGB 之间均没有显著相关性。

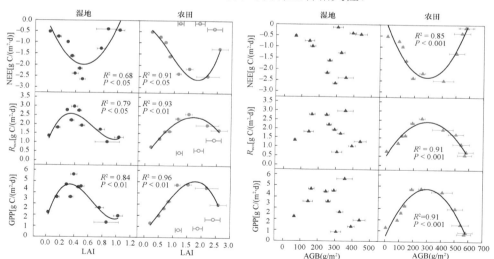

图 10.6　2011 年生长季黄河三角洲湿地和农田生态系统 NEE、R_{eco} 和 GPP 对植被条件的响应

图中实心圆表示生长早期和生长旺盛期农田生态系统数据，空心圆表示生长末期农田生态系统数据

植被条件对生态系统 CO_2 通量的显著影响在湿地（Bonneville et al., 2008; Lund et al., 2010）或农田（Suyker et al., 2004）进行的其他研究中也同样成立。与森林生态系统不同，湿地或农田的植被生物量和 LAI 具有显著的季节变化，这也会影响生态系统与大气之间的 CO_2 交换过程。例如，基于 12 个湿地站点的综合数据，Lund 等（2010）发现年际 GPP、NEE 与 LAI 之间存在显著相关关系。在温带香蒲沼泽中，研究人员发现 AGB 与日平均 NEE 和 GPP 之间均具有显著相关关系（Bonnevill et al., 2008）。在灌溉和雨养玉米田中，日间 NEE 与 LAI 也具有显著相关关系（Suyker et al., 2004）。在高山草原，NEE、GPP、R_{eco} 的季节变化和年际变化也受到了 AGB 和 LAI 的影响（Schmitt et al., 2010）。

LAI、AGB 和生态系统 CO_2 通量之间的显著相关性说明植被结构特征对于生态系统 CO_2 交换季节变化有重要影响，即冠层发育是影响 CO_2 通量的重要生物因素（Lund et al., 2010; Polley et al., 2010）。首先，叶面积决定了植被可用的光合作用物质的量和植被所拦截的光的量（Goldstein et al., 2000），因此，在较高的叶面积条件下，生态系统将具有较强的 CO_2 吸收能力（Lund et al., 2010）。其次，AGB 能够调节土壤基质可利用性，并为土壤有机质分解提供底物，因此 AGB 的波动也能够解释自养呼吸和异养呼吸能力的变化（Flanagan and Johnson, 2005），即 AGB 能够显著影响 R_{eco}（Wohlfahrt et al., 2008）。此外，光合作用可以为生态系统呼吸过程提供基质，因此冠层光合作用是指示 R_{eco} 变化的最佳指标（Davidson et al., 2006），这也说明 LAI 可能会显著影响生态系统呼吸（Aires et al., 2008）。最后，冠层生物量和结构分配可能会通过改变 LAI 来影响 NEE（Cheng et al., 2009）。综上，植被条件的季节变化将通过改变 GPP 和 R_{eco} 的比例而使 NEE 发生显著变化。

10.3.6 农业开垦对湿地碳汇能力的影响

农业开垦引起的土地利用类型转换会影响湿地原有的植被和土壤条件，以及生物代谢和物质交换过程（Huang et al., 2012），并将进一步导致净碳储量发生变化（Jauhiainen et al., 2008）。在黄河三角洲，耕作是春季播种棉花之前的传统做法。耕作将会清除湿地植被并扰动原有土壤条件，从而改变湿地生态系统的碳循环。研究结果表明，农业开垦在三个水平上改变了滨海湿地的生态系统 CO_2 交换过程。首先，从湿地向农田的转化会改变原有植被类型，从而影响 NEE 的光响应参数（α、A_{max} 和 $R_{eco,day}$）和 R_{eco} 的 Q_{10}。NEE、R_{eco} 和 GPP 的时间动态与湿地、农田两个生态系统的 LAI 及农田的地上生物量均显著相关（图 10.6）。NEE 的光响应参数在两种生态系统之间及不同月份之间均具有显著差异（表 10.2）。在整个生长季，农田 R_{eco} 的 Q_{10}（3.2）高于湿地的 Q_{10}（2.3），这表明农田对温度变化的响应比湿地更加敏感。其次，开垦还改变了生态系统 CO_2 交换的日动态。在日尺度上，两种生态系统在生长季（7 月、9 月和 10 月除外）的 NEE 变化存在显著差异（图 10.2）。在季节尺度上，湿地的日平均 GPP 和 R_{eco} 高于农田（表 10.1）。最后，农业开垦改变了滨海湿地的碳封存能力。在整个生长季，湿地的累积 NEE（-237.4g C/m^2）高于农田（-202.0g C/m^2），这也表明从湿地向农田的转换导致 CO_2 固存减少。

在研究区域内，农田生态系统中的棉花会在采摘后被收割。为了评估由于棉花收割导致的碳损失，本研究使用 0.45 作为转换因子，从而将生物量转换为棉花中的碳含量（Fang et al., 2007）。假设棉花根冠比为 0.2，则从农田中去除的棉花生物量约为 681.5g/m^2，通过棉花收割而产生的碳损失量约为 306.7g C/m^2，因此生长季农田的净碳损失量为 104.7g C/m^2。

已有的研究表明，农业开垦通过改变原有植物群落和土壤环境，从而使生态系统碳同化和固存潜力发生改变（Nieveen et al., 2005; Jauhiainen et al., 2008; Saunders et al., 2012）。例如，研究人员发现热带纸莎草湿地有 10t $C/(hm^2 \cdot a)$ 的碳汇潜力，但农业开垦导致的土地利用类型转变使碳同化量减少（Saunders et al., 2012）。此外，农田中的作物收割还会导致大量的碳流失[10.2t $C/(hm^2 \cdot a)$]。另外，许多研究发现草地开垦会显著改变生态系统碳通量（表 10.3），并减弱（Zhang et al., 2007; Schmitt et al., 2010）或增强草原的碳封存能力（张文丽等，2008; Sakai et al., 2004; Byrne et al., 2005）。此外，土地利用类型的转变可能会对生态系统碳循环过程产生重要影响（Don et al., 2005; Wilhelm, 2010）。因此，研究者有必要对生态系统 CO_2 交换过程和其他环境要素进行长期、持续地监测。

湿地还是 CH_4 和 N_2O 等温室气体的天然来源，而开垦会显著改变湿地与大气之间的温室气体交换过程。一方面，将湿地转变为旱地可能导致湿地从 CH_4 的源变为较弱的 CH_4 的汇（Jiang et al., 2009）。另一方面，通过开垦将湿地转变为农业用地可能会导致 N_2O 排放增加（Roulet, 2000）。因此，未来的研究需要建立一个包括所有湿地类型在内的温室气体监测计划（Chasmer et al., 2012），监测的指标应包括 CO_2 通量、可溶性有机碳及土壤 CH_4 和 N_2O 的排放，并最终阐明长期的土地利用类型转换对湿地碳交换过程的影响。

表 10.3 土地利用类型转换对湿地和草原生态系统 NEE 的影响

站点	地区	主要植被类型 转换前	主要植被类型 转换后	转换年份	观测周期	NEE [g CO₂/(m²·d)] 转换前	NEE [g CO₂/(m²·d)] 转换后	观测方法	文献
热带湿地	乌干达维多利亚湖沿岸	纸莎草（*Cyperus papyrus*）	芋头（*Colocasia esculenta*）	20 世纪 50 年代起	2003~2004 年	−106.4~−133.1	−57.0~−76.0	涡度协方差	Saunders et al., 2012
北方泥炭地	加拿大安大略省西北部	苔藓、灌木和莎草	积水、裸露泥炭地、枯萎植被	2008 年 4 月	2008 年、2009 年 5~10 月	−2.4（2008 年）−1.6（2009 年）	7.5（2008 年）1.9（2009 年）	箱法	Wilhelm, 2010
半干旱草原	中国内蒙古地区	克氏针茅（*Stipa kryvii*）、冰草（*Agropyron cristatum*）、冷蒿（*Artemisia frigida*）	小麦（*Triticum aestivum*）、黑麦（*Avena nuda*）、荞麦（*Fagopyrum esculentum*）	几十年	2005 年 5~9 月	−0.84	−0.63	涡度协方差	Zhang et al., 2007
草甸草原	中国内蒙古东南部	克氏针茅（*Stipa kryvii*）、羊草（*Leymus Chinensis*）、冰草（*Agropyron cristatum*）	小麦（*Triticum aestivum*）	20 世纪 60~70 年代	2006 年 5~9 月	−20.3	−29.1	箱法	张文丽等, 2008
温带草原	爱尔兰南部	黑麦草（*Lolium perenne*）、狐尾草（*Alopecurus pratensis*）、黑麦草（*Holcus lanatus*）	黑麦草（*Lolium perenne*）、狐尾草（*Alopecurus pratensis*）、黑麦草（*Holcus lanatus*）	2003 年秋季	2004 年 3 月至 2005 年 3 月	−0.42	−1.04	箱法	Byrne et al., 2005
嗜温性草原	德国图林根州	阔叶和针叶树种 禾木科、豆科、草本	阔叶和针叶树种	2003 年	2004~2006 年	−1.51（2004 年）0.34（2005 年）−0.82（2006 年）	−0.34（2004 年）0.19（2005 年）−0.62（2006 年）	涡度协方差	Don et al., 2009
亚马逊牧场	巴西圣塔伦地区	腕足植物（*Brachiaria sp.*）	水稻（*Oryza sativa*）	2001 年 11 月	2001~2002 年	−5.18	−14.69	涡度协方差	Sakai et al., 2004
滨海草原	中国黄河三角洲	芦苇（*Phragmites communis*）、盐地碱蓬（*Suaeda heteroptera*）、罗布麻（*Apocynum venetum*）	棉花（*Gossypium hirsutum*）	2008 年 4 月	2011 年 5~10 月	−4.73	−4.03	涡度协方差	本研究

注：NEE 正值表示吸收 CO_2，而负值表示排放 CO_2

10.4 降雨导致的生物量变化对黄河三角洲开垦湿地年际净生态系统 CO_2 交换的影响

10.4.1 降雨导致的生物量变化对开垦湿地年际净生态系统 CO_2 交换的影响

考虑环境因子的自相关，采用多元回归分析年际与季节尺度上 NEE 的主导因子，发现生物量是影响年际 CO_2 通量动态的主导因子。在年际尺度上，2010~2014 年 NEE 与生物量呈显著的线性负相关关系（$R^2=0.93$，$P<0.01$）（图 10.7a），说明生物量越高的年份碳吸收能力越强。在季节尺度上，生长季与非生长季 NEE 与生物量均呈显著的线性相关关系（$P<0.05$）（图 10.7b、c），说明生物量是影响年际 NEE 动态的主要生物因子。

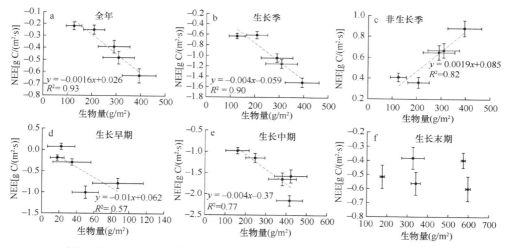

图 10.7 2010~2014 年季节与年际尺度上日均 NEE 与生物量的相关性

在生长早期与生长中期，日均 NEE 与生物量均呈显著的线性负相关关系（$P<0.01$）（图 10.7d、e），且生长中期的相关性更强（$R^2=0.77$），生长末期由于植被枯萎，相关性不显著（$P>0.05$）。

开垦湿地 NEE 的季节与年际动态在一定程度上反映了相应时间尺度上环境和生物控制因子的变化特征。以往的研究发现，垦殖由于改变植被 LAI 和生物量等生物属性，因此影响了生态系统光温响应特征。季节与年际尺度上 NEE 与生物量显著相关，说明开垦湿地作物的生物属性是季节与年际尺度上生态系统 CO_2 交换的主要限制因子，作物的盖度发展是影响 NEE 动态的主要因素。这种模式很可能是生物量通过直接或间接过程影响作物的光合和呼吸等生理代谢过程进而控制 NEE。

GPP 与生物量相关，生物量通过影响 LAI 对 GPP 产生影响，因为相同光照条件下稀松盖度相比密集盖度更容易达到光饱和（Cheng et al.，2009；Li et al.，2017）。叶面积决定光合基质可获取量和作物的光捕获量，所以在生态系统尺度上，高 LAI 伴随高的光捕获能力及强的光合 CO_2 吸收能力（Lund et al.，2012；Tong et al.，2017），因此，光合固碳能力提高（Han et al.，2013；Wang et al.，2015）。这与许多其他研究结果一致。例如，基于 12 个湿地研究网站的 CO_2 通量数据，Lund 等（2010）发现湿地年际 GPP 均与 LAI 显著相关（Lund et al.，2012）。对青藏高原灌木生态系统连续 10 年的观测研究发现，月尺度上 GPP 与 LAI 均呈显著相关关系（Li et al.，2017）。对青藏高原高山草甸连续 4 年的研究发现，在月尺度上标准化植被指数（NDVI）能够解释 NEEsat（光饱和水平下的 NEE）变异的 81%（Wang et al.，2016）。对一个雨养玉米田的研究发现，生长季各阶段白天 NEE 与 LAI 均显著相关（Suyker et al.，2004），在一个雨养冬小麦生态系统也有同样的发现（Wang et al.，2013）。

地上呼吸占生态系统呼吸的比例很大，因此，生物量是衡量自养呼吸与异养呼吸能力的重要指标（Flanagan and Johnson，2005；Han et al.，2014；Tong et al.，2017）。一方面，生物量通过控制冠层光合作用而影响同化基质供应，最终影响地上自养呼吸。自养呼吸强度受植被数量及代谢活动影响，进而影响植被的生长、光合强度及碳分配模式（Xu et al.，2017）。另一方面，生物量通过调控基质供应及新鲜底物输入，促进地上生产力增加，这说明根部总碳分配增加，因此会提高土壤呼吸（Yuste et al.，2004；Tong et al.，2017）。土壤呼吸包括植被根部自养呼吸和土壤根基微生物因为分解地表及地下有机质而产生的自养与异养呼吸（Yu et al.，2017）。自养呼吸很大程度依赖植被地上部分光合作用产生的物质数量（Högberg et al.，2001）。异养呼吸主要依靠呼吸底物供应（植物凋落物及植物根际分泌物）、控制微生物生长与发育的环境条件和生物量相关的呼吸底物供应，特别是植物根部生物量（Flanagan and Johnson，2005；Davidson et al.，2006；Matteucci et al.，2015）。

10.4.2 降雨导致的土壤含水量变化对开垦湿地年际生物量的影响

5 年间（2010～2014 年）生物量具有明显的季节与年际变化。本研究采用多元回归分析生物量的主控因子，结果发现年际尺度上生物量与主要的环境因子如 PAR、温度（T）和 SWC 均无相关性（$P>0.05$）。在生长季尺度上，生长早期和生长中期生物量与 SWC 具有强的相关性（$P<0.05$，图 10.8d、e），说明 SWC 是生物量生长季动态的主控因子。

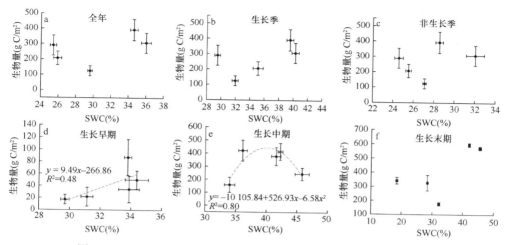

图 10.8　2010~2014 年季节与年际尺度上生物量与 SWC 的相关性

在生长早期，生物量与 SWC 呈显著的线性正相关关系（$R^2=0.48$），SWC 越高生物量增长越快。在生长中期，当 SWC 小于 40%时，生物量随 SWC 升高而增加，当 SWC 大于 40%后，生物量随 SWC 增加而降低（图 10.8e）。在生长末期，由于叶片枯黄及棉花被采摘，生物量迅速下降，这一时期生物量与 SWC 没有相关性。

在生长季，降雨引起 SWC 升高，同时伴随生物量增加，使得 GPP 与 R_{eco} 显著相关。本研究中开垦湿地生物量与 SWC 显著相关。光合能力决定单位面积生物量，但受 SWC 和植被生长阶段的显著影响（Chen et al.，2017）。我们的研究说明年际尺度上 SWC 是生物量的主控非生物因子。

在生长早期，由于降雨少，随着气温升高蒸气压增强，地下水中可溶性盐通过毛细作用上升至根部及地表，造成地表盐分的集聚（Yao et al.，2010；Zhang et al.，2011；Chu et al.，2018）。由于淡水供应受限，这一时期作物相对生长中期对盐分胁迫更敏感，盐分胁迫通过直接及间接过程影响生物量累积。首先，盐分胁迫抑制种子萌发与生长，种子萌发时间推迟，胚轴生长缓慢，影响后期生物量累积（Pezeshki et al.，2010），叶片伸展时间影响生长季长短，进而影响作物的物候特征，最终影响季节尺度上的光合能力（Dong et al.，2011；Jia et al.，2016）。其次，盐分胁迫抑制种子萌发及之后盖度的发展，导致 LAI 降低。盐分胁迫导致的低盖度和 LAI 抑制生态系统自养呼吸（生长和基础代谢呼吸）。再次，随着土壤盐度升高及可利用水分降低，过干的空气或土壤环境会引起植物过度缺水，进而导致作物叶片及叶肉气孔关闭（Yang et al.，2016）。而降低的 LAI 伴随气孔关闭会导致作物盖度及光合能力下降，引起作物生长及生物量累积受抑制（Heinsch et al.，2004；Pezeshki et al.，2010；Baldocchi et al.，2017）。以往很多研究已经证实，作物的生长速率及累积生物量随着盐度升高而降低（Neubauer，2013；Liu and Mou，2016）。降雨之后的淡水输入降低土壤盐度、提高开垦湿地 SWC，从而提高光合作用并促进作物生长，最终导致累积生物量的增加（图 10.9）。这与 Heinsch 等（2004）的研究结果类似，对墨西哥沿岸沼泽研究发现，随着可利用淡水减少和盐度增加，生态系统 GPP 下降。

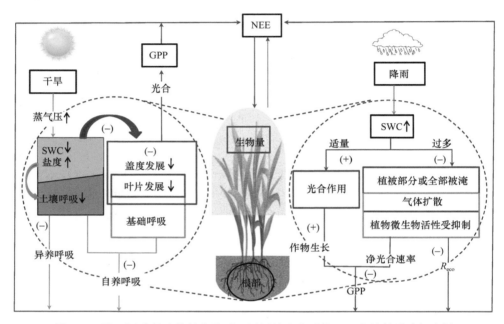

图 10.9　降雨导致的生物量变化对开垦湿地生态系统 CO_2 交换的影响概念图

在生长中期，生物量与 SWC 呈二次曲线关系（R^2=0.8，$P<0.01$）。当 SWC 小于 40%时，随着 SWC 升高生物量也增加，当 SWC 大于 40%后，随着 SWC 升高生物量下降（图 10.8e）。这个转折主要是因为淹水导致 GPP 急剧下降。因为在生长中期，开垦湿地已经进入雨季，过多的降雨通常会造成地表积水（Han et al.，2015；Chu et al.，2018）。一方面，光照条件影响光合作用。雨季由于阴天比例增加，入射太阳辐射减少，因此地面接收的太阳辐射强度及散射辐射与直射辐射的比例会发生变化，导致净辐射降低（初小静等，2015）。另一方面，强降雨导致的淹水环境因为降低作物光合有效叶面积及减少 CO_2 和 O_2 等底物供应（Chu et al.，2018），最终导致净 CO_2 吸收受抑制。在同一地点的降雨控制试验得到了相同的研究结果。此外，淹水导致土壤气孔水分饱和会抑制土壤与大气间的气体交换，土壤缺氧环境会减少植物的生理代谢活动、导致气孔关闭（Moffett et al.，2010；Schedlbauer et al.，2010）；而根部对 O_2 浓度很敏感，长时间淹水会导致根部缺氧

而死亡，从而导致生物量急剧下降。

参 考 文 献

初小静，韩广轩. 2015. 气温和降雨量对中国湿地生态系统 CO_2 交换的影响. 应用生态学报，26(10): 2978-2990.

张文丽，陈世苹，苗海霞，等. 2008. 开垦对克氏针茅草地生态系统碳通量的影响. 植物生态学报，32(6): 1301-1311.

Aires L M I, Pio C A, Pereira J S, et al. 2008. Carbon dioxide exchange above a Mediterranean C3/C4 grassland during two climatologically contrasting years. Global Change Biology, 14(3): 539-555.

Alberto M C R, Wassmann R, Hirano T, et al. 2009. CO_2/heat fluxes in rice fields: Comparative assessment of flooded and non-flooded fields in the Philippines. Agricultural and Forest Meteorology, 149(10): 1737-1750.

Baldocchi D, Chu H, Reichstein M. 2017. Inter-annual variability of net and gross ecosystem carbon fluxes: a review. Agricultural and Forest Meteorology, 249: 520-533.

Bonneville M C, Strachan I B, Humphreys E R, et al. 2008. Net ecosystem CO_2 exchange in a temperate cattail marsh in relation to biophysical properties. Agricultural and Forest Meteorology, 148(1): 69-81.

Bubier J L, Bhatia G, Moore T R, et al. 2003. Spatial and temporal variability in growing-season net ecosystem carbon dioxide exchange at a large peatland in Ontario, Canada. Ecosystems, 6(4): 353-367.

Byrne K A, Kiely G, Leahy P. 2005. CO_2 fluxes in adjacent new and permanent temperate grasslands. Agricultural and Forest Meteorology, 135(1-4): 82-92.

Chasmer L, Kenward A, Quinton W, et al. 2012. CO_2 exchanges within zones of rapid conversion from permafrost plateau to bog and fen land cover types. Arctic Antarctic and Alpine Research, 44(4): 399-411.

Chen L, Sun B Y, Han G X, et al. 2017. Effects of changes in precipitation amount on soil respiration and photosynthetic characteristics of Phragmites australis in a coastal wetland in the Yellow River Delta, China. Chinese Journal of Applied Ecology, 28: 2794-2804.

Cheng X L, Luo Y, Su B, et al. 2009. Responses of net ecosystem CO_2 exchange to nitrogen fertilization in experimentally manipulated grassland ecosystems. Agricultural and Forest Meteorology, 149(11): 1956-1963.

Chu X, Han G, Xing Q, et al. 2018. Dual effect of precipitation redistribution on net ecosystem CO_2 exchange of a coastal wetland in the Yellow River Delta. Agricultural and Forest Meteorology, 249: 286-296.

Crooks S, Herr D, Tamelander J, et al. 2011. Mitigating Climate Change through Restoration and Management of Coastal Wetlands and Near-shore Marine Ecosystems: Challenges and Opportunities. Washington, D.C.: World Bank.

Davidson E A, Janssens I A, Luo Y Q. 2006. On the variability of respiration in terrestrial ecosystems: moving beyond Q_{10}. Global Change Biology, 12(2): 154-164.

Don A, Rebmann C, Kolle O, et al. 2009. Impact of afforestation-associated management changes on the carbon balance of grassland. Global Change Biology, 15(8): 1990-2002.

Dong G, Guo J X, Chen J Q, et al. 2011. Effects of spring drought on carbon sequestration, evapotranspiration and water use efficiency in the songnen meadow steppe in northeast China. Ecohydrology, 4(2): 211-224.

Fang J Y, Guo Z D, Piao S L, et al. 2007. Terrestrial vegetation carbon sinks in China, 1981-2000. Science in China Series D-Earth Sciences, 50(9): 1341-1350.

Flanagan L B, Johnson B G. 2005. Interacting effects of temperature, soil moisture and plant biomass production on ecosystem respiration in a northern temperate grassland. Agricultural and Forest Meteorology, 130(3-4): 237-253.

Glenn A J, Flanagan L B, Syed K H, et al. 2006. Comparison of net ecosystem CO_2 exchange in two peatlands in western Canada with contrasting dominant vegetation, Sphagnum and Carex. Agricultural and Forest Meteorology, 140(1-4): 115-135.

Goldstein A H, Hultman N E, Fracheboud J M, et al. 2000. Effects of climate variability on the carbon dioxide, water, and sensible heat fluxes above a ponderosa pine plantation in the Sierra Nevada (CA). Agricultural and Forest Meteorology, 101(2-3): 113-129.

Guo H Q, Noormets A, Zhao B, et al. 2009. Tidal effects on net ecosystem exchange of carbon in an estuarine wetland. Agricultural and Forest Meteorology, 149(11): 1820-1828.

Han G C, Chu X J, Xing Q H, et al. 2015. Effects of episodic flooding on the net ecosystem CO_2 exchange of a supratidal wetland in the Yellow River Delta. Journal of Geophysical Research: Biogeosciences, 120(8): 1506-1520.

Han G X, Xing Q H, Yu J B, et al. 2014. Agricultural reclamation effects on ecosystem CO_2, exchange of a coastal wetland in the Yellow River Delta. Agriculture Ecosystems and Environment, 196(1793): 187-198.

Han G X, Yang L, Yu J B, et al. 2013. Environmental controls on net ecosystem CO_2 exchange over a reed (*Phragmites australis*) wetland in the Yellow River Delta, China. Estuaries and Coasts, 36(2): 401-413.

Hao Y B, Cui X Y, Wang Y F, et al. 2011. Predominance of precipitation and temperature controls on ecosystem CO_2 exchange in Zoige alpine wetlands of southwest China. Wetlands, 31(2): 413-422.

Heinsch F A, Heilman J L, Mcinnes K J, et al. 2004. Carbon dioxide exchange in a high marsh on the Texas Gulf Coast: effects of freshwater availability. Agricultural and Forest Meteorology, 125(1): 159-172.

Hirota M, Tang Y H, Hu Q W, et al. 2006. Carbon dioxide dynamics and controls in a deep-water wetland on the Qinghai-Tibetan Plateau. Ecosystems, 9(4): 673-688.

Högberg P, Nordgren A, Buchmann N, et al. 2001. Large-scale forest girdling shows that current photosynthesis drives soil respiration. Nature, 411(6839): 789-792.

Huang L B, Bai J H, Chen B, et al. 2012. Two-decade wetland cultivation and its effects on soil properties in salt marshes in the Yellow River Delta, China. Ecological Informatics, 10: 49-55.

Jauhiainen J, Limin S, Silvennoinen H, et al. 2008. Carbon dioxide and methane fluxes from a drained tropical peatland before and after hydrological restoration. Ecology, 89(12): 3503-3514.

Jia X, Zha T S, Gong J N, et al. 2016. Carbon and water exchange over a temperate semi-arid shrubland during three years of contrasting precipitation and soil moisture patterns. Agricultural and Forest Meteorology, 228-229: 120-129.

Jiang C S, Wang Y S, Hao Q J, et al. 2009. Effect of land-use change on CH_4 and N_2O emissions from freshwater marsh in northeast China. Atmospheric Environment, 43(21): 3305-3309.

Kathilankal J K, Mozdzer T, Fuentes J D, et al. 2008. Tidal influences on carbon assimilation by a salt marsh. Environmental Research Letters, 3(4): 044010.

Kirwan M L, Megonigal J P. 2013. Tidal wetland stability in the face of human impacts and sea-level rise. Nature, 504: 53-60.

Kwon H, Pendall E, Ewers B E, et al. 2008. Spring drought regulates summer net ecosystem CO_2 exchange in a sagebrush-steppe ecosystem. Agricultural and Forest Meteorology, 148(3): 381-391.

Li L, Wang Y P, Beringer J, et al. 2017. Responses of LAI to rainfall explain contrasting sensitivities to carbon uptake between forest and non-forest ecosystems in Australia. Scientific Reports, 7(1): 11720.

Liu Q, Mou X. 2016. Interactions between surface water and groundwater: key processes in ecological restoration of degraded coastal wetlands caused by reclamation. Wetlands, 36(1): 95-102.

Lund M, Christensen T R, Lindroth A, et al. 2012. Effects of drought conditions on the carbon dioxide dynamics in a temperate peatland. Environmental Research Letters, 7(4): 045704.

Lund M, Lafleur P M, Roulet N T, et al. 2010. Variability in exchange of CO_2 across 12 northern peatland and tundra sites. Global Change Biology, 16(9): 2436-2448.

Matteucci M, Gruening C, Ballarin I G, et al. 2015. Components, drivers and temporal dynamics of ecosystem respiration in a Mediterranean pine forest. Soil Biology & Biochemistry, 88: 224-235.

Moffett K B, Wolf A, Berry J A, et al. 2010. Salt marsh-atmosphere exchange of energy, water vapor, and carbon dioxide: effects of tidal flooding and biophysical controls. Water Resources Research, 46(10): 5613-5618.

Neubauer S C. 2013. Ecosystem responses of a tidal freshwater marsh experiencing saltwater intrusion and altered hydrology. Estuaries and Coasts, 36(3): 491-507.

Nieveen J P, Campbell D I, Schipper L A, et al. 2005. Carbon exchange of grazed pasture on a drained peat soil. Global Change Biology, 11(4): 607-618.

Pendleton L, Donato D C, Murray B C, et al. 2012. Estimating global ''blue carbon'' emissions from conversion and degradation of vegetated coastal ecosystems. PLOS ONE, 7: e43542.

Pezeshki S R, Laune R D, Patrick W H. 2010. Response of freshwater marsh species, *Panicum hemitomen* Schultz, to increased salinity. Freshwater Biology, 17(2): 195-200.

Polley H W, Emmerich W, Bradford J A, et al. 2010. Physiological and environmental regulation of interannual variability in CO_2 exchange on rangelands in the western United States. Global Change Biology, 16(3): 990-1002.

Roulet N T. 2000. Peatlands, carbon storage, greenhouse gases, and the Kyoto Protocol: prospects and significance for Canada. Wetlands, 20(4): 605-615.

Sakai R K, Fitzjarrald D R, Moraes O L L, et al. 2004. Land-use change effects on local energy, water, and carbon balances in an Amazonian agricultural field. Global Change Biology, 10(5): 895-907.

Saunders M J, Kansiime F, Jones M B. 2012. Agricultural encroachment: implications for carbon sequestration in tropical African wetlands. Global Change Biology, 18(4): 1312-1321.

Schedlbauer J L, Oberbauer S F, Starr G, et al. 2010. Seasonal differences in the CO_2 exchange of a short-hydroperiod Florida Everglades marsh. Agricultural and Forest Meteorological, 150(7-8): 994-1006.

Schmitt M, Bahn M, Wohlfahrt G, et al. 2010. Land use affects the net ecosystem CO_2 exchange and its components in mountain grasslands. Biogeosciences, 7(8): 2297-2309.

Shimoda S, Gilzae L, Yokoyama T, et al. 2009. Response of ecosystem CO_2 exchange to biomass productivity in a high yield grassland. Environmental and Experimental Botany, 65(2-3): 425-431.

Suyker A E, Verma S B, Burba G G, et al. 2004. Growing season carbon dioxide exchange in irrigated and rainfed maize. Agricultural and Forest Meteorology, 124(1-2): 1-13.

Syed K H, Flanagen L B, Carlson P J, et al. 2006. Environmental control of net ecosystem CO_2 exchange in a treed, moderately rich fen in northern Alberta. Agricultural and Forest Meteorology, 140(1-4): 97-114.

Tong X J, Li J, Nolan R H, et al. 2017. Biophysical controls of soil respiration in a wheat-maize rotation system in the North China Plain. Agricultural and Forest Meteorology, 246: 231-240.

Verhoeven J T, Setter T L. 2010. Agricultural use of wetlands: opportunities and limitations. Annals of Botany, 105: 155.

Vitoarmando L, Mariadolores H, Luigi B, et al. 2009. Soil chemical and biochemical properties of a salt-marsh alluvial Spanish area after long-term reclamation. Biology & Fertility of Soils, 45(7): 691-700.

Wang D, Wu G L, Liu Y, et al. 2015. Effects of grazing exclusion on CO_2 fluxes in a steppe grassland on the Loess Plateau (China). Ecological engineering, 83: 169-175.

Wang W, Liao Y C, Wen X X, et al. 2013. Dynamics of CO_2 fluxes and environmental responses in the rain-fed winter wheat ecosystem of the Loess Plateau. China. Science of the Total Environment, 461-462(7): 10-18.

Wang L, Liu H Z, Sun J H, et al. 2016. Biophysical effects on the interannual variation in carbon dioxide exchange of an alpine meadow on the Tibetan Plateau. Atmospheric Chemistry and Physics, 17: 5119-5129.

Wen X F, Yu G R, Sun X M, et al. 2006. Soil moisture effect on the temperature dependence of ecosystem respiration in a subtropical Pinus plantation of southeastern China. Agricultural and Forest Meteorology, 137(3-4): 166-175.

Wilhelm L P. 2010. Effect of peat fuel extraction and peatland reclamation on vegetation and greenhouse gas exchange. Hamilton: McMaster University.

Wohlfahrt G, Anderson-Dunn M, Bahn M, et al. 2008. Biotic, abiotic, and management controls on the net ecosystem CO_2 exchange of European mountain grassland ecosystems. Ecosystems, 11(8): 1338-1351.

Xu L K, Baldocchi D D. 2004. Seasonal variation in carbon dioxide exchange over a Mediterranean annual grassland in California. Agricultural and Forest Meteorology, 1232(1-2): 79-96.

Xu M J, Wang H M, Wen X F, et al. 2017. The full annual carbon balance of a subtropical coniferous plantation is highly sensitive to autumn precipitation. Scientific Reports, (1)7: 10025.

Yan Y E, Zhao B, Chen J Q, et al. 2008. Closing the carbon budget of estuarine wetlands with tower-based measurements and MODIS time series. Global Change Biology, 14(7): 1690-1702.

Yang F L, Zhou G S, Huntd J E, et al. 2011. Biophysical regulation of net ecosystem carbon dioxide exchange over a temperate desert steppe in Inner Mongolia, China. Agriculture Ecosystems and Environment, 142(3-4): 318-328.

Yao R J, Yang J S. 2010. Quantitative evaluation of soil salinity and its spatial distribution using electromagnetic induction method. Agricultural Water Management, 97(12): 1961-1970.

Yu X Y, Song C C, Sun L, et al. 2017. Growing season methane emissions from a permafrost peatland of northeast China: observations using open-path eddy covariance method. Atmospheric Environment, 153: 135-149.

Yuste J C, Janssens I A, Carrara A R. 2004. Annual Q_{10} of soil respiration reflects plant phenological patterns as well as temperature sensitivity. Global Change Biology, 10(2): 161-169.

Zhang T T, Zeng S L, Gao Y, et al. 2011. Assessing impact of land uses on land salinization in the Yellow River Delta, China using an integrated and spatial statistical model. Land Use Policy, 28(4): 857-866.

Zhang W L, Chen S P, Chen J, et al. 2007. Biophysical regulations of carbon fluxes of a steppe and a cultivated cropland in semiarid Inner Mongolia. Agricultural and Forest Meteorology, 146(3-4): 216-229.

Zhao L, Li J, Xu S, et al. 2010. Seasonal variations in carbon dioxide exchange in an alpine wetland meadow on the Qinghai-Tibetan Plateau. Biogeosciences, 7(4): 1207-1221.

Zhong Q, Wang K, Lai Q, et al. 2016. Carbon dioxide fluxes and their environmental control in a reclaimed coastal wetland in the Yangtze Estuary. Estuaries and Coasts, 39: 344-362.

Zhou L, Zhou G S, Jia Q Y. 2009. Annual cycle of CO_2 exchange over a reed (*Phragmites australis*) wetland in northeast China. Aquatic Botany, 91(2): 91-98.